“十三五”高等职业教育规划教材

“十三五” 江苏省高等学校重点教材

（江苏高校品牌专业建设工程资助项目 项目编号： PPZY2015B185）

# 机械零件数控综合加工案例教程


主　编　褚守云

副主编　宋书善　虞　俊　陈亚梅

参　编　葛成荣　杨　成

主　审　王荣兴

机 械 工 业 出 版 社

本书围绕数控技术的发展方向：高速、高效、精密，以机械零件的工艺设计与加工为主线，精选七个来自企业的精密零件制造案例和两个江苏省数控大赛案例，通过工作过程思维导图的训练，着力培养学生综合运用所学知识解决实际问题的能力和创新能力。案例内容涵盖读图、审图、零件的三维建模、工程图绘制、机械加工工艺方案设计与优化、夹具设计与制造、零件制造、部件装配及质量分析等完整工作过程，机床涉及数控车床、数控磨床、数控铣床、四轴加工中心、车铣复合加工中心等设备，适合采用以工作过程为导向的项目教学方式。为拓宽学生的知识面，每个案例的知识拓展部分融入了有关设备、刀具、夹具、高速高效加工和精密制造等新技术、新工艺。

本书是2015年江苏高校品牌专业建设工程资助项目（项目编号：PPZY2015B185）——数控技术专业重点建设的配套教材，也是2016年江苏省高等学校重点教材，可作为高等职业院校数控技术、机械制造与自动化、机械设计与制造等专业在三年级开设的有关“数控综合加工技术”“机械制造综合加工技术”综合实践课程的配套教材和“机制工艺与夹具设计”课程的配套教材，也可作为从事机械制造工艺设计工程技术人员的自学参考书。

**图书在版编目（CIP）数据**

机械零件数控综合加工案例教程/褚守云主编. —北京：机械工业出版社，2017.8

“十三五”高等职业教育规划教材 “十三五”江苏省高等学校重点教材

ISBN 978-7-111-57862-8

Ⅰ.①机… Ⅱ.①褚… Ⅲ.①机械元件-数控机床-加工-高等职业教育-教材 Ⅳ.①TH13②TG659

中国版本图书馆CIP数据核字（2017）第210792号

机械工业出版社（北京市百万庄大街22号 邮政编码100037）
策划编辑：汪光灿 责任编辑：汪光灿 张亚捷 责任校对：刘秀芝
封面设计：张 静 责任印制：李 昂
北京宝昌彩色印刷有限公司印刷
2017年10月第1版第1次印刷
184mm×260mm · 14.75印张 · 354千字
0001—2000册
标准书号：ISBN 978-7-111-57862-8
定价：36.00元

# 前 言

本书是2015年江苏高校品牌专业建设工程资助项目（项目编号：PPZY2015B185）——数控技术专业重点建设的配套教材，也是2016年江苏省高等学校重点教材。

本书围绕高速、高效、精密制造的数控技术发展方向，由校企合作编写，以订单模式下机械零件的工艺设计与加工全过程为主线，精选七个来自企业的精密零件制造案例，案例内容涵盖读图、审图、零件的三维建模、工程图绘制、机械加工工艺方案设计与优化、夹具设计与制造、零件制造、部件的制造与装配及质量分析等完整工作过程。同时，围绕全国职业技能大赛，精选两个江苏省数控大赛的部件制造案例，让数控大赛成果惠及更多的学生，突出中高职衔接要求，适应新形势下现代职业教育的发展需求。

为培养学生综合应用所学知识和技能解决生产实际问题的能力和创新能力，本书的内容体现了工作过程的思维导图训练，通过案例的学习，使学生掌握机械零件制造全过程，知识点、技能点涵盖国家职业技能鉴定标准，涉及普通机床加工、数控机床加工、四轴加工、车铣复合加工及数控磨削加工等。为拓宽学生的知识面，在每个案例的知识拓展部分融入有关设备、刀具、夹具、高速高效加工和精密制造等新技术、新工艺。

本书教学过程建议：

（1）图样的识读　要求学生读懂图样，主要涉及零件材料、热处理、尺寸和几何公差、表面粗糙度以及主要特征的加工与检测方法，填写相关表格。

（2）工程图的绘制　要求学生根据所提供的零件工程图完成零件的三维模型，然后生成相同的工程图，检查学生读图的准确性和尺寸标注的规范性。

（3）零件的工艺分析与优化　要求学生根据生产批量，列出可能的加工工艺方案，结合实际的加工设备，通过分析、对比和优化，确定合理的工艺方案。

（4）工艺文件的设计　要求学生利用二维CAD软件完成零件的全套机械加工工艺文件，利用手工编程和CAM编程软件完成零件的数控编程。

（5）工装夹具设计　要求学生利用三维CAD软件完成零件加工所需的工装夹具设计，并绘制零件的工程图。

（6）零件和工装夹具的制造与检测　要求学生完成零件的制造、检测与装配，并对出现的质量问题进行分析，提出整改方案。

本书各项目学时分配及案例选择建议：

| 序　号 | 内　容 | 建议学时 |
|---|---|---|
| 1 | 项目1　订单模式下机械零件的加工过程 | 2 |
| 2 | 项目2　主轴的工艺设计与加工 | 8 |
| 3 | 项目3　输出轴的工艺设计与加工 | 10 |
| 4 | 项目4　齿芯的工艺设计与加工 | 10 |

（续）

| 序　　号 | 内　　容 | 建议学时 |
|---|---|---|
| 5 | 项目5　轴承端盖的工艺设计与加工 | 10 |
| 6 | 项目6　异形件的工艺设计与加工 | 8 |
| 7 | 项目7　缸头法兰的工艺设计与加工 | 10 |
| 8 | 项目8　箱体的工艺设计与加工 | 10 |
| 9 | 项目9　部件的制造与装配(二选一) | 12 |

注：数控技术专业总学时建议为80学时，采用分组教学，其中在机房教学52学时，安装SolidWorks、CAXA（或AutoCAD）和Master CAM（或UG）软件，机床实操28学时，完成项目2、项目4、项目6、项目7中四选二和项目9中二选一的实际加工。其他专业总学时建议为60~72学时，可压缩项目7、项目8的学时。

本书由常州轻工职业技术学院的褚守云教授任主编（编写项目3、项目5、项目6、项目10），常州信息职业技术学院的宋书善高级工程师（编写项目7）、常州轻工职业技术学院的虞俊副教授及高级技师任副主编（编写项目2、项目8）、常州轻工职业技术学院的陈亚梅高级技师任副主编（编写项目4、项目9），参加编写还有常州铁道高等职业技术学校的葛成荣工程师（编写项目1及知识拓展），麦格纳动力总成（常州）有限公司的数控高级技师杨成（编写主轴的数控磨削程序）。本书由全国数控大赛命题专家、国家级高级考评员、常州轻工职业技术学院的王荣兴任主审。在编写过程中，中车戚墅堰机车有限公司、江苏常发实业集团有限公司、江苏新瑞重工科技有限公司、常州合泰电机电器股份有限公司、派瑞格医疗器械（常州）有限公司等企业的相关工程技术人员对本书的载体、工艺设计、夹具设计等内容提出了许多建设性的建议，还参阅了许多国内外同行和专家的教材、资料及其他科技文献，在此一并深表谢意。由于编者水平有限，谬误欠妥之处，恳请读者批评指正。

本书提供的任务实施参考均采用三维模型表达，直观易懂，并提供所有案例的三维源文件、夹具参考方案的三维模型（SolidWorks版）、CAD原始文件、CAD参考工艺文件、教学课件PPT及知识点参考视频，读者可于机械工业出版社教育服务网（http://www.cmpedu.com）的网站上下载。

编　者

# 目　录

# 项目1

# 订单模式下机械零件的加工过程

**【项目描述】**

本项目利用思维导图的模式，引导学生对前导课程所学的知识做个简要回顾，对机械零件的制造全过程有个全面的理解。内容涉及订单模式下机械零件加工的主要流程、机械零件的工艺设计原则、数控加工工艺设计原则、机床—刀具—夹具的选择及5M1E质量分析与控制等。

**【教学目标】**

**知识目标：**

(1) 订单模式下机械零件加工的主要流程

(2) 机械零件的工艺设计原则

(3) 数控加工工艺设计原则

(4) 数控机床的选择

(5) 数控刀具的选择

(6) 高速加工刀具的选择

(7) 数控机床夹具的选择

(8) 5M1E质量分析与控制

**能力目标：**

利用思维导图将所学机械制造相关知识点串联起来，使学生对机械零件的加工全过程有个全面的理解，提高学生综合应用知识的能力。

**【相关知识简介】**

## 一、订单模式下机械零件加工的主要流程

订单生产简称MTO (Make-To-Order)，这是我国在世界经济全球化分工下形成的“中国模式”。在面向订单生产的方式中，产品的设计工作已经完成，企业在接到订单后，才开始组织采购和生产。企业的生产模式不再是以产品、产量组织生产，而是主要依据客户订单的需求量和交货期来进行生产安排。

在订单模式下，为提高企业的应变能力和综合竞争能力，缩短产品上市时间，企业必须

增强具有自主创新知识产权的新产品开发能力和制造能力，简化制造工艺流程，增强企业间的合作能力，提高产品质量和生产效率。因此，企业必须大力开发、推广绿色制造、计算机集成制造、柔性制造、虚拟制造、智能制造、并行工程、敏捷制造和网络制造等先进制造技术，适应未来制造业的精密化、柔性化、智能化、集成化、全球化、网络化、虚拟化的发展趋势。图 1-1 为基于并行工程模式下的机械零件加工主要流程图，它不同于常规的串行生产管理模式，在并行管理模式下，在机械零件的工艺设计初始阶段，就强调工艺设计、生产管理和非标设计等部门的并行、交叉和协调管理。在生产准备过程中要优先安排周期长的非标装备优先设计、优先采购；优先安排外协加工的工序；优先安排制造周期长的毛坯；优先安排复杂工序的 CNC 编程。

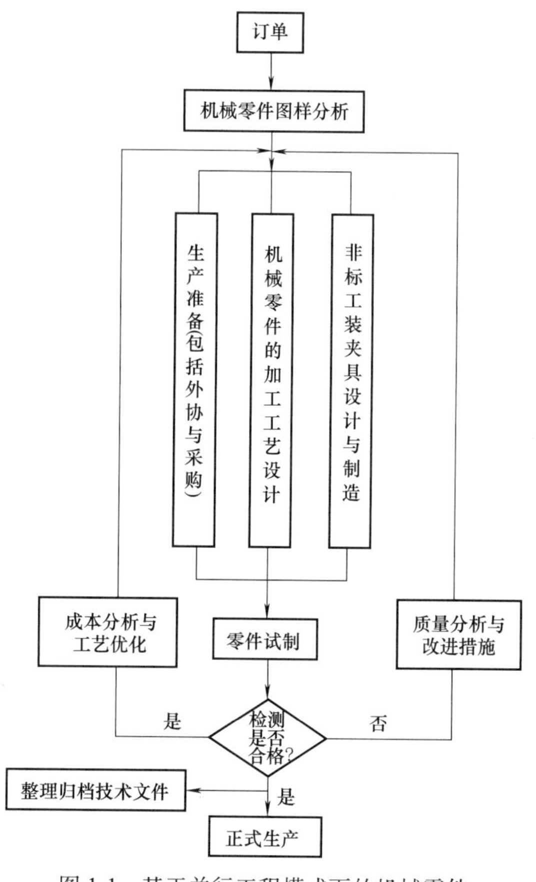


图 1-1　基于并行工程模式下的机械零件加工主要流程图

并行工程模式在新产品试制阶段尽量简化加工工艺流程，通过新的加工工艺替代传统加工工艺来实现。例如，采用 3D 打印技术、复合加工技术、以车代磨、高速磨削替代车削以及高速硬铣替代电解加工等新技术、新工艺来缩短新产品试制周期。在试制成功的基础上，再通过优化加工工艺，采用复合刀具、多功能刀具以及专用工装夹具等技术，降低生产成本，提高生产效率。

## 二、机械零件的加工工艺设计思路

完整的机械加工工艺设计是指从毛坯到成品的整个工艺过程的设计，中间穿插普通加工工艺、数控加工工艺及热处理工艺等工艺设计。机械零件的工艺设计涉及内容比较繁杂，建议按图 1-2 所示机械零件的加工工艺设计思维导图进行思考。

### 1. 根据合同订单确定生产类型

根据用户提出的具体订货要求后，才开始组织生产，进行设计、采购、制造、出厂检验等工作。生产出来的成品在品种规格、数量、质量和交货期等方面是各不相同的，并按合同规定按时向用户交货，成品库存最少。因此，生产管理的重点是抓“交货期”，按“期”组织生产过程各环节的衔接平衡，保证如期实现。

生产类型是指企业（或车间、工段、班组、工作地）生产专业化程度的分类。根据零件的生产纲领或生产批量可以划分出不同的生产类型。

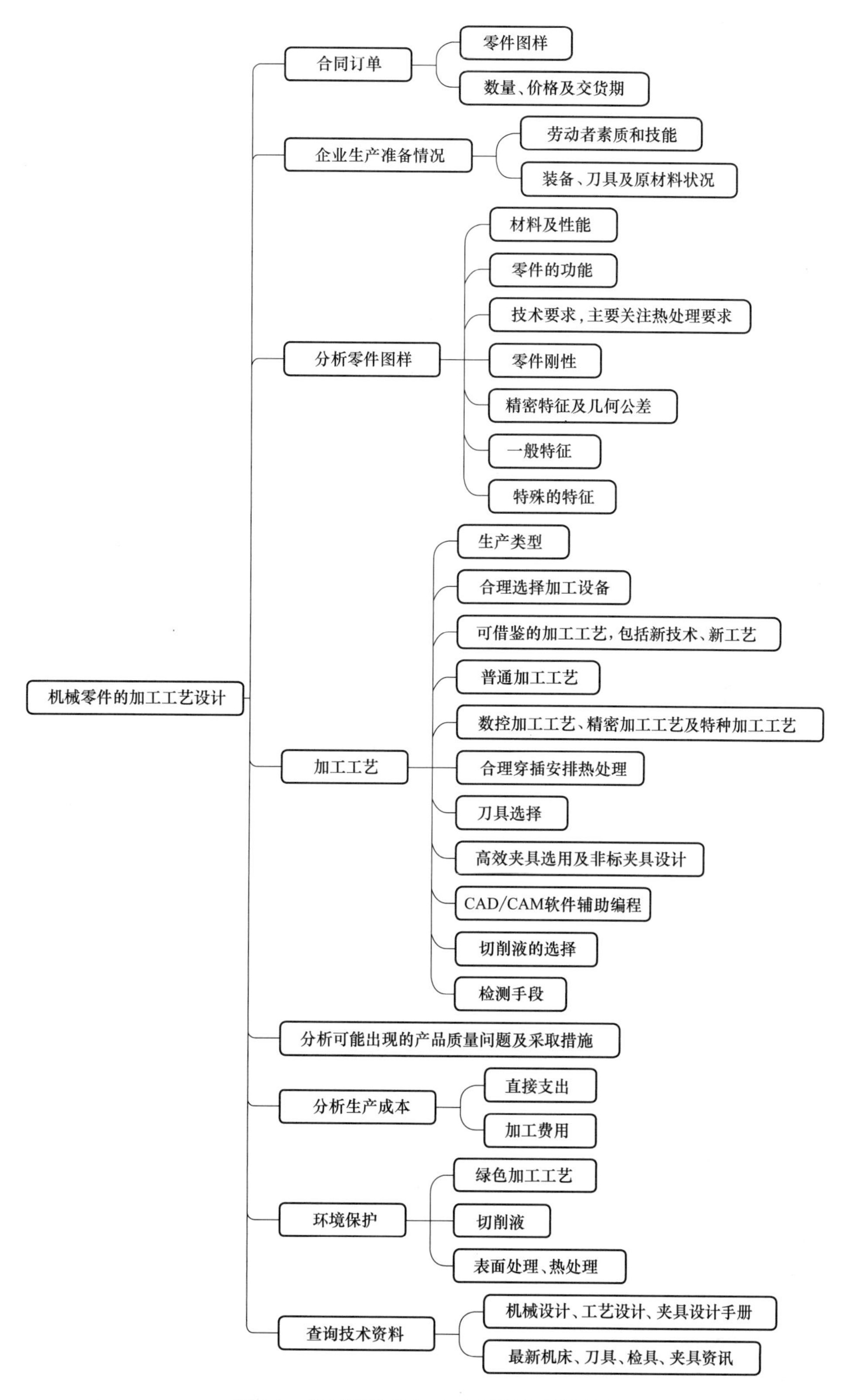


图 1-2　机械零件的加工工艺设计思维导图

（1）单件生产　基本特点是生产的产品品种繁多，每种产品仅制造一个或少数几个，很少重复生产。重型机械制造、专用设备制造、新产品试制等都属于单件生产。

（2）成批生产　基本特点是一年中分批次生产相同的零件，生产呈周期性重复。机床、工程机械、液压传动装置等许多标准通用产品的生产属于成批生产。

（3）大量生产　基本特点是同一产品的生产数量很大，通常是同一工作地长期进行同一种零件的某一道工序的加工。汽车、拖拉机、轴承等的生产都属于大量生产。

**2. 毛坯选择**

毛坯种类的选择不仅影响毛坯的制造工艺及费用，而且与零件的机械加工工艺和加工质量密切相关。通常，零件的材料一旦确定，其毛坯成形方法就大致确定。反之，在选择毛坯成形方法时，除了考虑零件结构工艺性之外，还要考虑材料的工艺性能能否符合要求。常见的毛坯种类有铸件、锻件、型材、焊接件及其他毛坯（其他毛坯主要包括冲压件、粉末冶金件、冷挤件、塑料压制件及3D打印等）。

选择毛坯时应该考虑如下几个方面的因素。

■ 零件的生产纲领。大量生产的零件应选择精度和生产率高的毛坯制造方法，用于毛坯制造的昂贵费用可由材料消耗的减少和机械加工费用的降低来补偿。

■ 零件材料的工艺性。例如材料为铸铁或青铜等的零件应选择铸造毛坯；钢质零件形状不复杂，力学性能要求又不太高时，可选用型材；重要的钢质零件，为保证其力学性能，应选择锻件毛坯。

■ 零件的结构形状和尺寸。形状复杂的毛坯，一般采用铸造方法制造，薄壁零件不宜用砂型铸造。

■ 现有的生产条件。选择毛坯时，还要考虑本厂的毛坯制造水平、设备条件以及外协的可能性和经济性等。

**3. 定位基准选择**

在加工时，用以确定工件在机床上或夹具中正确位置所采用的基准，称为定位基准。零件在进行粗加工时使用的是最原始的没有经过加工的表面，这是粗基准。如果在进行粗加工后使用的是已经过加工的定位基准，这就是精基准。在选择定位基准时必须慎重考虑。

（1）粗基准选择原则　粗基准的选择有两个原则：一是保证各加工表面有足够的余量，二是保证非加工面的尺寸和位置符合图样要求。

1）选用的粗基准应便于定位、装夹和加工，并使夹具结构简单。

2）如果首先保证工件加工面与非加工面之间的位置精度要求，则应以非加工面为粗基准。

3）为保证某重要表面的粗加工余量小而均匀，应选该表面为粗基准。

4）为使毛坯上多个加工面的加工余量较为均匀，应选能使毛坯面到所选粗基准的位置误差得到均分的这种毛坯面为粗基准。

5）粗基准应平整，没有浇口、冒口以及飞边缺陷，以便定位可靠。

6）粗基准一般只能使用一次（尤其主要定位基准），以免产生较大的位置误差。

（2）精基准的选择原则

1）所选定位基准应便于定位、装夹和加工，要有足够的定位精度。

2）基准统一原则。当工件以某一组精基准定位可以比较方便地加工其余多数面时，应

在这些表面的各加工工序中采用这同一组基准来定位，这样可以减少工艺装备设计和制造，避免基准转换误差，提高生产率。

3）基准重合原则。表面最后精加工需保证位置精度时，应选用设计基准为定位基准来定位，在用基准统一原则定位而不能保证其位置精度的那些表面精加工时，就必须采用基准重合原则。

4）自为基准原则。当有的表面精加工工序要求余量小而均匀时，可利用被加工表面本身作为定位基准来定位，此时的位置精度要求由先行工序保证。

5）互为基准原则。为获得均匀的加工余量或较高的位置精度，可采用互为基准、反复加工原则。

**4. 加工方法选择的原则**

1）所选加工方法应考虑其加工经济性，精度范围要与加工表面的精度要求及表面粗糙度值要求相适应。加工经济精度是指在正常加工条件下（即采用符合质量标准的设备、工艺装备和标准技术等级的工人，不延长加工时间）所能保证的加工精度。

2）所选的加工方法能确保加工表面的几何精度的要求。

3）所选的加工方法要与生产类型相适应，大批量生产时，应采用高效的机床设备和先进的加工方法；在单件小批量生产中，多采用通用机床和常规加工方法。

4）所选的加工方法要与零件材料的可加工性相适应。例如：淬火钢、耐热钢等硬度高的材料多采用磨削方法加工。

5）所选加工方法要与企业现有设备条件和工人技术水平相适应。

**5. 工序的安排原则**

（1）加工阶段的划分　按加工性质和作用的不同，工艺过程一般可划分为3个加工阶段。

1）粗加工阶段：主要是切除各加工表面上的大部分余量，所用精基准的加工则在本阶段的最初工序中完成。

2）半精加工阶段：为各主要表面的精加工做好准备（达到一定精度要求并留有精加工余量），且完成一些次要表面的加工。

3）精加工阶段：使各主要表面达到规定的质量要求。某些精密零件加工时还有精整（超精磨、镜面磨、研磨和超精加工等）或光整（滚压、抛光等）加工阶段。

有些情况下可以不划分加工阶段，例如：加工质量要求不高或加工质量要求较高，但毛坯刚性、精度高的零件，就可以不划分加工阶段；特别是加工中心加工时，对于加工要求不太高的大型、重型工件，可以在一次装夹中完成粗加工和精加工的，往往也不划分加工阶段。

（2）划分加工阶段的作用　划分加工阶段的作用主要有以下几点。

1）避免毛坯内应力重新分布而影响加工精度。

2）避免粗加工时较大的夹紧力和切削力所引起的弹性变形和热变形对精加工的影响。

3）粗、精加工阶段分开，可及时发现毛坯的缺陷。

4）可以合理使用机床，使精密机床能长期地保持精度。

5）适应加工过程中安排热处理的需要。

（3）工序的合理组合　在确定了零件的加工方案后，就应按生产类型、零件的结构特点和技术要求、机床设备等具体生产条件确定工艺过程的工序。确定工序有两种基本原则。

1）工序分散原则：工序分散原则的特征是被加工零件工序多、工艺过程长，每个工序所包含的加工内容很少，极端情况下每个工序只有一个工步，所使用的工艺设备与工艺装备比较简单，易于调整和掌握，有利于选用合理的切削用量，减少基本时间，生产中要求设备数量多，生产面积大，但易于更换产品。

2）工序集中原则：工序集中原则的特征是零件各个表面的加工集中在少数几个工序内完成，每个工序的内容和工步都较多，利于采用高效的专用设备和工艺装备，生产率高。

在实际生产中常常采用：小批量时采用通用机床和工序集中原则，大批量时既可按工序分散原则组织流水线生产，也可利用高生产率的专用设备按工序集中原则组织生产。

### 6. 工序的安排原则

工序安排原则见表 1-1。

**表 1-1　工序安排原则**

| 类别 | 工序 | 安排原则 |
| --- | --- | --- |
| 机械加工 | | 1)对形状复杂、尺寸较大的毛坯,应首先安排划线工序,为精基准加工提供找正基准<br>2)基面先行,应先加工精基准。在重要表面加工前,应对精基准进行修正<br>3)按“先主后次、先粗后精”的顺序,对精度要求较高的各主要表面进行粗加工、半精加工和精加工。对于主要表面、有位置精度要求的次要表面应安排在主要表面加工之后加工。对于易出现废品的工序,精加工和光整加工可适当提前,一般情况下,主要表面的精加工和光整加工应放在最后阶段进行<br>4)先面后孔<br>5)就近不就远,尽量就近安排类似工序,降低运输成本 |
| 热处理 | 预备热处理 | 1)退火、正火和调质既可以做预备热处理,也可以做最终热处理,一般安排在机械加工之前或安排在粗加工之后、半精加工(或精加工)之前进行。安排在粗加工之前一般是改善材料的可加工性;安排在粗加工之后、半精加工(或精加工)之前一般是消除切削加工中产生的应力,保证调质层的厚度<br>2)时效处理是为了消除残余应力:对尺寸大、结构复杂的铸件,需要在粗加工前、后各安排一次时效处理;对于一般铸件,需要在铸造后或粗加工后安排一次时效处理;对于精度要求高的铸件,需要在半精加工前、后各安排一次时效处理;对于精度高、刚度差的零件,需要在粗车、粗磨、半精磨后各安排一次时效处理 |
| | 最终热处理 | 1)最终热处理包括表面淬火、渗氮、渗碳、碳氮共渗和氮碳共渗等,一般安排在精加工阶段的精磨前进行<br>2)渗氮处理前一般应进行调质处理<br>3)调质处理作为最终热处理,一般安排在半精加工之后精加工之前<br>4)在进行最终热处理时要注意螺纹、键槽等有尖角的保护处理<br>5)冷处理和深冷处理可以安排在精加工的磨削阶段之前,也可以安排在精加工的磨削阶段之后,可以一次也可以多次处理 |
| | 表面处理 | 电镀、涂层、发蓝、阳极化等表面处理工序一般安排在工艺过程的最后进行 |
| 辅助工序 | 中间检验 | 一般安排在粗加工全部结束之后,精加工之前;送往外车间加工的前后(特别是热处理前后);花费工时较多和重要工序的前后 |
| | 特种检验 | 荧光检验、磁力探伤主要用于表面质量的检验,通常安排在精加工阶段;荧光检验若用于检查毛坯的裂纹,则安排在加工前 |

## 三、数控加工工艺路线设计原则

数控加工工艺路线设计与通用机床加工工艺路线设计的主要区别在于它往往不是指从毛坯到成品的整个工艺过程，而仅是几道数控加工工序工艺过程的具体描述。因此，在工艺路线设计中一定要注意到，由于数控加工工序一般都穿插于零件加工的整个工艺过程中，因而要与普通加工工艺衔接好。数控加工工艺设计的原则和内容在许多方面与普通机床加工工艺相同。由于采用数控机床加工具有加工工序少，所需专用工艺装备数量少等特点，克服了传统工艺方法的弱点，使数控加工工艺相应形成了自身的加工特点。

**1. 数控加工工艺设计原则**

设计零件数控加工的工艺过程时应遵循以下原则。

（1）工序最大限度集中、一次定位的原则　一般在数控机床上，特别是在加工中心上加工零件，工序可以最大限度集中，即零件在一次装夹中应尽可能完成本台数控机床所能加工的大部分或全部工序。数控加工倾向于工序集中，可以减少机床数量和工件装夹次数，减少不必要的定位误差，生产率高。对于同轴度要求很高的孔系加工，应在一次安装后，通过顺序连续换刀来完成该孔系的全部加工，然后再加工其他坐标位置的孔，以消除重复定位误差的影响，提高孔系的同轴度。在同一次安装中进行的多道工序，应先安排对工件刚性破坏小的工序。

（2）先粗后精的原则　在进行数控加工时，根据零件的加工精度、刚度和变形等因素来划分工序时，应遵循粗、精加工分开原则来划分工序，即先粗加工全部完成之后再进行半精加工、精加工。对于某一加工表面，应按粗加工→半精加工→精加工顺序完成。粗加工时应当在保证加工质量、刀具寿命和机床—夹具—刀具—工件工艺系统的刚性所允许的条件下，充分发挥机床的性能和刀具切削性能，尽量采用较大的切削深度、较少的切削次数得到精加工前的各部余量尽可能均匀的加工状况，即粗加工时可快速切除大部分加工余量，尽可能减少走刀次数，缩短粗加工时间。精加工时主要保证零件的加工精度和表面质量，故通常精加工时零件的最终轮廓应由最后一刀连续精加工而成。为保证加工质量，一般情况下精加工余量以留 0.2~0.6mm 为宜。粗、精加工之间，最好隔一段时间，以使粗加工后零件的变形得到充分恢复再进行精加工，以提高零件的加工精度。

（3）先近后远、先面后孔的原则　按加工部位相对于对刀点的距离远近而言，在一般情况下，离对刀点近的部位先加工，离对刀点远的部位后加工，以便缩短刀具移动距离，减少空行程时间。对于车削而言，先近后远还有利于保持毛坯或半成品的刚性，改善其切削条件。对于既有铣平面又有镗孔的零件，可按先铣平面后镗孔顺序进行。因为铣平面时切削力较大，零件易发生变形，先铣平面后镗孔，使其有一段时间恢复变形，有利于保证孔的加工精度；若先镗孔后铣平面，孔口就会产生毛刺、飞边，影响孔的装配。

（4）先内后外、内外交叉原则　对既有内表面（内型、内腔），又有外表面需加工的零件，安排工序时，通常应安排先加工内表面，后加工外表面；应先进行内外表面粗加工，后进行内外表面精加工。通常在一次装夹中，切不可将零件上某一部分表面（外表面或内表面）加工完毕后，再加工零件上的其他表面（内表面或外表面）。

（5）刀具集中分序法原则　在数控加工时，为了减少换刀次数，压缩空行程时间，应按所用刀具来划分工序和工步，即可按刀具集中工序的方法加工零件，尽可能用同一把刀具加工完工件上所有需要用该刀具加工的部位后，再换第二把刀具加工其他部位。

（6）加工部位分序法原则　对于加工内容很多的零件，可按其结构特点将加工部分分成几个部分，如内形、外形、曲面或平面等。一般先加工平面、定位面，后加工孔；先加工简单的几何形状，再加工复杂的几何形状；先加工精度要求较低的部位，再加工精度要求较高的部位。

（7）附件最少调用次数原则　即在保证加工质量的前提下，一次附件调用后，每次最大限度进行切削加工，以避免同一附件的多次调用、安装。

（8）走刀路线最短原则　在保证加工质量的前提下，使加工程序具有最短的走刀路线，不仅可以节省加工时间，还能减少一些不必要的刀具磨损及其他消耗。走刀路线的选择主要在于粗加工及空行程的走刀路线的确定，因精切削加工过程的走刀路线基本上都是沿着其零件轮廓顺序进行的，故一般情况下，若能合理选择起刀点、换刀点，合理安排各路径间空行程衔接，都能有效缩短空行程。

（9）程序段最少原则　在加工程序的编制工作中，总是希望以最少的程序段数实现对零件的加工，以使程序简洁，减少出错的概率及提高编程工作的效率，而且能减少程序段输入的时间及计算机内存容量的占有数。

（10）数控加工工序和普通工序的衔接原则　数控加工工序前后一般都穿插有其他普通工序，各道工序必须前后兼顾、综合考虑。

（11）特殊情况特殊处理的原则　上述的原则也不是一成不变的，对于某些特殊的情况，工艺设计则需要采取灵活可变的方案。

**2. 数控工序的划分方法**

（1）按所用刀具划分工序　为了减少换刀次数和空行程时间，可以采用刀具集中的原则划分工序。在一次装夹中用一把刀完成可以加工的全部加工部位，然后再换第二把刀加工其他部位。在专用数控机床或加工中心上大多采用这种方法。

（2）按粗、精加工划分工序　对易产生加工变形的零件，考虑到工件的加工精度、变形等因素，可按粗、精加工分开的原则来划分工序，即先粗后精。

（3）按加工部位划分工序　这种方法一般适应加工内容不多的工件，主要是将加工部位分为几个部分，每道工序加工其中一部分。当加工外形时，以内腔夹紧；加工内腔时，以外形夹紧。

在工序的划分中，一定要视零件的结构与工艺性、工件的安装方式、数控机床的功能、零件数控加工内容的多少、安装次数及工厂生产组织与管理状况等因素，灵活掌握、力求合理。工序的安排应根据零件的结构和毛坯状况，以及定位安装与夹紧的重要性来考虑，重点在于工件的刚性不被破坏，以保证整体零件的加工精度。

## 四、数控机床的选择

选择数控机床时，首先要保证加工零件的技术要求，能够加工出合格的零件。其次是要有利于提高生产效率，降低生产成本。选择数控机床一般要考虑到机床的结构、载重、功率、行程和精度。还应依据加工零件的材料状态、技术要求和工艺复杂程度，选用适宜、经济的数控机床，综合考虑以下因素的影响。

（1）机床的类别、规格、性能　数控机床主要规格的尺寸应与工件的轮廓尺寸相适应，

即小的工件应当选择小规格的机床加工，而大的工件则选择大规格的机床加工，做到设备的合理使用。

（2）机床的主轴功率、转矩、转速范围，刀具及其系统的配置情况　机床的功率与刚度应与工序和切削用量相匹配。例如粗加工工序去除的毛坯余量大，切削用量选得大，就要求机床有大的功率和较好的刚度。

（3）数控机床的定位精度和重复定位精度　机床的工作精度与工序要求的加工精度相适应。根据零件的加工精度要求选择机床，如精度要求低的粗加工工序，应选择精度低的机床，精度要求高的精加工工序，应选用精度高的机床。

（4）零件的定位基准和装夹方式　装夹方便、夹具结构简单也是选择数控设备时需要考虑的一个因素。选择卧式数控机床还是立式数控机床，将直接影响所选择夹具的结构和工件坐标系，直接关系到数控编程的难易程度和数控加工的可靠性。

## 五、数控刀具的选择

### 1. 选择数控刀具的依据

数控刀具的选择通常需兼顾生产类型、质量、经济性及生产率等因素，其选择标准（图1-3）为确保工艺的可靠性，提高产品质量，消除计划外停机。在大批量的简单零件生产中，以最低的成本实现最大的产量通常是首要考虑的因素。但另一方面，在品种杂、小批量的高附加价值的复杂零件生产中，总可靠性和精确性要比解决制造成本更重要。对于此类小批量生产场合，装夹系统需要满足灵活性要求，复合刀具和多任务刀具是优先选择的目标。如果成本效益是主要目标，则必须根据每个切削刃的成本来选择刀具，并且必须选择与所选刀具相平衡的切削条件。加工参数应强调较长的刀具寿命和工艺可靠性。如果工件质量是优先考虑事项，则在适当的切削条件下采用高精度刀具是正确的方法。

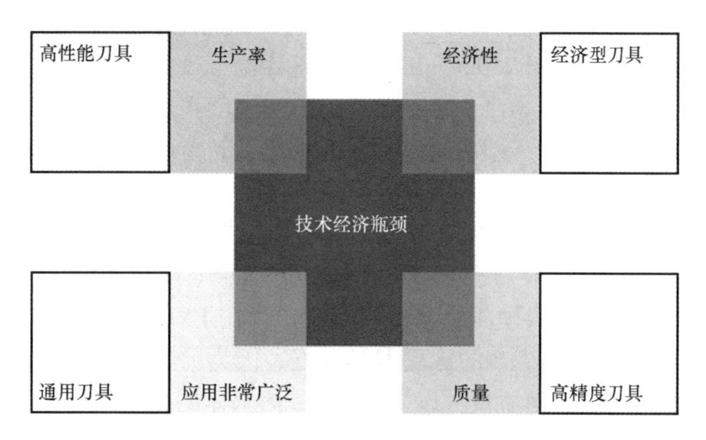


图1-3　数控刀具的选择标准

数控刀具要求精度高、刚性好、装夹调整方便、切削性能强、刀具寿命长。合理选用既能提高加工效率又能提高产品质量。刀具选择应考虑以下因素。

（1）生产类型　主要从加工成本上考虑对刀具选择的影响。例如，在大量生产时采用特殊刀具可能是合算的，而在单件或小批量生产时，选择通用刀具更适合一些。

（2）机床类型　完成该工序所用的数控机床对选择的刀具类型（钻头、车刀或铣刀）

的影响。在能够保证工件系统和刀具系统刚性好的条件下，允许采用高生产率的刀具，如高速切削车刀和大进给量车刀。

（3）数控加工方案　不同的数控加工方案可以采用不同类型的刀具。例如孔的加工可以用钻头及扩孔钻，也可用钻头和镗刀来进行加工。

（4）工件的尺寸及外形　工件的尺寸及外形也影响刀具类型和规格的选择。例如特型表面要采用特殊的刀具来加工。

（5）表面粗糙度　表面粗糙度影响刀具的结构形状和切削用量。例如毛坯粗铣加工时，可采用粗齿铣刀，精铣时最好用细齿铣刀。

（6）加工精度　加工精度影响精加工刀具的类型和结构形状。例如孔的最后加工依据孔的精度可用钻头、扩孔钻头、铰刀或镗刀来加工。

（7）工件材料　工件材料将决定刀具材料和切削部分几何参数的选择，刀具材料与工件的加工精度、材料硬度等有关。

**2. 常见工件材料在高速切削加工时的刀具材料及切削用量选择**

（1）铝合金

1）易切削铝合金。该材料在航空航天工业应用较多，适用的刀具有 K10、K20、PCD，切削速度在 2000~4000m/min，进给量在 3~12m/min，刀具前角为 12°~18°，后角为 10°~18°，刃倾角可达 25°。

2）铸铝合金。铸铝合金根据其 Si 含量的不同，选用的刀具也不同，对 Si 的质量分数小于 12%的铸铝合金可采用 K10、$Si_3N_4$ 刀具，当 Si 的质量分数大于 12%时，可采用 PKD（人造金刚石）、PCD（聚晶金刚石）及 CVD 金刚石涂层刀具。对于 Si 的质量分数达 16%~18%的过硅铝合金，最好采用 PCD 或 CVD 金刚石涂层刀具，其切削速度可达 1100m/min，进给量为 0. 125mm/r。

（2）铸铁　对铸件，切削速度大于 350m/min 时，称为高速加工。切削速度对刀具的选用有较大影响。当切削速度低于 750m/min 时，可选用涂层硬质合金、金属陶瓷；切削速度在 510~2000m/min 时，可选用 $Si_3N_4$ 陶瓷刀具；切削速度在 2000~4500m/min 时，可使用 CBN 刀具。铸件的金相组织对高速切削刀具的选用有一定影响，加工以珠光体为主的铸件在切削速度大于 500m/min 时，可使用 CBN 或陶瓷刀具。当以铁素体为主时，由于扩散磨损的原因，使刀具磨损严重，不宜使用 CBN，而应采用陶瓷刀具。

（3）普通钢　目前，涂层硬质合金、金属陶瓷、非金属陶瓷、CBN 刀具均可作为高速切削钢件的刀具材料。其中涂层硬质合金可用切削液。用 PVD 涂层方法生产的 TiN 涂层刀具其耐磨性能比用 CVD 涂层法生产的涂层刀具要好，因为前者可很好地保持刃口形状，使加工零件获得较高的精度和表面质量。以 TiC-Ni-Mo 为基体的金属陶瓷化学稳定性好，但抗弯强度及导热性差，适于切削速度在 400~800m/min 的小进给量、小切削深度的精加工；以 TiCN 作为基体、结合剂中少钼多钨的金属陶瓷将强度和耐磨两者结合起来，可增加金属陶瓷的韧性，其加工钢或铸铁的切削深度可达 2~3mm。CBN 可用于铣削含有微量或不含铁素体组织的轴承钢或淬硬钢。

（4）高硬度钢

1）高硬度钢（40~70HRC）的高速切削可选择金属陶瓷刀具、陶瓷刀具、TiC 涂层硬质合金刀具、PCBN 刀具等。金属陶瓷可用基本成分为 TiC 添加 TiN 的金属陶瓷，其硬度和

断裂韧度与硬质合金大致相当，而导热系数不到硬质合金的 1/10，并具有优异的耐氧化性、抗粘结性和耐磨性。另外其高温下力学性能好，与钢的亲和力小，适合于中高速（在 200m/min 左右）的模具钢 SKD 加工。金属陶瓷尤其适合于切槽加工。

2）采用陶瓷刀具可切削硬度达 63HRC 的工件材料，如进行工件淬火后再切削，实现“以切代磨”。切削淬火硬度达 48～58HRC 的 45 钢时，切削速度可取 150～180m/min，进给量在 0.3～0.4mm/r，切削深度可取 2～4mm。粒度在 1μm，TiC 含量在 20%～30%的 $Al_2O_3$-TiC 陶瓷刀具，在切削速度为 100m/min 左右时，可用于加工具有较高抗剥落性能的高硬度钢。

3）当切削速度高于 1000m/min 时，PCBN 是最佳刀具材料，CBN 含量大于 90%的 PCBN 刀具适合加工淬硬工具钢（如 55HRC 的 T13 工具钢）。

（5）高温镍基合金　高温镍基合金是典型的难加工材料，具有较高的高温强度、动态剪切强度，热扩散系数较小，切削时易产生加工硬化，这将导致刀具切削区温度高、磨损速度加快。高速切削该合金时，主要使用陶瓷和 CBN 刀具。

（6）钛合金　钛合金强度、冲击韧性大，硬度稍低于高温镍基合金，但其加工硬化非常严重，故在切削加工时出现温度高、刀具磨损严重的现象。切削时应尽可能选择与钛合金化学亲和力小的刀具材料，保持切削刃的锋利程度，选择合理的切削用量。加工钛合金不能用含钛元素的硬质合金（YT 类）和有钛涂层材料的硬质合金刀具。由于含钛元素的硬质合金与钛合金产生强烈亲和力，加剧刀具的粘结磨损；YG 类硬质合金和高性能高速钢，只能用于小切削用量条件下加工钛合金，效率比较低。陶瓷刀具导热性差、易断裂、韧性小，不适合加工钛合金；金刚石（PCD）材料刀具不耐高温、成本高，只能用于精加工钛合金。PCBN 聚晶刀片在 1000℃有卓越的化学及热稳定性，热硬性好，是理想的刀具材料，通过低速、大进给、大切削深度，可实现高生产效率。高速切削钛合金的速度一般控制在 100～400m/min 范围。

## 六、数控机床夹具选择

### 1. 正确选择夹具类型是高效加工的基础

目前，机械加工按生产批量可分为两大类：一类是单件、多品种、小批量（简称小批量生产）；另一类是少品种、大批量（简称大批量生产）。其中前者占到机械加工总产值的 70%～80%，是机械加工的主体。

（1）组合夹具　组合夹具（图 1-4）又称为“积木式夹具”，它由一系列经过标准化设计、功能各异、规格尺寸不同的机床夹具元件组成，客户可以根据加工要求，像“搭积木”一样，快速拼装出各种类型的机床夹具。由于组合夹具省去了设计和制造专用夹具时间，极大地缩短了生产准备时间，因而有效地缩短了小批量生产周期，提高了生产效率。另外，组合夹具还具有定位精度高、装夹柔性大、循环重复使用、制造节能节材、使用成本低廉等优点。故小批量加工，特别是产品形状较为复杂时可优先考虑使用组合夹具。

（2）精密组合平口钳　精密组合平口钳（图 1-5）具有快速安装（拆卸）、快速装夹等优点，因此可以缩短生产准备时间，提高小批量生产效率。目前国际上常用的精密组合平口钳装夹范围一般在 1000mm 以内的，夹紧力一般在 49033.25N 以内。需要注意的是，这里所说的精密组合平口钳并不是机用虎钳，此类产品具有装夹柔性大、定位精度高、夹紧快速、

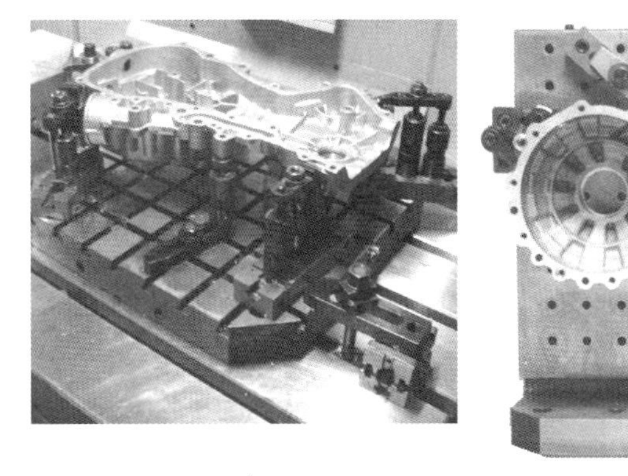

a)

b)

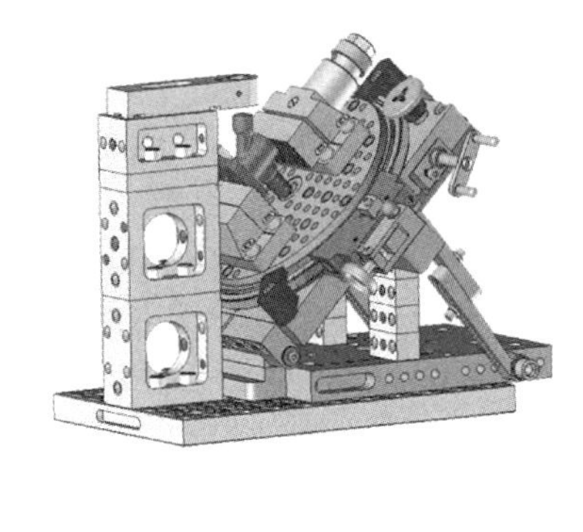

c)

图 1-4　组合夹具

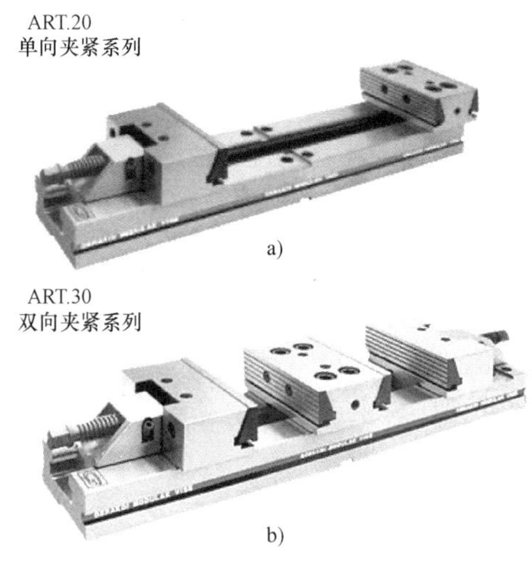


a)

b)

图 1-5　精密组合平口钳

可成组使用等特点，特别适合数控机床、加工中心使用。

（3）电永磁吸盘　电永磁吸盘（图 1-6）是指依靠永磁钢产生吸力，用励磁线圈对永磁钢的吸力进行控制，起到吸力开关作用的吸盘。电永磁吸盘在工作中不需要电能，只靠磁力夹持工件，避免了电磁系统在突然断电和拖线损坏时磁力丧失而出现的危险。电永磁吸盘由放置于导磁体间不可逆磁体与其下面的可逆磁体及套件在可逆磁体外的电磁线圈、外壳组成。电永磁吸盘通过改变电磁线圈的电流方向，实现磁路的闭合，达到吸持或卸下工件的目的（图 1-7、图 1-8）。电永磁吸盘具有的快速夹紧、易实现多工位装夹、一次装夹可多面加工、装夹平稳可靠、节能环保、可实现自动化控制等优点。与常规机床夹具相比，电永磁吸盘可以大幅缩短装夹时间，减少装夹次数，提高装夹效率，因此不仅适用于小批量生产，也适用于大批量生产。

（4）液压/气动夹具　液压/气动夹具（图 1-9、图 1-10）是以油压或气压作为动力源，通过液压元件或气动元件来实现对工件的定位、支承与夹紧的专用夹具。液压/气动夹具可以准确快速地确定工件与机床、刀具之间的相互位置，工件的位置度由夹具保证，加工精度

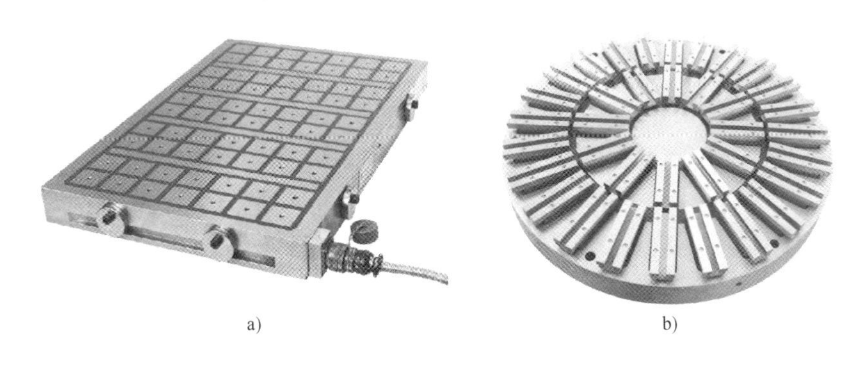

a)　　b)

图 1-6　电永磁吸盘

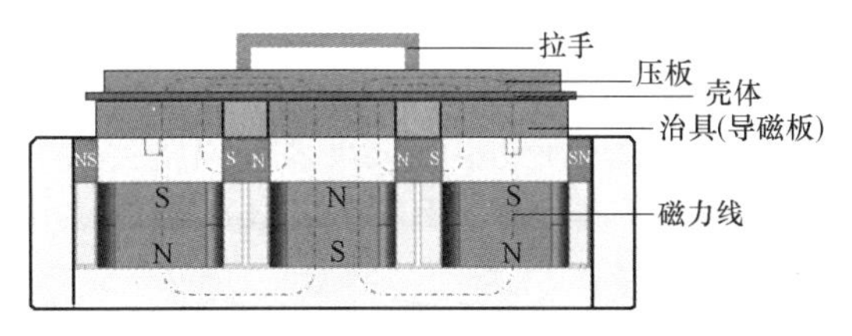


图 1-7　吸持工件

工件
钕铁硼磁钢
磁极
励磁线圈
铝镍钴磁钢
磁力线
壳体

图 1-8　卸下工件

图 1-9　液压夹具

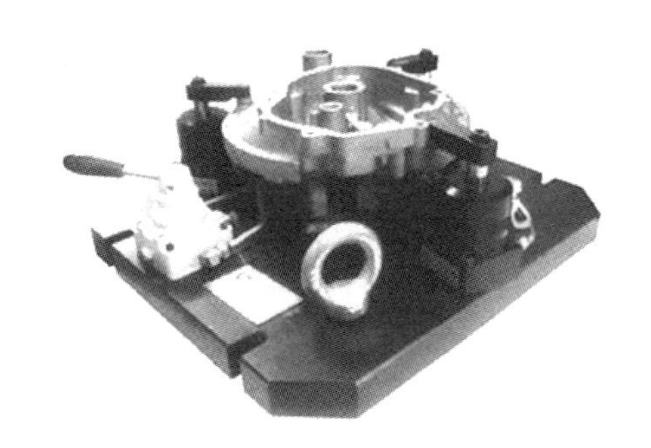

图 1-10　气动夹具

高；定位及夹紧过程迅速，极大节省了夹紧和释放工件的时间；同时具有结构紧凑、可多工位装夹、可进行高速重切削，可实现自动化控制等优点。液压/气动夹具的上述优点，使其特别适宜在数控机床、加工中心、柔性生产线使用，特别适合大批量加工。

（5）光面夹具基座　光面夹具基座是经过精加工的夹具基体精毛坯，它与机床工作台的定位、连接部分和零件在夹具上的定位连接面，全部是预先精加工的。根据被加工零件的定位和夹紧需要，利用机床在光面夹具元件上加工定位孔和螺孔，使用时可组装所需的专用夹具。用户可以根据自己的实际需要，自行加工制作专用夹具。光面夹具基座（图 1-11）可以有效缩短制造专用夹具的周期，减少生产准备时间，因而可以从总体上缩短大批量生产的周期，提高生产效率；同时可以降低专用夹具的制造成本。因此，光面夹具基座特别适合周期较紧的大批量生产。

图 1-11　光面夹具基座

2. 合理使用夹具以挖掘设备潜能

为了提高数控机床加工效能，仅仅“选对”数控机床夹具还是不够的，还必须在“用好”数控机床夹具上下功夫。下面介绍三种常用的方法。

（1）多工位法　多工位法的基本原理：通过一次装夹多个工件，达到缩短单位装夹时间，延长刀具寿命的目的。多工位夹具即拥有多个定位夹紧位置的夹具。随着数控机床的发展和用户对提高生产效率的需要，现在多工位夹具的应用越来越多。进而在液压/气动夹具、组合夹具、电永磁吸盘和多工位精密组合平口钳（图 1-12）的结构设计中多工位法越来越普遍。

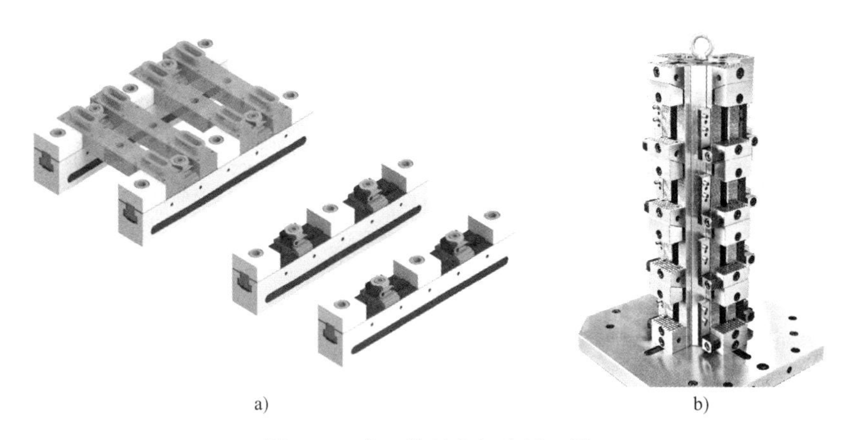

a)　　b)

图 1-12　多工位精密组合平口钳

（2）成组使用法　将相同的几个夹具放在同一工作台使用，同样可以实现“多工位”装夹的目的。这种方法所设计的夹具一般应经过“标准化设计、高精度制造”，否则难以达到数控机床工序加工的要求。成组使用法可以充分利用数控机床行程，利于机床传动部件的均衡磨损；同时相关夹具既可独立使用，实现多件装夹，又可联合使用，实现大尺寸工件装夹。

（3）局部快换法　局部快换法是通过对数控机床夹具的局部（定位元件、夹紧元件、对刀元件和引导元件）进行快速更换，达到迅速改变夹具功能或使用方式的目的。例如：

快换组合平口钳，可以通过快速更换钳口实现装夹功能的改变，如由装夹方料转变成装夹棒料；也可以通过快速更换夹紧元件实现夹紧方式的改变，如由手动夹紧转变成液压夹紧。局部快换法大幅缩短了更换及调整夹具的时间，在小批量生产中优势较为明显。

## 七、机械加工零件的质量分析及其控制措施

全面质量管理（Total Quality Management，TQM）或全面质量控制（Total Quality Control，TQC）其实质是依靠全体员工对生产、经营、服务过程进行全方位的系统化管理，最大限度地改进产品、工作及服务的质量水平，提高企业的经济效益。依据TQM（TQC）原理建立起来的PDCA（计划、实施、检查、处理）循环模式是企业质量管理中一种有效的工作方法。

5M1E即人、机、料、法、环测，是全面质量管理（TQM）中六个影响产品质量的主要因素的简称。在机械产品的制造过程中难免会出现质量问题，即使是同一道工序、同一个人、在同一台机床上、用同一批原材料生产的同一种零件，其质量特性值也不一样，即所谓的质量波动现象。

### 1. 5M1E各因素分析

造成机械产品质量波动的原因主要有以下六个因素（图1-13）。

（1）人（Man）　操作者对质量的认识、技术熟练程度、身体状况等。

（2）机器（Machine）　机器设备、工夹具的精度和维护保养状况等。

（3）材料（Material）　材料的成分、物理性能和化学性能等。

（4）方法（Method）　这里包括加工工艺、工艺装备选择、操作规程等。

（5）测量（Measurement）　测量时采取的方法是否标准、正确。

（6）环境（Environment）　工作地的温度、湿度、照明和清洁条件等。

### 2. 5M1E采取的控制措施

（1）针对“人”的因素可采取的主要控制措施

1）加强“质量第一、用户第一、下道工序是用户”的质量意识教育，建立健全质量责任制。

2）编写明确详细的操作流程，加强工序专业培训，颁发操作合格证。

3）加强检验工作，适当增加检验的频次。

4）通过工种间的人员调整、工作丰富化等方法，消除操作人员的厌烦情绪。

5）广泛开展QCC品管圈活动，促进自我提高和自我改进能力。

（2）针对“机器”的因素可采取的主要控制措施

1）加强设备维护和保养，定期检测机器设备的关键精度和性能项目，并建立设备关键部位日点检制度，对工序质量控制点的设备进行重点控制。

2）采用首件检验，核实定位或定量装置的调整量。

3）尽可能配置定位数据的自动显示和自动记录装置，以减少对工人调整工作可靠性的依赖。

（3）针对“材料”的因素可采取的主要控制措施

1）在原材料采购合同中明确规定质量要求。

2）加强原材料的进厂检验和厂内自制零部件的工序和成品检验。

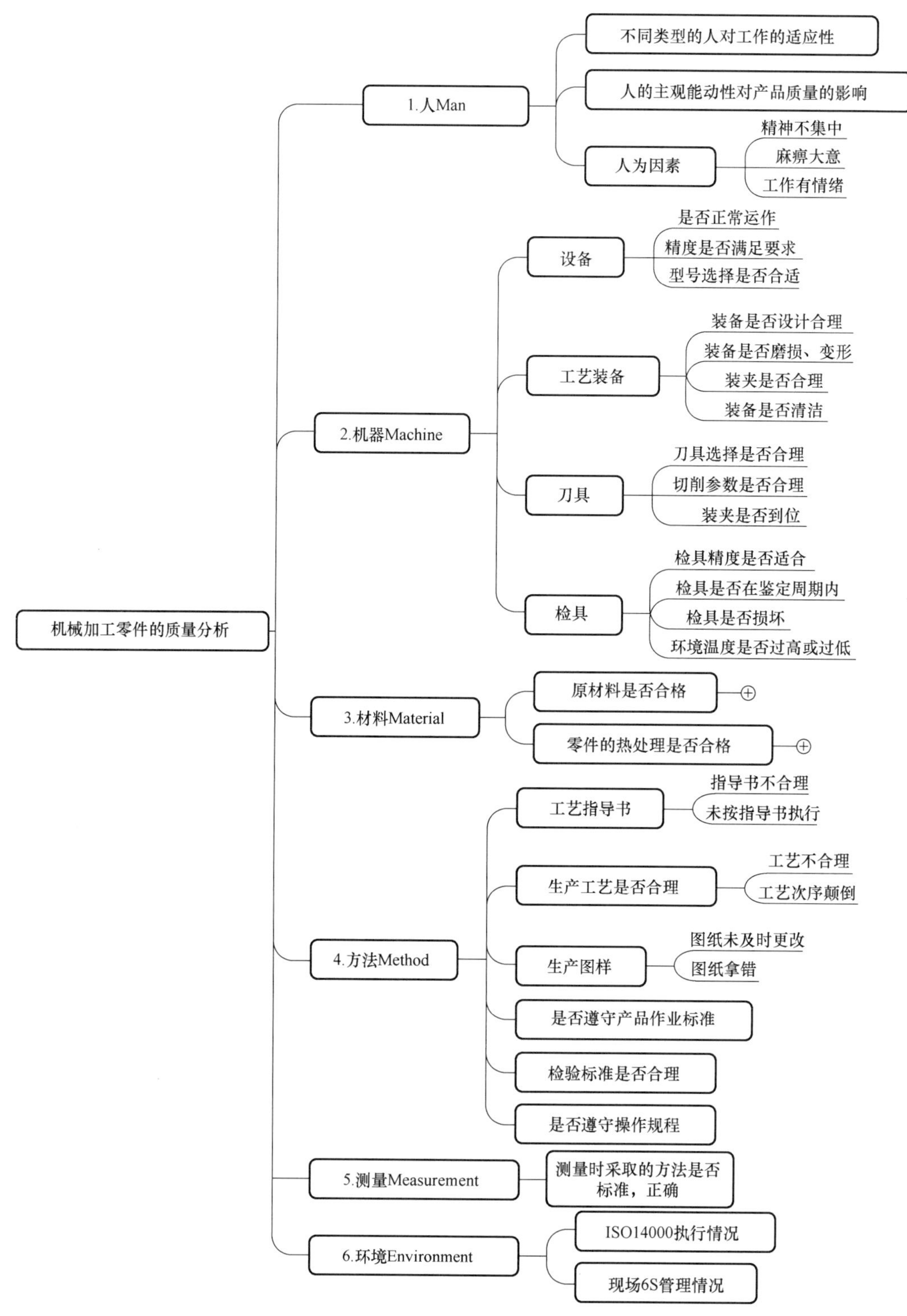


图 1-13　机械加工零件的质量分析思维导图

3）合理选择供应商（包括“外协厂”）。

4）搞好协作厂间的协作关系，督促、帮助供应商做好质量控制和质量保证工作。

（4）针对“方法”的因素可采取的主要控制措施

1）保证定位装置的准确性，严格首件检验，并保证定位中心准确，防止加工特性值数据分布中心偏离规格中心。

2）加强技术业务培训，使操作人员熟悉定位装置的安装和调整方法，尽可能配置显示定位数据的装置。

3）加强定型刀具或刃具的刃磨和管理，实行强制更换制度。

4）积极推行控制图管理，以便及时采取措施调整。

5）严肃工艺纪律，对贯彻执行操作规程进行检查和监督。

6）加强工具工艺装备和计量器具管理，切实做好工艺装备模具的周期检查和计量器具的周期校准工作。

（5）针对“测量”的因素可采取的主要控制措施

1）确定测量任务及所要求的准确度，选择使用的、具有所需准确度和精度的测试设备。

2）定期对所有测量和试验设备进行确认、校准和调整。

3）规定必要的校准规程。其内容包括设备类型、编号、地点、校验周期、校验方法、验收方法、验收标准，以及发生问题时应采取的措施。

4）保存校准记录。

5）发现测量和试验设备未处于校准状态时，立即评定以前的测量和试验结果的有效性，并记入有关文件。

（6）针对“环境”的因素可采取的主要控制措施　在确保产品对环境条件的特殊要求外，还要做好现场6S工作，大力搞好文明生产，为持久生产优质产品创造条件。

## 【项目小结】

通过本项目的学习对机械零件的制造全过程有个全面理解。掌握订单模式下机械零件制造的主要流程，内容涉及机械零件的工艺设计原则、数控加工工艺设计原则、工序划分、热处理选择、机床选择、刀具选择、夹具选择及5M1E质量分析与控制等。

# 项目2

# 主轴的工艺设计与加工

## 【项目描述】

本项目以每月加工300件主轴（图2-1）为例，零件材料为20CrMnTi，内容涉及零件的工艺设计、专用检具的设计及制造，拓展知识点涉及中心孔的加工、车床顶尖的选择、精密数控万能外圆磨床、轴类零件跳动的检测、数控车削工艺、深冷处理、渗氮件局部保护、数控车削刀具的选择及数控磨削编程等。

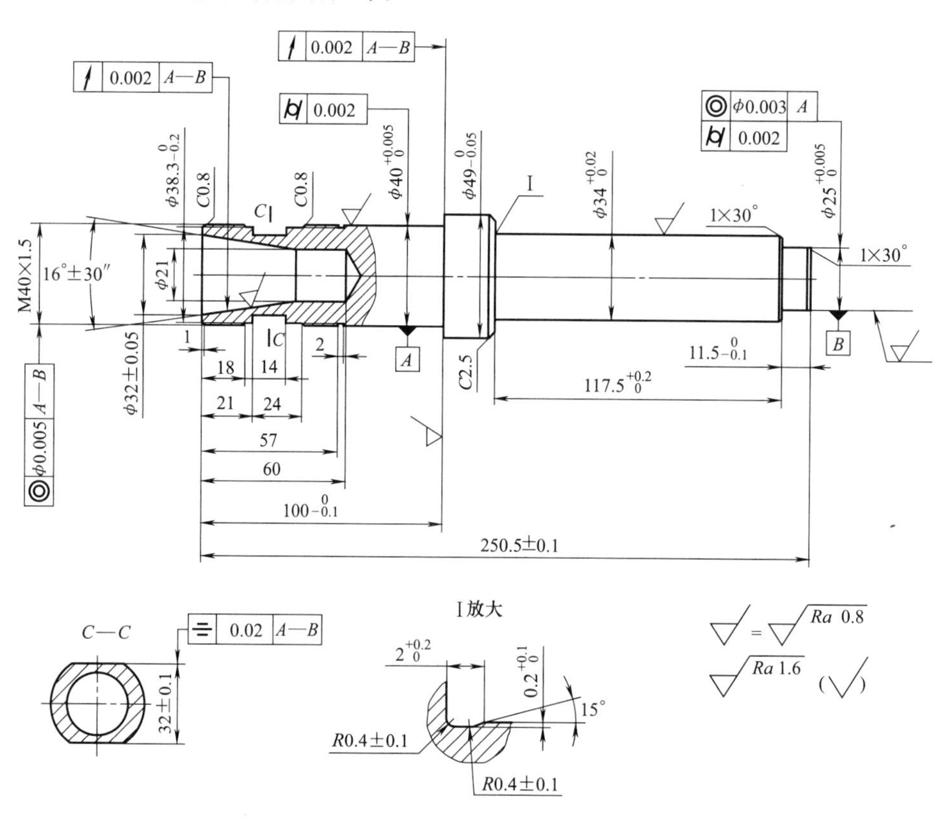


图2-1　主轴零件图

**【教学目标】**

**知识目标：**

(1) 精密轴类零件的工艺设计

(2) 专用检具的设计

(3) 数控车削加工工艺

(4) 锥孔的检测

(5) 几何公差的检测

(6) 中心孔加工

**能力目标：**

通过本项目的学习，进一步提高读图能力、工艺设计能力、成本分析能力、专业检具的设计与制造能力、精密轴类零件的制造能力及质量分析能力，同时可以提高团结协作能力、项目管理能力。

**【任务分解】**

任务 1　主轴的工艺设计

任务 2　锥孔塞规的设计与制造

任务 3　主轴的加工

**【项目实施建议】**

由于本项目涉及零件的工艺设计、检具的设计与制造，为保证项目的按时完成，建议项目小组成员以 4~5 人为宜，通过分工协作完成各个任务。在任务 1 工艺设计方案讨论阶段，全体组员参与，工艺流程一旦确定，提出检具的设计要求，留下 1 人完善工艺设计方案和绘制工艺卡，1 人编写数控程序，1 人负责检具的设计与制造，1 人做生产准备（主要任务是毛坯、设备使用、刀具、量具及外购件等清单的提交与落实）。在安排任务过程中，要学会合理安排时间，力求做到生产进度均衡。

## 任务 1　主轴的工艺设计

**【任务描述】**

按每月 300 件的生产量设计工艺方案，车间有普通车床、普通铣床、钻床、数控车床、加工中心、数控铣床及专用设备等。

**【任务准备】**

SolidWorks 或 UG 软件、CAXA 或 AutoCAD 软件、《机械加工工艺师手册》《刀具设计手册》等。

## 【任务实施】

### 1. 零件图样分析

零件的图样分析主要从以下几方面进行。

1）读懂零件图，审查图样完整性、准确性以及零件的结构、材料、热处理的合理性。

2）根据零件的生产批量、材料性能等因素，分析可能的毛坯形式。

3）分析零件的几何特征、尺寸精度、基准、几何公差及表面粗糙度等，重点关注尺寸公差、几何公差及表面粗糙度值小于或等于 1.6μm 的加工特征，找出可能的加工方法及检测手段。

4）对有热处理要求的，要根据其要求，提出可能的热处理方法，并提出相应的硬度要求和深度要求，如果还需要进行中间热处理，也应提出相应的要求。

图样分析完成，填写表 2-1。

**表 2-1　图样分析结果**

| 图样的完整性及合理性 | |
|---|---|
| 材料牌号及可加工性 | |
| 生产类型 | |
| 可能的毛坯形式 | |
| 热处理要求及定义 | |
| 中间热处理要求及定义 | |
| 几何特征 | 可能的加工方法 |
| 外圆柱面 | |
| 外螺纹 | |
| 锥孔 | |
| *C*—*C* 平面 | |
| 尺寸精度 | 可能的检测设备及规格 |
| $\phi40^{+0.005}_{0}$ mm，$\phi25^{+0.005}_{0}$ mm | |
| $\phi34^{+0.02}_{0}$ mm | |
| $\phi49^{0}_{-0.05}$ mm | |
| ($\phi32\pm0.05$) mm | |
| $16°\pm30''$ | |
| M40×1.5 | |
| (32±0.1) mm | |
| 几何公差 | 可能的检测设备及规格 |
| *A* 基准面 | |
| *B* 基准面 | |
| ⌭ 0.002 | |
| ↗ 0.002 *A*−*B* | |

（续）

| ◎ $\phi$0.005 $A-B$ | |
|---|---|
| ◎ $\phi$0.003 $A$ | |
| ⌯ 0.02 $A-B$ | |
| 表面质量 | 可能的检测设备及规格 |
| $Ra$0.8μm | |
| $Ra$1.6μm | |

2. 零件的机械加工工艺分析

零件的机械加工工艺分析主要按以下几个步骤进行。

1）根据零件的生产量及交货周期确定零件的生产类型。

2）根据企业的设备状况及操作人员水平，列出可能的机械加工工艺路线图。

3）从质量、交货期及成本等方面综合考虑，确定最优的机械加工工艺方案。

4）提出锥孔检具设计的要求及使用工序的方案。

工艺分析完，填写表2-2。

表2-2　零件的机械加工工艺分析结果

| 方案名称 | 内容 | 优点 | 缺点 |
|---|---|---|---|
| 工艺方案一 | | | |
| | | | |
| 工艺方案二 | | | |
| | | | |
| | | | |
| 工艺方案三 | | | |
| | | | |
| | | | |
| 最终的工艺方案 | | | |
| 检具设计要求及方案 | | | |

3. 零件的机械加工工艺文件设计

零件的机械加工工艺文件一般采用二维CAD软件绘制，为验证读图的正确性，建议按以下步骤进行。

（1）零件的三维建模及工程图绘制　利用三维CAD软件，完成零件的三维建模，结果如图2-2所示，进而完成零件的工程图，将其与图2-1对比，如果一致，说明读图正确。

（2）零件的工程图转换及修改　为便于工艺文件的绘制，一般需将零件的工程图导出

或另存为 .dwg 文件，利用 CAXA 或 AutoCAD 软件读取工程图，按照国家标准修改工程图，修改内容包括图层、线型、颜色、线宽及图框，填写技术要求及标题栏，修改后零件的工程图如图 2-3 所示。

（3）绘制零件的工艺文件　根据以上分析，利用二维 CAD 软件绘制零件的工艺文件，包括封面、综合过程卡、热处理卡、机械加工过程卡（刀具、切削参数）及质量检查卡。

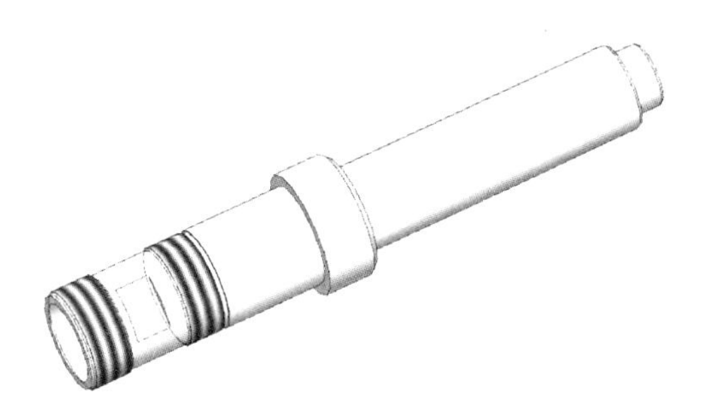

图 2-2　零件的三维模型

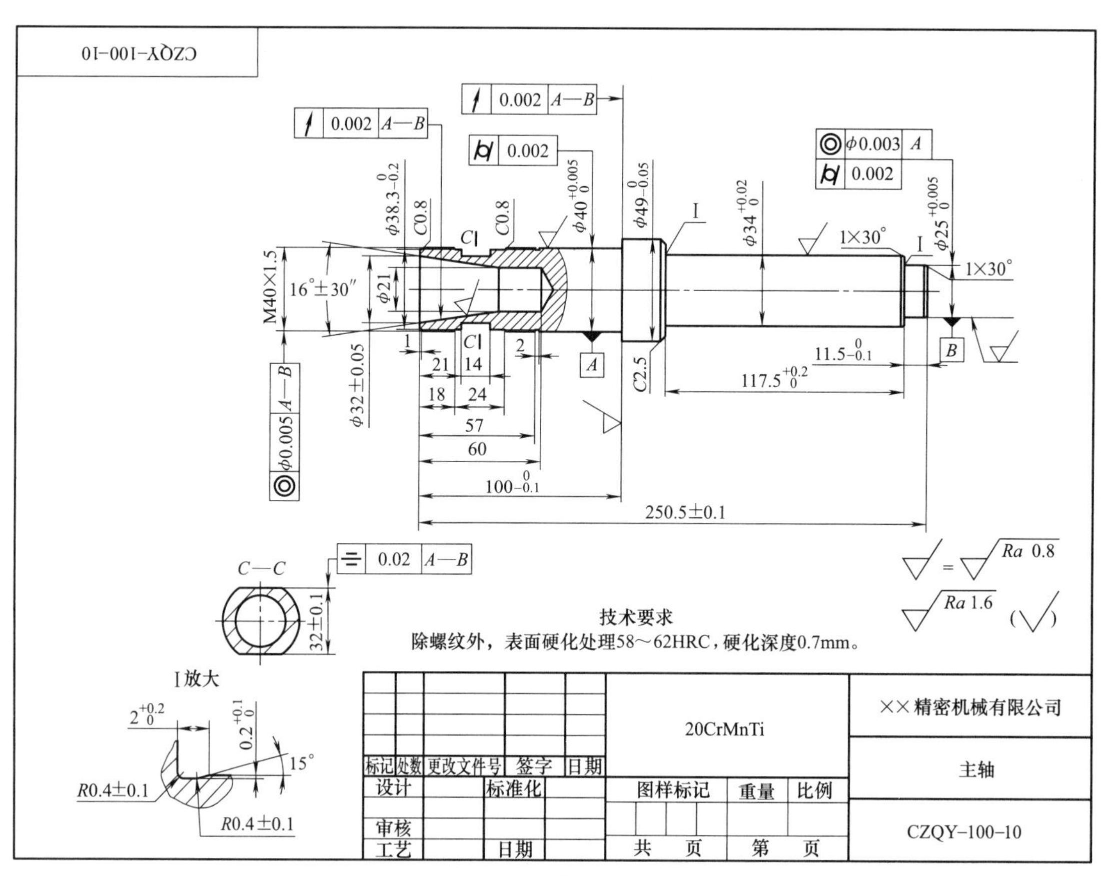


图 2-3　修改后零件的工程图

## 【任务实施参考】

该主轴是一个典型的精密轴类零件，每月加工 300 件，属于批量生产，材料为 20CrMnTi，表面需要硬化处理，螺纹部分不允许硬化。从加工的角度看，其难点主要表现在尺寸精度、几何公差及表面质量要求都高，圆柱度为 0.002mm，同轴度为 $\phi$0.003mm，轴向圆跳动为 0.002mm，锥孔的圆跳动为 0.002mm，锥孔的角度公差为±30″，螺纹部分的同轴度为 $\phi$0.005mm，铣扁丝部分对称度为 0.02mm，基准档及端面以及锥孔的表面粗糙度值要求为 *Ra*0.8μm，建议粗、精加工分开，基准档和锥孔采用数控磨床精密磨削加工。从特征

加工角度看，主要的加工难度是螺纹和锥孔的加工及检测，建议采用精密数控车床加工，锥孔采用专用检具进行检测。从热处理角度看，其难点主要在于中间热处理工艺的设计，20CrMnTi是低碳合金钢，具有较高的力学性能，属于性能良好的渗碳钢，淬透性较高，由于合金元素钛的影响，对过热不敏感，故一般采用渗碳淬火处理。渗碳速度较快，过渡层较均匀，渗碳淬火后变形小。经渗碳淬火低温回火后，表面硬度为58~62HRC，心部硬度为30~45HRC，渗碳深度达0.7mm。在热处理时螺纹部位一般不允许硬化处理，要注意保护螺纹部位。为保证零件的质量，减少加工变形及保证尺寸的稳定性，对精密零件的加工尽量安排真空热处理，比如真空调质、真空淬火等，必要时还要增加冷处理和深冷处理工序，主轴在热处理过程中要做到竖直放置。综上所述，建议加工流程：毛坯→正火→铣端面、钻中心孔→粗车一→粗车二→钻孔→去应力退火→精车一→精车二→铣扁丝→碳氮共渗→淬火→低温回火→冷处理→研磨中心孔→粗磨外圆→精车螺纹→精磨外圆及端面→精磨锥孔→检查→超声波清洗→涂油、入库。为保证外圆和锥孔的同轴度及圆跳动，精磨外圆及锥孔建议使用数控万能外圆磨床，零件的主要加工工艺过程见表2-3。

**表2-3　零件的主要加工工艺过程**

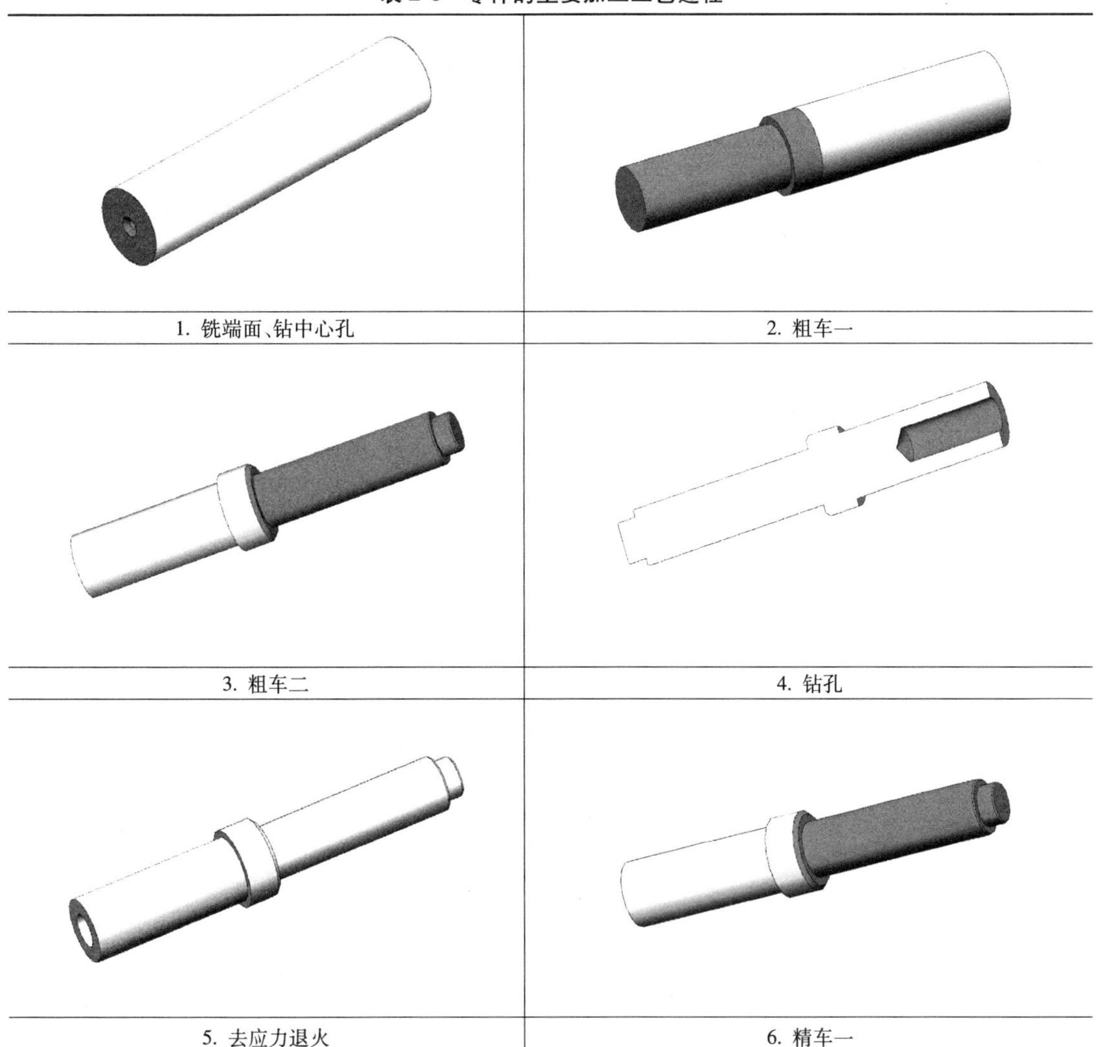

| | |
|---|---|
| 1. 铣端面、钻中心孔 | 2. 粗车一 |
| 3. 粗车二 | 4. 钻孔 |
| 5. 去应力退火 | 6. 精车一 |

（续）

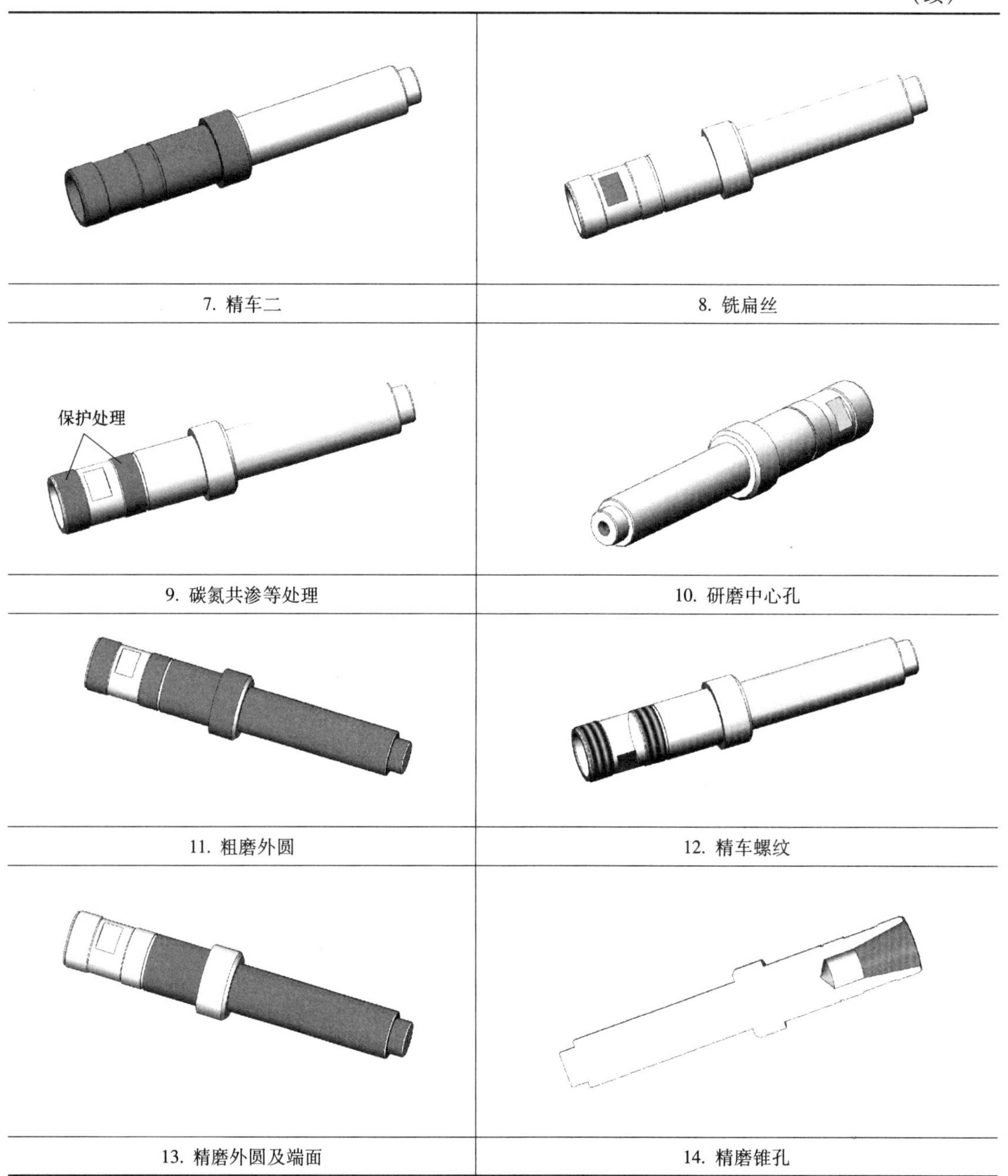


| 7. 精车二 | 8. 铣扁丝 |
| --- | --- |
| 9. 碳氮共渗等处理 | 10. 研磨中心孔 |
| 11. 粗磨外圆 | 12. 精车螺纹 |
| 13. 精磨外圆及端面 | 14. 精磨锥孔 |

**【知识拓展】**

## 一、中心孔的加工

中心孔是轴类零件常用的设计基准、工艺基准和加工基准，也是工件检验和维修的基准，在加工过程中还承受着工件的重力和切削力，因此，中心孔的加工质量对轴类零件的加工质量有决定性的影响。

#### 1. 中心孔的种类与选用

在机械图样中，完工零件上是否保留中心孔的要求通常有三种。

1）在完工的零件上要求保留中心孔。

2）在完工的零件上可以保留中心孔。

3）在完工的零件上不允许保留中心孔。

中心孔在零件图上的标示符号见表 2-4。

**表 2-4　中心孔在零件图上的标示符号**

| 要　求 | 符　号 | 表示法示例 | 说　明 |
|---|---|---|---|
| 在完工的零件上要求保留中心孔 |  | GB/T 4459.5–B2.5/8 | 采用 B 型中心孔 $D=2.5$mm，$D_1=8$mm 在完工的零件上要求保留 |
| 在完工的零件上可以保留中心孔 |  | GB/T 4459.5–A4/8.5 | 采用 A 型中心孔 $D=4$mm，$D_1=8.5$mm 在完工的零件上是否保留都可以 |
| 在完工的零件上不允许保留中心孔 |  | GB/T 4459.5–A1.6/3.35 | 采用 A 型中心孔 $D=1.6$mm，$D_1=3.35$mm 在完工的零件上不允许保留 |

注：$D$ 为导向孔直径，$D_1$ 为锥形孔端面直径。

中心孔的圆锥角度分 60°、75°、90°三种，其中最常见的是 60°中心孔，其又分为 A 型、B 型、C 型、R 型四种结构形式，见表 2-5。

**表 2-5　60°中心孔的结构形式**

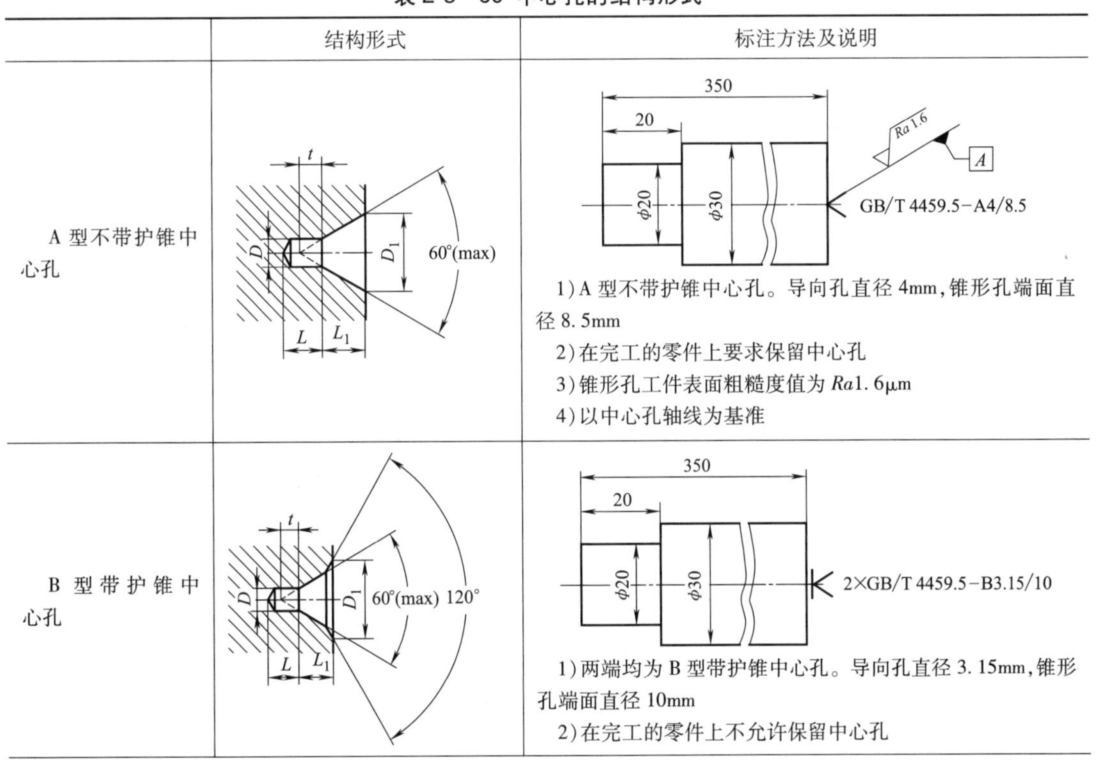

|  | 结构形式 | 标注方法及说明 |
|---|---|---|
| A 型不带护锥中心孔 | t, D, $D_1$, 60°(max), L, $L_1$ | 350, 20, φ20, φ30, Ra 1.6, A, GB/T 4459.5–A4/8.5<br>1）A 型不带护锥中心孔。导向孔直径 4mm，锥形孔端面直径 8.5mm<br>2）在完工的零件上要求保留中心孔<br>3）锥形孔工件表面粗糙度值为 $Ra1.6\mu m$<br>4）以中心孔轴线为基准 |
| B 型带护锥中心孔 | t, D, $D_1$, 60°(max), 120°, L, $L_1$ | 350, 20, φ20, φ30, 2×GB/T 4459.5–B3.15/10<br>1）两端均为 B 型带护锥中心孔。导向孔直径 3.15mm，锥形孔端面直径 10mm<br>2）在完工的零件上不允许保留中心孔 |

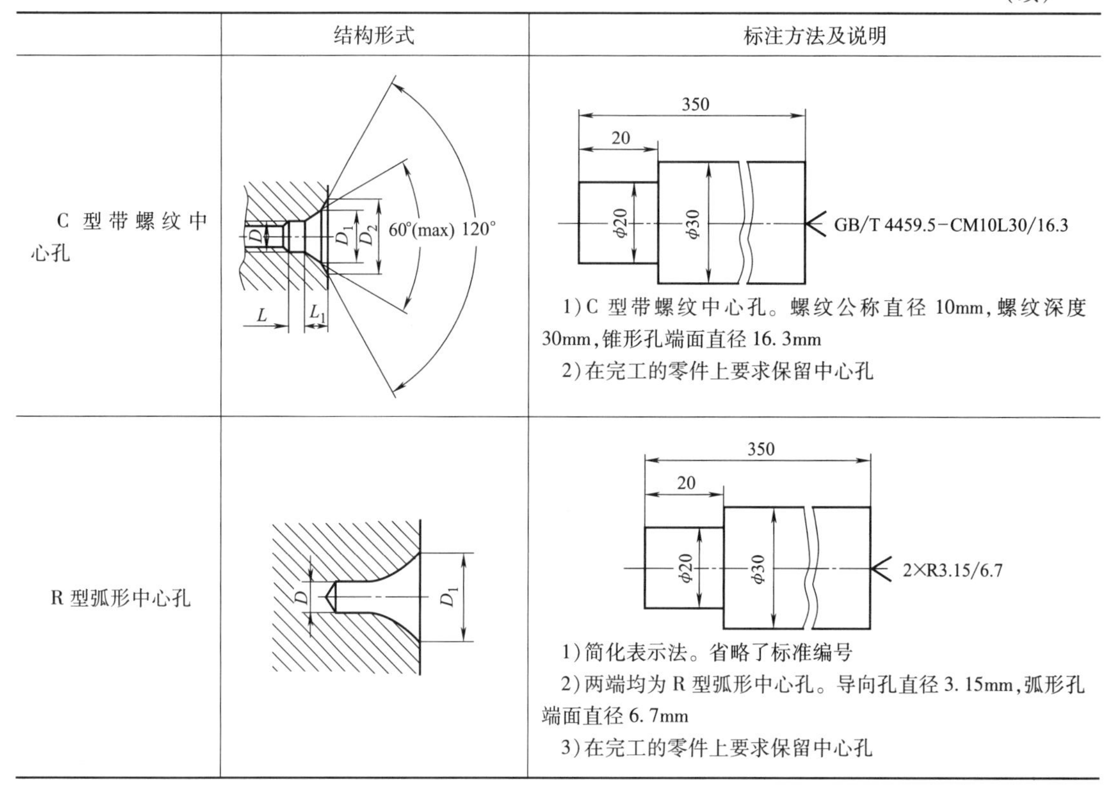

（续）

| | 结构形式 | 标注方法及说明 |
|---|---|---|
| C 型带螺纹中心孔 | | GB/T 4459.5-CM10L30/16.3<br>1）C 型带螺纹中心孔。螺纹公称直径 10mm，螺纹深度 30mm，锥形孔端面直径 16.3mm<br>2）在完工的零件上要求保留中心孔 |
| R 型弧形中心孔 | | 2×R3.15/6.7<br>1）简化表示法。省略了标准编号<br>2）两端均为 R 型弧形中心孔。导向孔直径 3.15mm，弧形孔端面直径 6.7mm<br>3）在完工的零件上要求保留中心孔 |

A 型中心孔（又称不带护锥中心孔），一般都用 A 型中心钻加工。这种中心孔仅在粗加工或不要求保留中心孔的工件上采用。

B 型中心孔（又称带护锥中心孔），通常用 B 型中心钻加工。因为有了 120°的保护圆锥体，所以 60°中心孔不会损伤与破坏。当零件在多台机床上加工，或中心孔需保留在零件上，或当加工零件毛坯总重量超过 5 吨时用。一般用于精度要求较高，工序多的工件。如机床的光杆和丝杠、铰刀等刀具上的中心孔。

C 型中心孔（又称带螺纹的中心孔），它与 B 型中心孔的主要区别是在其上作有一小段螺纹孔。一般用于轴类零件端部需固定零件或考虑热处理需吊挂用。

R 型中心孔（又称圆弧形中心孔）及加工时所用的 R 型中心钻（又称圆弧形中心钻）。R 型中心钻的主要特点是强度高，它可避免 A 型和 B 型中心钻在其小端圆柱段和 60°圆锥部分交接处产生应力集中现象，所以中心钻断头现象可以大大减少。适用于轻型和高精度的轴，主要用于轧辊等重要零件上。

选用中心孔的大小与轴端最小直径、工件最大重量、工艺要求有关。具体用途、尺寸可查标准。

**2. 中心孔的加工**

轴类零件加工中心孔一般采用车床，先车端面再钻中心孔，这种方法适合于单件、小批量生产，对批量生产的轴，数控铣端面钻中心孔机床（图 2-4）是一款集经济、实用、高效于一体的专用机床，可以实现一次装夹完成双端面铣削、钻中心孔加工，是目前各种小型轴类零件中心孔加工工序高质量、高效率理想的加工设备。其加工精度可以保证轴的长度误差

控制在±0.04mm，中心孔深度误差控制在±0.02mm，两端中心孔同轴度误差控制在0.03mm/500mm以内，两端面对中心孔的轴向圆跳动误差控制在0.05mm以内，中心孔锥面表面粗糙度值达到 $Ra1.6\mu m$。

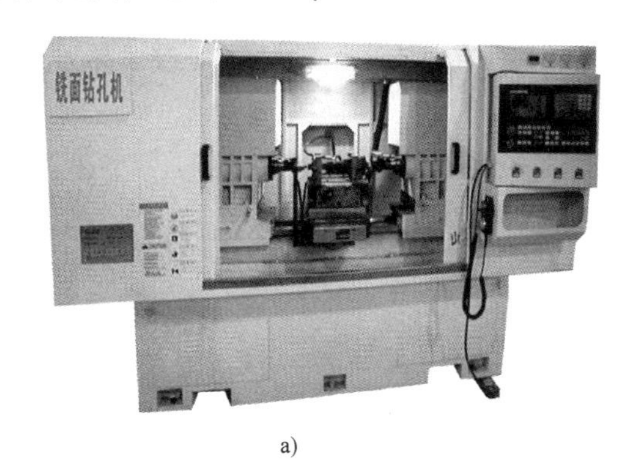


a)

b)

图2-4　数控铣端面钻中心孔机床

中心孔作为工件加工的定位基准、测量基准及将来的维修基准，其与顶尖的接触质量对产品的加工精度有着直接的影响，因此，在加工过程中需经常对中心孔进行研磨。常用的中心孔研磨方法有以下几种。

（1）用强应力定位万能顶尖自研磨中心孔　强应力定位万能顶尖（图2-5）具有工具和刃具的双重功能，在使用中有自修正、自润滑、自补偿的作用，定位精度很高，目前生产中常用此方法。

图2-5　强应力定位万能顶尖

顶尖头部采用“戴帽型”硬质合金，常见的连续定位圆锥面被改造成周向等分的、间断的定位圆锥面，大幅度减少了中心定位的间隙和振动，提高了定位刚度，同时又具备自修正、自清洁、自润滑、自补偿的特点（即在中心定位工作的同时能自行修正并清洁好中心孔），能连续不断地产生耐高压强、耐高速摩擦的润滑度，自润滑中心定位滑动摩擦副，保证不咬、不烧；能对加工热、摩擦热引起的轴向膨胀量自动地进行长度补偿，避免了中心定位机床工件的过负荷，机床、工件的变形及其过量磨损，提高了顶尖自身的耐用度和工作寿命。

（2）使用专门的中心孔磨床研磨　适宜修磨淬硬的精密工件的中心孔，中心孔跳动能控制在0.002mm以内，轴类零件专业生产厂家常用此法。中心孔磨床分立式中心孔磨床（图2-6）和卧式双头中心孔磨床（图2-7）。立式中心孔磨床采用砂轮的旋转运动、砂轮主轴的行星运动和砂轮沿锥面直线往复运动的三轴同步研磨设计（图2-8），研磨出均质的交错网纹结构，有利于润滑油的存储及油膜的形成和保持，可防止顶尖卡死，确保中心孔的稳定性和同心度。

（3）用磨石或橡胶砂轮等进行研磨　先将圆柱形磨石或橡胶砂轮装夹在车床卡盘上，用装在刀架上的金刚石笔将其前端修成60°顶角，然后将工件顶在磨石和车床尾座顶尖之间，开动车床进行研磨。研磨时，在磨石上加入少量润滑油（轻机油），手持工件，移动车

a) b) c)

图 2-6 立式中心孔磨床

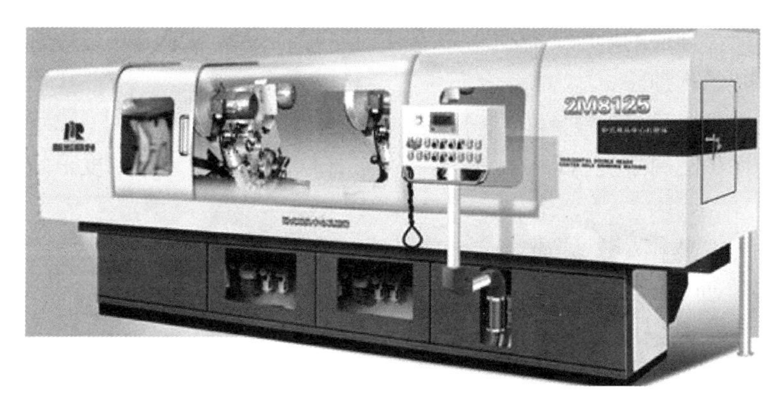


图 2-7 卧式双头中心孔磨床

床尾座顶尖，并给予一定压力，这种方法研磨的中心孔质量较高，一般生产中常用此法。

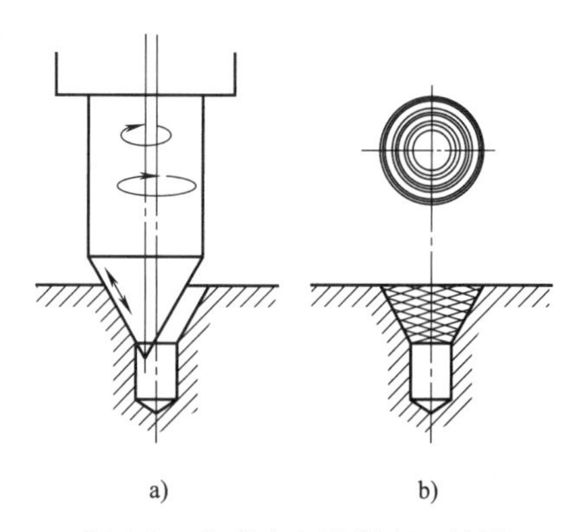
a) b)

图 2-8 立式中心孔磨床三轴同步研磨设计

## 二、顶尖

顶尖是机床的部件，主要分为固定顶尖和回转顶尖两大类。

固定顶尖具有结构简单、精度高、承载能力强的优点，多用于定位精度要求高的回转切削加工。其缺点是容易磨损，顶力大时极易烧焦中心孔。

回转顶尖由若干零件组合成一种可转动的结构，顶尖插接在顶尖主体之中，结合部位装有轴承滚针、推力轴承等，可避免固定顶尖磨损、烧蚀等缺陷。但因零件增多，其精度及承载能力都不如前者，一般用于高转速、低精度的回转加工中。现在

也有采用精密双列角接触轴承、推力球轴承和滚针轴承组合的高精密数控回转顶尖，适用于数控车床中高速、中负荷精密加工。

顶尖有前顶尖和后顶尖两种。

（1）前顶尖　前顶尖可直接安装在车床主轴锥孔中，前顶尖和工件一起旋转，无相对运动，所以可不必淬火。车床有时也可用自定心卡盘装夹60°锥面的钢制前顶尖。为了防止车削中进给力的作用而使顶尖移位，自制顶尖上卡盘的夹持部分应做成台阶形。当顶尖从卡盘上拆下后，若再次使用，必须重新车削60°锥面。

（2）后顶尖　后顶尖有固定顶尖和回转顶尖两种。使用时可将后顶尖插入车床尾座套筒的锥孔内。

常见的顶尖简介见表2-6。

**表2-6　常见的顶尖简介**

| 序号 | 名称 | 图样 | 用途及特点 |
| --- | --- | --- | --- |
| 1 | 轻型高速回转顶尖 | | 该顶尖主要用于小型车床上加工轴套类零件，借助中心孔定位，使被加工零件得到很高的尺寸精度，由于高速回转顶尖精度高、转速高，所以是小型精密车床上做高速切削时必备的一种附件 |
| 2 | 中型回转顶尖 | | 顶尖部镶嵌硬质合金，具有较强的负载能力，更具有耐磨性，从而使用寿命得到延长。主要用于一般车床借助中心孔定位，加工轴套类零件，可得到很高的尺寸精度 |
| 3 | 重型回转顶尖 | | 重型回转顶尖主要用于较大型车床上加工轴套类零件。由于承载能力大，能通过自动调节来吸收工件的热变形，控制热应力，所以，最适于高速强力切削 |
| 4 | 伞形回转顶尖 | | 内部使用滚珠轴承组合，具有较大负载能力，适用于较大内径工件的加工。主要用于车床上加工套类和管类零件，使被加工零件具有较高的尺寸精度，适于做强力切削 |
| 5 | 插入式数控回转顶尖 | | 采用防水防尘迷宫式结构，螺母推出顶尖部，更换简易方便，不影响精度，主要用于高速数控车床上加工各种轴套类零件，并附带不同形状和角度的顶尖部，以扩大使用范围 |
| 6 | 固定顶尖 | | 固定顶尖主要用于车床、磨床和铣床上加工轴套类零件 |

（续）

| 序号 | 名称 | 图样 | 用途及特点 |
|---|---|---|---|
| 7 | 硬质合金高速回转顶尖 | | 顶尖部镶嵌硬质合金，更具有耐磨性从而延长使用寿命。高转速、轻负载，并有防水防尘设计，适用于数控机床 |
| 8 | 带压出螺母顶尖 | | 顶尖内腔采用冷却油道，降低工件与顶尖部摩擦。适用于较大内径工件加工使用。主要用于车床、磨床和铣床上加工轴套类零件 |
| 9 | 半缺合金顶尖 | | 增加切削角度，从而提高机床效能，主要用于车床、磨床和铣床上加工轴套类零件 |
| 10 | 内、外拨顶尖 | | 外拨顶尖主要用于车床上，代替卡盘加工轴类零件。它是适于进行大批量生产的一种高效率不停车夹具 |
| 11 | 外转型回转顶尖 | | 采用独特尖部旋转方式（顶尖外壳一体化），整体采用GCr15轴承钢材质，具有高而均匀的硬度和耐磨性，适用于数控机床湿式切削 |
| 12 | 强力研磨固定顶尖 | | 顶尖部镶嵌硬质合金，利用顶尖部棱角对工件中心孔进行研磨，从而提高工件加工精度 |
| 13 | 高精密数控回转顶尖 | | 刚性强、稳定性佳，适用于高精密工件切削加工 |
| 14 | 端面驱动顶尖 | | 端面驱动顶尖依靠驱动卡爪嵌入工件端面使其随机床主轴旋转，从而完全替代了鸡心夹头和卡盘，一次装夹即可完成各轴颈、端面、型槽和螺纹加工，在加工中心上还可以一次完成键槽和油孔的加工，加工效率提高2倍以上，同轴度和位置度更有保证，因而越来越广泛地应用于轴类零件的车削、磨削和齿形加工 |

## 三、数控万能外圆磨床

数控万能外圆磨床（图 2-9）能够实现在一次装夹的条件下，完成外圆、外圆锥度、端面/肩部及内孔等精密复合磨削加工，满足精密零件的轴向圆跳动、同轴度要求，误差可以达到 0.002mm 以内，从而达到缩短生产时间、降低生产成本、提高磨削精度等生产要求。数控万能外圆磨床配置 UR 型砂轮架（图 2-10），具备左右两个外圆砂轮及一个内圆砂轮。图 2-11 为砂轮不同位置的示意图。图 2-12～图 2-15 为不同加工特征的磨削示意图。

图 2-9　数控万能外圆磨床

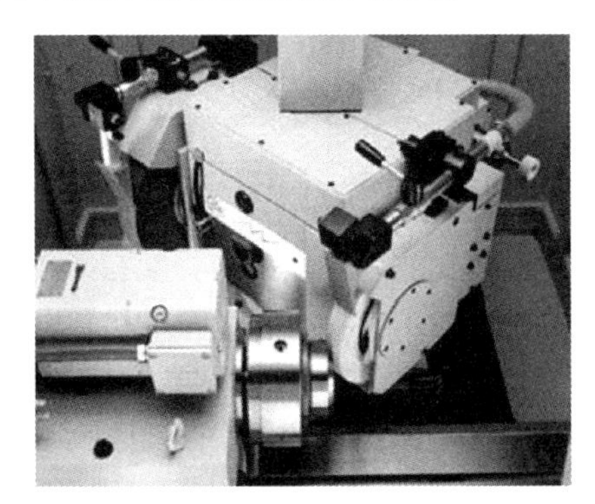

图 2-10　UR 型砂轮架

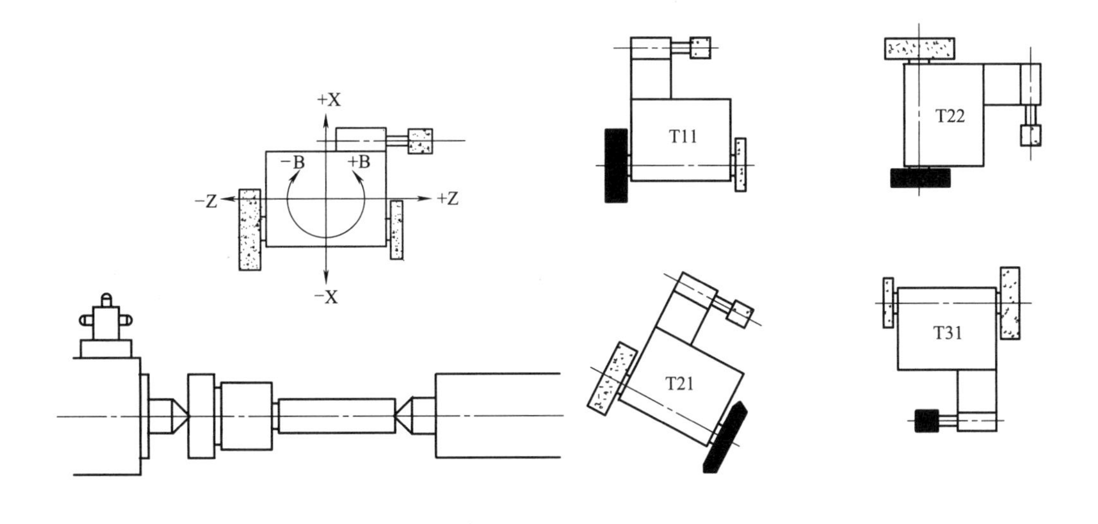


图 2-11　砂轮不同位置的示意图

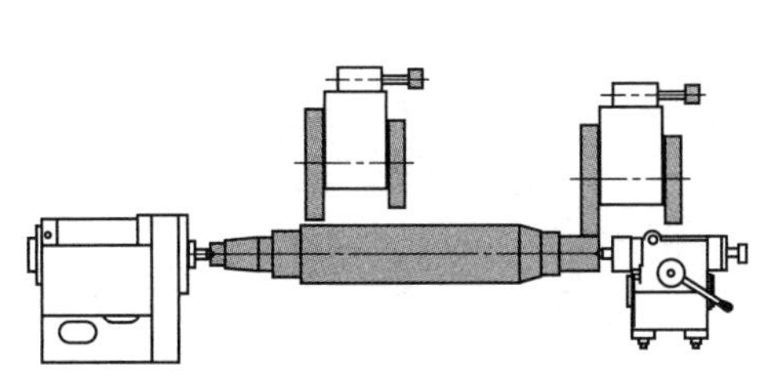

图 2-12　外圆磨削示意图

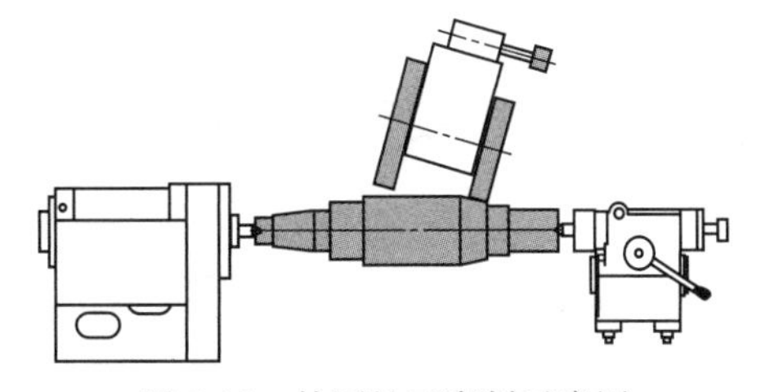

图 2-13　外圆锥面磨削示意图

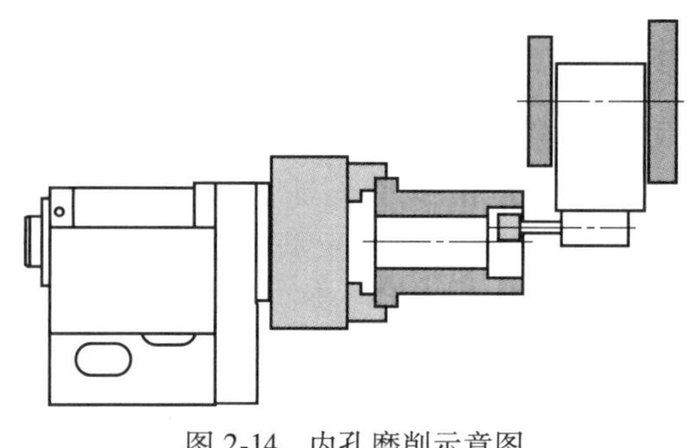

图 2-14　内孔磨削示意图

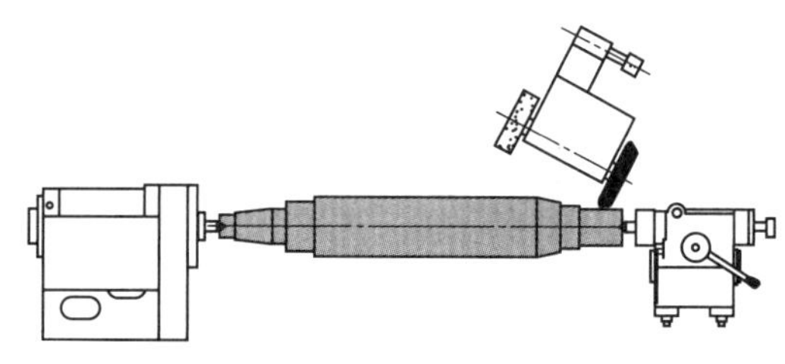

图 2-15　外圆及端面磨削示意图

## 四、轴类零件跳动的检测

圆跳动公差是指被测要素在某个测量截面内相对于基准轴线的变动量。圆跳动公差按其被测要素的几何特征和测量方向可分为四类，即径向圆跳动公差、轴向圆跳动公差、斜向圆跳动公差、给定方向的斜向圆跳动公差。

批量生产的轴类零件的轴向圆跳动、径向圆跳动检测一般使用偏摆仪（图 2-16），利用两顶尖定位轴类零件，转动被测零件，测头在被测零件径向方向上直接测量零件的径向圆跳动误差。模块化的跳动测量仪可用于复杂零件的几何公差测量，如用于测量跳动（图 2-17）、圆度（图 2-18）、同轴度（图 2-19）及螺纹跳动（图 2-20）等，其测量精度一般为 0. 01mm。

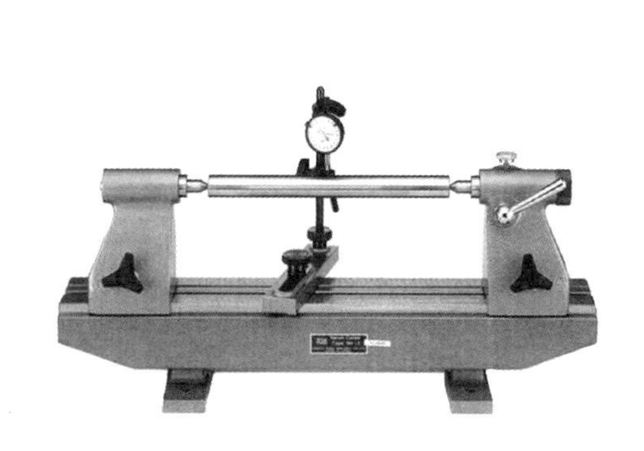

图 2-16　偏摆仪

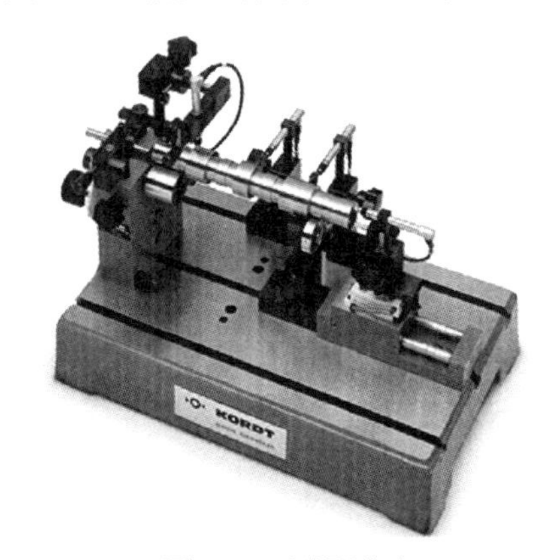


图 2-17　测量跳动

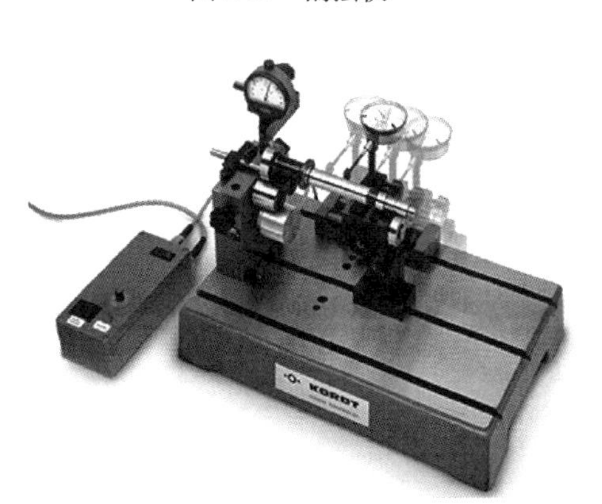


图 2-18　测量圆度

图 2-19　测量同轴度

图 2-20　测量螺纹跳动

更高精度的零件检测一般使用三坐标测量仪或圆度仪。

三坐标测量仪（图 2-21）可以对工件的尺寸、几何公差进行精密检测，目前高精度的三坐标测量仪的单轴精度，每米长度内可达 1μm 以内，三维空间精度可达 1~2μm。对于车间检测用的三坐标测量仪，每米测量精度单轴也达 3~4μm。

三坐标测量仪其实就是一个采点工具，其原理就是先采点，然后由点构成线，再由线构成三维模型。它是由三个相互垂直的运动轴 X、Y、Z 建立起一个直角坐标系，测头的一切运动都在这个坐标系中进行；测头的运动轨迹由测球中心点来表示。测量时，把被测零件放在工作台上，测头与零件表面接触，三坐标测量仪的检测系统可以随时给出测球中心点在坐标系中的精确位置。当测球沿着工件的几何型面移动时，就可以得出被测几何型面上各点的坐标值。将这些数据输入计算机，通过相应的软件进行处理，就可以精确地计算出被测工件的几何尺寸、几何公差等。

圆度仪（图 2-22）是一种利用回转轴法测量工件圆度误差的精密测量工具，其测量原理和三坐标测量仪是一样的。圆度仪分为传感器回转式和工作台回转式两种形式：工作台回转式采用高精密气体轴承，主轴精度达±0. 02μm；传感器回转式采用高精度电感式位移传感器（该传感器分辨率达 0. 3nm），主要用于测量圆环、圆柱、球等回转工件内外圆的圆度和波纹度，广泛应用于汽车零件、轴承、纺织机、油泵油嘴等制造业。该仪器全面运用计算机数字化测量技术，由计算机自动完成数据采集、数字滤波、圆度和波纹度评定、数据分析，图形和数据结果直接显示在屏幕上，可通过通用打印机打印输出，也可保存在数据库中存储在软盘上。

图 2-21　三坐标测量仪

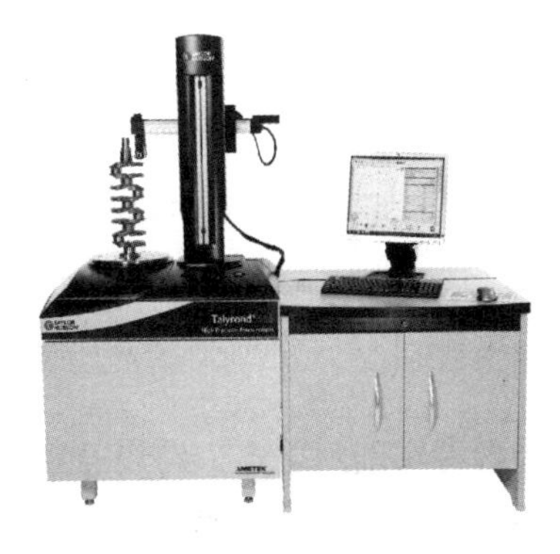

图 2-22　圆度仪

## 五、数控车削工艺

**1. 数控车削加工工序安排原则**

制订零件数控车削加工工序，一般应该遵循下列原则。

1）先加工定位面，即前道工序的加工能够为后面的工序提供精加工基准和合适的装夹表面。制订零件的整个工艺路线实质上就是从最后一道工序开始从后往前推，按照前道工序为后道工序提供基准的原则进行安排。

2）先加工平面后加工孔，先加工简单的几何形状，后加工复杂的几何形状。

3）对于零件精度要求高，粗、精加工需要分开的零件，先进行粗加工后进行精加工。

4）以相同定位、夹紧方式安装的工序应连续进行，以便减少重复定位次数和夹紧次数。

5）加工中间穿插有通用机床加工工序的零件，要综合考虑，合理安排工序。

**2. 工步顺序安排的一般原则**

（1）先粗后精

1）对粗、精加工安排在一道工序内进行的数控车削加工，先安排粗加工工序，在较短的时间内，将精加工前大量的加工余量去掉，同时尽量满足精加工的余量均匀性要求。

2）当粗加工工序安排完后，应接着安排换刀后进行的半精加工和精加工。其中，安排半精加工的目的是当粗加工后所留余量的均匀性满足不了精加工要求时，可安排半精加工作为过渡性工序，以便使精加工余量小而均匀。

3）在安排可以一刀或多刀进行的精加工工序时，其零件的最终轮廓应由最后一刀连续加工而成。这时，加工刀具的进退刀点要考虑妥当，尽量不要在连续的轮廓中安排切入和切出或换刀及停顿，以免因切削力突然变化而造成弹性变形，致使光滑连接轮廓上产生表面划伤、形状突变或滞留刀痕等疵病。

（2）先近后远，减少空行程时间　这里所说的远与近，是按加工部位相对于对刀点的距离大小而言的。在一般情况下，特别是在粗加工时，通常安排离对刀点近的部位先加工，离对刀点远的部位后加工，以便缩短刀具移动距离，减少空行程时间。对于车削加工，先近后远有利于保持毛坯或半成品的刚性，改善其切削条件。

（3）内外交叉　对既有内表面（内型腔）又有外表面需加工的零件，安排工序时，应先进行内外表面粗加工，后进行内外表面精加工。切不可将零件上一部分表面（外表面或内表面）加工完毕后，再加工其他表面（内表面或外表面）。

（4）保证工件加工刚度原则　在一道工序中需要进行多工序加工时，应先安排加工对零件刚性破坏较大的工步，以保证零件刚度要求，因此应先加工与装夹部位相距较远和后续加工中受力较小的部位，零件中刚性较差且在后续加工中受力较大部分在后面工步加工。

（5）同一把车刀尽量连续加工原则　在加工中尽量使用一把车刀把零件的所有加工部位连续加工出来，以减少换刀次数，缩短刀具移动距离。特别是在精加工时，同一表面须连续加工。

**3. 确定数控车削加工走刀路线原则**

1）首先按照拟订的工步顺序，确定零件各加工表面走刀路线的顺序。

2）确定的走刀路线应能保证工件轮廓表面加工后的精度和表面粗糙度要求。

3）寻求最短的走刀路线（包括空行程走刀路线和进给加工走刀路线），以便提高加工效率。

4）要选择工件在加工时变形小的走刀路线。对细长零件或薄壁零件应该采用分几次走刀加工到最后尺寸，或者用对称地去除加工余量的方法来安排走刀路线。

确定走刀路线的重点，主要在于确定粗切削加工过程与空行程的走刀路线，精切削加工过程的走刀路线基本上都是沿着零件轮廓顺序进行的。

（1）粗加工走刀路线的确定　走刀路线短，可有效地提高生产效率，降低刀具损耗等。在安排粗加工或半精加工的走刀路线时，应同时兼顾被加工零件的刚性及加工的工艺性等要求，不要顾此失彼。图2-23所示为粗加工走刀路线，其中矩形轨迹加工的走刀长度总和最短，在同等条件下其进给所需时间最短，刀具的损耗小。另外，矩形轨迹加工的程序段格式较简单，所以这种走刀路线的安排在制订加工方案时应用较多。

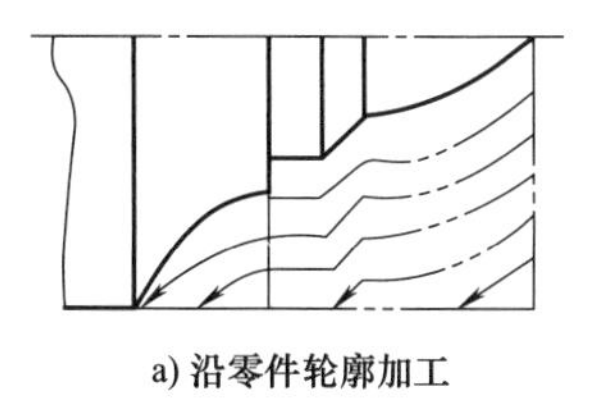

a) 沿零件轮廓加工

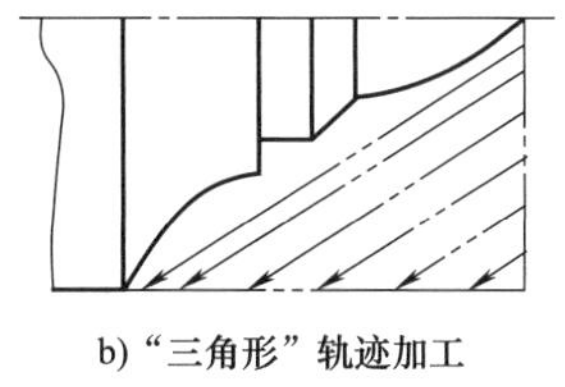

b)“三角形”轨迹加工

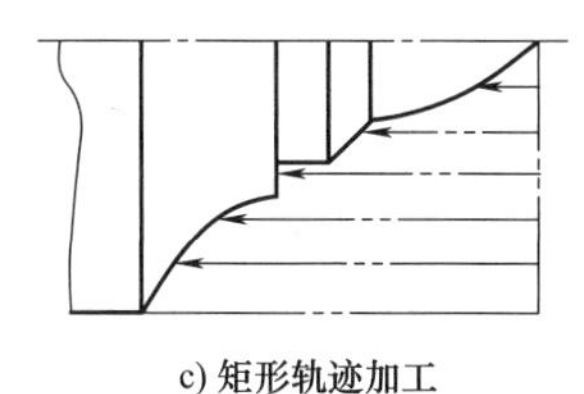

c) 矩形轨迹加工

图2-23　粗加工走刀路线

（2）对大余量毛坯进行阶梯切削时的走刀路线

1）图2-24所示为粗加工大余量毛坯阶梯形走刀路线，其中图2-24a所示的由“小”到“大”的切削方法，在同样背吃刀量的条件下所剩余量过大；而按图2-24b所示由“大”到“小”的切削方法，则可保证每次的切削余量基本相等，因此，该方法切削大余量较为合理。

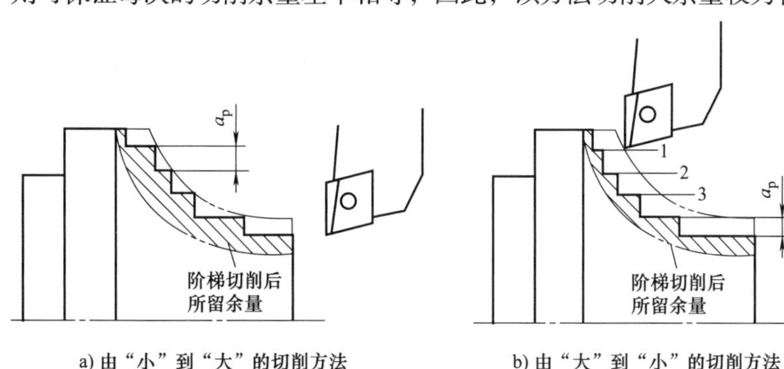


a) 由“小”到“大”的切削方法　　b) 由“大”到“小”的切削方法

图2-24　粗加工大余量毛坯阶梯形走刀路线

2）根据数控加工的特点，还可以放弃常用的阶梯形车削法，改用依次从轴向和径向进刀、顺工件毛坯轮廓走刀。图2-25所示为双向切削走刀路线 。

（3）分层切削时刀具的终止位置　当某表面的余量较多需分层多次走刀时，从第二刀开始就要注意防止走刀到终点时切削深度的猛增。如图2-26所示，若以90°主偏角刀分层车削外圆，则每一刀的切削终点应依次提前一小段距离 $e$（例如可取 $e=0.05$mm）。若 $e=0$，则每一刀都终止在同一轴向位置上，主切削刃就可能受到瞬时的重负荷冲击。当刀具的主偏角大于90°，但仍然接近90°时，也宜做出层层递退的安排，这对延长刀具寿命是有利的。

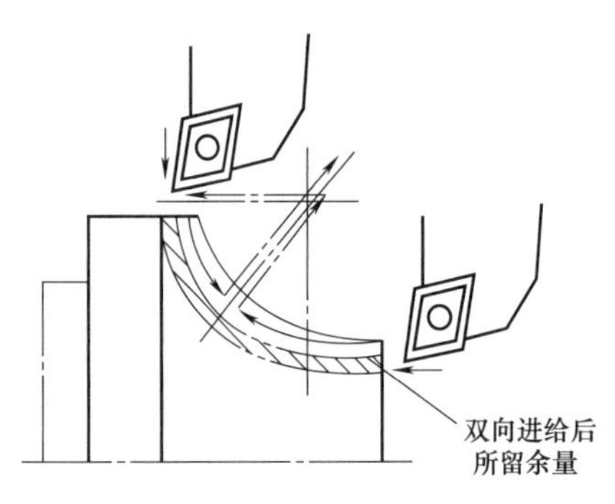


图 2-25　双向切削走刀路线

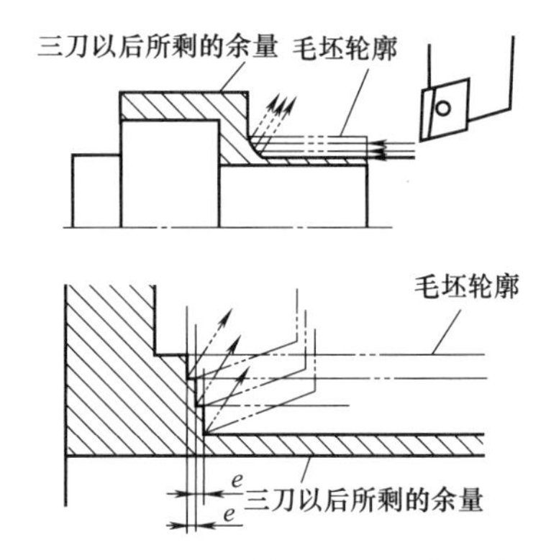


图 2-26　分层切削时刀具的终止位置

（4）精加工走刀路线的确定

1）零件成形轮廓的走刀路线。在安排进行一刀或多刀加工的精车走刀路线时，零件的最终成形轮廓应该由最后一刀连续加工完成，并且要考虑到加工刀具的进刀、退刀位置；尽量不要在连续的轮廓加工过程中安排切入、切出以及换刀和停顿，以免造成工件的弹性变形、表面划伤等缺陷。

2）加工中需要换刀的走刀路线。主要根据工步顺序的要求来决定各把加工刀具的先后顺序以及各把加工刀具走刀路线的衔接。

3）刀具切入、切出以及接刀点的位置选择。在数控机床上进行加工时，要安排好刀具的切入、切出路线，尽量使刀具沿轮廓的切线方向切入、切出，尽量选取在有退刀槽，或零件表面间有拐点和转角的位置处，曲线要求相切或者光滑连接的部位不能作为加工刀具切入、切出以及接刀点的位置，以免因切削力突然变化而造成弹性变形，致使光滑连接轮廓上产生表面划伤、形状突变或滞留刀痕等。在车螺纹时，刀具沿轴向的进给应与工件旋转保持严格的速比关系。考虑到刀具从停止状态加速到指定的进给速度或从指定的进给速度降至零时，驱动系统有一个过渡过程，因此，刀具沿轴向进给的走刀路线长度，除保证螺纹加工的长度外，还应增加 $\delta_1$（2~5 mm）的刀具引入距离和 $\delta_2$（1~2 mm）的刀具切出距离，如图 2-27 所示，以便保证螺纹切削时，在升速完成后才使刀具接触工件，在刀具离开工件后再开始降速，以免影响螺距精度。

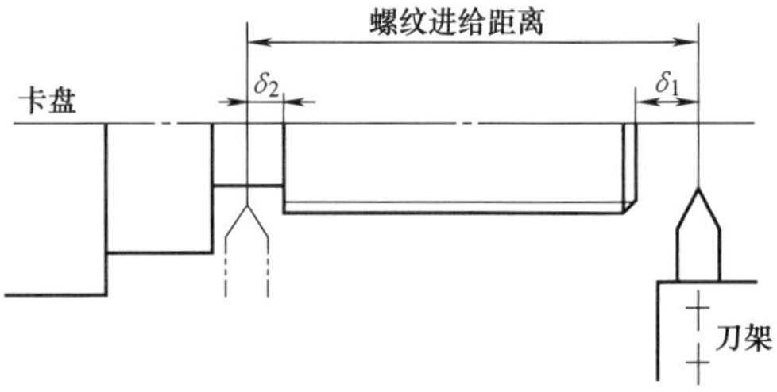

4）精度接近的表面安排在同一把车刀的走刀路线内完成。如果零件各加工部位的精度要求相差不大，应以最高的精度要求为准，一次连续走刀加工完成零件的所有加工部位；如果零件各加工部位的精度要求相差很大，应把精度接近的各加工表面安排在同一把车刀的走刀路线内来完成加工部位的切削，并应先加工精度要求较低的加工部位，再加工精度要求较高的加工部位。

螺纹进给距离　卡盘　$\delta_2$　$\delta_1$　刀架

图 2-27　车螺纹时轴向进给距离

（5）最短空行程走刀路线的确定

1）巧用起刀点。

① 如图 2-28a 所示，其起刀点 $A$ 的设定是考虑到精车等加工过程中需方便地换刀，故设

置在离坯料较远的位置处，同时将起刀点与其对刀点重合在一起，按三刀粗车的走刀路线安排如下。

第一刀为 $A \to B \to C \to D \to A$。

第二刀为 $A \to E \to F \to G \to A$。

第三刀为 $A \to H \to I \to J \to A$。

② 如图 2-28b 所示，起刀点设于 $B$ 点，仍按相同的切削用量进行三刀粗车，其走刀路线安排如下。

起刀点与对刀点分离的空行程为 $A \to B$。

第一刀为 $B \to C \to D \to E \to B$。

第二刀为 $B \to F \to G \to H \to B$。

第三刀为 $B \to I \to J \to K \to B$。

显然，图 2-28b 所示的走刀路线短。

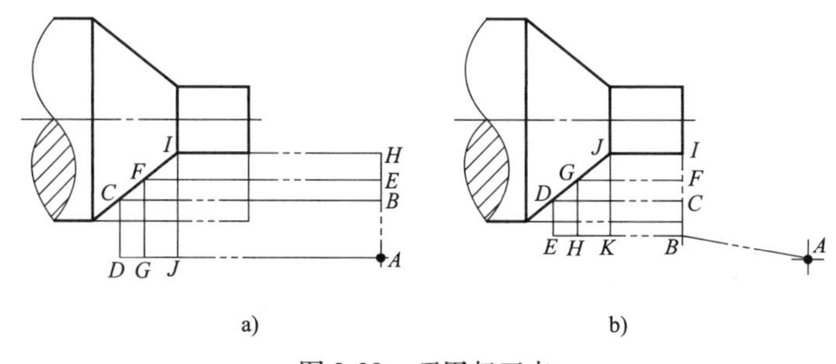


图 2-28 巧用起刀点

2）巧设换刀点。为了考虑换刀的方便和安全，有时将换刀点也设置在离坯件较远的位置处（图 2-28b 中 $A$ 点），那么，当换第二把刀后，进行精车时的空行程必然也较长；如果将第二把刀的换刀点也设置在图 2-28b 中的 $B$ 点位置上，则可缩短空行程。但是在加工过程中一定要注意不能让刀具与工件发生碰撞。

3）合理安排回参考点走刀路线。在手工编制较为复杂零件轮廓的加工程序时，要想使其计算过程简化、不出错，又便于校核，在编制的程序中，可在每把刀加工完后的刀具终点，通过执行回参考点指令使其返回对刀点位置，待检测校核后，再执行后续加工程序。这样做可保证零件加工的精度，但这样处理也会增加走刀路线的距离，降低生产效率，所以只适用于单件和小批量加工。

4）特殊的走刀路线。

① 在数控车削加工中，一般情况下，Z 坐标轴方向的进给运动都是沿着负方向进给的，但有时按其常规的负方向进给并不合理，甚至可能车坏工件。例如，当采用尖形车刀加工大圆弧内表面零件时，安排同向和反向两种走刀路线，其结果也不相同，如图 2-29 所示同向走刀路线，因切削时尖形车刀的主偏角为 100°～150°，这时背向力 $F_p$ 将沿着正 X 方向作用，当刀尖运动到圆弧的换象限处，即由−Z、−X 向−Z、+X 变换时，背向力 $F_p$ 与传动横滑板的传动力方向由原来的相反变为相同，若滚珠丝杠副间有机械传动间隙，就可能使刀尖嵌入零件表面（即扎刀），其嵌入量在理论上等于其机械传动间隙量 $e$。即使该间隙量很小，由于刀尖在 X 方向换向时传动横滑板进给过程的位移量变化也很小，加上由于动摩擦与静摩擦

之间呈过渡状态的滑板惯性，仍会导致传动横滑板产生严重的爬行现象，从而大大降低零件的表面质量。

② 对于图 2-30 所示的反向走刀路线，因为刀尖运动到圆弧的换象限处，即由+Z、-X 向+Z、+X 方向变换时，背向力 $F_p$ 与传动横滑板的传动力方向相反，不会受滚珠丝杠副机械传动间隙的影响而产生“扎刀”现象，所以从左向右进刀是合理的走刀路线。

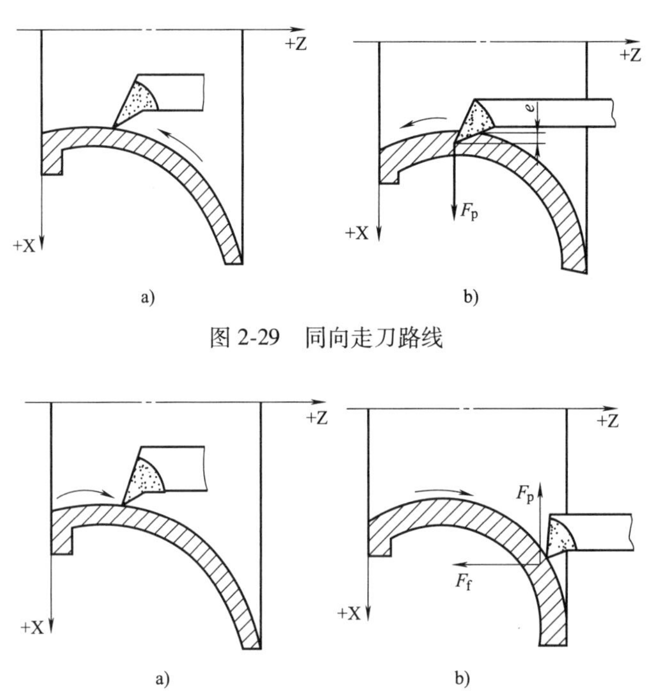


图 2-29　同向走刀路线

图 2-30　反向走刀路线

（6）常见零件的数控加工走刀路线

1）轴套类零件。安排轴套类零件加工走刀路线的原则是“轴向走刀、径向进刀”，将循环切除余量的循环终点设置在粗加工起点附近，这样可以减少走刀次数，如图 2-31 所示。

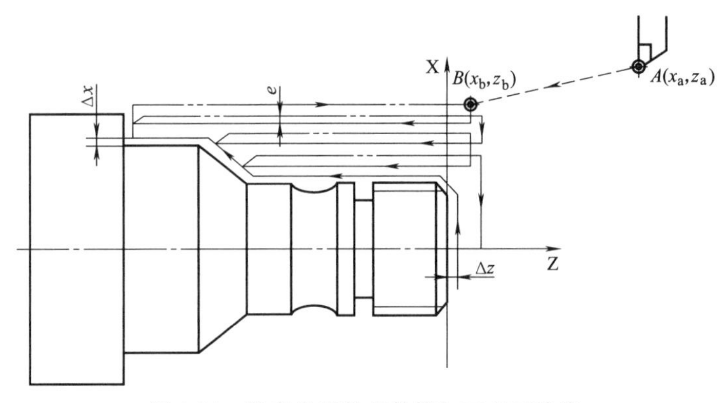


图 2-31　轴套类零件的数控加工走刀路线

2）轮盘类零件。安排轮盘类零件加工走刀路线的原则是“径向走刀、轴向进刀”，循环切除余量的循环终点也设置在粗加工起点，如图 2-32 所示。

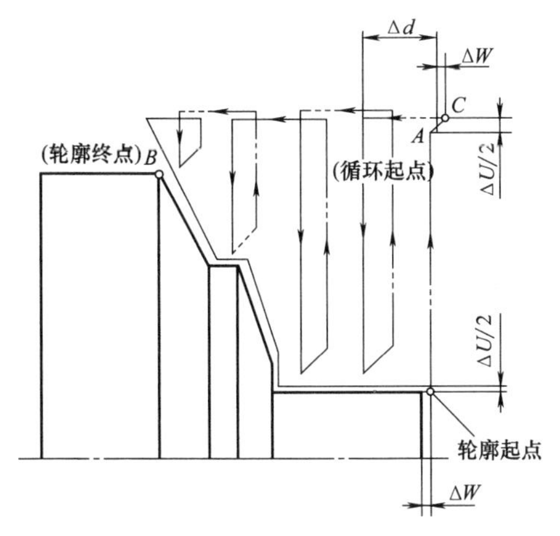


图 2-32　轮盘类零件加工的走刀路线

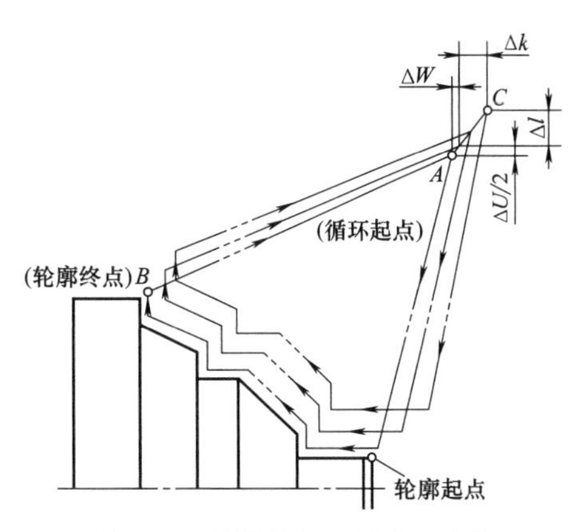


图 2-33　铸锻件加工的走刀路线

3）铸锻件。铸锻件毛坯形状与加工零件形状相似，留有较均匀的加工余量，刀具轨迹按工件轮廓运动，逐渐插补至零件图样尺寸，如图 2-33 所示。

**4. 退刀路线的确定**

数控机床加工过程中，为了提高加工效率，刀具从起始点或换刀点运动到接近工件部位及加工后退回起始点或换刀点是以 G00（快速点定位）方式运动的。确定退刀路线的原则：①确保安全性，即在退刀过程中不与工件发生碰撞；②考虑退刀路线最短，缩短空行程，提高生产效率。根据刀具加工零件部位的不同，退刀路线也不同。数控车床常用以下三种退刀路线。

（1）斜向退刀路线　斜向退刀路线（图 2-34）最短，适合于加工外圆表面的偏刀退刀。

（2）径—轴向退刀路线　径—轴向退刀路线（图 2-35）是指刀具先沿径向垂直退刀，到达指定位置时再轴向退刀。

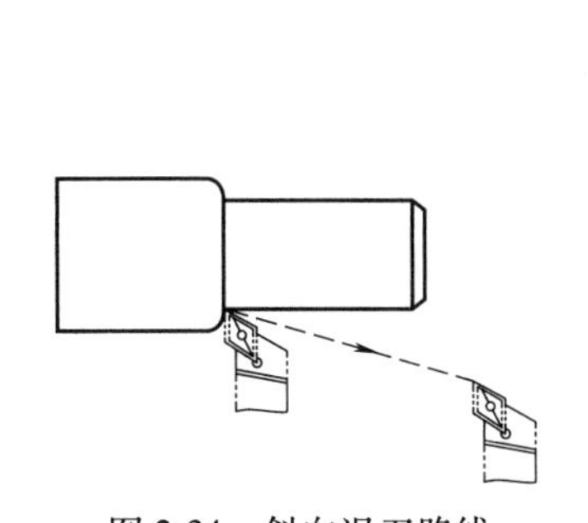

图 2-34　斜向退刀路线

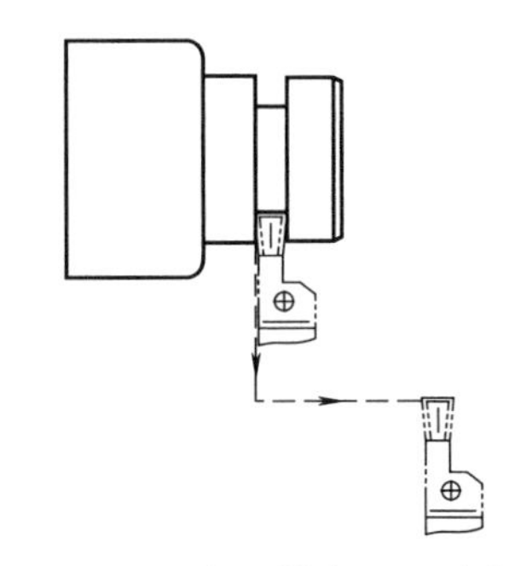

图 2-35　径—轴向退刀路线

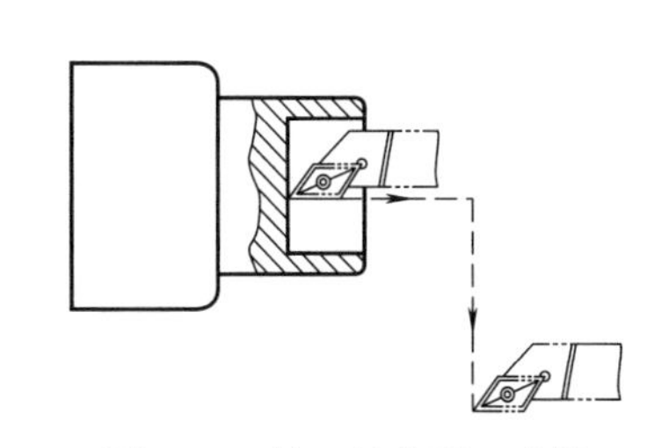

图 2-36　轴—径向退刀路线

（3）轴—径向退刀路线　轴—径向退刀路线（图 2-36）的顺序与径—轴向退刀路线刚好相反。

**5. 设置换刀点**

设置数控车床刀具的换刀点是编制加工程序过程中必须考虑的问题。换刀点最安全的位置是换刀时刀架或刀盘上的任何刀具都不与工件或机床其他部件发生碰撞的位置。

一般地，在单件小批量生产中，习惯把换刀点设置为一个固定点，其位置不随工件坐标系的位置改变而发生变化。换刀点的轴向位置由刀架上轴向伸出最长的刀具（如内孔镗刀、钻头等）决定，换刀点的径向位置则由刀架上径向伸出最长的刀具（如外圆车刀、车槽刀等）决定。

在大批量生产中，为了提高生产效率，减少空行程时间，降低导轨面磨损，有时可以不设置固定的换刀点，即每把刀各有各的换刀位置。这时，编制和调试换刀部分的程序应该遵循两个原则：

1）确保换刀时刀具不与工件发生碰撞。

2）力求最短的换刀路线，即所谓的“跟随式换刀”。

## 六、深冷处理

工业生产中一般把材料经过普通的热处理后进一步冷却到0℃以下某一温度（通常为-100～0℃）的处理方法称为普通冷处理；而把低于-100℃（通常为-196～-100℃）的冷处理称为深冷处理。

深冷处理又常称为超低温处理，它是普通热处理的延续、低温技术的一个分支。深冷处理是将被处理工件置于特定的、可控的低温环境中，使材料的微观组织结构产生变化，从而达到提高或改善材料性能的一种新技术。被处理材料在低温环境下由于微观组织结构发生了改变，在宏观上表现为材料的耐磨性、尺寸稳定性、抗拉强度、残余应力等方面的提高，其优点如下。

1）它使硬度较低的残留奥氏体转变为较硬的、更稳定的、耐磨性和抗热性更高的马氏体。

2）马氏体的晶界、晶界边缘、晶界内部分解、细化，析出大量超细微的碳化物，过饱和的马氏体在深冷的过程中过饱和度降低，析出的超细微碳化物与基体保持共格关系，能使马氏体晶格畸变并减小，微观应力降低，而细小弥散的碳化物在材料发生塑性变形时可以阻碍位错运动，从而强化基体组织；同时由于超细微的碳化物析出，均匀分布在马氏体基体上，减弱了晶界催化作用，而基体组织的细化既减弱了杂质元素在晶界的偏聚程度，又发挥了晶界强化作用。从而使材料的力学性能得到如下提高：材料的韧性改善，冲击韧性提高，基体耐回火性和疲劳强度得到提高；耐磨损的性能得到提高；尺寸稳定性提高。从而达到了强化基体，改善热处理质量，减少回火次数，延长模具寿命的目的。

3）材料经深冷处理后内部热应力和机械应力大为降低，并且由于降温过程中使微孔或应力集中部位产生了塑性流变，而在升温过程中会在此类空位表面产生压应力，这种压应力可以大大减轻缺陷对工件局部性能的损害，从而有效地降低了金属工件产生变形、开裂的可能性。

## 七、渗氮件局部保护

因渗氮后加工或工作条件的需要，工件的有些部位不允许渗氮，这些部位在渗氮时应加以防护。非渗氮面的防渗保护，一般采用防护涂层或镀层的办法，即在渗氮前在非渗氮表面涂以防渗氮涂料或镀上一层阻止氮原子渗入的金属层，在渗氮时使非渗氮表面与渗氮气氛隔离，以防止氮的渗入。常用局部保护方法有以下几种。

（1）镀锡法　锡（Pb80%、Sn20%合金）的熔点为232℃，在渗氮温度下锡层熔化。该熔化的锡不吸收和溶解氮，也不和氮化合。渗氮时，熔融的镀锡层使铁表面与渗氮介质隔

离，起到防止渗氮的作用。镀锡层的质量和工件表面粗糙度有很大关系，一般要求表面粗糙度值 $Ra$ 以 3.2~6.3μm 为宜。防渗氮效果与镀锡层厚度有关，过薄防渗效果较差，过厚容易使镀锡层流动，一般镀锡层厚度取 0.004~0.008mm。在渗氮与非渗氮面交界处涂上石墨粉与蓖麻油（比例 10∶8，随配随用）的混合物，以防止镀锡层在渗氮时的流动。

（2）镀铜法　在非渗氮表面镀一层铜，起到防渗作用。可采用粗加工后镀铜，然后再精加工以除去非渗氮表面的镀铜层。也可以采用刷镀局部的镀铜法，只要在非渗氮表面刷镀上一层铜即可。镀铜法一般用于不锈钢和耐热钢的防渗氮保护。

（3）涂料涂层　在非渗氮表面涂上防渗氮涂料以隔绝渗氮介质与工件表面接触，防止氮的渗入。可采用水玻璃、水玻璃加石墨粉或水玻璃加石棉粉的混合物做渗氮涂料。水玻璃加石墨粉的配方：中性水玻璃加 10%~20%石墨粉。工件表面粗糙度值 $Ra \geq 3.2$μm，在进行涂料前工件表面最好进行喷砂清理或清洗，并把工件加热至 60~80℃，涂料厚度 0.6~1.0mm，涂后自然干燥或在 150℃左右烘干，一般涂覆 2~3 次即可。

# 任务 2　锥孔塞规的设计与制造

**【任务描述】**

根据任务 1 的要求，设计锥孔精车和精磨的塞规，并完成其加工。

**【任务准备】**

SolidWorks 或 UG 软件、CAXA 或 AutoCAD 软件、《机械加工工艺师手册》等。

**【任务实施参考】**

测量锥孔的检测一般使用锥度塞规。锥度塞规主要用于检验产品的大径、锥度和接触率，属于专用综合检具。锥度塞规可分为尺寸塞规和涂色塞规两种。由于涂色塞规的设计和检测都比较简单，故在工件测量中得到普遍使用。检验内锥孔，首先要有锥度塞规，也就是一个标准的外圆锥度量规，在塞规上用红丹粉或蓝油均匀涂抹 2~4 条线，然后将塞规插入内锥孔对研转动 60°~120°，抽出锥度塞规看表面涂料的擦拭痕迹，来判断内圆锥的好坏，接触面积越大，锥度越好，反之则不好，一般用标准量规检验锥度接触面积要在 75%以上，而且靠近大端，涂色法只能用于精加工表面的检验。

锥度塞规检测实际采用相对测量原理，利用间接测量方法将锥孔直径及角度的微量变化转化为放大的轴向长度的检测，使用时只要将锥度塞规塞入锥孔，使用深度千分尺测出轴向长度的实际尺寸，然后与理论尺寸相比较即可得出。图 2-37 所示为锥度塞规结构示意图，$\phi D$ 实际尺寸依据精车的尺寸要求和成品的尺寸要求分别设计精车和精磨的塞规，同时设计锥度校验环规（图 2-38）。塞规校验时，先记录塞规和环规配合时的尺寸 $L_1$（图 2-39），然后用塞规检测主轴的锥孔（图 2-40），测量出实际的 $L$ 值，比较两者的差值，判断是否在公差范围内。对精磨锥孔的检测要先进行涂色检测，在锥角合格后再进行轴向尺寸的检测，一般来说，精磨时涂色检测需要定期检查，而精车工序则不需要。

为提高塞规的使用寿命，在其制造过程中要考虑热处理要求及表面硬化处理和深冷处理。

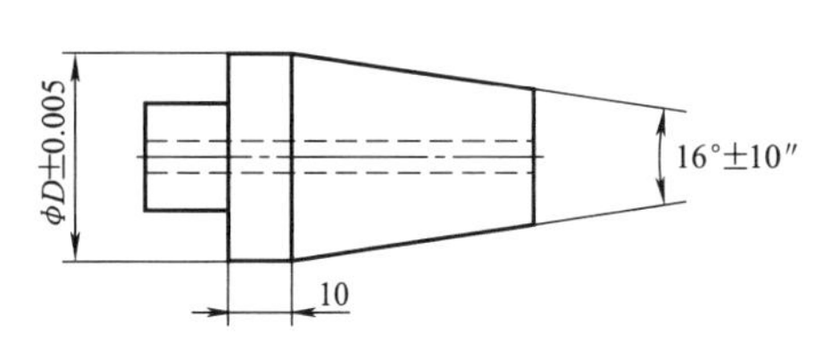


图 2-37　锥度塞规结构示意图

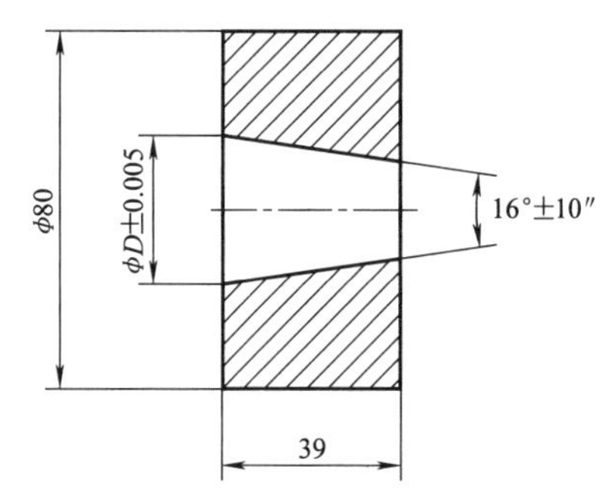


图 2-38　锥度校验环规

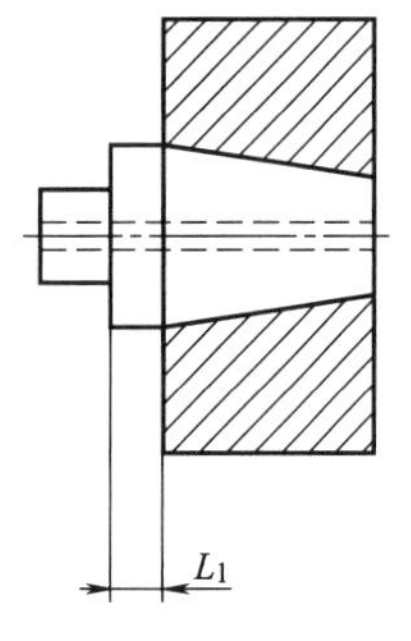


图 2-39　塞规校验示意图

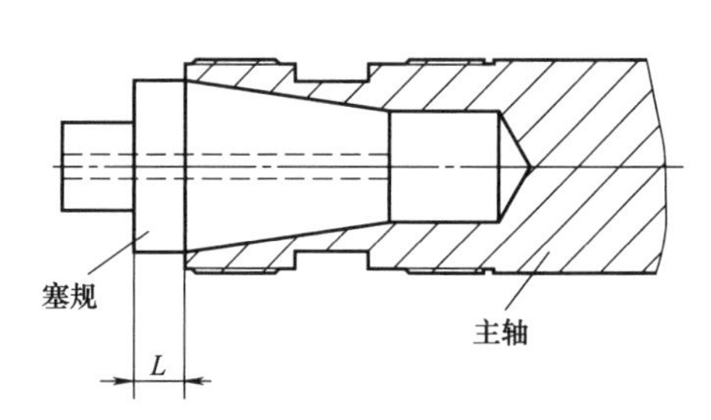


图 2-40　用塞规检测主轴的锥孔

**【知识拓展】**

锥孔的快速检测除了用上述的塞规外，还有专用的锥度测量仪。例如内锥孔端面直径测量仪（图 2-41）能快速、准确地测量内锥孔端面直径和锥度，使用时将该量仪的圆锥形测头伸入孔或槽中，用力压住该量仪，使该量仪表面和工件表面牢固地、平滑地接触，测量值就可以在指示表上直接读出。该测量方法利用比对法测量，适用于加工过程中，并可通过角度换算查看倒角是否合格，适用于中心孔、螺纹沉头孔、带轮、T 形槽等（图 2-42）。同样的测量原理还包括外圆锥端面直径测量仪（图 2-43）、外倒角测量仪（图 2-44）。

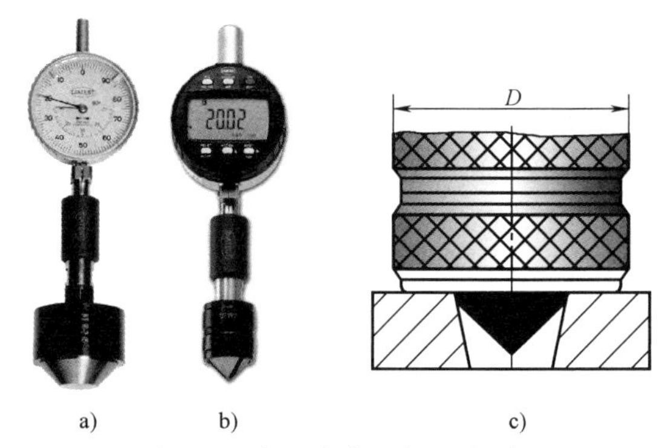


图 2-41　内锥孔端面直径测量仪

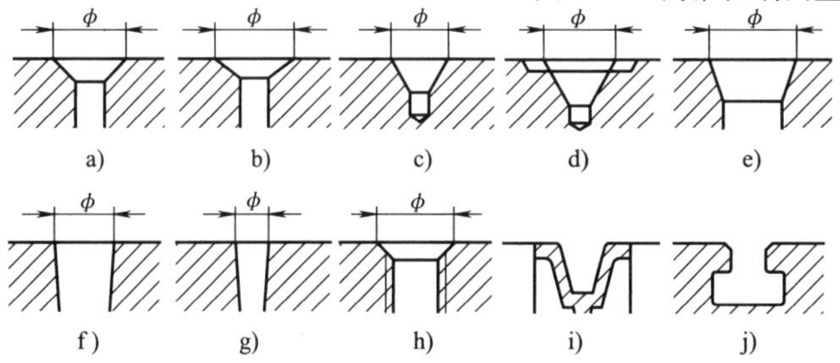


图 2-42　内锥孔端面直径测量仪适用范围

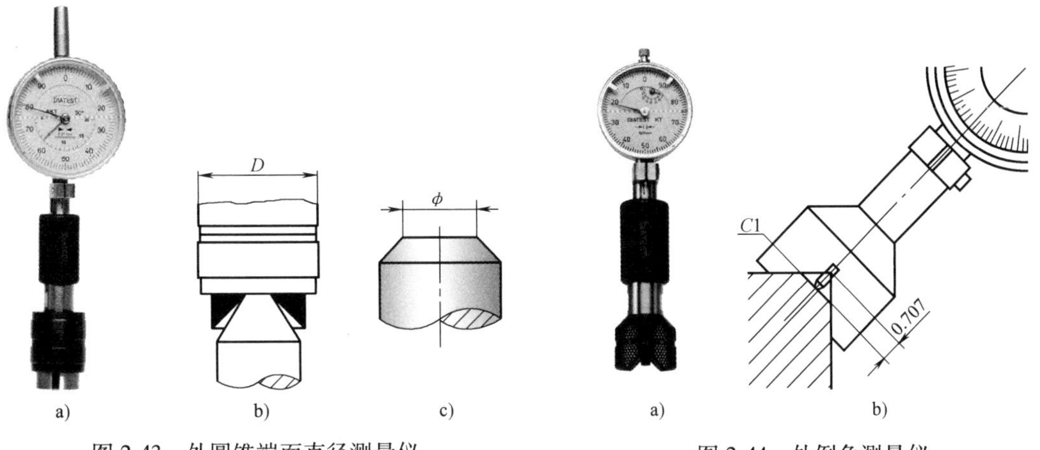


图 2-43　外圆锥端面直径测量仪

图 2-44　外倒角测量仪

# 任务3　主轴的加工

**【任务描述】**

按计划完成零件的加工。

**【任务准备】**

锯床、普通车床、台式钻床、数控车床、数控铣床、数控磨床、刀具、游标卡尺、外径千分尺、M40×1.5 螺纹环规、锥度塞规、同轴度测量仪等。

**【任务实施】**

（1）列出机床设备清单　根据加工工艺列出所需机床设备清单（包括机床附件），填写表 2-7。

表 2-7　机床设备清单

| 序号 | 设备名称 | 型号 | 数量 | 设备状况 | 使用日期 |
|---|---|---|---|---|---|
| 1 | | | | | |
| 2 | | | | | |
| 3 | | | | | |
| 4 | | | | | |

（2）列出刀具清单　根据加工工艺列出所需刀具清单，填写表 2-8。

表 2-8　刀具清单

| 序号 | 刀具名称 | 规格 | 数量 | 使用日期 |
|---|---|---|---|---|
| 1 | | | | |
| 2 | | | | |
| 3 | | | | |
| 4 | | | | |

（3）列出量具清单　根据加工工艺列出所需量具清单，填写表2-9。

表2-9　加工零件所需量具清单

| 序号 | 量具名称 | 规格 | 数量 | 使用日期 |
|---|---|---|---|---|
| 1 | | | | |
| 2 | | | | |
| 3 | | | | |
| 4 | | | | |

（4）列出毛坯清单　对于零件而言，产品的产量除了加工机器所需要的数量之外，还要包括一定的备品和废品，因此零件的生产纲领应按下式计算

$$N=Qn(1+a\%)(1+b\%)$$

式中　$N$——零件的年产量（件/年）；

$Q$——产品的年产量（台/年）；

$n$——每台产品中该零件的数量（件/台）；

$a\%$——该零件的备品率；

$b\%$——该零件的废品率。

根据生产计划和加工工艺列出所需毛坯清单，填写表2-10。

表2-10　零件加工所需毛坯清单

| 零件名称 | 零件代号 | 材料牌号 | 规格 | 数量 | 重量/kg |
|---|---|---|---|---|---|
| | | | | | |

（5）零件的加工与检测　按零件的工艺文件要求完成每道工序的加工，加工时要注意以下几点。

1）工序的顺序不允许随意调整。

2）加工前检查刀具、量具是否合格。

3）加工过程中要注意检测，除了自检外还要互检，并填写表2-11。

4）关键尺寸全检，次要尺寸抽检。

5）每人每次加工的首件必须全检，加工中途也要按要求抽检，抽检的工件尺寸全检。

6）加工完毕由专门人员检查，并填写表2-12。

7）对检查出现的质量问题进行及时分析、处理，防止出现批量生产事故，并填写表2-13。

表2-11　工件自检、互检检查记录表

| 检查记录卡 | | 零件名称 | | | 零件图号 | | |
|---|---|---|---|---|---|---|---|
| 工序号 | 工序名称 | 检测项目 | 检测工具 | 自检结果 | 签字 | 互检结果 | 签字 |
| | | | | | | | |
| | | | | | | | |
| | | | | | | | |
| | | | | | | | |
| | | | | | | | |
| | | | | | | | |
| | | | | | | | |
| | | | | | | | |
| | | | | | | | |
| | | | | | | | |

表 2-12　零件成品检查记录表

| 检查记录卡 | 零件名称 | | 零件图号 | |
|---|---|---|---|---|
| 序号 | 检测项目 | 检测工具 | 检测结果 | 签字 |
| 1 | | | | |
| 2 | | | | |
| 3 | | | | |
| 4 | | | | |
| 5 | | | | |
| 6 | | | | |

表 2-13　工件加工质量分析记录表

<table>
<tr><td colspan="2">工件加工质量分析记录表</td><td colspan="2">零件名称</td><td colspan="2"></td><td colspan="2">零件图号</td><td></td></tr>
<tr><td>工序号</td><td>工序名称</td><td></td><td>操作者</td><td></td><td>检测者</td><td></td><td colspan="2">工艺师</td></tr>
<tr><td colspan="4">质量问题描述</td><td colspan="5">原因分析</td></tr>
<tr><td colspan="4"></td><td colspan="5"></td></tr>
<tr><td colspan="4"></td><td colspan="5"></td></tr>
<tr><td colspan="4"></td><td colspan="5"></td></tr>
<tr><td colspan="4"></td><td colspan="5"></td></tr>
<tr><td colspan="4"></td><td colspan="5"></td></tr>
<tr><td colspan="4"></td><td colspan="5"></td></tr>
<tr><td colspan="9">整改措施</td></tr>
</table>

【知识拓展】

## 一、数控车削刀具的选择

数控车削刀具的选择需从零件图、机床影响因素、工件及刀具等因素综合考虑，才能确定所选用的刀具。数控车削刀具的选择思维导图如图 2-45 所示。

### 1. 机夹式车削刀片型号命名规范及选择

下面以刀片牌号 CNMG 120408-N-UR 为例，说明车削刀片命名规则。

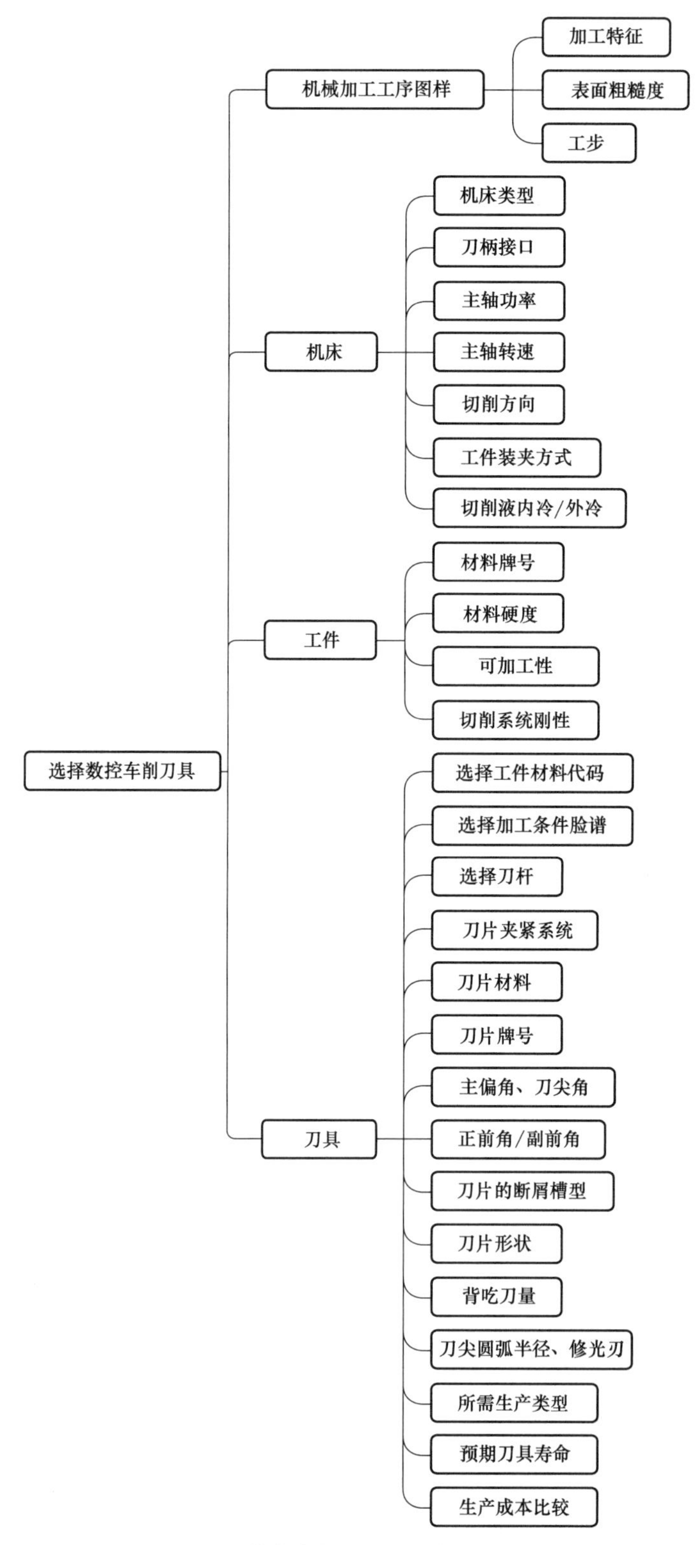


图 2-45　数控车削刀具的选择思维导图

| C | N | M | G | 12 | 04 | 08 | N | UR |
|---|---|---|---|---|---|---|---|---|
| ①刀片形状 | ②后角 | ③尺寸精度 | ④孔、槽形状 | ⑤切削刃长度 | ⑥厚度 | ⑦刀尖圆弧半径 | ⑧切削方向 | ⑨⑩断屑槽 |

① 刀片形状

| 记号 | 形状 | 顶角 | 形状 |
|---|---|---|---|
| H | 正六角形 | 120° | |
| O | 正八角形 | 135° | |
| P | 正五角形 | 108° | |
| S | 正方形 | 90° | |
| T | 正三角形 | 60° | |
| C | 菱形 | 80° | |
| D | | 55° | |
| E | | 75° | |
| F | | 50° | |
| M | | 86° | |
| V | | 35° | |
| L | 长方形 | 90° | |
| A<br>B<br>K | 平行四边形 | 85°<br>82°<br>55° | |
| R | 圆形 | — | |
| W | 六角形 | 80° | |

② 后角

| 记号 | 后角 |
|---|---|
| A | 3° |
| B | 5° |
| C | 7° |
| D | 15° |
| E | 20° |
| F | 25° |
| G | 30° |
| N | 0° |
| P | 11° |
| O | 其他 |

③ 尺寸精度

| 记号 | 刀尖高度允差 | 厚度允差 | 内接圆允差 |
|---|---|---|---|
| A | ±0.005 | ±0.025 | ±0.025 |
| F | ±0.005 | ±0.025 | ±0.013 |
| C | ±0.013 | ±0.025 | ±0.025 |
| H | ±0.013 | ±0.025 | ±0.013 |
| E | ±0.025 | ±0.025 | ±0.025 |
| G | ±0.025 | ±0.13 | ±0.025 |
| J* | ±0.005 | ±0.025 | ±0.05~±0.13 |
| K* | ±0.013 | ±0.025 | ±0.05~±0.13 |
| L* | ±0.025 | ±0.025 | ±0.05~±0.13 |
| M* | ±0.08~±0.18 | ±0.13 | ±0.05~±0.13 |
| U* | ±0.13~±0.38 | ±0.13 | ±0.08~±0.25 |

* 刀片未经磨制面的误差依刀片大小而定。

④ 孔、槽形状

| 记号 | 形状 | 记号 | 形状 | 记号 | 形状 |
|---|---|---|---|---|---|
| N | | U | 40°~60° | C | 70°~90° |
| R | | B | 70°~90°　70°~90° | J | 70°~90° |
| F | | A | | | |
| W | 40°~60°　40°~60° | M | | | |
| T | 40°~60°　40°~60° | G | | | |
| Q | 40°~60° | H | 70°~90°　70°~90° | | |

［参考］J/K/L/M 级尺寸精度

1. 内接圆允差

| 内接圆 | 三角形 | 四角形 | 80°菱形 | 55°菱形 | 35°菱形 | 内孔 |
|---|---|---|---|---|---|---|
| 6.35 | ±0.05 | ±0.05 | ±0.05 | ±0.05 | — | — |
| 9.525 | ±0.05 | ±0.05 | ±0.05 | ±0.05 | ±0.05 | ±0.05 |
| 12.70 | ±0.08 | ±0.08 | ±0.08 | ±0.08 | — | ±0.08 |
| 15.875 | ±0.10 | ±0.10 | ±0.10 | ±0.10 | — | ±0.10 |
| 19.05 | ±0.10 | ±0.10 | ±0.10 | ±0.10 | — | ±0.10 |
| 25.40 | ±0.13 | ±0.13 | ±0.13 | — | — | ±0.12 |

2. 刀尖高度允差

| 内接圆 | 三角形 | 四角形 | 80°菱形 | 55°菱形 | 35°菱形 |
|---|---|---|---|---|---|
| 6.35 | ±0.08 | ±0.08 | ±0.08 | ±0.11 | — |
| 9.525 | ±0.08 | ±0.08 | ±0.08 | ±0.11 | ±0.13 |
| 12.70 | ±0.13 | ±0.13 | ±0.13 | ±0.15 | — |
| 15.875 | ±0.15 | ±0.15 | ±0.15 | ±0.18 | — |
| 19.05 | ±0.15 | ±0.15 | ±0.15 | — | — |
| 25.40 | ±0.18 | ±0.18 | ±0.18 | — | — |

⑤ 切削刃长度

| 内接圆(mm) \ 形状 | C | D | R | S | T | V | W |
|---|---|---|---|---|---|---|---|
| 3.97 | | | | | 06 | | |
| 5.56 | | | | | 09 | | |
| 6.35 | 06 | 07 | | 06 | 11 | | |
| 8.0 | | | 08 | | | | |
| 9.525 | 09 | 11 | 09 | 09 | 16 | 16 | 06 |
| 10.0 | | | 10 | | | | |
| 12.0 | | | 12 | | | | |
| 12.7 | 12 | 15 | 12 | 12 | 22 | 22 | 08 |
| 15.875 | 16 | | 15 | 15 | 27 | | |
| 16.0 | | | 16 | | | | |
| 19.05 | 19 | | 19 | 19 | 33 | | |
| 20.0 | | | 20 | | | | |
| 25.0 | | | 25 | | | | |
| 25.4 | 25 | | 25 | 25 | | | |

⑥ 厚度

| 记号 | 厚度(mm) |
|---|---|
| T1 | 1.98 |
| 02 | 2.38 |
| T2 | 2.78 |
| 03 | 3.18 |
| T3 | 3.97 |
| 04 | 4.76 |
| 06 | 6.35 |
| 07 | 7.94 |
| 09 | 9.52 |

⑦ 刀尖圆弧半径

| 记号 | 刀尖半径(mm) |
|---|---|
| 00 | 尖角 |
| 02 | 0.2 |
| 04 | 0.4 |
| 08 | 0.8 |
| 12 | 1.2 |
| 16 | 1.6 |
| 20 | 2.0 |
| 24 | 2.4 |
| M0 | 圆形(公制) |
| 00 | 圆形(英制) |

⑧ 切削方向

| 记号 | 方向 |
|---|---|
| R | 右手刀 |
| L | 左手刀 |
| N | 无 |

N：一般省略不写

⑨⑩ 断屑槽

| 用途 | 全周槽形 | 分左右方向槽形 |
|---|---|---|
| 精加工 | PF,UA,SF,FT | |
| 轻切削 | UR,UT,GS | MM,MF |
| 轻~中切削 | PG,UB | SG,GN,GNP |
| 中~重切削 | UD,GG,UC | |

## 2. 刀片形状与种类的选择

刀片形状是根据被加工工件的形状和尺寸来决定的。如图 2-46 所示，刀尖角越大，强度越大，切削温度会被分散，除了会增加背向力外，一般是有利的。从经济性来说，W 形和 T 形由于可用切削刃数多，较为常用（仿形一般用 V 形和 D 形），作为数控车床用，最应推荐的是 80°的 C 形。C 形与 W 形和 T 形刀片相比，只是将刀片对称反转安装，故重复定位精度要高得多。

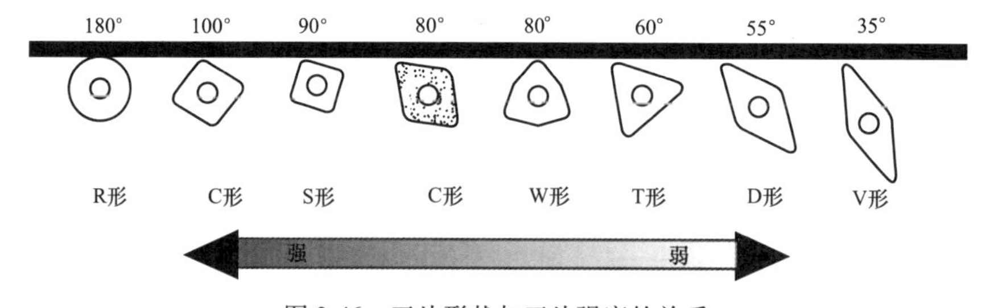


图 2-46　刀片形状与刀片强度的关系

## 3. 刀片尺寸的选择

刀片尺寸的选择主要与切削深度有关，其大致关系如图 2-47 所示。切削刃长度的选择与切削深度有关，用切削刃短的刀片，分数次加工较大切削深度时成本将增加；而长切削刃可以避免多次切削，虽然单片成本稍高，但是综合成本低。一般来说，选择刃长为平均切削深度 2 倍的刀片较为经济，棱形 80°的 19.05mm 刀片可实现 9.5~12.7mm 的切削深度，切削深度在 6.35mm 以下通常选用 12.7mm 的刀片较为经济。从稳定加工状态看，切削深度的大

致基准：9.525mm 刀片的切削深度为37%，12.7mm 刀片的切削深度为50%，15.8mm 刀片的切削深度为57%，19.05mm 刀片的切削深度为67%。简而言之，切削深度的推荐值分别为40%、50%、60%和70%。切削深度完全接近切削刃长度的切削是十分危险的。

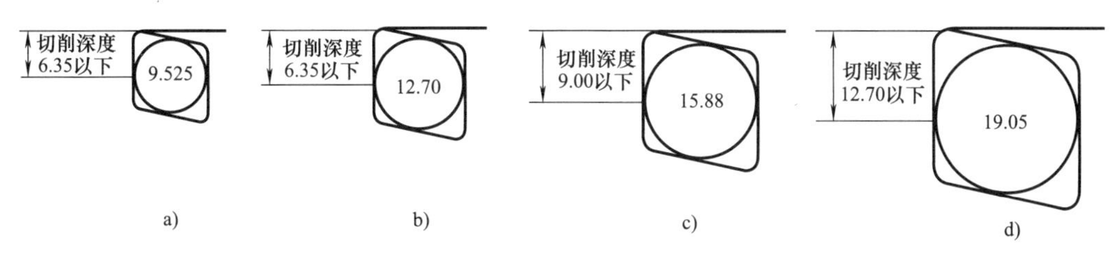


图 2-47 刀片尺寸的选择与切削深度的大致关系

### 4. 主偏角的选择

主偏角是主切削刃在基面上的投影和进给运动方向的夹角，其大小影响刀具寿命、背向力与进给力的大小。减小主偏角能提高切削刃强度、改善散热条件，并使切削层厚度减小、切削层宽度增加，减轻单位长度切削刃上的负荷，从而有利于提高刀具寿命；而加大主偏角，则有利于减小背向力，防止工件变形，减小加工过程中的振动和工件变形。

主偏角的选择原则是在保证表面质量和刀具寿命的前提下，尽量选用较大值。工艺系统刚性差时，为减小背向力 $F_p$，应选择较大的主偏角，如在加工细长轴零件时，一般常用$\kappa_r$= 90°~93°的车刀，以减小 $F_p$，防止工件弯曲变形或振动。工件材料强度、硬度高时，为提高刀具寿命，应选择较小的主偏角。主偏角与切削力关系如图 2-48 所示，主偏角较大和较小时优缺点见表 2-14。

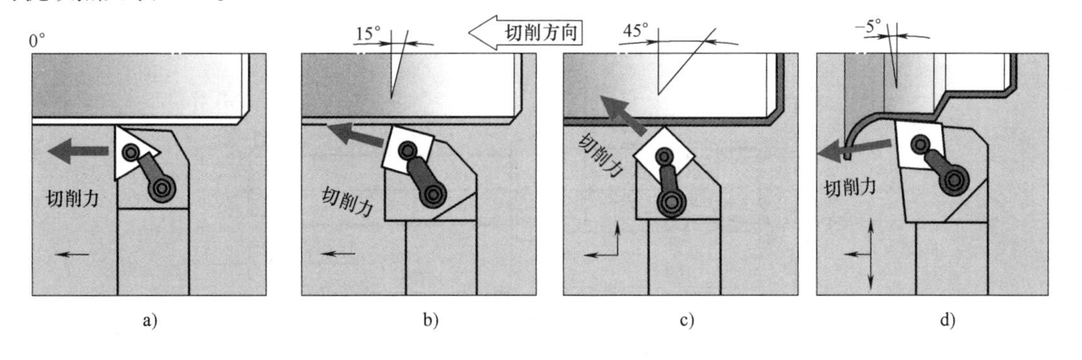


图 2-48 主偏角与切削力关系

**表 2-14 主偏角较大和较小时优缺点**

| 较小主偏角的优点 | 较大主偏角的优点 |
| --- | --- |
| 1)增加进给力<br>2)减小背向力<br>3)有助于避免振动 | 1)让切削力分布在较长的切削刃上<br>2)刀尖角保护更好<br>3)薄切削散热更好<br>4)刀片寿命更长 |
| **较小主偏角的缺点** | **较大主偏角的缺点** |
| 1)较大的未变形切削厚度<br>2)较大的力集中在较短的切削刃上<br>3)切削力突然加大/消失<br>4)刀片磨损快 | 1)背向力更大<br>2)变形和振动的可能性大 |

### 5. 硬质合金刀片的分类及其代号

硬质合金是目前应用最广泛的切削刀具材料之一，硬质合金刀片牌号和用途及识别颜色见表 2-15，刀片盒的背面一般用颜色对其进行识别。

表 2-15　硬质合金刀片牌号和用途及识别颜色

| 刀片牌号 | 用途 | 识别颜色 |
|---|---|---|
| P 类(包括 P01~P40) | 适用于加工长切屑的黑色金属(如钢材) | 以蓝色做标志 |
| M 类(包括 M10~M40) | 这类合金为通用型,适用于加工长切屑或短切屑的黑色金属(如不锈钢)及有色金属 | 以黄色做标志 |
| K 类(包括 K01~K40) | 适用于加工短切屑的黑色金属(如铸铁)、有色金属及非金属材料 | 以红色做标志 |
| H 类(包括 H01~H30) | 适用于加工硬度为 40~65HRC 的高硬度材料(如切削淬火钢、合金钢、硬铸铁等) | 以黑色做标志 |
| S 类(包括 S01~S30) | 适用于切削高温合金、耐热合金材料(如钛合金、镍基高温合金等) | 以棕色做标志 |
| N 类(包括 N10~N30) | 适用于加工有色金属及非金属材料(如铝合金、纤维强化型塑料等) | 以绿色做标志 |

## 二、数控磨削程序参考

选择数控万能磨床精磨主轴（图 2-49）外圆及锥孔，磨削系统采用 FANUC Series 21i-TB，精磨外圆时砂轮宽度为 40mm。精磨外圆及端面砂轮位置如图 2-50 所示。砂轮左侧定义为 T11，砂轮右侧定义为 T12，此时外圆磨削余量为 0. 1mm，端面磨削余量为 0. 05mm，砂轮定位距离为 0. 05mm。精磨锥孔砂轮位置如图 2-51 所示，砂轮修整为锥形，砂轮定义为 T31，磨削余量为 0. 1mm，砂轮定位距离为 0. 05mm。磨削参考程序如下。

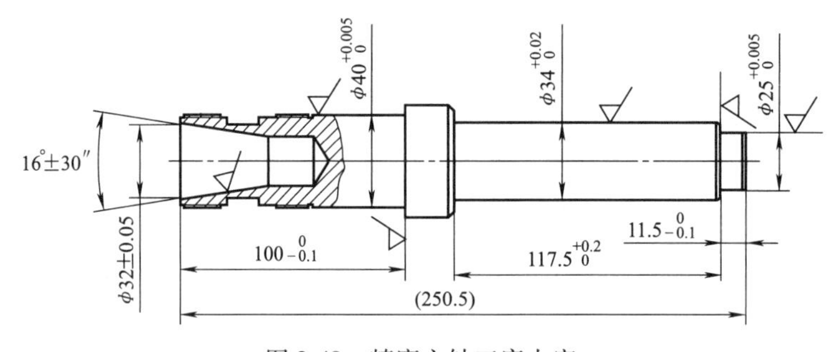


图 2-49　精磨主轴工序内容

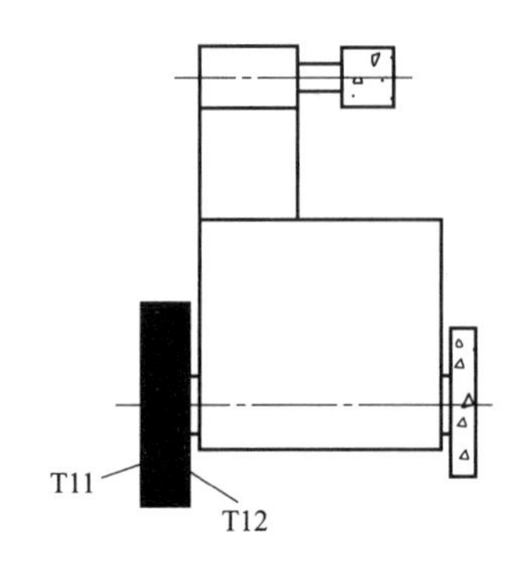


图 2-50　精磨外圆及端面砂轮位置

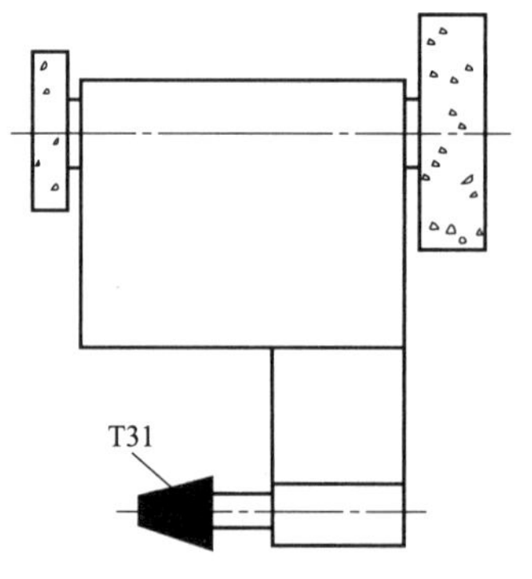


图 2-51　精磨锥孔砂轮位置

**1. 精磨削外圆及端面程序**

| 程序 | 说明 |
|---|---|
| O0001 | 程序名 |
| N10 G225　E1; | 换砂轮原点 |
| N20 T12; | 调用 T12 砂轮 |
| N30 M83; | 砂轮转动 |
| N40 M08; | 切削液开 |
| N50 G265　D0.01　E0　F700; | 砂轮修整（两侧面与端面同时修整） |
| N60 G251 L-10.0; | 主动式定位测量 L-10.0，其中“-”代表负方向，“10”代表探测长度（T11 的 Z 方向对刀点为轴颈右侧） |
| N70 G00 Z-179.3; | 快速定位至轴颈右端面 Z-179.3 |
| N80 G00 X40.3; | 快速定位至 X40.3 |
| N90 G271 X40.15 Z-179.3 I0 K1 F600; | G271 定义摆动磨削起点，I 与 K 比值定义磨削方向 |
| N100 G272 L-45.0; | 摆动磨削的距离 L-45.0 中的“-”代表 Z 轴负方向 |
| N110 G284 G99 X［40.0+#500］D0.015 L0.01 H3; | G284 为左右两侧同时下刀的摆动磨削，G99 为感应式快速定位。“#500”为变量值。D 为背吃刀量，L 为余量，H 为精加工次数 |
| N120 G289 L0.02; | 向 X 轴“+”方向退刀 0.02mm |
| N130 G260 D0.01 E0 F300; | 砂轮外圆精修，E0 修整 1 次，背吃刀量 0.01mm |
| N140 G284 X［40.0+#500］D0.002 L0.0 H6; | 砂轮修整之后外圆精磨到尺寸 |
| N150 G280; | 磨削循环结束 |
| N160 G00 X［40.05+#500］Z-179.3; | 快速定位至端面磨削起点 X［40.05+#500］，外圆抬起 0.05mm |
| N170 G276 X［40.05+#500］Z-179.15; | 定点磨削起点 |
| N180 G287 G99 Z［-179.05+#501］D0.005 L-0.01 H2; | 定点磨削循环，D 为背吃刀量 0.005mm，H2 定义暂停 2s，L-0.01 表示负方向余量为 0.01mm |
| N190 G287 Z［-179.05+#501］D0.002 L0.0 H5; | 精磨到尺寸 |
| N200 G280; | 磨削循环结束 |
| N210 G00 X51.0; | 快速定位到工件外面 |
| N220 T11; | 调用 T11 砂轮 |
| N230 G00 Z0.05; | 快速定位到右侧轴颈左端面 |

N240 G00 X25.3;　　快速定位至 X25.3

N250 G276 X25.15Z0.05;　　轴颈右侧长度较短，采用定点磨削

N260 G287 G99 X [25.0+#502] D0.005 L0.01 H4;

X [25.0+#502] 中调用“#502”变量值，粗磨留余量 0.01mm

N270 G287 X [25.0+#502] D0.002 L0.0 H7;

精磨到尺寸

N280 G280;　　磨削循环结束

N290 G00 X [25.05+#502] Z0.05;　　快速定位至右轴颈左端面 X [25.05+#502] 外圆，抬起 0.05mm

N300 G276 X [25.05+#502] Z0.05;　　定点磨削循环起点

N310 G287 G99 Z [-0.05+#503] D0.005 L0.01 H3;

粗磨正方向，留余量 0.01mm

N320 G287 Z [-0.05+#503] D0.002 L0.0 H6;

精磨到尺寸

N330 G280;　　磨削循环结束

N340 M09;　　切削液关

N350 M05;　　砂轮停止

N360 G225 E1;　　回换砂轮参考点

N370 M30;　　程序结束

**2. 锥孔磨削程序**

O0002

N10 G225 E1;　　回换砂轮参考点

N20 T31;　　调用 T31 砂轮

N30 M93;　　砂轮转动

N40 M08;　　切削液开

N50 G00 Z20.0;　　快速定位至 Z20.0（工件端面为 Z 方向对刀点）

N60 G00 X-9.7;　　快速定位至 X-9.7（X 方向对刀点如图 2-52 所示。Z 方向进入工件 4mm 时碰到内孔表面后设置为“X-10.0”）

N70 G00 Z-4.0;　　快速定位至 Z-4.0

N80 G271 X [-9.95+#500] Z-4.0 I-0.1405 K1 F400;

定位摆动磨削起点，I 与 K 的比值定义磨削方向。磨削角度 8°，方向为负的表达形式为“I-0.1405 K1”

N90 G272 L-32.0;　　摆动距离 32mm，方向为负（精磨锥孔终止位置如图 2-53 所示）

N100 G284 X [-10.10+#500] D0.005 L0.05 H4;

粗磨余量留 0.05mm

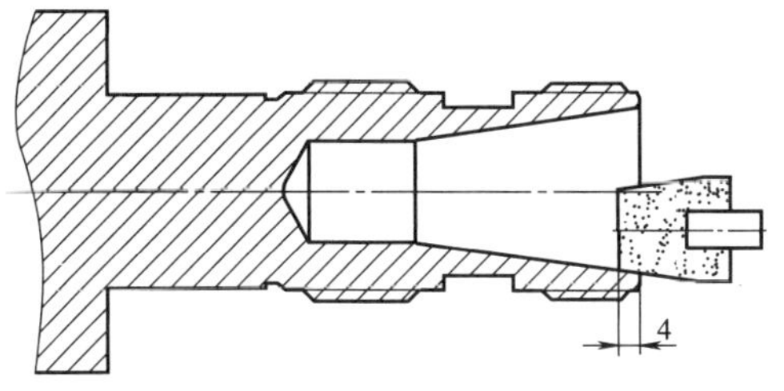


图 2-52　精磨锥孔 X 方向对刀点

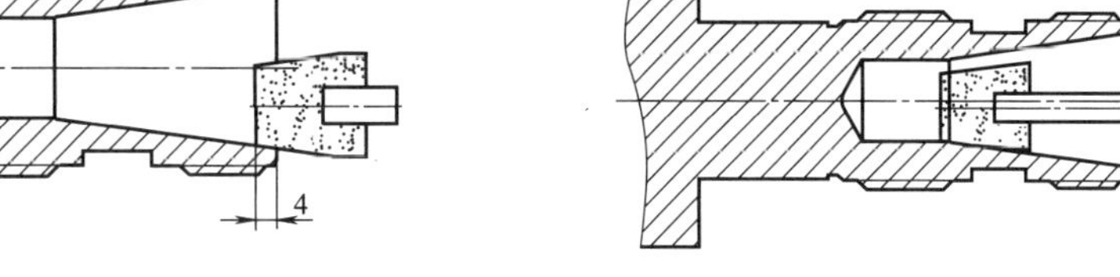

图 2-53　精磨锥孔终止位置

N110 G289 L0. 01;　　向+X 轴方向退刀 0. 01mm

N120 G269 D0. 01 E0 P1001;　　砂轮修整一次（带有形状的砂轮修整需调用子程序，O1001 是修整砂轮子程序）

N130 G284 X［-10. 10+#500］D0. 003 L0. 01 H4;　　半精磨余量留 0. 01mm

N140 G289 L0. 01;　　向+X 轴方向退刀 0. 01mm

N150 G269 D0. 01 E0 P1001;　　砂轮修整一次

N160 G284 X［-10. 10+#500］D0. 0015 L0. 0 H8;　　精磨到尺寸

N170 G280;　　磨削循环结束

N180 G00 Z20. 0;　　快速定位至工件外面 Z20. 0 位置

N190 M09;　　切削液关

N200 M05;　　砂轮停止

N210 G225 E1;　　回换砂轮参考点

N220 M30;　　程序结束

**3. 修整砂轮子程序**

O1001　　子程序名

G90;　　绝对值编程

G00 X3. 0 Z3. 0;　　设置修整砂轮起点（图 2-54）

G91;　　增量值编程

G00 Z-26. 0;　　Z 轴负方向移动 26mm，如图 2-55 所示的设置修整砂轮终点

G01 X-6. 0 F400;　　X 轴负方向进给 6mm

Z7. 0;　　Z 轴正方向进给 7mm

X-4. 4973 Z16. 0;　　修整 16°锥度

Z3. 0;　　Z 轴正方向进给 3mm

G00 X10. 4973;　　X 轴正方向移动 10. 4973mm

G90;　　绝对值编程

G00 X0. 0 Z0. 0;　　快速定位起点

M99;　　子程序结束

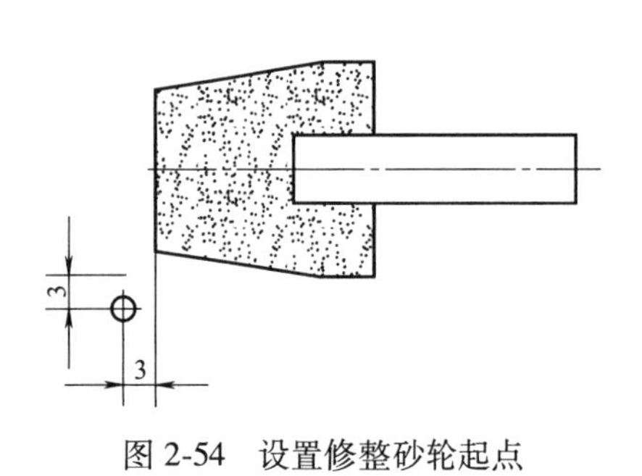


图 2-54　设置修整砂轮起点

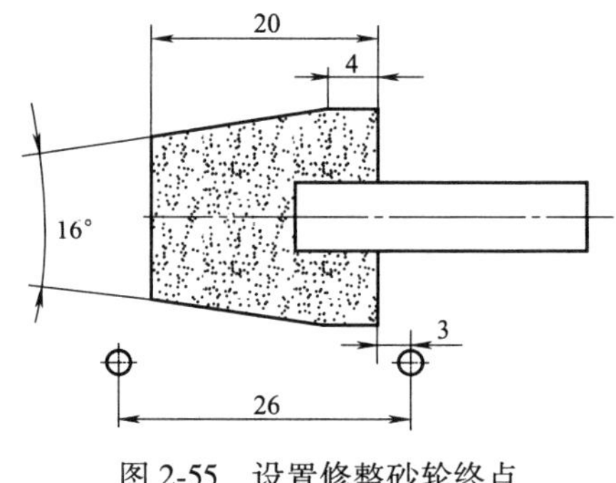


图 2-55　设置修整砂轮终点

## 【项目小结】

本项目通过主轴的制造，系统地学习了精密轴类零件的工艺设计，对批量生产工艺和单件生产工艺的区别有了进一步的认识，进一步提高了读图能力、工艺设计能力、成本分析能力、精密轴类零件的制造能力及质量分析能力、团结协作能力及项目管理能力。

## 【撰写项目报告】

主轴加工完成后，撰写项目报告。报告内容主要依据每个任务的完成情况，应包括主轴的图样分析、加工工艺方案分析、检具的设计与制造、主轴的制造与检测、质量分析、工艺改进与优化等内容。报告附录部分包括零件图、零件工艺卡、毛坯清单、外购件清单、加工设备清单、刀具清单、量具清单、数控加工程序等。最后提交报告的打印稿及全套资料的电子稿。

# 项目3

# 输出轴的工艺设计与加工

【项目描述】

本项目以加工500件输出轴（图3-1）为例，零件材料为QT700-2，内容涉及输出轴的工艺设计、车床夹具设计与制造、输出轴加工以及质量分析，拓展知识点涉及高速干切削加工技术、管螺纹、零件探伤、机械零件的清洗、机械零件的油漆工艺与常见缺陷、动平衡的精度与选择。

【教学目标】

**知识目标：**

（1）高速干切削

（2）机械零件的探伤

（3）机械零件的清洗

（4）机械零件的油漆

（5）车床夹具的设计

（6）动平衡的精度与选择

（7）铸件的加工

**能力目标：**

通过本项目的学习，进一步提高读图能力、工艺设计能力、成本分析能力、夹具设计能力、夹具装配能力、轴类零件的制造能力及质量分析能力，同时可以提高小组成员间的团结协作能力、项目管理能力。

【任务分解】

任务1　输出轴的工艺设计

任务2　车床夹具的设计

任务3　车床夹具的制造

任务4　输出轴的加工

【项目实施建议】

由于本项目涉及零件的工艺设计、夹具设计及零件制造，为保证项目的按时完成，建议

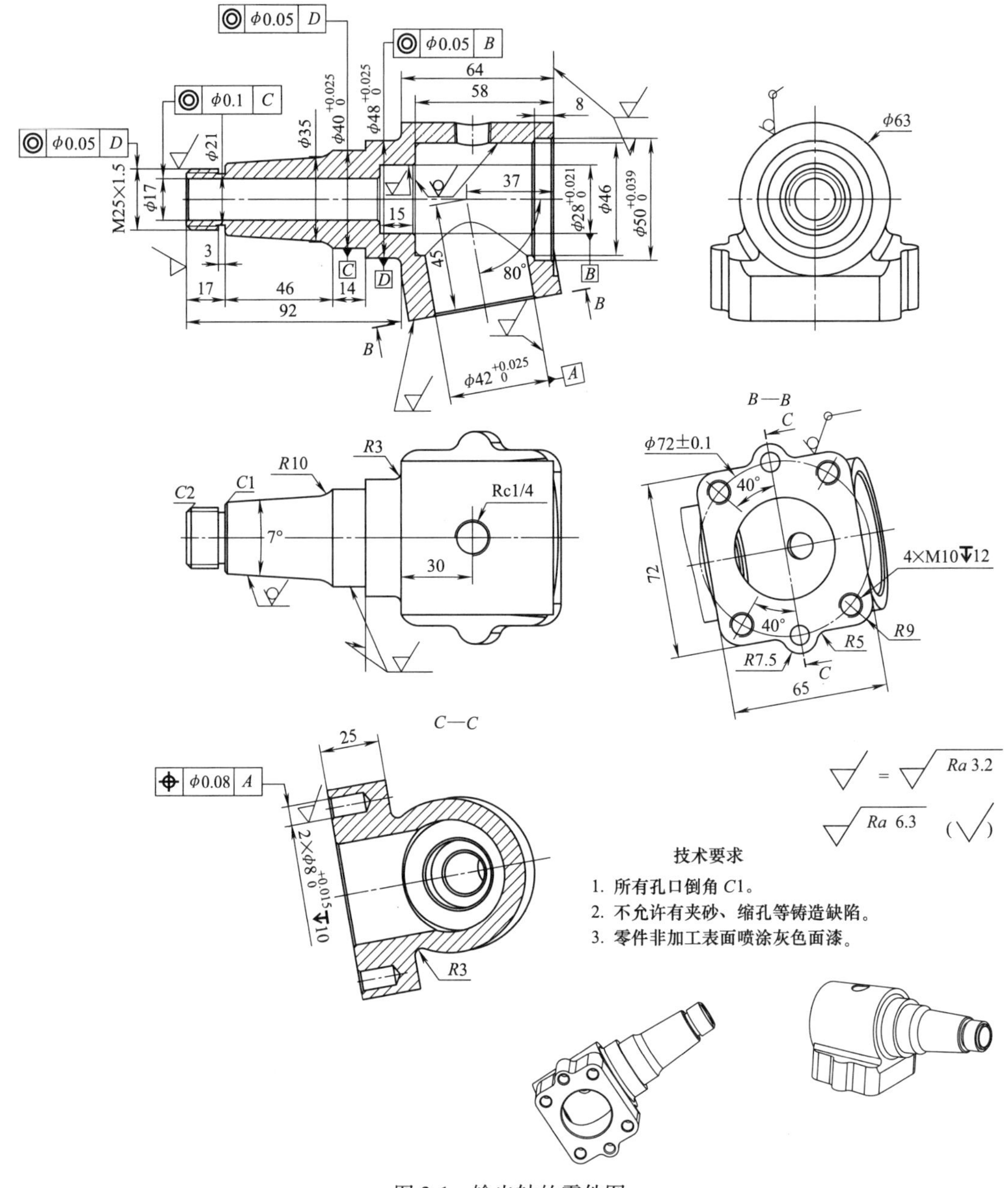


图 3-1　输出轴的零件图

项目小组成员 4~6 人为宜，通过分工协作完成各个任务，在任务 1 工艺设计方案讨论阶段，全体组员参与，工艺流程一旦确定，提出夹具设计要求，留下 1~2 人完善工艺设计方案，绘制工艺卡，编写数控程序，其余人员参与夹具方案的设计与优化，夹具设计方案确定后，留 2 人完成夹具的设计及工程图绘制，留 1 人做生产准备，主要任务是毛坯、使用设备、刀具、量具及外购件等清单的提交与落实。在安排任务过程中，要学会合理安排时间，力求做到生产进度均衡，对毛坯不是型材的及需要热处理的工件先进行准备，工序流程长的零件先进行安排，夹具的制造完成日期应与工件加工需要夹具的工序日期相匹配。

# 任务1　输出轴的工艺设计

## 【任务描述】

按500件的生产量设计工艺方案，车间有普通车床、普通铣床、钻床、数控车床及加工中心等设备。

## 【任务准备】

SolidWorks或UG软件、CAXA或AutoCAD软件、《机械加工工艺师手册》《刀具设计手册》等。

## 【任务实施】

### 1. 零件图样分析

零件的图样分析主要从以下几方面进行。

1）读懂零件图，审查图样完整性、准确性以及零件的结构、材料等方面的合理性，了解铸件的各种热处理要求。

2）搞清材料的牌号及含义，分析毛坯的形式及可能出现的缺陷。

3）分析零件的几何特征以及零件图的尺寸精度、几何公差、表面粗糙度等，重点关注尺寸公差、几何公差以及表面粗糙度值小于或等于1.6μm的加工特征，找出可能的加工方法及检测手段。

4）对有表面涂面漆要求的零件，要简单了解油漆的工艺流程及油漆前的处理过程，了解零件的常见清洗方法及其特点。

图样分析完成，填写表3-1。

表3-1　图样分析结果

| 图样的完整性及合理性 | |
|---|---|
| 材料分类、含义及性能 | |
| 生产类型 | |
| 毛坯形式 | |
| 常见毛坯缺陷 | |
| 可能的热处理及定义 | |
| 几何特征 | 可能的加工方法 |
| 外圆柱面 | |
| 内孔 | |
| 底面 | |
| 4×M10↧12 | |
| M25×1.5 | |

（续）

| Rc1/4 | |
|---|---|
| 光孔 | |
| 尺寸精度 | 可能的检测设备及规格 |
| $\phi40^{+0.025}_{0}$mm, $\phi48^{+0.025}_{0}$mm | |
| $\phi28^{+0.21}_{0}$mm | |
| $\phi42^{+0.025}_{0}$mm, $\phi50^{+0.039}_{0}$mm | |
| $2\times\phi8^{+0.015}_{0}$mm | |
| Rc1/4 | |
| M25×1.5 | |
| 4×M10↧12 | |
| $\phi(72\pm0.1)$mm | |
| 80° | |
| 几何公差 | 可能的检测设备及规格 |
| *A* 基准面 | |
| *B* 基准面 | |
| *C* 基准面 | |
| *D* 基准面 | |
| ◎ \| $\phi$0.05 \| *B* | |
| ◎ \| $\phi$0.1 \| *C* | |
| ◎ \| $\phi$0.05 \| *D* | |
| ⌖ \| $\phi$0.08 \| *A* | |
| 表面质量 | 可能的检测设备及规格 |
| *Ra*3.2μm | |
| （不去除材料表面粗糙度符号） | |

**2. 零件的机械加工工艺分析**

零件的机械加工工艺分析主要按以下几个步骤进行。

1）根据零件的生产量及交货周期确定零件的生产类型。

2）根据企业的设备状况及操作人员水平，列出可能的机械加工工艺路线图。

3）从质量、交货期及成本等方面综合考虑，确定最优的机械加工工艺方案。

4）提出夹具设计要求及初步方案，主要包括加工的特征、设备名称和型号、要求的生产节拍及定位尺寸要求等。

工艺分析完，填写表 3-2。

**表 3-2　零件的机械加工工艺分析结果**

| | | 优点 | 缺点 |
|---|---|---|---|
| 工艺方案一 | | | |
| | | | |
| 工艺方案二 | | | |
| | | | |
| | | | |
| 工艺方案三 | | | |
| | | | |
| | | | |
| 最终的工艺方案 | | | |
| 夹具设计要求及方案 | | | |

### 3. 零件的机械加工工艺文件设计

零件的机械加工工艺文件一般采用二维 CAD 软件绘制，为验证读图的正确性，建议按以下步骤进行。

（1）零件的三维建模及工程图绘制　利用三维 CAD 软件，完成零件的三维建模，结果如图 3-2 所示，完成零件的工程图，与图 3-1 对比，如果一致，说明读图正确。

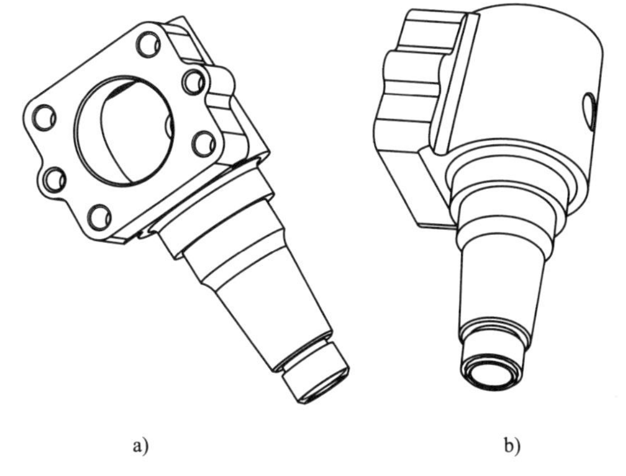


图 3-2　零件的三维模型

（2）零件的工程图转换及修改　将零件的工程图导出或另存为 . dwg 格式，利用 CAXA 或 AutoCAD 软件读取工程图，按照国家标准修改工程图，修改内容包括图层、线型、颜色、线宽及图框，最后填写技术要求及标题栏，修改后零件的工程图如图 3-3 所示。

（3）绘制零件的工艺文件　根据以上分析，利用二维 CAD 软件绘制零件的机械加工工艺文件，包括封面、综合过程卡、热处理卡、机械加工过程卡（刀具、切削参数）及质量检查卡。

**【任务实施参考】**

输出轴是一个带斜底座的轴类零件，材料为球墨铸铁（QT700-2），在尺寸精度方面主要的加工难点表现在外圆和内孔的同轴度要求，在加工特征方面，主要的加工难度是带斜底座的轴外圆加工。考虑目前一般企业的实际状况，建议加工流程如下。

1）时效处理。

2）喷丸。

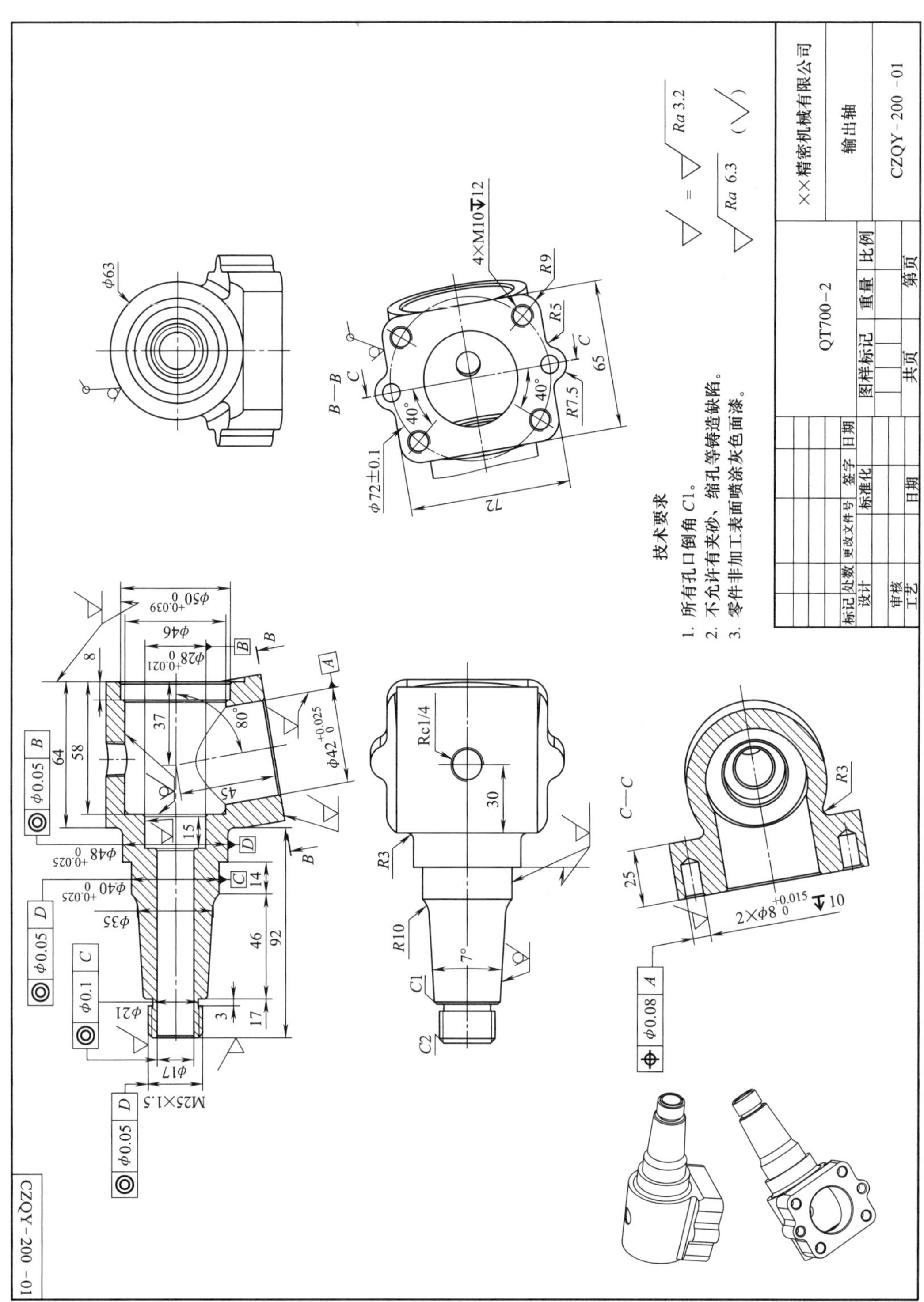


图 3-3 修改后零件的工程图

3）划线，保证基准面加工余量均匀，检查铸造缺陷。

4）粗、精铣底面，粗、精镗内孔，钻铰定位孔，攻螺纹。

5）粗车外圆、钻孔、精车外圆、车螺纹。

6）车端面，粗、精镗内孔。

7）钻、攻管螺纹。

8）清理、去毛刺。

9）检查。

10）磁粉探伤。

11）超声波清洗。

12）喷底漆、面漆。

13）加工面涂防锈脂。

14）入库。

零件的主要加工工艺过程见表3-3。

**表3-3　零件的主要加工工艺过程**

| | |
|---|---|
| 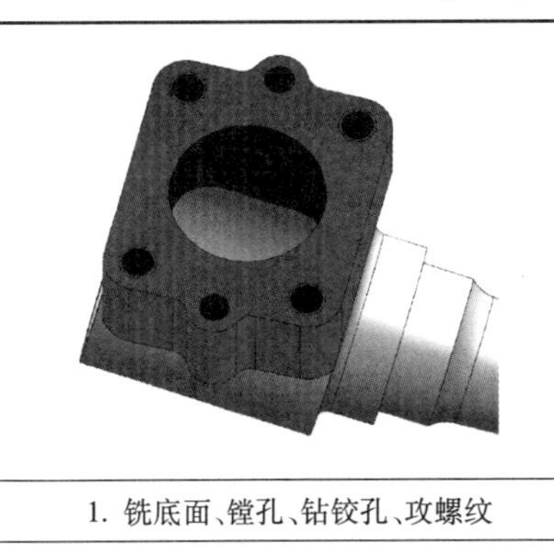 | 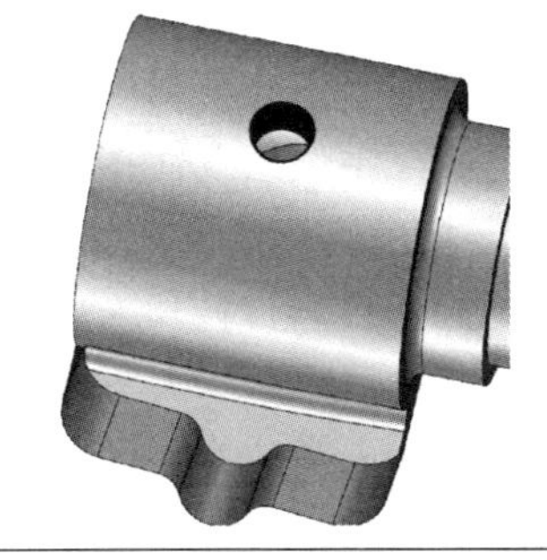 |
| 1. 铣底面、镗孔、钻铰孔、攻螺纹 | 2. 钻、攻管螺纹 |
| 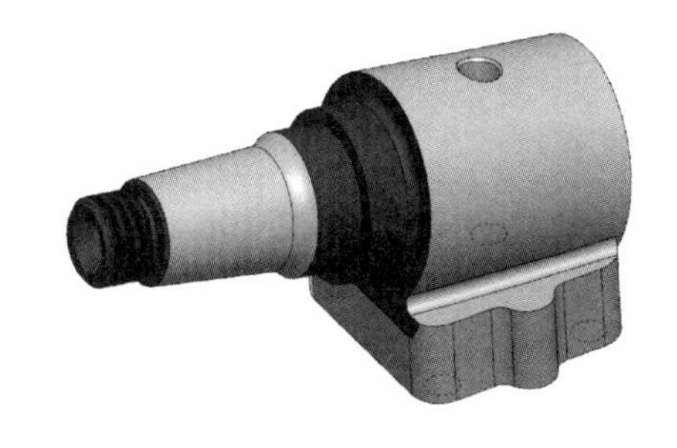 | 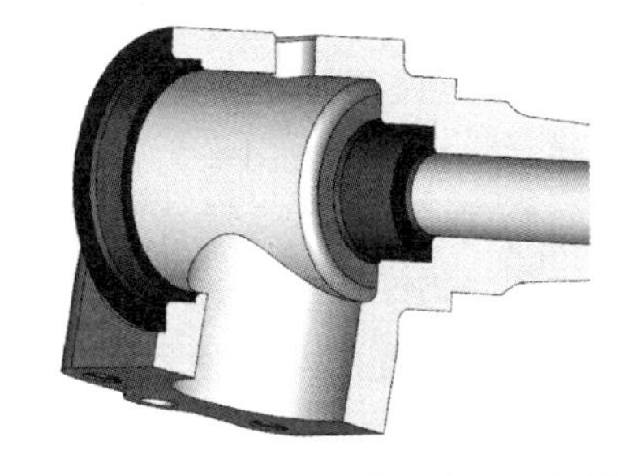 |
| 3. 车外圆 | 4. 镗内孔 |

**【知识拓展】**

## 一、高速干切削加工技术简介

高速干切削技术是在高速切削技术的基础上，结合干切削技术或微量切削液的准干切削技术，将高速切削与干切削技术有机地融合，结合两者的优点，并对它们的不足进行了有效补偿的一种新型的绿色制造方式。采用高速干切削技术可以获得高效率、高精度、高柔性，同时又限制使用切削液，消除了切削液带来的负面影响，因此是符合可持续发展要求的绿色制造技术。

**1. 高速干切削技术的特点**

采用高速干切削技术加工产品，有以下特点。

（1）生产效率高　高速干切削为“轻切削”方式，采用小吃刀量、高主轴转速和高进给速度，每一刀切削排屑量小、切削深度小，但切削速度大、进给速度高，这样可显着提高工件材料切除率，切削效率高。目前在实际生产中高速切削铝合金的切削速度范围为1500~5500m/min，铸铁为750~4500m/min，普通钢为600~800m/min。进给速度已高达20~40m/min。

（2）加工质量好　高速干切削是依靠刀具涂层起到润滑减摩作用，无论切削速度多高，涂层的前、后刀面都始终在接触区内。

（3）生产成本低　湿切削加工中切削液的使用成本太高。切削液的费用和有关设备费、能耗费、处理费、人工费、维修费、材料费加在一起达到全部制造费用的7%~17%，而全部刀具费用仅为总制造费的2%~4%，可见使用切削液的成本已高于刀具费用。同时，由于排放的切削液和带有切削液的固体物被当作有毒材料进行处理，大大增加了切削液的供给、保养和回收处理成本，在与切削液有关的总费用中回收处理费用高达22%。而采用高速干切削技术后，由于不使用或使用最少量的切削液，加工的成本就会大幅度降低。

**2. 高速干切削的刀具技术**

高速干切削对刀具材料和工艺的要求很高，要求刀具有很高的热硬性和高温稳定性。在大多数情况下，高速干切削刀具都是针对某种材料的具体工艺要求专门设计制作的，这就需要在刀具设计中融入高效冷却手段或进行刀具结构和几何参数的独特设计，如在切削发热严重时，刀具前刀面可加一个液氮循环冷却装置。

（1）选择合适的刀具材料　高速干切削不仅要求刀具材料有很高的热硬性和高温稳定性，而且还必须有良好的耐磨性、耐热冲击和抗粘结性。超细颗粒硬质合金、金属陶瓷（$Al_2O_3$）、陶瓷（$Si_3N_4$）、立方氮化硼（CBN）和聚晶金刚石（PCD）等都具有较高的热硬性和耐磨性，是目前应用最为普遍的几种干切削刀具材料，在选用这些刀具材料时，应与加工材料的性质、加工方法结合起来综合考虑。超细颗粒硬质合金特别能承受较高温度的切削，具有较高的强度和冲击韧度，适用于制作干切削用的钻头和铣刀。金属陶瓷的硬度和冲击性好，但热硬性差，大多用于精加工和半精加工。陶瓷具有硬度高、化学稳定性和抗粘结性好、摩擦因数低等优点，是相对廉价的干切削刀具材料，但其强度、韧性和抗冲击性差，适用于灰铸铁和钢的高速干切削。CBN的硬度和耐磨性仅次于金刚石，有优良的热硬性、化学稳定性和低摩擦因数，是高速干切削50HRC以上淬硬钢和冷硬铸铁等黑色金属时的理想刀具材料。PCD刀具有很高的硬度和热导率，适合高速干切削有色金属合金（如铜合金、铝合金及钦合金）与纤维增强塑料等复合材料，但不能加工黑色金属。

（2）采用涂层技术

1）涂层刀具是目前高速干切削最常用的刀具之一。在切削过程中涂层可以取代切削液的两大作用如下。

① 提供低摩擦层，取代切削液的润滑作用。

② 提供低热导率层，以抵抗切削热向刀具传递，取代切削液的冷却作用。

2）涂层刀具可分为“硬”涂层刀具和“软”涂层刀具。涂层刀具的基体一般是韧性较好的硬质合金。

①“硬”涂层刀具是在基体上涂上一层或多层 TiC、TiN、TiAlN 和 $Al_2O_3$ 等耐磨硬涂层，起耐热和隔热作用。这类刀具表面硬度高、耐磨性好，其中，TiC 涂层刀具抗后刀面磨损的能力特别强，而 TiN 涂层刀具则有较高的抗前刀面磨损能力。

② 另一类是“软”涂层刀具，也称为“自润滑刀具”，如 $MoS_2$、WS 等涂层刀具。这类刀具与工件材料的摩擦因数很低，能减少切削力和降低切削温度。

3）在高速干切削中，常常采用多层复合涂层刀具。把硬涂层和软涂层结合在一起，即在一道涂覆工序中采用两种物理气相沉积（PVD）工艺，先产生硬涂层 TiAlN，然后再在其上面通过采用溅射法产生 WC/C 软涂层，可以有效提高刀具寿命。

**3. 高速干切削的工艺技术发展现状**

高速干切削技术的应用受工艺条件、工件材料和加工类型影响，有些加工适宜采用干式切削，有些则不宜，在制订工艺时应做具体分析。目前比较成熟的高速干切削加工工艺简介如下。

（1）加工铸铁的“红月牙”（Red Crescent）技术　这种方法是利用陶瓷或 CBN 刀具进行高速加工，聚集在刀具前端的热量使工件达到赤热状态，降低了工件的屈服强度，达到增大切削速度和进给速度的要求，从而大大提高了切削效率。

（2）MQL 方法　这种方法是将压缩的空气与少量的润滑液混合气化后，喷射到加工区，对刀具和工件之间的加工部位进行有效的润滑。MQL 技术可以大大减少“刀具—工件”和“刀具—切屑”之间的摩擦，起到抑制温升、降低刀具磨损、防止黏连和提高工件加工质量的作用。MQL 使用的润滑液是对人体健康无害的植物油或油脂，其用量极少，一般为0.03~0.2L/h，而 1 台典型的加工中心在进行湿切削时，切削液的用量高达 20~100L/min，是 MQL 润滑油用量的 6 万倍左右。

（3）液氮冷却干切削和激光辅助干切削的工艺技术　液氮冷却技术的机理是采用液态氮冷却刀具的切削部位，吸收切削时的发热量，始终保持刀具在干切削下的优良切削性能，已在生产实践中用于加工难加工材料钛合金 TC4。而激光辅助干切削的工艺技术是用改善工件材料被切削部位的力学性能、减小加工时的切削阻力来实现干切削的。例如在对氮化硅（$Si_3N_4$）工件进行硬车削时，采用激光束对工件切削区进行预热，使工件材料局部软化，可减小 30%~70%的切削阻力，改善材料的可加工性，刀具磨损可降低 80%左右。干切削过程中的振动也大为减少，大大提高了材料的切除率，使干切削得以顺利进行。

## 二、探伤

探伤是指探测金属材料或部件内部的裂纹或缺陷，也称无损检测。常用的探伤方法有 X 射线探伤、超声波探伤、磁粉探伤、着色探伤等方法。

**1. X 射线探伤**

X 射线探伤是利用 X 射线穿透物质及其在物质中有衰减的特性来发现缺陷的一种探伤方法。X 射线可以检查金属与非金属材料及其制品的内部缺陷。

工业 X 射线探伤机，按结构一般分为携带式和移动式两大类。携带式 X 射线探伤机（图 3-4）具有体积小、重量轻、操作方便、工作稳定等特点，特别适应各种野外作业并与发电机组配合作业。广泛应用于锅炉、压力容器、造船、造纸、石油化工、航空航天及工程机械等，是进行探伤的理想设备。

移动式 X 射线探伤机（图 3-5）用于对零部件、铸件及焊件进行探伤，以确定其内部缺陷、夹渣裂纹、气孔、焊接不良（未焊透）。其功能完善、自动化程度高、性能可靠、操作简便、检测速度快（具有高自动化程度，检测速度更快、更准确），广泛使用于生产线上连续检测。

图 3-4　携带式 X 射线探伤机

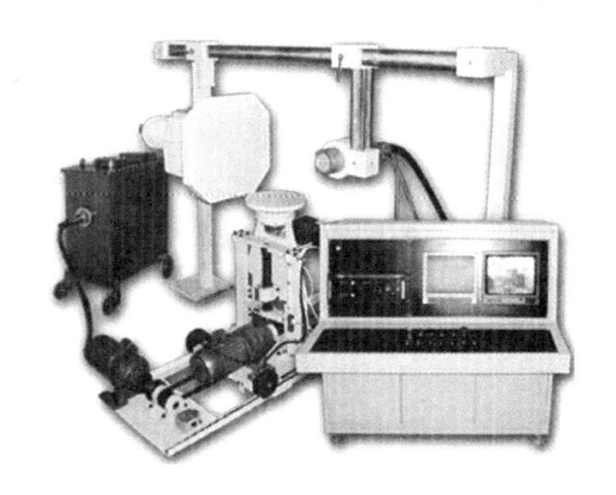

图 3-5　移动式 X 射线探伤机

2. 超声波探伤

超声波探伤是利用超声能透入金属材料的深处，并由一截面进入另一截面时，在界面边缘发生反射的特点来检查零件缺陷的一种方法。当超声波自零件表面由探头通至金属内部，遇到缺陷与零件底面时就分别发生反射波，在荧光屏上形成脉冲波形，根据这些脉冲波形来判断缺陷位置和大小。

超声波探伤仪（图 3-6）是一种便携式工业探伤仪器，它能够快速、便捷、无损伤、精确地进行工件内部多种缺陷（裂纹、疏松、气孔、夹渣等）的检测、定位、评估和诊断。

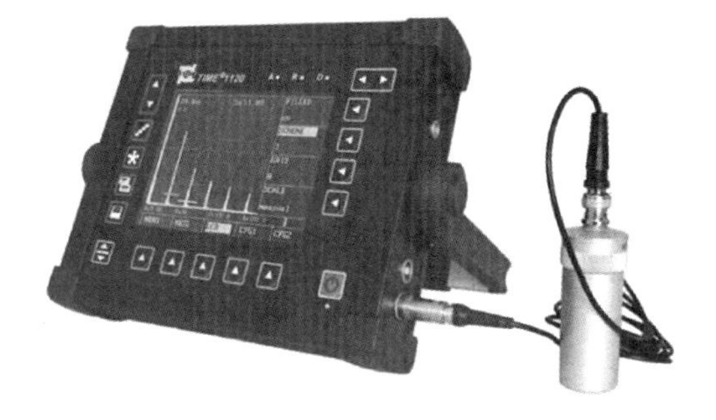

图 3-6　超声波探伤仪

3. 磁粉探伤

磁粉探伤是通过磁粉在缺陷附近漏磁场中的堆积以检测铁磁性材料表面或近表面处缺陷的一种探伤方法，其特点如下。

1）简便、显示直观，对钢铁材料或工件表面裂纹等缺陷的检验非常有效，便于在现场对大型设备和工件进行探伤，探伤费用也较低。

2）不能用来检测导磁性差（如奥氏体钢）的材料的缺陷，也不能检测铸件内部较深的缺陷。

3）铸件、钢材被检表面要求光滑，需要打磨后才能进行。

4）仅能显示缺陷的长度和形状，而难以确定其深度。

5）对剩磁有影响的一些工件，经磁粉探伤后还需要退磁和清洗。

常见磁粉探伤设备有磁粉探伤仪（图 3-7）和磁粉探伤机（图 3-8）两种。按所采用磁

粉的配制不同，可分为干粉法和湿粉法。干粉法是将磁粉直接喷或撒在被检区域，并除去过量的磁粉，轻轻地振动试件，使其获得较为均匀的磁粉分布（应注意避免使用过量的磁粉，否则会影响缺陷的有效显示）的方法。湿粉法是将磁悬液采用软管浇淋或浸渍法施加于试件，使整个被检表面完全被覆盖的方法。磁化电流应保持1/5~1/2s，此后切断磁化电流，采用软管浇淋或浸渍法施加磁悬液。

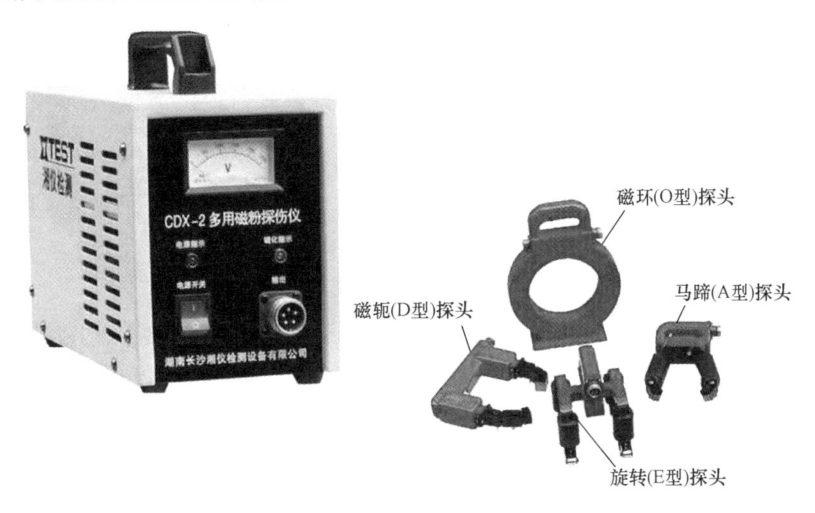


图 3-7　磁粉探伤仪

检测近表面缺陷时，应采用湿粉连续法，因为非金属夹杂物引起的漏磁通值最小。检测大型铸件或焊件中的近表面缺陷时，可采用干粉连续法。

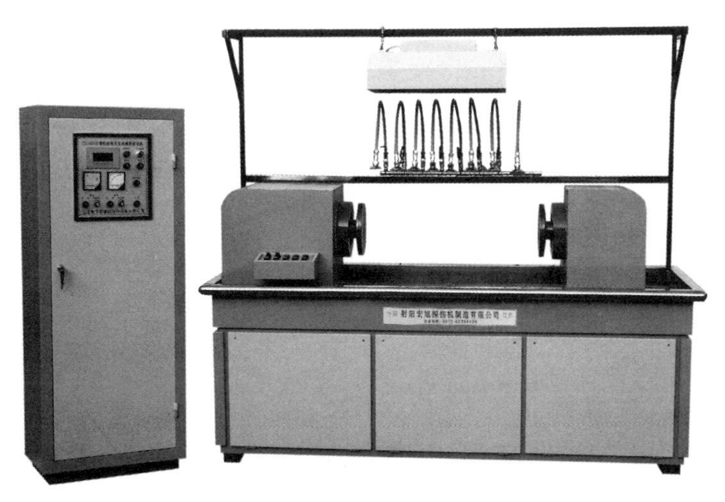

图 3-8　磁粉探伤机

**4. 着色探伤**

着色探伤是将溶有彩色染料（如红色染料）的渗透剂渗入工件表面的微小裂纹中，清洗后涂吸附剂，使缺陷内的彩色油液渗至表面，根据彩色斑点和条纹发现和判断缺陷的方法。着色探伤主要用来探测肉眼无法识别的裂纹等表面损伤，以及检测不锈钢材料近表面缺陷（裂纹）、气孔、疏松、分层、未焊透及未熔合等缺陷（也称为PT检测）。着色探伤适用于检查致密性金属材料（焊缝）、非金属材料（玻璃、陶瓷、氟塑料）及制品表面开口性的缺陷（裂纹、气孔等）。着色探伤渗透剂（图 3-9）包括清洗剂、渗透剂和显像剂。着色探伤步骤如图 3-10 所示，应先将材料表面清洗干净，表面没有明显的污物，如油污、锈蚀、切屑、漆层等，然后用清洗剂充分洗净，待清洗剂挥发干净，用渗透剂对被检材料表面进行均匀喷涂，等待渗透 5~15min，使用清洗剂将喷在工件表面的渗透剂清洗干净，使得被检材料表面清洁，用干净的白布擦干净，最后将显像剂充分摇匀，对被检材料表面进行均匀喷涂，等待几分钟即可显示缺陷。

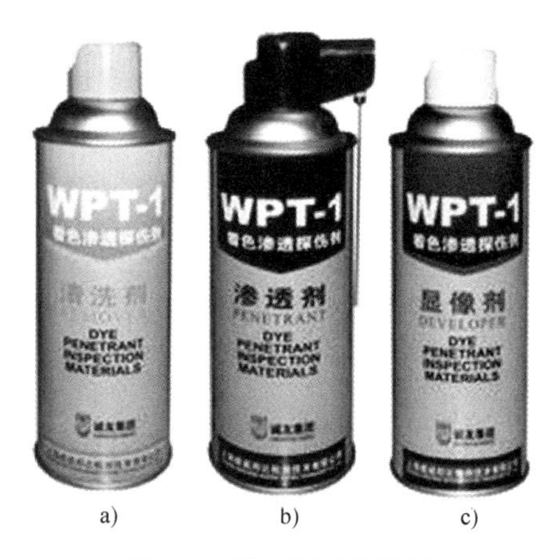


图 3-9　着色探伤渗透剂

## 三、机械零件的清洗

清洗零件的目的是清除其表面残留的铸造型砂、铁屑、铁锈、研磨剂、油污、尘土等各种污物。机械零件油污主要是由不可皂化油与灰尘、杂质等形成的。不可皂化油不能与强碱起作用，如各种矿物油、润滑油均不能溶于水，但可溶于有机溶剂。去除此类油污有化学和电化学两种方法；常用的清洗液为有机溶剂、碱性溶液和化学清洗液等；清洗方式有人工清洗和机械清洗两种。机械零件清洗前要预先清理表面毛刺、氧化皮、铁屑、焊渣等。

预先清理被测区域。喷洒清洗剂/去除剂，并用擦拭布擦干

施加渗透剂。渗透过程仅需几分钟

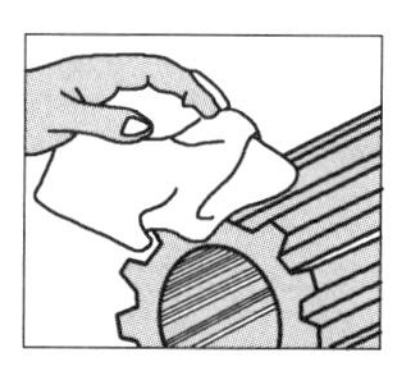
将清洗剂/去除剂喷在擦拭布上，将工件表面残留的渗透剂擦干净

将显像剂薄薄地、均匀地喷洒在工件表面

检测。缺陷将以一条鲜亮的红线显示在白色的显像剂背景上

图 3-10　着色探伤步骤

### 1. 清洗液

（1）有机溶剂　常见的有煤油、普通柴油、汽油、丙酮、酒精和三氯乙烯等。用这种溶解方式除油，可溶解各种油脂。优点是不需加热、使用简便、对金属无损伤、清洗效果好。缺点是多数为易燃物、成本高。适用于精密件和不宜用热碱溶液清洗的零件，如塑料、尼龙、牛皮、毡质零件等。但需注意橡胶件不能用有机溶剂清洗。

（2）碱性溶液　碱性溶液是碱或碱性盐的水溶液，它利用乳化剂对不可皂化油的乳化作用除油，是一种应用最广的除污清洗液。用碱性溶液清洗时，一般需将碱性溶液加热到 80~90℃。除油后用热水冲洗，去掉表面残留碱液，防止零件被腐蚀。

（3）化学清洗液　是一种化学合成的水基金属清洗剂配置的水溶液，金属清洗剂中以表面活性剂为主，具有很强的去污能力。另外，清洗剂中还有一些辅助剂，能提高或增加金属清洗剂的防腐、防锈、去积炭等综合性能。常见的配置化学清洗液的清洗剂有 LCX-52 水

基金属清洗剂、CW 金属清洗剂、JSH 高效金属清洗剂、D-3 金属清洗剂、DJ-04 金属清洗剂、NJ-841 洗净剂、817-C 洗油剂、CJC-8 液态金属清洗剂。

**2. 常用清洗方法**

(1) 机械清理　采用手工清理工具和机械工具，将零件放入装有柴油、煤油或其他清洗液的容器中，用棉纱擦洗或用毛刷刷洗，这种方法操作简便、设备简单，但效率低，适用于单件小批小型零件。

(2) 煮洗　是将零件放入清洗池中加温煮洗或搅动溶液进行浸洗。用池下炉灶将其加温至 80~90℃，煮洗 3~5min 即可。

(3) 高压水喷洗　将具有一定压力和温度的清洗液喷射到零件表面，以清除油污。此方法清洗效果好、生产效率高，但设备复杂，适于清洗形状不太复杂、表面有严重油垢的零件。

(4) 超声波清洗　通过清洗液的化学作用和超声波振荡共同作用，以去除油污。其优点是操作简单、清洗速度快，能清洗空腔、沟槽及形状复杂的零部件。被清洗件为精密部件或装配件时，用超声波清洗机（图 3-11）进行清洗，往往成为能满足其特殊技术要求的清洗方式。

图 3-11　超声波清洗机

**3. 清洗的工艺**

清洗工件时，选择何种清洗方法取决于工件要求的清洁度。在实际清洗过程中，可以根据需要调整清洗温度、压力和清洗剂浓度。清洗工艺包括人工擦洗、浸泡、喷淋、超声波、加压冲洗等，既可以是单工艺，也可以是几种工艺组合。

每种清洗方法的工艺流程不尽相同，但大体一致，基本工艺流程如下。

(1) 浸泡　将零件浸泡在清洗箱中，使零件整个表面都与清洗液接触。

(2) 清洗　通过清洗液的溶解与清洗设备的双重作用来清洗污垢，反复清洗确保零件表面和孔道无氧化皮、浮锈、铁屑、铸造型砂。

(3) 漂洗　清洗工艺完成后，待清洗表面附着一层灰尘及油渍，这时利用足够量的、非常清洁的水再进行漂洗。

(4) 干燥　通过气化或烘烤的方法去除残留在待清洗表面的液体，从而获得清洁、干燥表面，即通入干净、干燥的压缩空气进行干燥。

## 四、油漆

机械油漆，又称机械涂料，是指涂装在机械表面及各类机器零部件上的涂料。主要应用在机床、设备、汽车、五金、玻璃钢等表面作为装饰保护。机械油漆按用途可分为平面漆（高光、平光、哑光）和美术漆（锤纹漆、桔纹漆、波纹漆、闪光漆）。机械油漆应具备以下特征。

1）对水、氧及腐蚀介质的渗透性极小。

2）与底材的附着力强而持久。

3）有较好的防锈、装饰性能。

4）具有特殊性能，如绝缘、导电、隔热性等。

随着工业节能和环境保护的需要，机械油漆还应具有低温快干、环保节能的性能。目前国内工程机械采用的机械油漆一般为环氧酯底漆，聚氨酯面漆。前者防锈性能好，后者具有较好的装饰性能。

**1. 机械油漆涂装工艺**

机械油漆一般采用喷涂方式进行涂装，其一般工艺流程如图3-12所示。喷涂机械油漆工具有空气喷涂、高压无气喷涂、空气辅助式喷涂及手提式静电喷涂。空气喷涂效率低（30%左右），高压无气喷涂浪费机械油漆，两者共同的特点是环境污染较严重，所以已经和正在被空气辅助式喷涂和手提式静电喷涂所取代。例如美国卡特彼勒公司就采用空气辅助式喷涂，对发动机罩等薄板覆盖件则采用手提式静电喷涂。工程机械用油漆涂装设备一般采用较为先进的水旋喷漆室。中小零部件也可采用水帘喷漆室或无泵喷漆室，前者具有先进的性能，后者经济实惠、方便实用。由于工程机械整机和零部件较重、热容量大，因此其防锈涂层的干燥，一般采用烘烤均匀的热风对流的烘干方式。

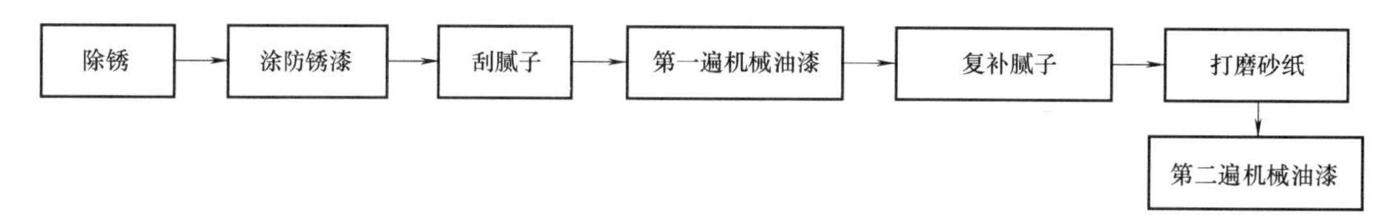


图3-12　机械油漆的一般工艺流程

**2. 油漆注意事项**

（1）基层处理　金属表面的处理，除清除油脂、污垢、锈蚀外，最重要的是表面氧化皮的清除，常用的办法有机械和手工清除、火焰清除、喷砂清除。根据不同基层，要彻底除锈、满喷机械油漆（或刷）防锈漆1~2道。

（2）修补防锈油漆（环氧铁红底漆、环氧灰白底漆）　对安装过程的焊点、防锈漆磨损处进行清除焊渣，有锈时除锈，补1~2道防锈漆。

（3）修补腻子　对金属表面的砂眼、凹坑、缺棱拼缝等处进行找补腻子，做到基本平整。

（4）刮腻子　用开刀或胶皮刮板满刮一遍原子灰或油腻子，要刮得薄、收得干净、均匀平整。

（5）磨砂纸　用1号砂纸轻轻打磨，将多余腻子打掉，并清理干净灰尘。注意保护棱角，达到表面平整光滑、线角平直、整齐一致。

（6）第一遍机械油漆　要厚薄均匀，线角处要薄一些但要盖底，不出现流淌，不显刷痕。

（7）最后一遍打磨　用320目砂纸打磨，注意保护棱角，达到表面平整光滑、线角平直、整齐一致。砂纸要轻磨，磨完后用湿布打扫干净。

（8）最后一遍机械油漆　要多喷多清理、喷油饱满、不流不坠、光亮均匀、色泽一致。如有毛病要及时修整。

（9）冬期施工　冬期施工室内机械油漆工程，应在采暖条件下进行，室温保持均衡，一般冬期施工的环境温度不宜低于10℃，相对湿度不宜大于60%。应设专人负责测温和通风工作。

**3. 常见油漆缺陷及其产生原因**

（1）鼓包、脱落　由于底层材料未完全固化或金属表面未清洁干净并存在油污、杂质等原因，引起表层油漆鼓包、脱落，如图3-13所示。

图3-13　鼓包、脱落

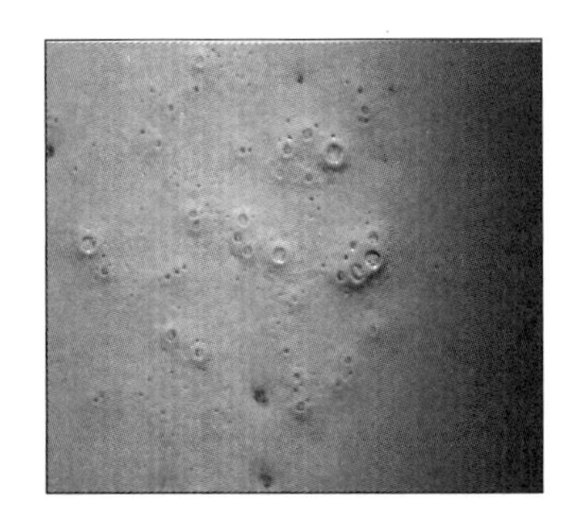

图3-14　气泡

（2）气泡　由于在无气喷涂工艺中混入部分空气，或操作环境温度或湿度超出工艺要求等原因，而造成面漆气泡，如图3-14所示。

（3）流挂　由于湿膜厚度过厚而造成流挂，流挂现象通常出现在叶根区域、前后缘区域，以及大面不平整处，如图3-15所示。

（4）桔皮　由于油漆黏度过大、稀释剂添加量不足、漆膜厚度较低、喷涂技术差或油漆雾化不好等原因，造成桔皮现象，如图3-16所示。

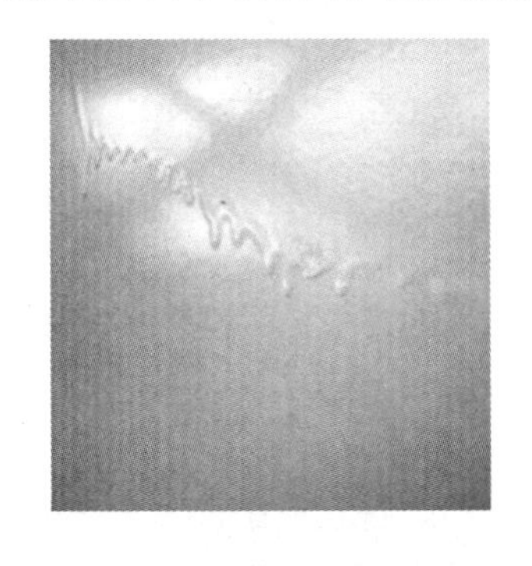

图3-15　流挂

图3-16　桔皮

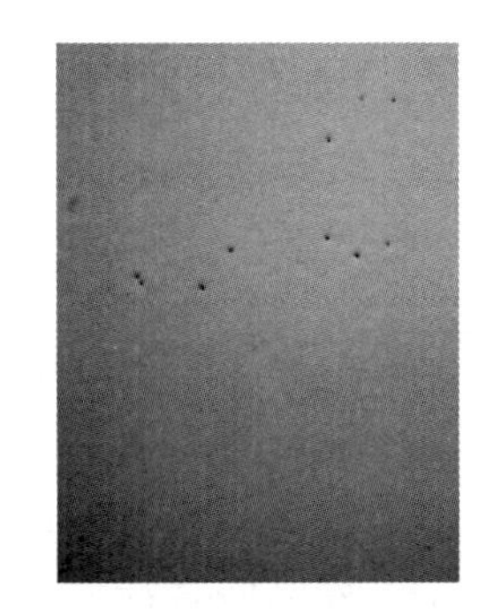

图3-17　针孔

（5）针孔　由于基材表面处理不好、喷涂用的高压气有水汽、材料雾化和分散不够、喷涂间温度过高或过低等原因，造成漆膜上出现密集小孔，如图3-17所示。

# 任务2　车床夹具的设计

**【任务描述】**

根据任务 1 的要求，利用数控车床完成输出轴外圆及内孔的加工，为此需要设计一套车床夹具。

**【任务准备】**

SolidWorks 或 UG 软件、CAXA 或 AutoCAD 软件、《夹具设计手册》《机床夹具零件及部件标准汇编》等。

**【任务实施】**

（1）确定定位方案　在数控车削输出轴外圆及内孔前，已完成其底座的平面、镗孔、钻铰孔、攻螺纹的加工。工件与夹具体拟采用“一面两销”定位方式，$2\times\phi8^{+0.015}_{0}$mm 孔作为定位销孔。

（2）确定夹具与机床的连接方式　确定数控车床的型号，查找车床主轴与自定心卡盘连接的结构及相关尺寸，特别是过渡盘的结构。

（3）夹紧装置设计　夹紧装置设计要考虑夹紧可靠、拆卸方便。为便于快速装卸工件，采用螺母及开口垫圈夹紧机构。

（4）夹具的配重设计　车床夹具工作时处于高速回转状态，在使用前必须进行动平衡试验，为提高动平衡效率，一般在设计时就需要配重设计，主要是静平衡设计。建议使用三维软件完成车床夹具静平衡的初步设计。

（5）绘制车夹具零件图　利用三维软件设计完车床夹具后，需绘制每个零件的工程图，选择合理的材料，并提出相关的技术要求，主要包括尺寸公差、几何公差、配合公差、热处理等。

**【任务实施参考】**

车床夹具主要由夹具体、支承板、定位销、弹簧压板及平衡块等构成，工件通过支承板和 $2\times\phi8^{+0.015}_{0}$mm 定位销孔进行定位，弹簧压板夹紧工件，车床夹具通过夹具体与数控车床过渡盘连接。在设计平衡块时，注意先在夹具体上可以减重的部位减重，然后再增加平衡块，可以利用 SolidWorks 软件完成静平衡的初步仿真。车床夹具主要结构布置示意图如图 3-18 所示，请参考《夹具设计手册》完成夹紧机构设计及其他零件的详细结构设计。

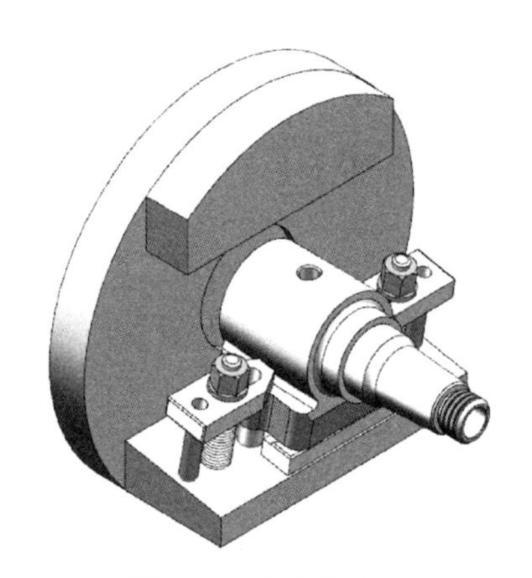

图 3-18　车床夹具主要结构布置示意图

【知识拓展】

据统计，有50%左右的机械振动是由不平衡力引起的。因此，必须对旋转机械部件进行平衡。平衡包括静平衡和动平衡。静平衡又称单面平衡。在转子一个校正面上进行校正平衡，校正后的剩余不平衡量，以保证转子在静态时是在许用不平衡量的规定范围内。动平衡又称双面平衡，在转子两个校正面上同时进行校正平衡，校正后的剩余不平衡量，以保证转子在动态时是在许用不平衡量的规定范围内。

在满足转子平衡和用途需要的前提下，能做静平衡的，则不要做动平衡，需要做动平衡的，在做之前最好做静平衡。

常见的动平衡设备有立式动平衡机、卧式动平衡机和便携式动平衡仪。

立式动平衡机（图3-19）是被平衡转子的旋转轴线在平衡机上呈铅垂状态下的平衡机，一般没有旋转轴的盘状工件，如风扇风叶 、水泵叶轮、吸油烟机风轮、飞轮、砂轮、锯片、卡盘、制动器等都适用于立式动平衡机。

卧式动平衡机（图3-20）是被平衡转子的旋转轴线在平衡机上呈水平状态的平衡机，一般具有转轴或可装配工艺轴的转子，如电动机转子、机床主轴、滚筒、风机、汽轮机、增压器转子等，都适用于卧式平衡机。

图3-19　立式动平衡机

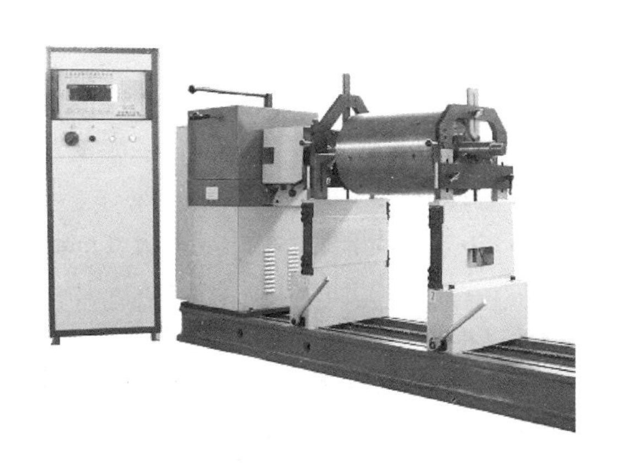

图3-20　卧式动平衡机

便携式动平衡仪（图3-21）用于现场旋转机械的动平衡测试，也可以测量转速及振动。主要用于机器的调试、服务和维修。除了进行现场平衡，还可用于机器状态的诊断、振动测量和评定、轴承状态评估、撞击试验和对测量结果进行归档管理等。

图3-21　便携式动平衡仪

国际标准化组织（ISO）于1940年制定了世界公认的ISO 1940动平衡等级，它将转子平衡等级分为11个级别，每个级别间以2.5倍为增量，从要求最高的G0.4到要求最低的G4000。单位为g·

mm/kg，代表不平衡对于转子轴线的偏心距。动平衡等级见表 3-4。

表 3-4　动平衡等级

| 精度等级/(g・mm/kg) | 转子类型举例 |
|---|---|
| G4000 | 具有单数个气缸的刚性安装的低速船用柴油机的曲轴驱动件 |
| G1600 | 刚性安装的大型二冲程发动机的曲轴驱动件 |
| G630 | 刚性安装的船用柴油机的曲轴驱动件；刚性安装的大型四冲程发动机曲轴驱动件 |
| G250 | 刚性安装的高速四缸柴油机的曲轴驱动件 |
| G100 | 六缸和多缸柴油机的曲轴驱动件；汽车、货车和机车用的（汽油、柴油）发动机整机 |
| G40 | 汽车车轮、轮圈、车轮整体；汽车、货车和机车用的发动机的驱动件 |
| G16 | 粉碎机、农业机械的零件；汽车、货车和机车用的（汽油、柴油）发动机个别零件 |
| G6.3 | 燃气和蒸汽涡轮、包括海轮（商船）主涡轮刚性涡轮发动机转子；透平增压器；机床驱动件；特殊要求的中型和大型电动机转子；小电动机转子；涡轮泵 |
| G2.5 | 海轮（商船）主涡轮机的齿轮；离心分离机、泵的叶轮；风扇；航空燃气涡轮机的转子部件；飞轮；机床的一般零件；普通电动机转子；特殊要求的发动机的个别零件 |
| G1 | 磁带录音机及电唱机驱动件；磨床驱动件；特殊要求的小型电枢 |
| G0.4 | 精密磨床的主轴、磨轮、电枢、回转仪 |

在选择平衡机之前，应该先确定转子的平衡等级。做动平衡时，需要确定允许不平衡量的大小，其简化计算公式为

$$m_{per} \approx \frac{9549MG}{rn}$$

式中　$m_{per}$——允许不平衡量（g）；

$M$——转子的自身重量（kg）；

$G$——转子的平衡精度等级（mm/s）；

$r$——转子的校正半径（mm）；

$n$——转子的转速（r/min）。

例如：一个电动机转子的平衡精度要求为 G6.3 级，转子的质量为 0.2kg，转子的转速为 1000r/min，校正半径 20mm，则该转子的允许不平衡量为 0.6g。因电动机转子一般都是双面校正平衡，故分配到每面的允许不平衡量为 0.3g。

## 任务 3　车床夹具的制造

**【任务描述】**

车床夹具的制造。

**【任务准备】**

锯床、普通车床、台钻、数控车床、数控铣床、刀具、量具、毛坯等。

**【任务实施】**

（1）编写车床夹具零件的加工工艺　按单件生产工艺编写车床夹具零件的机械加工工

序，直接填写在打印的零件图样上。

（2）列出机床设备清单　根据加工工艺，列出夹具制造所需机床设备清单，包括机床附件，填写表3-5。

**表3-5　夹具制造所需机床设备清单**

| 序号 | 设备名称 | 型号 | 数量 | 设备状况 | 使用日期 | 使用时间 |
|---|---|---|---|---|---|---|
| 1 | | | | | | |
| 2 | | | | | | |
| 3 | | | | | | |
| 4 | | | | | | |

（3）列出刀具清单　根据加工工艺，列出夹具制造所需刀具清单，填写表3-6。

**表3-6　夹具制造所需刀具清单**

| 序号 | 刀具名称 | 规格 | 数量 | 使用日期 |
|---|---|---|---|---|
| 1 | | | | |
| 2 | | | | |
| 3 | | | | |
| 4 | | | | |

（4）列出量具清单　根据加工工艺，列出夹具制造所需量具清单，填写表3-7。

**表3-7　夹具制造所需量具清单**

| 序号 | 量具名称 | 规格 | 数量 | 使用日期 |
|---|---|---|---|---|
| 1 | | | | |
| 2 | | | | |
| 3 | | | | |
| 4 | | | | |

（5）列出毛坯清单　根据加工工艺，列出夹具制造所需毛坯清单，尽量减少有关材料牌号、规格，以减少备料的工作量和生产成本，填写表3-8。

**表3-8　夹具制造所需毛坯清单**

| 序号 | 夹具零件名称 | 零件代号 | 材料牌号 | 规格 | 数量 | 重量/kg |
|---|---|---|---|---|---|---|
| 1 | | | | | | |
| 2 | | | | | | |
| 3 | | | | | | |
| 4 | | | | | | |

（6）列出外购件（标准件）清单　根据夹具装配图，列出夹具装配所需外购件（标准件）清单，填写表3-9。

（7）车床夹具零件的制造与装配　按图样要求完成车床夹具的零件制造，制造和装配要注意以下几点。

1）装配前，所有零件均按图样要求检查相关尺寸。

表 3-9 夹具装配所需外购件（标准件）清单

| 序号 | 外购件（标准件）名称 | 型号（标准号） | 材料 | 规格 | 数量 |
|---|---|---|---|---|---|
| 1 | | | | | |
| 2 | | | | | |
| 3 | | | | | |
| 4 | | | | | |

2）所有零件应用磨石去除毛刺，并用汽油清洗干净。

3）装配后，需用三坐标测量仪检测关键的尺寸和几何公差要求。

4）车床夹具与工件装配后要做动平衡试验，动平衡后建议对平衡块与车床夹具进行定位焊。

5）试加工工件，检查工件尺寸，合格后进入正式生产。

## 任务4　输出轴的加工

### 【任务描述】

按计划完成零件的加工。

### 【任务准备】

普通车床、数控车床、数控铣床、刀具、车床夹具、量具等。

### 【任务实施】

任务实施过程参考项目2，填写相关表格。

### 【项目小结】

本项目通过输出轴的加工，系统学习了轴类零件的工艺设计、车床夹具设计方法，对批量生产的工艺有了进一步认识，进一步提高了读图能力、工艺设计能力、成本分析能力、夹具设计能力、夹具装配能力、轴类零件的制造能力、质量分析能力、团结协作能力及项目管理能力。

### 【撰写项目报告】

输出轴加工完成后，撰写项目报告。报告内容主要依据每个任务的完成情况，主要包括输出轴的图样分析、加工工艺方案分析、夹具方案设计过程、夹具的制造与装配、输出轴的制造与检测、质量分析、工艺改进、夹具优化等内容。报告附录部分包括零件图、零件的工艺卡、夹具设计全套工程图、毛坯清单、外购件清单、机床设备清单、刀具清单、量具清单、数控加工程序等。最后提交报告的打印稿及全套资料的电子稿。

# 项目4

# 齿芯的工艺设计与加工

## 【项目描述】

本项目以每月加工1000件齿芯（图4-1）为例，零件材料为42CrMo，内容涉及薄壁套类零件的工艺设计、铣床夹具设计制造以及齿芯的制造与检测，拓展知识点涉及薄壁件车削加工技术、滚压加工技术、硬车工艺技术、高速高效刀具路径选择、高速高效钻削技术、加工中心夹具的设计、高速高效铣削刀具及高精度铰刀选择等。

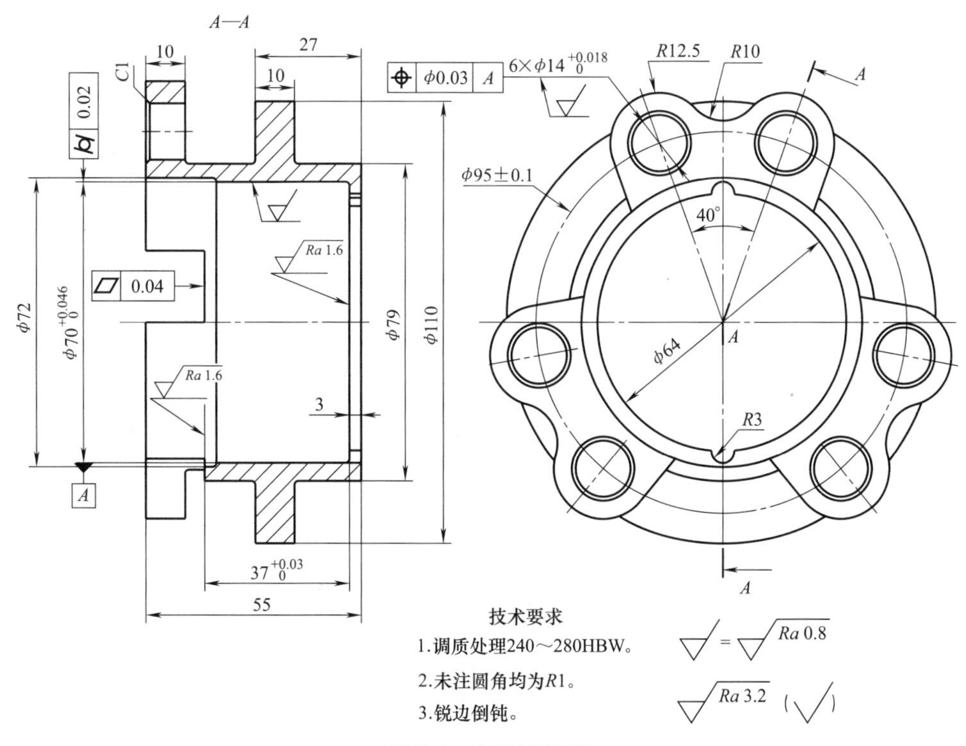


图4-1　齿芯零件图

## 【教学目标】

**知识目标：**

（1）套类零件的工艺设计方法

(2) 薄壁件车削加工技术
(3) 滚压加工技术
(4) 硬车工艺
(5) 铣床夹具的设计方法
(6) 滚压加工
(7) 高速、高效刀具路径
(8) 高速、高效钻削技术
(9) 高速、高效铣削刀具选择
(10) 高精度铰刀
(11) 加工中心夹具设计

**能力目标:**

通过本项目的学习，进一步提高读图能力、工艺设计能力、成本分析能力、夹具设计能力、夹具装配能力、薄壁套类零件的制造能力及质量分析能力，同时可以提高项目小组的团结协作能力、项目管理能力。

**【任务分解】**

任务 1　齿芯的工艺设计
任务 2　铣床夹具的设计
任务 3　铣床夹具的制造
任务 4　齿芯的加工

**【项目实施建议】**

由于本项目涉及零件的工艺设计、夹具设计及零件制造，为保证项目的按时完成，建议项目小组成员 4~6 人为宜，通过分工协作完成各个任务，在任务 1 工艺设计方案讨论阶段，全体组员参与，工艺流程一旦确定，提出夹具设计要求，留下 1~2 人完善工艺设计方案，绘制工艺卡，编写数控程序，其余人员参与夹具方案的设计与优化，夹具设计方案确定后，留 2 人完成夹具的设计及工程图绘制，留 1 人做生产准备（主要任务是进行毛坯、使用设备、刀具、量具及外购件等清单的提交与落实）。在安排任务过程中，要学会合理安排时间，力求做到生产进度均衡。

## 任务 1　齿芯的工艺设计

**【任务描述】**

按月产 1000 件的生产量设计工艺方案，车间有普通车床、普通铣床、钻床、数控车床及加工中心等设备。

**【任务准备】**

SolidWorks 或 UG 软件、CAXA 或 AutoCAD 软件、《机械加工工艺师手册》《刀具设计手

册》等。

## 【任务实施】

### 1. 零件图样分析

零件的图样分析主要从以下几方面进行。

1）读懂零件图，审查图样完整性、准确性以及零件的结构、材料、热处理及表面处理的合理性，尤其是材料和热处理。

2）搞清材料的牌号、含义及可加工性，分析毛坯的形式及可能出现的缺陷。

3）对零件的几何特征以及零件图的尺寸精度、几何公差、表面粗糙度等方面进行分析，重点关注尺寸公差、几何公差及表面粗糙度值小于或等于1.6μm的加工特征，找出可能的加工方法及检测手段。

4）对有热处理要求的，要弄清其定义，找出其硬度要求和深度要求，要了解其硬度的检测方法，是否需要中间热处理要求，若需要则要会提出中间热处理要求。

图样分析完成，填写表4-1。

**表4-1　图样分析结果**

| | |
|---|---|
| 图样的完整性及合理性 | |
| 材料牌号含义及可加工性 | |
| 生产类型 | |
| 毛坯形式 | |
| 常见毛坯缺陷 | |
| 可能的热处理及定义 | |
| 薄壁件定义及注意事项 | |
| 几何特征 | 可能的加工方法 |
| 外圆柱面 | |
| $\phi$72mm | |
| $R$3mm 圆弧槽 | |
| $R$12.5mm、$R$10mm 复合圆弧面 | |
| 尺寸精度 | 可能的检测设备及规格 |
| $\phi70^{+0.046}_{0}$mm | |
| $37^{+0.03}_{0}$mm | |
| $6\times\phi14^{+0.018}_{0}$mm | |
| 尺寸精度 | 可能的检测设备及规格 |
| $\phi(95\pm0.1)$mm | |
| 孔夹角40° | |
| $R$3mm | |
| $R$12.5mm、$R$10mm | |
| 几何公差 | 可能的检测设备及规格 |
| $A$ 基准面 | |

（续）

| | |
|---|---|
| ⌭ 0.02 | |
| ⏥ 0.04 | |
| ⌖ $\phi$0.03 *A* | |
| 表面质量 | 可能的检测设备及规格 |
| *Ra*0. 8μm | |
| *Ra*1. 6μm | |
| *Ra*3. 2μm | |

**2. 零件的机械加工工艺分析**

零件的机械加工工艺分析主要按以下几个步骤进行。

1）根据零件的生产量及交货周期确定零件的生产类型。

2）根据企业的设备状况及操作人员水平，列出可能的机械加工工艺路线图。

3）从质量、交货期及成本等方面综合考虑，确定最优的机械加工工艺方案。

4）提出夹具设计要求及初步方案，主要包括加工的特征、设备名称和型号、要求的生产节拍及定位尺寸要求等。

工艺分析完，填写表 4-2。

**表 4-2　零件的机械加工工艺分析结果**

<table>
<tr><td rowspan="4">工艺方案一</td><td rowspan="4"></td><td>优点</td><td>缺点</td></tr>
<tr><td></td><td></td></tr>
<tr><td></td><td></td></tr>
<tr><td></td><td></td></tr>
<tr><td rowspan="3">工艺方案二</td><td rowspan="3"></td><td></td><td></td></tr>
<tr><td></td><td></td></tr>
<tr><td></td><td></td></tr>
<tr><td rowspan="3">工艺方案三</td><td rowspan="3"></td><td></td><td></td></tr>
<tr><td></td><td></td></tr>
<tr><td></td><td></td></tr>
<tr><td>最终的工艺方案</td><td colspan="3"></td></tr>
<tr><td>夹具设计要求及方案</td><td colspan="3"></td></tr>
</table>

**3. 零件的机械加工工艺文件设计**

零件的机械加工工艺文件一般采用二维 CAD 软件绘制，为验证读图的正确性，建议按以下步骤进行。

（1）零件的三维建模及工程图绘制　利用三维 CAD 软件，完成零件的三维建模，结果如图 4-2 所示。完成零件的工程图，与图 4-1 对比，如果一致，说明读图正确。

（2）零件的工程图转换及修改　将零件的工程图导出或另存为 .dwg 格式，利用 CAXA 或 AutoCAD 软件读取工程图，按照国家标准修改工程图，修改内容包括图层、线型、颜色、线宽及图框，最后填写技术要求及标题栏。修改后零件的工程图如图 4-3 所示。

（3）绘制零件的工艺文件　根据以上分析，利用二维 CAD 软件绘制零件的工艺文件，包括封面、综合过程卡、热处理卡、机械加工过程卡（刀具、切削参数）及质量检查卡。为提高绘图效率，提高绘图的准确率。在绘制零件的工艺文件时要注意：图样必须按比例绘制，尽可能使用“复制/粘贴和格式刷”功能，线型设置按照国家标准。

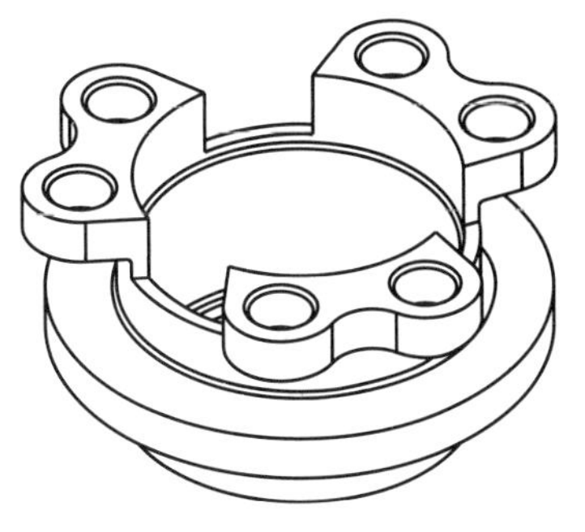

图 4-2　零件的三维模型

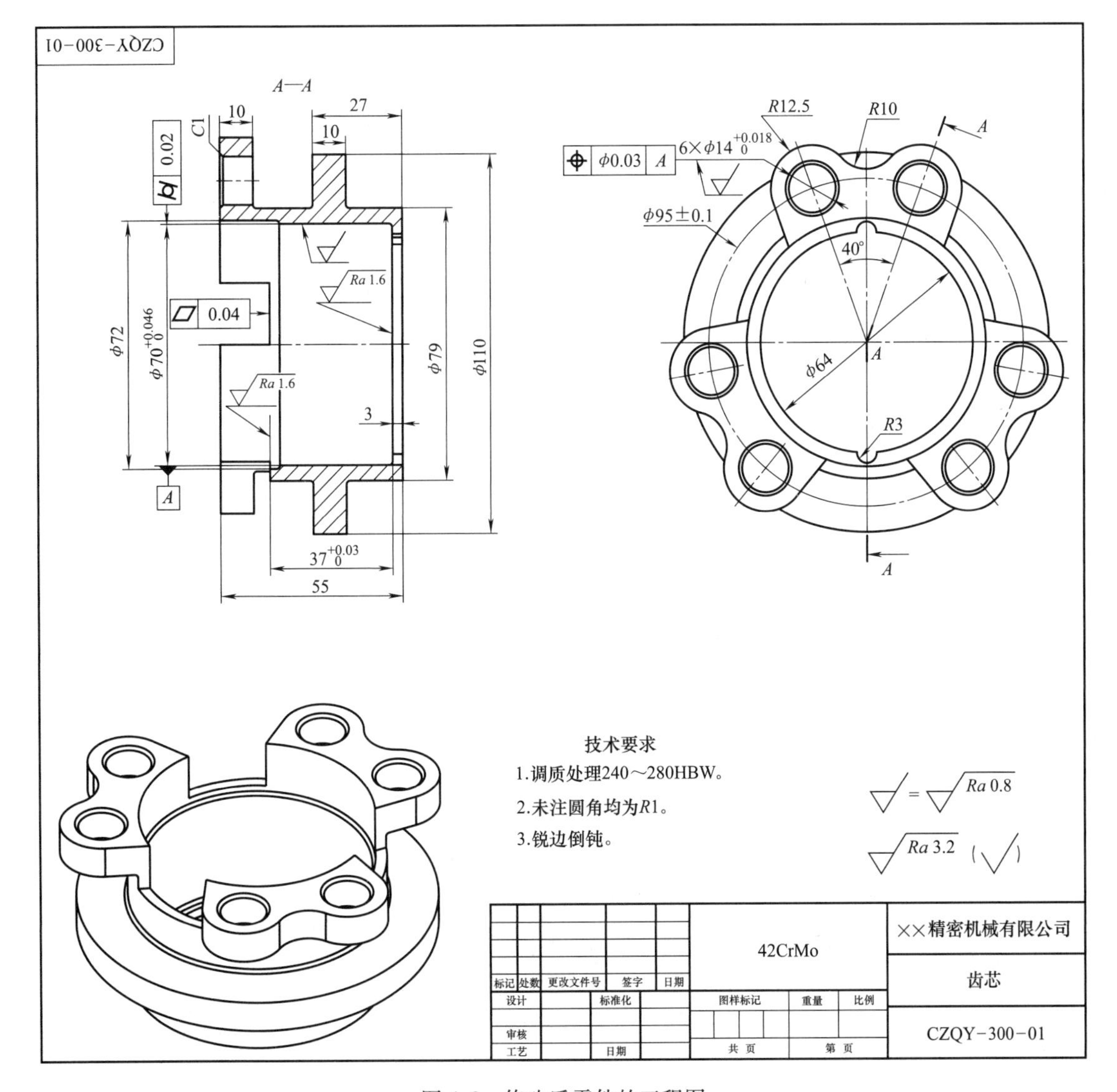


图 4-3　修改后零件的工程图

## 【任务实施参考】

从结构看，齿芯是一个薄壁套类零件，主要的加工难点是内孔 $\phi70^{+0.046}_{0}$mm 和 $6\times\phi14^{+0.018}_{0}$mm 孔的尺寸精度、表面粗糙度值及几何公差要求。零件材料选择 42CrMo，属于优质合金结构钢，其强度高、淬透性高、韧性好、淬火时变形小，高温时有高的蠕变强度和持久强度。在铰削 $6\times\phi14^{+0.018}_{0}$mm 孔时铁屑容易粘结在切削刃上，进而不容易排出，导致表面拉毛（建议采用滚压的方法消除拉毛现象）。$R$3mm 半圆槽结构对 $\phi70^{+0.046}_{0}$mm 内孔的圆柱度影响较大，在内孔精加工之前要注意安排去应力处理。本例不考虑应用磨床解决内孔的加工，拟采用数控精密车削加工，其生产类型为批量生产，毛坯采用精密模锻。综上所述，建议加工流程：毛坯（模锻件）→正火→粗车一→粗车二→粗铣半圆槽→粗铣复合圆弧面→调质→精车一→精铣半圆槽→精铣、钻铰孔、滚压→精车二→检查→清洗、涂油、入库。

零件的主要加工工艺过程见表 4-3。

表 4-3　零件的主要加工工艺过程

【知识拓展】

## 一、薄壁套类零件的夹持技术

一般认为，在壳体件、套筒件、环形件、盘形件、平板件、轴类件中，当零件壁厚与内径曲率半径（或轮廓尺寸）之比小于1∶20时，称为薄壁零件。这类零件的共同特点是刚度低，加工时极易变形或颤振，进而降低工件的加工精度。

薄壁套筒采用常规夹紧方式车削时，在夹紧前（图4-4a），薄壁套筒的内外圆都是圆形；用自定心卡盘夹紧后则薄壁套筒呈三棱形（图4-4 b）；镗孔后，薄壁套筒的内孔呈圆形（图4-4c）；松开卡爪后，工件由于弹性恢复，使已镗圆的孔产生了三棱形（图4-4d）。

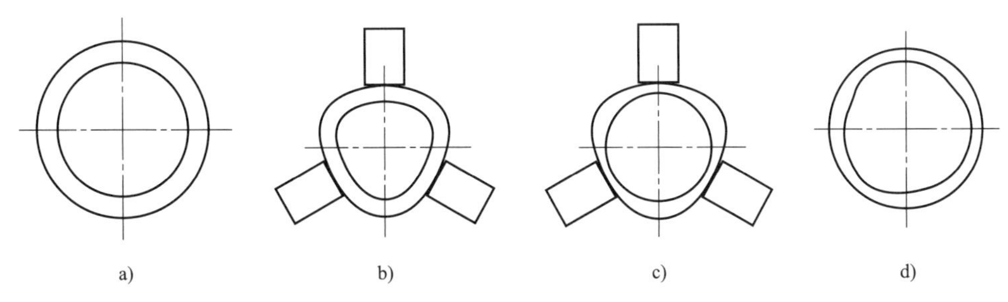


图4-4　薄壁套筒的加工前后的变形情况

为了减少工件夹紧变形，提高加工精度，可以采取如下措施。

1）增大接触面积，使各点受力均匀，可采用扇形软爪（图4-5）或开口过渡套（图4-6）夹紧。

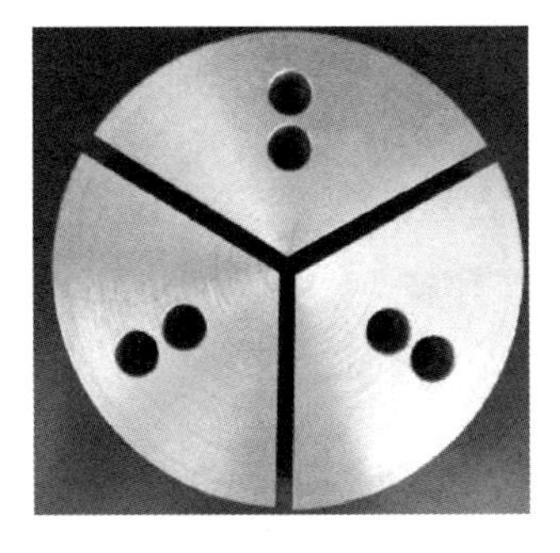

图4-5　扇形软爪

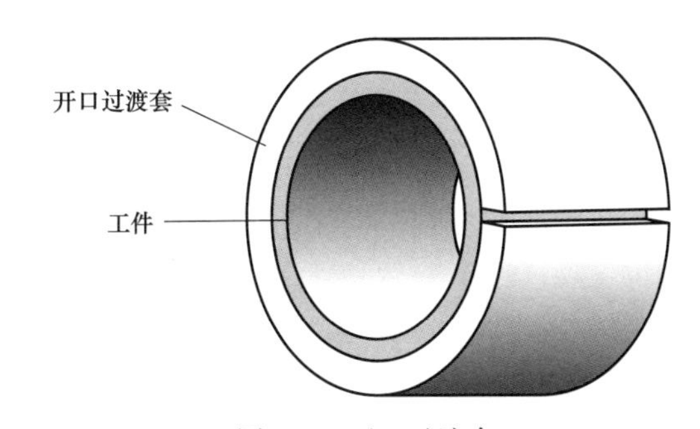


图4-6　开口过渡套

2）采用轴向夹紧（图4-7）。由于工件轴向刚度大，夹紧变形相对较小。

3）采用液性塑料夹具夹紧（图4-8）。液性塑料夹具是利用液性塑料的不可压缩性，将压力均匀地传给薄壁套筒，并通过薄壁套筒的变形来定位和夹紧工件。或者在多位夹具中，液性塑料作为传力介质，将压力均匀地传给滑柱来夹紧工件。

4）采用双向胀心弹性胀套夹紧（图4-9）。旋紧螺母，通过锥套和心轴上的锥面使胀套胀开，将工件夹紧，防转销防止胀套转动。

## 二、滚压加工

滚压加工是一种压力光整加工，是利用金属在常温状态的冷塑性特点，利用滚压工具对

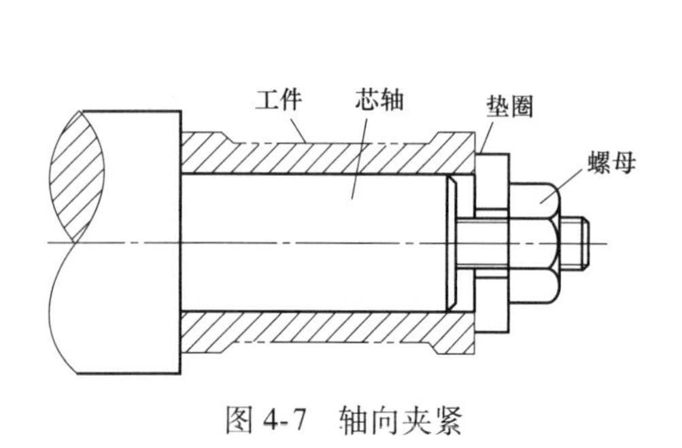


图 4-7　轴向夹紧

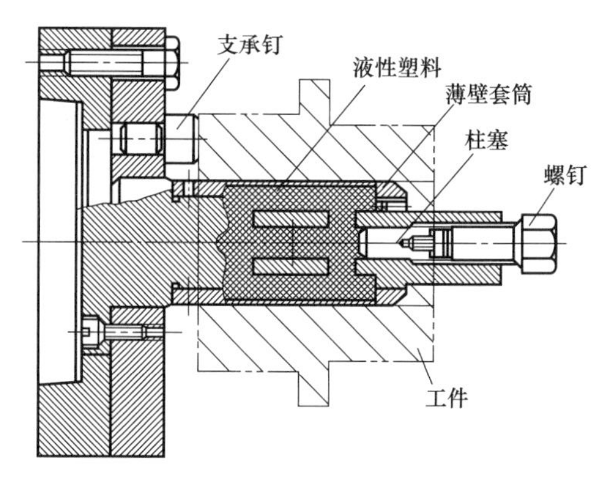


图 4-8　液性塑料夹具夹紧

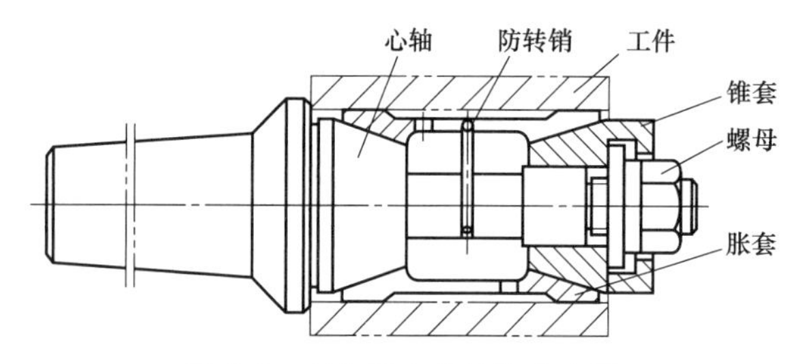


图 4-9　双向胀心弹性胀套夹紧

工件表面施加一定的压力，使工件表层金属产生塑性流动，将表面凸起部分碾平，填入到原始残留的低凹波谷中，而降低工件表面粗糙度值。图 4-10 为滚压加工原理的模拟图。由于被滚压的表层金属塑性变形，使表层组织冷硬化和晶粒变细，形成致密的纤维状，使金属表层得到强化，产生有利的残余压应力，硬度和强度提高，从而改善了工件表面的耐磨性、耐蚀性和配合性。

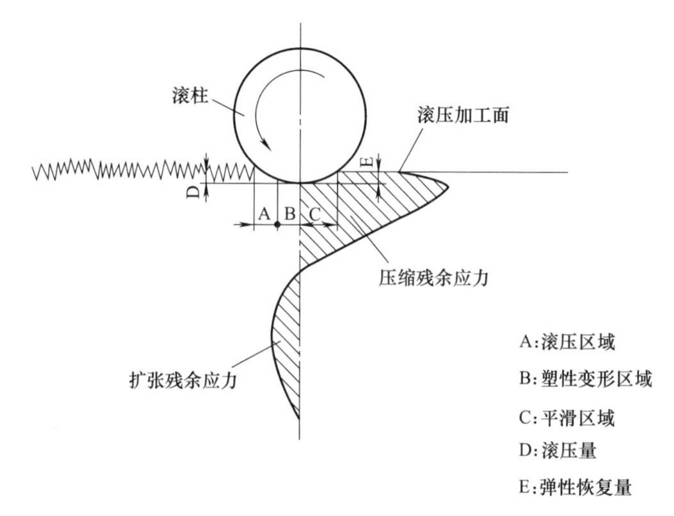


图 4-10　滚压加工原理的模拟图

1. 影响滚压加工因素

一般来讲，滚压后的表面质量与滚压力、滚压前工件的表面粗糙度值、材质的塑性、滚

压量等因素有关。

（1）滚压压力的选择对滚压后表面粗糙度值、尺寸、精度都有影响 一般情况下，滚压力增加，表面粗糙度值减小。但滚压力增加到一定程度，表面粗糙度值不再减小。若继续增加滚压力，则滚压表面开始恶化，甚至出现裂纹。

（2）滚压前，工件的表面粗糙度值须合适 在预加工表面粗糙度值达 $Ra1.6\mu m$ 时，只要滚压量合适，表面粗糙度值就可达 $Ra0.2\mu m$ 以下。但当预加工表面粗糙度值只有 $Ra3.2\sim 6.4\mu m$，加工表面有振动乱刀纹时，那么较深的刀纹不能被滚压光，只有增加滚压量再次滚压。因此，预加工表面粗糙度值最好小于 $Ra3.2\mu m$，几何精度在一、二级以上，能获得小的表面粗糙度值、较理想的精度。

（3）材料软、塑性大，容易被滚压光 一般来说钢和铜的滚压效果较好，铸铁的滚压效果较差。可锻铸铁、球墨铸铁比灰铸铁的滚压效果要好。滚压铸件时，当铸件的材料硬度不均匀时，被滚压表面的缺陷（气孔、砂眼等）会马上显露出来。因此，当铸件表面缺陷较多、质量较差时不宜采用滚压工艺。

（4）滚压量的大小对表面粗糙度、尺寸精度及几何精度的影响较大 最佳滚压量应根据具体条件、多次试验来确定，一般合理的滚压量为 0.027~0.036mm。滚压后内孔会变大、外圆会变小，具体变化数值与工件的材质、滚压前的表面粗糙度值及滚压量的大小等因素有关，且根据试验来确定。

**2. 滚压前的工艺要求**

零件滚压后的精度主要取决于滚压前粗加工的精度，滚压后尺寸精度和几何精度无明显改变，只是提高了表面粗糙度。工件在滚压前，应先进行半精加工，表面粗糙度值应在 $Ra3.2\mu m$ 以内，圆柱度在 $1.5\mu m$ 以内。一般钢材的内孔滚压余量为 0.06~0.1mm，工件材料塑性大、内孔大，滚压余量取大值，反之取小值。对于铸件，因材料碳的质量分数高，抗拉强度低，滚压余量取值应更小，建议取 0.02~0.04mm。当铸件是薄壁套筒时，不宜采取滚压加工。

**3. 常见的滚压工具及其适用范围**

滚压加工以其可进行简单、低成本的超精密加工的优势，在航空、汽车、摩托车、液压气动、机电等精密机械行业得到日益广泛的应用，可以加工通孔、不通孔、锥孔、台阶孔、异形孔、圆柱面、锥面、端面、异形面等（图 4-11）。为了适应加工的机床，滚压工具有直柄滚压工具（图 4-12）、莫氏锥柄滚压工具（图 4-13）、螺纹柄滚压工具、BT 柄滚压工具（图 4-14）、方刀柄滚压工具（图 4-15）等，应根据形貌选择滚压工具（图 4-16）。

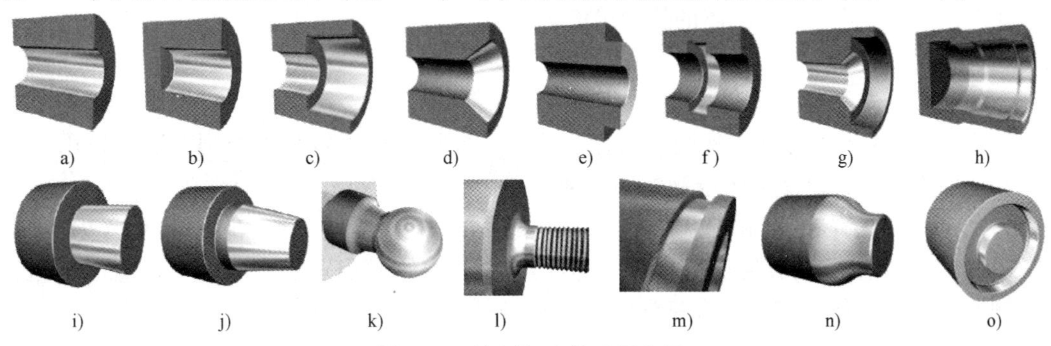


图 4-11 滚压加工的适用范围

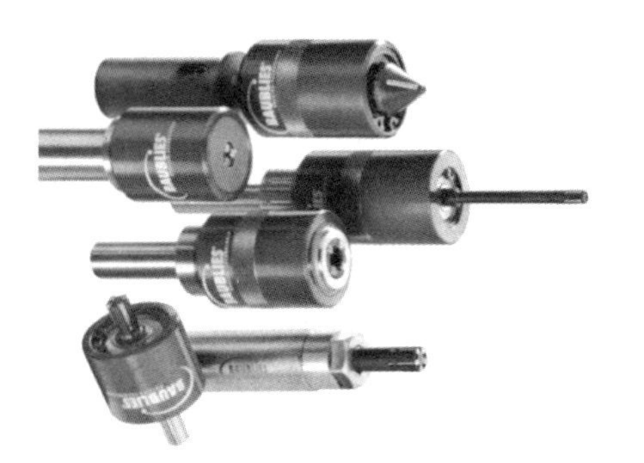

图 4-12　直柄滚压工具

图 4-13　莫氏锥柄滚压工具

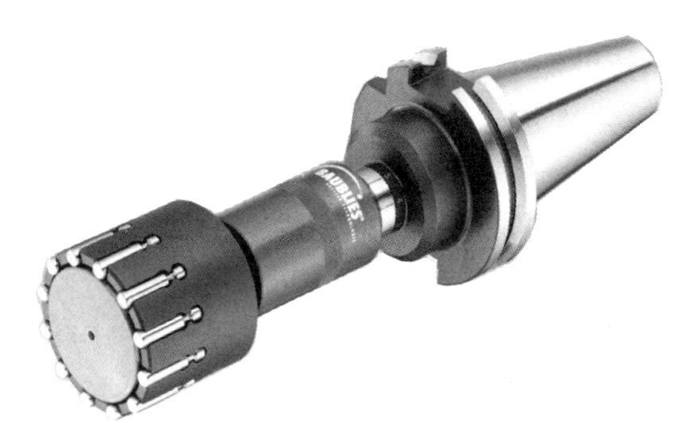

图 4-14　BT 柄滚压工具

图 4-15　方刀柄滚压工具

## 三、硬车工艺

硬车工艺（以车代磨）是指以车削代替磨削作为精加工工序或最后加工工序的工艺，与磨削相比，以车代磨比磨削具有更高的加工效率。硬车削往往采用大背吃刀量、高主轴转速，其金属切除率通常是磨削加工的 3~4 倍，所消耗能量却只有磨削的 1/5。同时，由于硬车削产生的大部分热量都被切屑带走，不会产生表面烧伤裂纹，具有优良加工表面质量、加工表面精度。

### 1. 硬车工艺的选择

虽然目前已实现以车代磨，但是车削并未完全代替磨削加工淬火件，如淬火件精度要求较高时可选择磨削方式。以下情况可选择硬车工艺。

1）在数控机床上加工复杂的表面和几个复杂的表面，车削代替磨削工序可以减少1/3~2/3 的劳动量，而且能保证很高的位置精度。

2）形状复杂的内孔或小孔。如采用磨削，要求砂轮的形状也相应复杂，甚至有时无法磨削，这时采用车削最为有利。

3）一个零件几个表面（外圆、内孔、端面、台阶、沟槽）都需磨削，这时采用车削，一道工序即可完成，可减去磨削用的工艺装备。

4）零件淬火后易变形和留余量小时易造成废品，这时可留余量大一些，待淬火后，再用超硬刀具切除余量，再磨削，以减少因变形大而产生的废品，此时可以选择韧性好的立方氮化硼刀片（非金属粘结剂立方氮化硼刀片）进行大余量硬车削。

5）在加工载荷变动量很大的、困难条件下使用的高频感应淬火零件，采用超硬刀具加

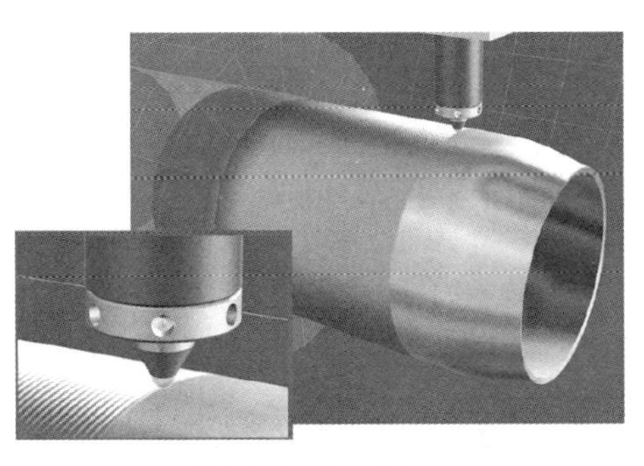

a) 筒体金刚石外圆滚光

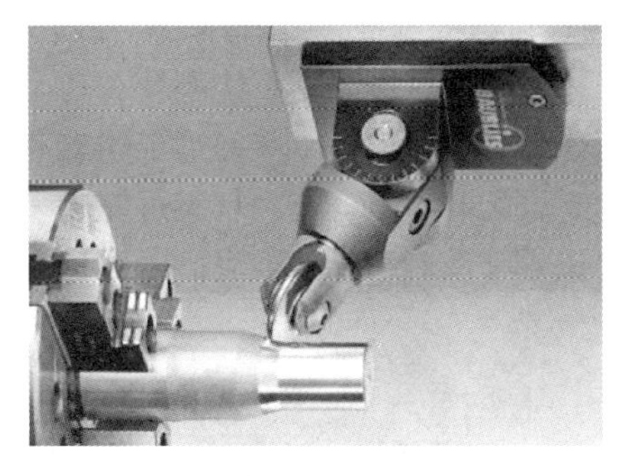

b) 单辊外圆滚光

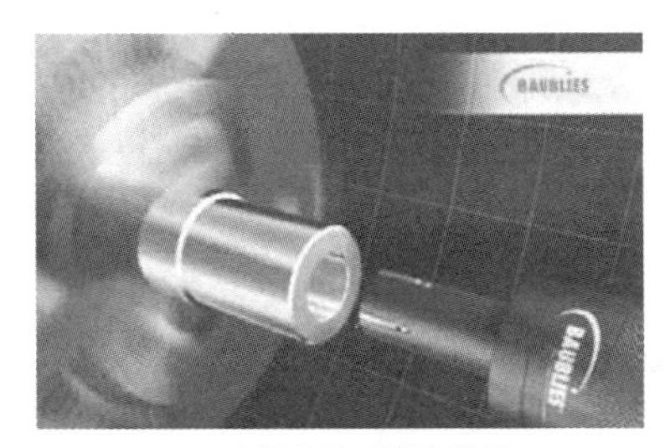

c) 通孔及不通孔滚光

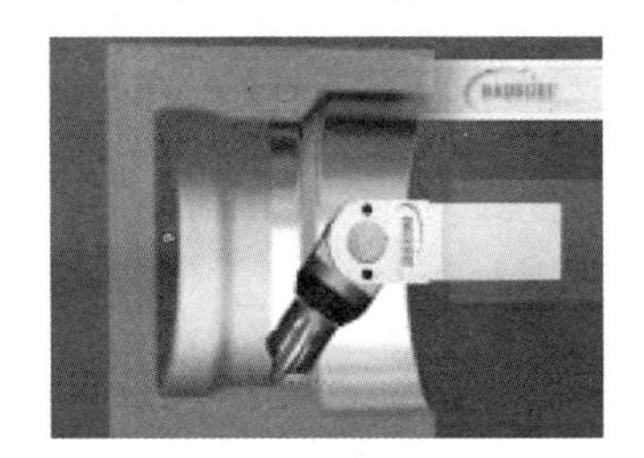

d) 异形孔滚光

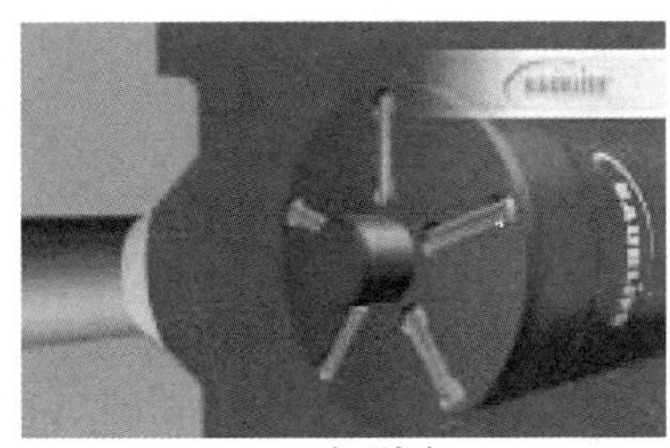

e) 端面滚光

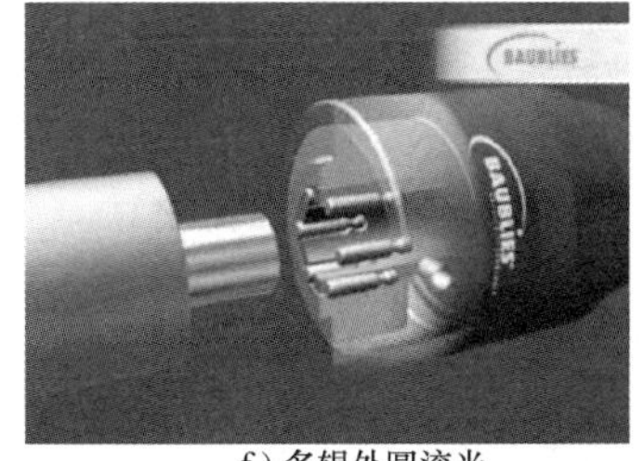

f) 多辊外圆滚光

图 4-16　根据形貌选择滚压工具

工，工件表面组织和力学性能较磨削时好，可以延长零件的使用寿命。

**2. 硬车刀具及其切削参数的选择**

（1）刀具材料　立方氮化硼（CBN）适合加工硬度大于 55HRC 的淬硬钢工件，聚晶立方氮化硼（PCBN）刀具适合加工硬度高于 60HRC 的工件，对于硬度小于 50HRC 的淬硬钢工件选用陶瓷刀具更为合适。我国陶瓷刀具技术已较完善，刀片性能也较可靠，陶瓷刀具材料的成本低于 CBN。新型硬质合金及涂层硬质合金刀具材料的抗弯强度和冲击韧性比 CBN 和陶瓷材料的要高，价格又低，可用于加工硬度为 40~50HRC 的淬硬钢工件。

（2）切削用量与切削条件　硬车削精加工合适的切削速度为 50~200m/min，常用范围为 100~150m/min。当采用大背吃刀量或断续切削时，切削速度应保持在 50~100m/min，通常背吃刀量为 0.1~0.3mm；当加工表面粗糙度要求高时，可选小的背吃刀量，进给量通常选择 0.025~0.25mm/r，具体根据表面粗糙度值和生产率而定。由于 PCBN 和陶瓷刀具材料的耐热性和耐磨性好，可选用较高的切削速度和较大的背吃刀量及较小的进给量。而切削用量对硬质合金刀具磨损的影响比 PCBN 刀具要大些，故用硬质合金刀具就不宜选用较高的切削速度和背吃刀量。

### 3. 硬车机床的选择

硬车机床要求有更高的系统刚性、功率、高强度和高转速，能充分发挥PCBN或陶瓷刀具的性能优势，保证连续生产的加工精度和高效率。倒置式车削中心（图4-17）可以实现以车代磨，因配有刀库，一次装夹可完成多种表面加工，如车外圆、镗孔、车槽或端面等，因而无停机等辅助时间，加工表面精度也更高。

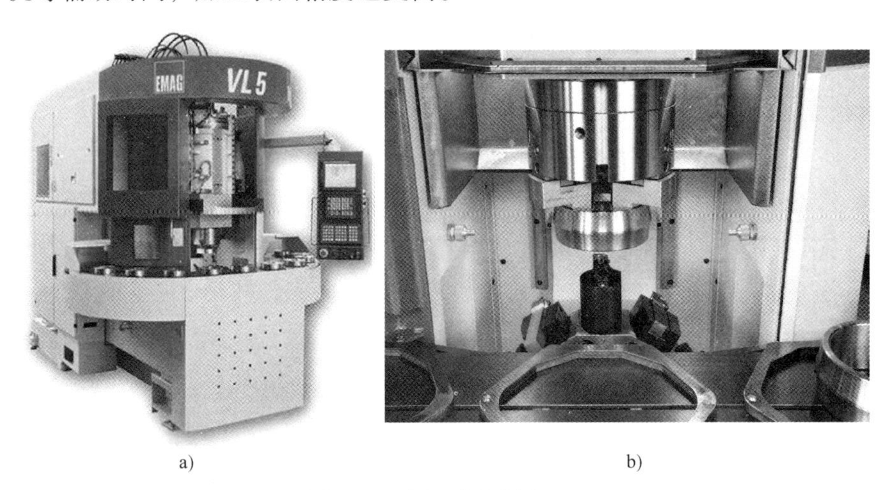


a) b)

图4-17 倒置式车削中心

## 四、高速、高效铣削刀具路径

### 1. 插铣法

插铣法（Plunge Milling）又称为Z轴铣削法，是实现高切除率金属切削最有效的加工方法之一。在插铣时，切削力直接传入机床主轴和工作台，能最大限度地减小作用于机床零部件的横向负荷，因此能用于刚性不足的老式机床或轻型机床，以提高生产率。对于难加工材料的曲面加工、切槽加工及刀具悬伸长度较大的加工，插铣法的加工效率远远高于常规的端面铣削法。事实上，在需要快速切除大量金属材料时，采用插铣法可使加工时间缩短一半以上。

插铣加工还具有以下优点。

1）可减小工件变形。

2）可降低作用于铣床的背向力，这意味着已磨损的主轴仍可用于插铣加工而不会影响工件加工质量。

3）刀具悬伸长度较大，这对于工件凹槽或表面的铣削加工十分有利。

4）能实现对高温合金材料（如Inconel）的切槽加工。

5）非常适合模具型腔的粗加工，并适用于航空零部件的高效加工。

插铣加工时，插铣刀具（图4-18）沿着Z轴方向直接向下切入工件，并沿Z轴向上抬刀，然后在X轴或Y轴方向横移一段距离，再进行与上一次切削部分重叠的垂直切削，切除更多的工件材料。

### 2. 大进给铣削

大进给铣削（HFM）主要是为提高金属切除率，以提高生产率和缩短加工时间而开发

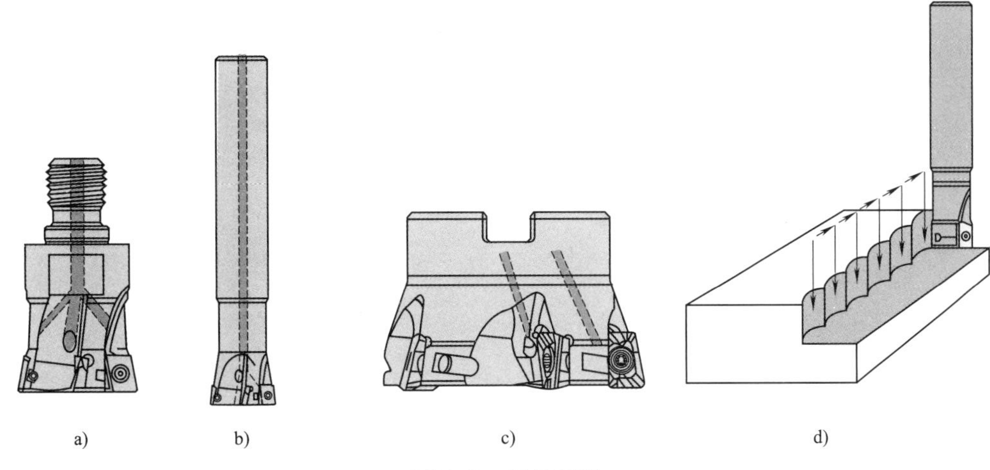


图 4-18　插铣刀具

的一种粗加工方法。大进给铣削的原理：采用较小的背吃刀量（通常不超过 2mm），产生较薄的切屑，这些切屑能从切削刃上带走大量切削热。大进给铣削的每齿进给量通常可高达常规铣削的 5 倍以上。这种铣削方式可减少产生的切削热，从而延长刀具寿命，并提供更高的金属切除率（超过 $1000cm^3/min$），比传统铣削方式快 1~3 倍。

大进给铣削具有这些优点的原因是采用了小的安装角（45°或更小），从而使背向力最小化、进给力最大化。与插铣类似，切削力沿轴向传入机床主轴，从而减小振动，使加工更为平稳。反过来，这又使得即便在大悬伸加工时，也可以采用更大的切削用量。而且与插铣不同的是，大进给铣削时，刀具始终处于吃刀状态。

大进给铣削能缩短加工时间的另一个原因是可以减少工序数量。由于采用小切削深度、大进给粗铣加工能够加工出接近成品要求形状的外形，因此常常可以省略半精加工工序，从而简化数控编程。另外，大进给铣削不需要增加主轴转速。

为了保护刀具的切削性能，大进给铣削垂直方向的进刀可选择斜线轨迹和螺旋轨迹两种方式下刀，至于水平方向的进刀，可选用圆弧进刀方式。

大进给铣削主要应用在以下几个方面。

（1）端面铣削

1）大进给铣削非常适合端面铣削加工（尤其是大批量加工），它可以为后续加工或最终精加工奠定良好的基础。在大部分大进给铣削加工中，通常能够达到非常高的尺寸精度，只需进行最终精加工。由于这种加工涉及的工件毛坯尺寸较大，因此使用最多的是大直径铣刀。这就意味着，需要使用刀体上带有刀夹、安装三角形刀片的刀具。大进给面铣也很适合加工大部分软材料。

2）大进给铣削方式可用于高效铣削型腔，特别适合模具加工。刀具的选择和其他切削参数的确定主要取决于被加工材料、被加工零件的尺寸和刚度。在对粗糙表面进行仿形铣削时，采用大进给铣削方法也非常实用。

3）伊斯卡 FF SOF 铣刀（图 4-19）兼具飞碟铣刀高效加工的优点以及方刀片、八角刀片的经济性。其在面铣粗加工中，可实现高的金属去除率（例如铣削钢时，每齿进给量可达到 1.5mm/齿）。7792VXD 大进给铣刀（图 4-20）可以在小切削深度（最大切削深度

2.5mm）、大进给条件下进行加工，与传统的平面铣削、型腔铣削、铣槽和插铣加工相比，金属切除率可以提高 90%。

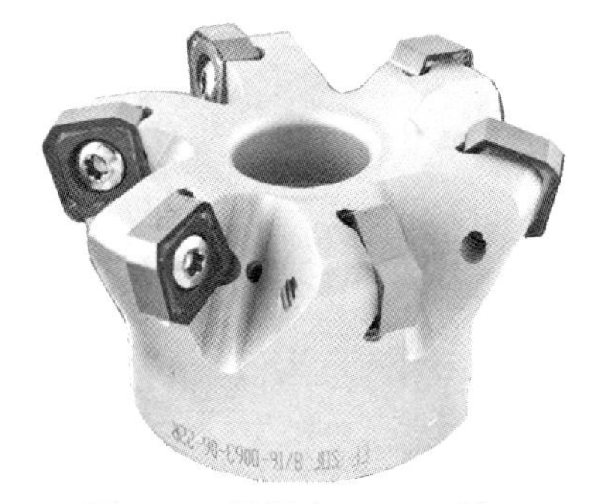

图 4-19　伊斯卡 FF SOF 铣刀

图 4-20　7792VXD 大进给铣刀

（2）螺旋插补铣削

1）在螺旋插补铣削中，大进给铣削对于大直径孔的加工也是非常适宜的解决方案——它可以省略预加工或预钻孔。大进给铣刀可实现与工件壁截面的接触最小化。与具有 90°安装角的传统铣刀相比，大进给铣刀的加工过程更稳定。

2）在许多情况下，大进给铣削可以成为更简便易行的插铣替代方案，特别适合加工难切削材料（如钛合金和其他轻质合金）。如果需要加工一个小凹腔，采用插铣可能比较合适（由于径向移动距离短，因此无需径向铣削太多材料）。但是，如果需要铣削的面积相当大，采用大进给铣削可能效率更高。用直径 50mm 以上的插铣刀进行长悬伸插铣可能非常有效。而大进给铣削可能更适合小直径铣刀的长悬伸铣削。

**3. 动态铣削**

动态铣削是一种基于 CAM 的粗加工策略，其将刀具的接触弧和平均切削负荷作为关键因素。通过经 CAM 生成的刀具路径来操纵刀具的接触弧，以提升粗加工速度，可有效地控制工艺温度，应用更高的每齿进给量，以及获得更大的切削深度，从而显著缩短工件的总加工周期。

使用动态铣削刀具路径的优点如下。

1）更长的刀具寿命。

2）最小的热量累积。

3）更好地排屑。

动态铣削刀具路径（图 4-21）在允许范围内使用刀具侧刃，一次性加工到位，其产生的切屑（图 4-22）更均匀，刀具磨损更小。

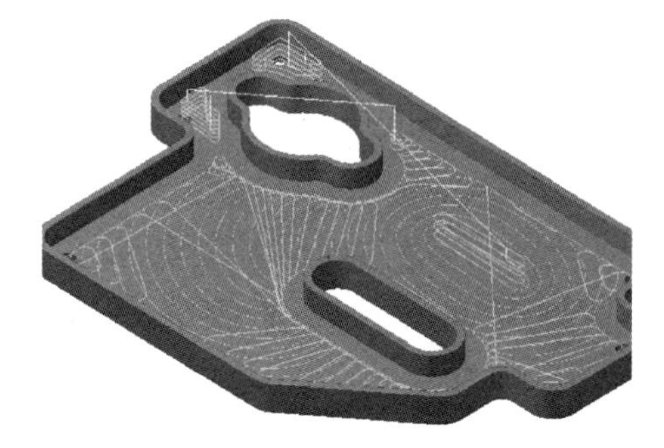

图 4-21　动态铣削刀具路径

图 4-22　动态铣削产生的切屑

#### 4. 摆线剥铣法

摆线剥铣法（图4-23）是在XY平面内，采用程序设计好的一系列相互重叠的圆形刀具路径，在机床无需停机的情况下，以全切深对工件槽型进行连续高效侧铣加工。摆线剥铣法最初是为解决淬硬钢和难加工材料高效铣削的技术难题而开发的。例如，在加工宽24mm、深20mm的槽时，传统加工方式可能需要走刀3~4次，而摆线剥铣法通过一次连续走刀即可完成，可大大缩短加工时间。

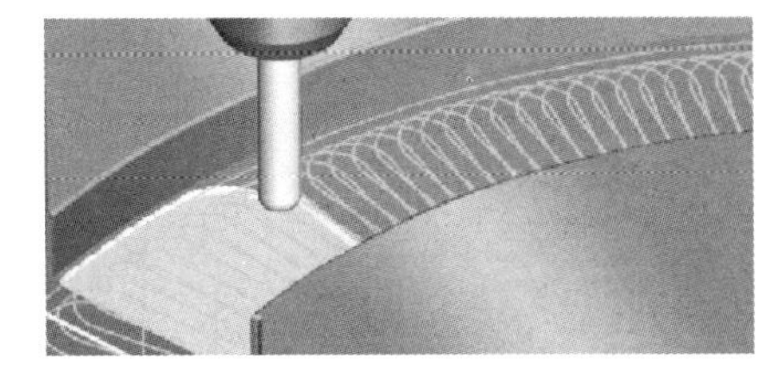

图4-23　摆线剥铣法

摆线剥铣法要求剥铣刀具（图4-24）具有高强度、高刚性的刀体，并要求切削条件保持稳定，刀具必须采用自由切削的几何形状。目前的许多小直径机夹刀片式立铣刀都能满足这些要求（如山高刀具公司的Helical Nano Turbo旋风铣刀）。采用摆线剥铣加工，能用一把刀具加工出比刀具直径稍大的槽宽到比刀具直径大几倍的槽宽。

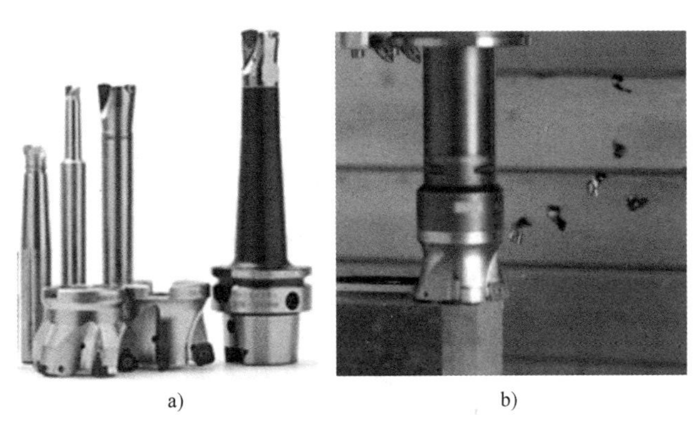

a)　　b)

图4-24　剥铣刀具

## 五、高速、高效钻削技术

#### 1. 可转位浅孔钻

可转位浅孔钻（图4-25a）一般设置双内冷油道，内、外刃双刀片呈错位布置，以钻为主，兼有扩镗功能，一般可直接在工件上加工，无需中心钻钻中心孔，是一种主要用于数控车床和加工中心的高效内冷孔加工刀具。其与普通钻头相比，除正常钻孔、扩孔外，还可以在倾斜面上进行钻孔、插钻、螺旋插补、交叉孔系钻削、多阶梯孔的钻削、镗孔、倒角及偏心钻孔等（图4-25b）。在刀具稳定性较高的情况下可加工大于5倍直径的深孔，其特殊槽型的切屑槽可顺利无阻地排屑。钻削速度可达70~125m/min，进给量可达0.1~0.2mm/r，切削效率是普通麻花钻的7~10倍，可大幅度提高生产效率和加工水平。加工精度高，表面粗糙度值为$Ra3.2\sim6.3\mu m$，可代替粗铰、粗镗。

可转位浅孔钻在数控机床上的使用注意事项如下。

1）可转位浅孔钻（简称浅孔钻）使用时对机床的刚性、刀具与工件的对中性要求较高，使用时一定要考虑机床主轴功率、浅孔钻装夹稳定性。切削液要有足够的压力和流量，以便将切屑冲出，否则将在很大程度上影响孔的表面粗糙度和尺寸精度。因此浅孔钻适合在

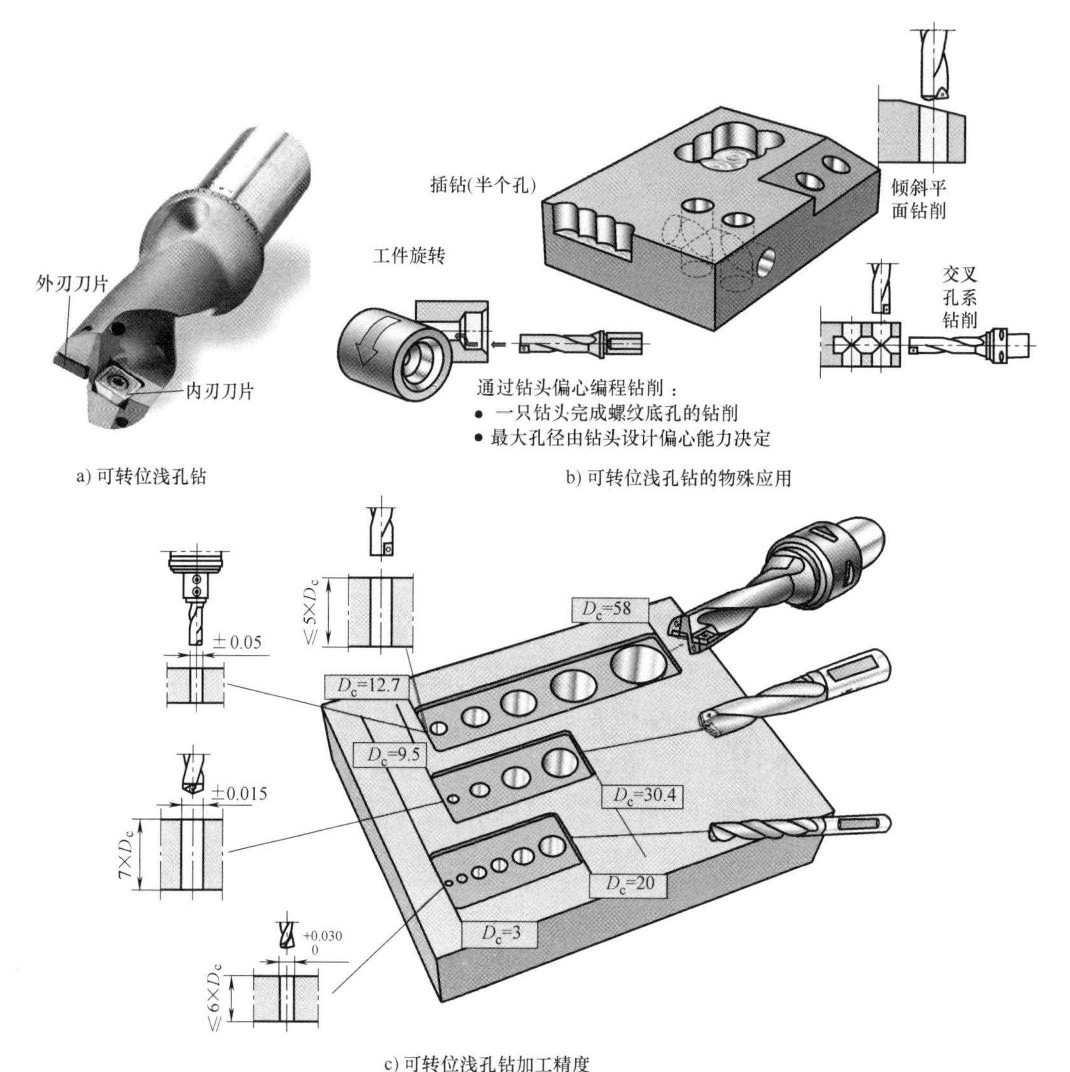


a) 可转位浅孔钻　　b) 可转位浅孔钻的物殊应用

c) 可转位浅孔钻加工精度

图 4-25　可转位浅孔钻的应用

大功率、高刚性、高转速的数控机床上使用。

2）使用浅孔钻钻孔时，可采用工件旋转、刀具旋转以及刀具和工件同时旋转的方式，但是当刀具以线性进给方式移动时，最常用的方法是工件旋转方式。加工阶梯孔时，一定要先从大孔开始加工，再加工小孔。

3）装夹浅孔钻时，一方面要注意内外刀片的正反方向，另一方面要注意尽量控制浅孔钻中心与工件中心的同轴度，一般控制在 0.1mm 之内，并垂直于工件表面。控制不好会导致浅孔钻两侧磨损，孔径会偏大，刀片寿命缩短。在数控车床上加工时，应该保证钻头中央刀片的刃口与工件轴线的同轴度公差在 0.03mm 之内（图 4-26），并保证钻头的周边刀片刃口与车床 X 轴的运动平面平行，同时对切削参数做适当调整（低转速、小进给）。

4）浅孔钻上中心和边缘所使用的内、外刃刀片是不同的，千万不可用错，否则会损坏浅孔钻刀杆。内刃刀片应选用韧性好的刀片，外刃刀片应选用比较锋利的刀片。加工不同材料时，应选用不同槽形的刀片，一般情况下，小进给、公差小、浅孔钻长径比大时，选用切

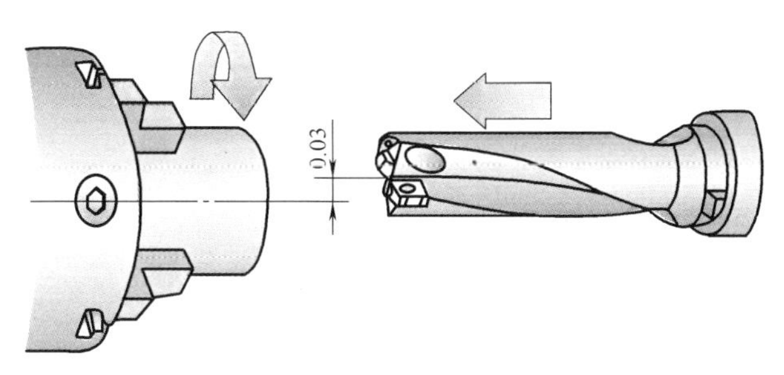


图 4-26　可转位浅孔钻在数控车床上安装的同轴度公差

削力较小的槽形刀片，反之粗加工、公差大、长径比小时则选切削力较大的槽形刀片。正式加工前一般要先进行试切削，要根据不同的零件材料，选择合适的切削参数，常见浅孔钻切削参数表见表 4-4。当刀片出现磨损或破损时，要仔细分析原因，更换韧性更好或更耐磨的刀片。浅孔钻一般不用于加工较软材料，如纯铜、软铝等。

**表 4-4　常见浅孔钻切削参数表**

| 被加工材料 | 布氏硬度(HBW) | 切削速度/(m/min) | 钻孔直径/mm | | | | |
| --- | --- | --- | --- | --- | --- | --- | --- |
| | | | 18.5~20.9 | 21.0~25.9 | 26.0~30.9 | 31.0~41.9 | 42.0~56.0 |
| | | | 进给量/(mm/r) | | | | |
| 易切削钢和碳钢 | 180~275 | 100 | 0.06~0.15 | 0.09~0.15 | 0.09~0.16 | 0.09~0.17 | 0.10~0.20 |
| | | 200 | 0.09~0.16 | 0.10~0.18 | 0.09~0.25 | 0.09~0.30 | 0.10~0.30 |
| | | 300 | 0.10~0.18 | 0.11~0.18 | 0.10~0.25 | 0.10~0.32 | 0.10~0.32 |
| 淬火碳钢 | 220~450 | 100 | 0.09~0.14 | 0.09~0.14 | 0.08~0.14 | 0.08~0.14 | 0.10~0.20 |
| | | 200 | 0.10~0.16 | 0.10~0.16 | 0.09~0.17 | 0.10~0.20 | 0.10~0.28 |
| | | 300 | 0.11~0.17 | 0.11~0.17 | 0.10~0.18 | 0.10~0.22 | 0.10~0.30 |
| 淬火低合金钢 | 220~450 | 100 | 0.09~0.15 | 0.10~0.17 | 0.09~0.17 | 0.09~0.20 | 0.11~0.21 |
| | | 200 | 0.11~0.18 | 0.12~0.20 | 0.10~0.24 | 0.10~0.20 | 0.11~0.28 |
| 不锈钢(奥氏体) | 150~275 | 300 | 0.11~0.19 | 0.12~0.20 | 0.11~0.25 | 0.13~0.27 | 0.12~0.30 |
| 高合金钢、退火 | 150~250 | 100 | 0.12~0.17 | 0.12~0.18 | 0.10~0.20 | 0.09~0.25 | 0.10~0.20 |
| | | 200 | 0.12~0.20 | 0.13~0.22 | 0.10~0.25 | 0.12~0.30 | 0.10~0.30 |
| | | 300 | 0.12~0.22 | 0.12~0.23 | 0.11~0.26 | 0.12~0.31 | 0.12~0.32 |
| 高合金钢、工具钢 | ≥360 | 100 | 0.08~0.14 | 0.06~0.14 | 0.09~0.16 | 0.09~0.17 | 0.09~0.18 |
| | | 200 | 0.09~0.16 | 0.09~0.16 | 0.10~0.20 | 0.10~0.20 | 0.10~0.20 |
| 低抗拉强度灰铸铁 | ≤230 | 100 | 0.07~0.25 | 0.07~0.25 | 0.07~0.30 | 0.07~0.35 | 0.07~0.35 |
| | | 200 | 0.07~0.30 | 0.07~0.30 | 0.07~0.35 | 0.07~0.40 | 0.07~0.40 |
| | | 300 | | | | | |
| 高抗拉强度灰铸铁 | ≥230 | 100 | 0.07~0.25 | 0.07~0.30 | 0.07~0.30 | 0.07~0.35 | 0.07~0.35 |
| | | 200 | 0.07~0.30 | 0.07~0.30 | 0.07~0.35 | 0.07~0.40 | 0.07~0.40 |

工件的表面状况对孔的加工质量影响较大，浅孔钻应根据实际状况调整切削参数。不同表面状况对切削参数的影响见表 4-5。

**表 4-5　不同表面状况对切削参数的影响**

| 加工表面状况 | 应 对 措 施 |
| --- | --- |
| 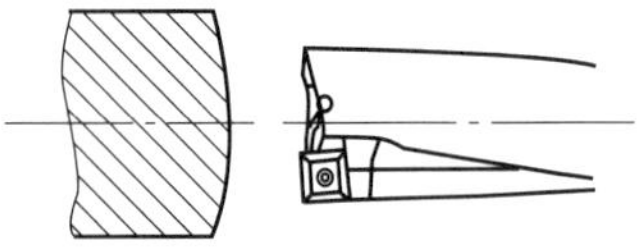 | 对于凸的表面，其加工条件相对较好，并且钻心能理想地首先与工件接触，因而可采用正常的进给 |
| 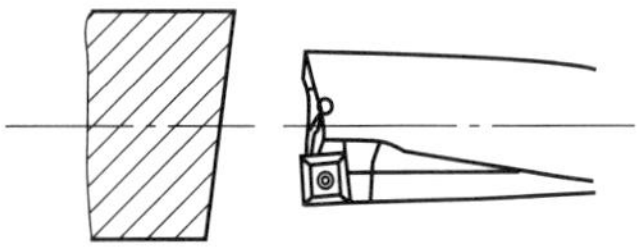 | 被钻削的零件表面为倾斜表面，切削刃受到不均匀的负荷，会使切削刃过早磨损。如果倾斜表面的角度过 2°，进给量应减小到推荐值的 1/3 |
| 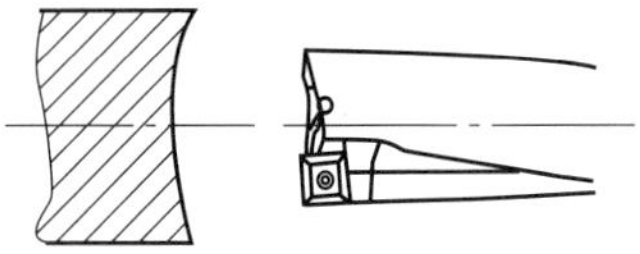 | 在钻入凹的表面时，通常会造成钻头轴线偏离中心，对于这种情况进给量应减小到推荐值的 1/3 |
| 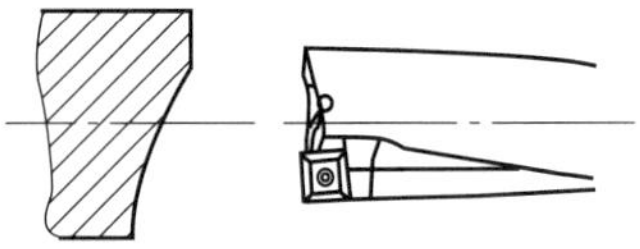 | 在钻入不对称的曲面时，由于是钻入倾斜表面，所以钻头可能会偏离中心，此时进给量的选择比钻入凹表面时应更小 |
| 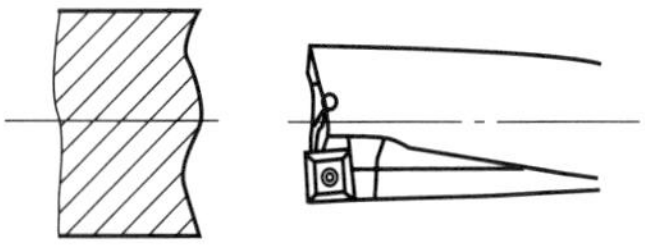 | 在钻入不规则表面时，会出现刀片崩刃的危险，在开始钻削时必须减小进给量，同时在钻头钻通时也可能会出现这种情况，因此也必须减小进给量 |

### 2. 铲钻

铲钻（图 4-27）是在可转位浅孔钻基础上改进而成的刀具，由钢制的刀杆和可换头部的刀片组成，刀片使用含钴的高速钢涂层刀片，具有高韧性和抗冲击性，能有效解决崩刃的问题。铲钻刀杆的柄部有侧固柄和莫氏柄两种结构。侧固柄刀杆常用于数控车床、加工中心等数控机床。莫氏柄则应用于立钻、摇臂钻、普通车床等传统设备中。通过简单安装一套冷却环装置，即可实现外部冷却转为内部冷却，切削液通过冷却环进入刀杆，通过内部冷却孔直接冷却到刀片部分，有助于排屑并可钻深孔。

铲钻的钻孔精度远远高于可转位浅孔钻。铲钻刀片对称切削，尺寸精度可以控制在

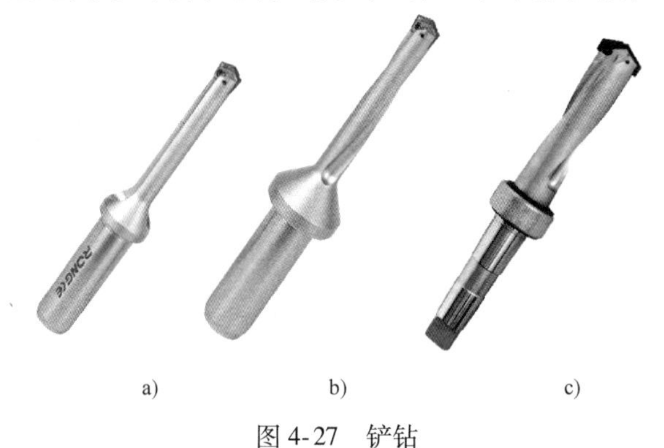

a)　　b)　　c)

图 4-27　铲钻

0.05mm 以内，直接钻孔后可以达到螺纹底孔的要求。铲钻刀片的侧面有修光刃带，通过修光刃带的挤压，被加工孔壁的表面粗糙度值可以达到 $Ra1.6\mu m$。铲钻的转速应控制在1000r/min 以下。

刀杆的排屑形式有直槽和螺旋槽两种。当工件旋转、刀具静止时，直槽更有利于排屑，如车削加工。当刀具在高速旋转工件静止时，则较多选择螺旋槽，如数控铣床等。

**3. 可换钻尖式钻头**

可换钻尖式钻头（图 4-28）将钢制的刀体和钻尖（图 4-29）合在一起，其切削性能和刀具寿命与高效整体硬质合金钻头不相上下，可以大大减少刀具存量。

图 4-28　可换钻尖式钻头

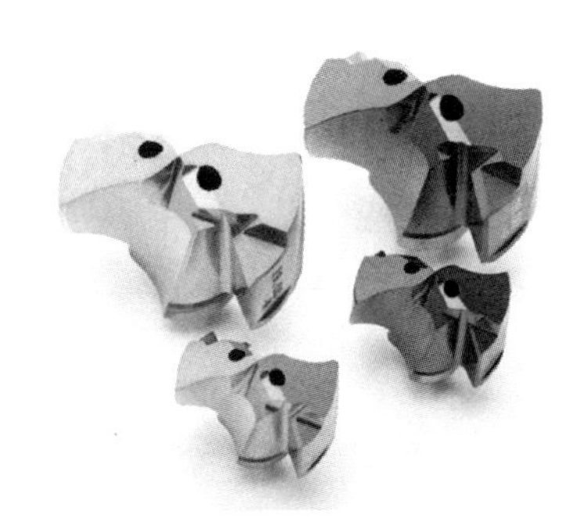

图 4-29　钻尖

# 任务 2　铣床夹具的设计

**【任务描述】**

根据任务 1 的要求，利用立式数控铣床，完成 *R*10mm 圆弧面的粗、精铣加工，为此需要设计铣床夹具。

**【任务准备】**

SolidWorks 或 UG 软件、CAXA 或 AutoCAD 软件、《夹具设计手册》《机床夹具零件及部件标准汇编》等。

**【任务实施】**

（1）确定定位方案　在粗、精铣 *R*10mm 圆弧面之前，零件已完成两个半圆槽的铣削加

工。半圆槽也分粗、精加工，铣床夹具也应分粗、精加工夹具，利用半圆槽及 $\phi$64mm 孔作为定位孔，实现“一面两销”定位。

（2）夹紧装置设计　夹紧装置设计要考虑夹紧可靠、拆卸方便。为便于快速装卸工件，采用螺母及开槽压板夹紧机构。

（3）夹具体设计　夹具体设计时要考虑铣削工作台的 T 型槽的结构与尺寸。

（4）绘制铣床夹具零件图　利用三维软件设计完铣床夹具后，需绘制每个零件的工程图，选择合理的材料，并提出相关的技术要求，主要包括尺寸公差、几何公差、配合公差、热处理等。

**【任务实施参考】**

铣床夹具结构示意图如图 4-30 所示。为提高生产效率，可考虑几个零件一起加工。

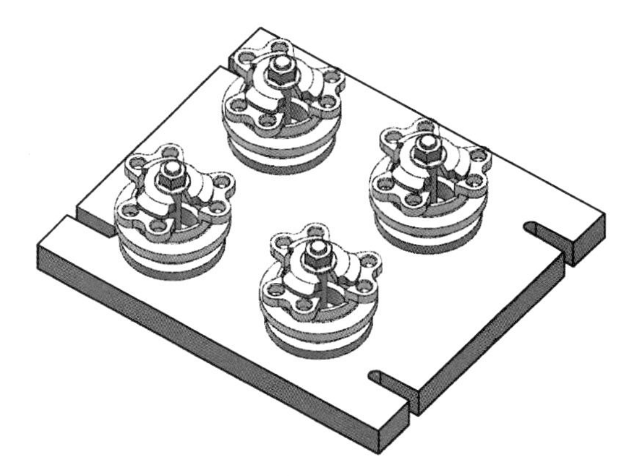

图 4-30　铣床夹具结构示意图

**【知识拓展】**

夹具是完成零件加工的重要保证，夹具设计合理，才能保证零件安装方便和满足加工精度要求。因此，设计夹具时，需考虑下列因素。

（1）工件的定位基准和对夹紧的要求　加工中心的特点是多工序集中加工，零件在一次装夹中，既要粗铣、粗镗，又要精铣、精镗，要求夹具既要能承受大切削力，又要满足定位精度的要求。

（2）夹具、工件与机床工作台面的连接方式　加工中心工作台面上要有基准 T 型槽、转台中心定位孔、工作台面侧面基准等。

（3）设计夹具时，必须考虑刀具路径　夹具不能和各工序刀具路径发生干涉。例如使用面铣刀加工零件时，在切入和切出处不能和夹具的压紧螺栓和压板发生干涉；由于钻头及镗刀杆等容易与夹具干涉，因此，箱体加工时，可以考虑利用其内部空间来安排夹紧装置。

（4）在设计时必须考虑夹具的夹紧变形　零件在粗加工时，切削力大，需要夹紧力大，但要防止将工件夹压变形，因此，必须慎重选择夹具的支承点、定位点和夹紧点，压板的夹紧点要尽可能接近支承点，避免把夹紧力加在零件无支承的区域。

（5）夹具的拆装必须方便　夹具的夹紧方式有液压夹紧、气动夹紧和手动夹紧。在所加工零件毛坯尺寸合格的情况下，采用液压夹紧夹具（图 4-31）和气动夹紧夹具可以提高

图 4-31　液压夹具

拆装零件的效率。

（6）优先考虑使用成组夹具或组合夹具　对批量不大又经常变换品种的零件，应优先考虑使用成组夹具或组合夹具，以节省夹具的费用和准备时间。

# 任务 3　铣床夹具的制造

## 【任务描述】

铣床夹具的制造。

## 【任务准备】

锯床、普通车床、台钻、数控车床、数控铣床、平面磨床、刀具、量具、毛坯等。

## 【任务实施】

（1）编写铣床夹具零件的加工工艺　按单件生产工艺编写铣夹具零件的机械加工工序，直接填写在打印的零件图上。

（2）列出机床设备清单　根据加工工艺，列出夹具制造所需设备清单，包括机床附件，填写表 4-6。

表 4-6　夹具制造所需设备清单

| 序号 | 设备名称 | 型号 | 数量 | 设备状况 | 使用日期 | 使用时间 |
|---|---|---|---|---|---|---|
| 1 | | | | | | |
| 2 | | | | | | |
| 3 | | | | | | |
| 4 | | | | | | |

（3）列出刀具清单　根据加工工艺，列出夹具制造所需刀具清单，填写表 4-7。

（4）列出量具清单　根据加工工艺，列出夹具制造所需量具清单，填写表 4-8。

（5）列出毛坯清单　根据加工工艺，列出夹具制造所需毛坯清单，尽量减少有关型材的牌号、规格，以减少备料的工作量和生产成本，填写表 4-9。

（6）列出外购件（标准件）清单　列出夹具装配所需外购件（标准件）清单，填写表 4-10。

表 4-7　夹具制造所需刀具清单

| 序号 | 刀具名称 | 规格 | 数量 | 使用日期 |
| --- | --- | --- | --- | --- |
| 1 | | | | |
| 2 | | | | |
| 3 | | | | |
| 4 | | | | |

表 4-8　夹具制造所需量具清单

| 序号 | 量具名称 | 规格 | 数量 | 使用日期 |
| --- | --- | --- | --- | --- |
| 1 | | | | |
| 2 | | | | |
| 3 | | | | |
| 4 | | | | |

表 4-9　夹具制造所需毛坯清单

| 序号 | 夹具零件名称 | 零件代号 | 材料牌号 | 规格 | 数量 | 重量/kg |
| --- | --- | --- | --- | --- | --- | --- |
| 1 | | | | | | |
| 2 | | | | | | |
| 3 | | | | | | |
| 4 | | | | | | |

表 4-10　夹具装配所需外购件（标准件）清单

| 序号 | 外购件(标准件)名称 | 型号(标准号) | 材料 | 规格 | 数量 |
| --- | --- | --- | --- | --- | --- |
| 1 | | | | | |
| 2 | | | | | |
| 3 | | | | | |
| 4 | | | | | |

（7）铣床夹具零件的制造与装配　按图样要求完成铣床夹具的零件制造，制造和装配要注意以下几点。

1）夹具体的导向键与工作台的 T 型槽配合一定要根据实际测量尺寸确定。

2）定位圈需表面淬火处理。

3）装配前，所有零件均按图样要求检查相关尺寸。

4）所有零件应用磨石去除毛刺，并用汽油清洗干净。

5）装配后，需用三坐标测量仪检测关键的尺寸和几何公差要求。

6）试加工工件，检查工件尺寸，合格后进入正式生产。

## 任务 4　齿芯的加工

**【任务描述】**

按计划完成零件的加工。

【任务准备】

锯床、普通车床、台钻、数控车床、数控铣床、外圆磨床、刀具、铣床夹具、量具等。

【任务实施】

任务实施过程参考项目2，填写相关表格。

【知识拓展】

## 一、高速、高效铣削刀具选择

### 1. 玉米铣刀

玉米铣刀（图4-32）刀齿交错排列、分屑性能好（图4-33）、每齿切削力小、排屑顺利。每齿进给量增加，使刀齿避开表面的硬化层（刀齿交错有利于切削液的渗透）。适用于重切削，效率高。特别优化设计的螺旋角在保证高效加工的同时可有效降低切削力，为轮廓加工提供大进给和高的金属切除率，实现最优化排屑并抗振，而且可以实现高速切削，达到以铣代磨的效果。

图4-32　玉米铣刀

图4-33　玉米铣刀的分屑

### 2. 波形刃立铣刀

波形刃立铣刀（图4-34）根据波形曲面所在位置分两种：齿背面为波形曲面的是后波形刃立铣刀；周刃前刀面为波形曲面的为前波形刃立铣刀。它主要用于粗加工，对模具、锻件、铸件、机修等单件小批量生产中加工余量大的零件进行重切削加工最为适用。主要优点如下。

（1）切削平稳、减振性好　由于以波形刃切削被加工材料，使刀齿牢牢地嵌入被加工工件，将切屑断成细小的碎片，提高了抗振性，大大地减小了振动和噪声。同时由于交错波形刃形成间断的切削刃，有利打乱振动的再生，有效避免了普通型立铣刀由于刀齿周期性的切削所产生的共振（自激振动）。

（2）切削中所需的切削力小　波形刃立铣刀尖形的切削刃比平切削刃容易切入工件。由于切削过程中切削刃各点逐渐切入工件，所以切削力逐渐增加，并且每一个波形刃所产生的进给力大部分可以互相抵消，从而降低了背向力和进给力。

（3）刀具寿命长　同规格的波形刃立铣刀与普通立铣刀相比，波形刃立铣刀实际切削刃要长得多，相对各点的负荷减小；又由于波形刃的表面积大，散热条件好；同时切削液沿着波形刃的波峰与波谷各表面很容易进入切削区域，冷却和润滑的效果好；并且由于切削刃圆滑过渡而磨损轻，所以刀具寿命长。

（4）切削效率高　由于波形刃切削加工后产生的切屑被断成细小的碎片，故改善了排屑性能，使切削平稳，切削变形力小，产生的切削热少，磨损也轻，从而可适当加大切削用量。其切削宽度约为直径的1/2，切削深度约为直径的1.5倍，效率比标准立铣刀可提高4~5倍。

图4-34　波形刃立铣刀

### 3. 方肩铣刀

方肩铣刀（图4-35）最大的特点是具有90°的主偏角，可以获得真正的90°平直的侧壁。方肩面铣由于具有较高的金属切除率，使其在目前铣削工序中所占的比重最大。方肩铣刀可以应用于插铣、斜坡铣、圆周插补铣削、螺旋插补铣削、钻削、面铣等场合。

一般来说方肩铣刀的选用要注意以下几点。

1）侧吃刀量不应该超过刀具直径的30%（出于安全考虑），背吃刀量可以等于切削刃长度（从安全性考虑应不超过80%）。

图4-35　方肩铣刀

2）使用平均切削厚度和切削速度来优化加工过程，特别是当侧吃刀量与刀具直径相比显得较小时（不超过30%）。刀具和刀片（硬质合金材质、几何角度和尺寸）的选择应该和所选择的切削参数相符合。

3）主轴上刀具的悬伸量尽可能短，尽可能夹紧可靠，而且总是选择满足加工要求的尽可能大的刀具直径。

4）密齿刀具容屑槽小，但是其稳定性高，可以采用较高的进给速度。当侧吃刀量低于刀具直径的30%时，最佳的选择是密齿刀具。

5）如果表面质量要求不高，进给速度的选择应该尽可能高。特别是当加工不锈钢、超级合金及钛合金时，为了避免产生表面加工硬化，需要提高进给量。但一定不能超过每齿进给量的最大值。

## 二、高精度铰刀

### 1. Bifix铰刀

Bifix铰刀是一款适用于大多数材料的高精度可转位刀片式铰刀。直径范围为$\phi$5.90~$\phi$0.50mm，归因于3个金属陶瓷导条设计和精确的调节系统，能获得IT6级公差和

$Ra0.25\mu m$ 的表面粗糙度值。图 4-36、图 4-37 所示分别为通孔用 Bifix 铰刀和不通孔用 Bifix 铰刀，可分别适应通孔和不通孔要求。

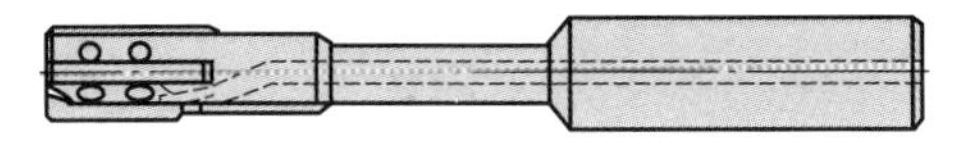

图 4-36　通孔用 Bifix 铰刀

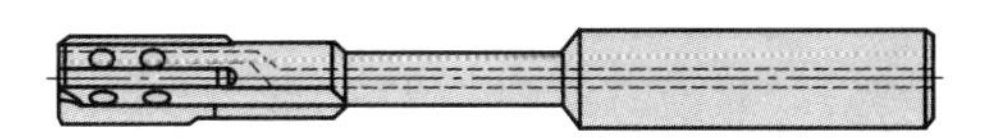

图 4-37　不通孔用 Bifix 铰刀

2. XFix 铰刀

XFix 铰刀（图 4-38）是一款重复定位精度高、高精度、模块化的可转位刀片式铰刀。其圆柱形刀片有 8 个切削刃，刀具可以和任何锥度刀柄连接。与同类型刀具相比，其齿数更多，包括了 3、5、7、9 四种齿数，大大提高了加工效率。不同的直径对应不同的齿数，直径范围为 $\phi39.5 \sim \phi154.5mm$，能获得 IT6 级公差。IT8 及以下的精度无需调整，非常易于使用。专利的浮动导条减少了刀具的振动，使加工更加稳定，且不受长径比的限制。独创的专利刀夹设计提高了加工的可靠性和稳定性，即使发生撞刀，也只需更换刀夹，最大程度地保护了刀体。要设置直径，仅靠一个螺钉即可固定刀片，而唯一要记住的设置值是 $25\mu m$。Xfix 铰刀可以快速、方便地进行调整。为了降低库存，用户可以对 $\phi31.5 \sim \phi60.5mm$Xfix 铰刀都使用相同的刀片。

3. Precifix 铰刀

Precifix 铰刀（图 4-39）是一款高精度、可转位刀片式铰刀，能达到 IT6 级公差，直径范围为 $\phi12 \sim \phi60mm$，独创的夹紧系统设计可确保刀片夹紧稳定。Precifix 铰刀的刀头安装在 Precimaster 铰刀的刀杆上。为了使同一个刀头既能加工不通孔，又能加工通孔，这种铰刀的刀头上有两个冷却出口，其中仅有一个需调节螺钉手动调节。

图 4-38　XFix 铰刀

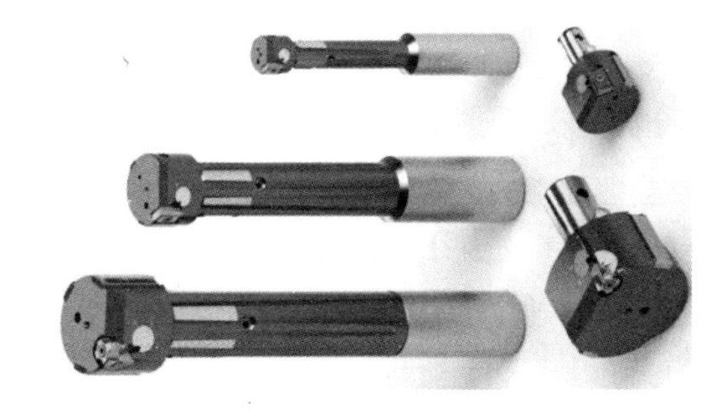

图 4-39　Precifix 铰刀

4. Precimaster 铰刀

Precimaster 铰刀（图 4-40）是一款设计巧妙的、可换刀头式铰刀。能达到 IT7 级公差，直径范围为 $\phi4 \sim \phi60mm$，它效率高、精度高、模块化且无需调整，适用于高效率、低成本的大批量生产。Precimaster 铰刀也能用于小批量生产，提供比普通铰刀更低的切削力和更长的刀具寿命。

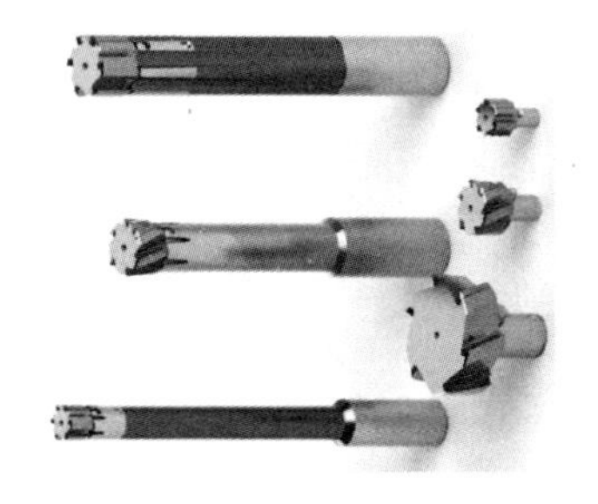

图 4-40　Precimaster 铰刀

5. Precimaster Plus 模块化铰刀

Precimaster Plus 模块化铰刀（图 4-41）可实现更精确、更经济、更高效的铰削加工，直径范围为 $\phi10 \sim \phi60mm$，尺寸公差保持在 15~25μm，表面粗糙度值保持在 $Ra0.4 \sim Ra0.8\mu m$。其可以确保快速、轻松地更换刀头，而且重复定位精度高，跳动量小于 3μm。

6. Nanofix 铰刀

Nanofix 铰刀（图 4-42）是一款重复定位精度高、模块化的小直径硬质合金铰刀。由于采用了快换结构设计，Nanofix 铰刀换刀简便快捷，换刀后无需重新测量，能充分保证生产的安全性。Nanofix 铰刀包括了 4、6 两种刃数，加工精度可达 IT7 级，适用于大进给加工，大大提高了生产效率。直径范围为 $\phi3 \sim \phi12mm$，不同的直径范围对应不同的刃数。Nanofix 铰刀的刀杆设计采用集成的冷却阀，故要改变冷却方式非常简便，转动冷却类型的调节螺钉 1/4 圈，把切削液出口形式从通孔变为不通孔，进而不通孔和通孔都能加工。

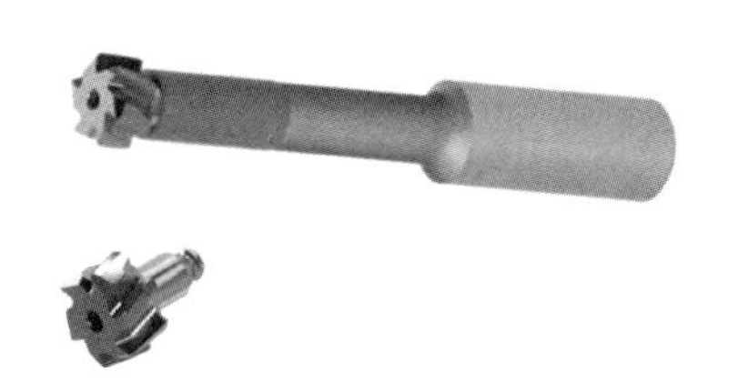

图 4-41　Precimaster Plus 铰刀

图 4-42　Nanofix 铰刀

## 【项目小结】

本项目通过齿芯的加工，系统学习了薄壁套类零件的工艺设计、铣床夹具设计方法，对批量生产的工艺和单件生产工艺的区别有了进一步的认识，进一步提高了读图能力、工艺设计能力、成本分析能力、夹具设计能力、夹具装配能力、套类零件的制造能力以及质量分析能力、团结协作能力及项目管理能力。

## 【撰写项目报告】

齿芯加工完成后，撰写项目报告。报告内容主要依据每个任务的完成情况，主要包括齿芯的图样分析、加工工艺方案分析、夹具方案设计过程、夹具的制造与装配、齿芯的制造与检测、质量分析、工艺改进、夹具优化等内容。报告附录部分包括零件图、零件的工艺卡、夹具设计全套工程图、毛坯清单、外购件清单、加工设备清单、刀具清单、量具清单、数控加工程序等。最后提交报告的打印稿及全套资料的电子稿。

# 项目5

## 轴承端盖的工艺设计与加工

【项目描述】

本项目以加工500件轴承端盖（图5-1）为例，零件材料为40Cr，内容涉及盘盖类零件的工艺设计、钻床夹具设计制造以及轴承端盖的制造和检测，拓展知识点涉及螺纹底径、卡爪的选择和使用、金属表面处理技术、多零件加工技术、柔性制造单元、零点定位系统、电永磁吸盘的使用等。

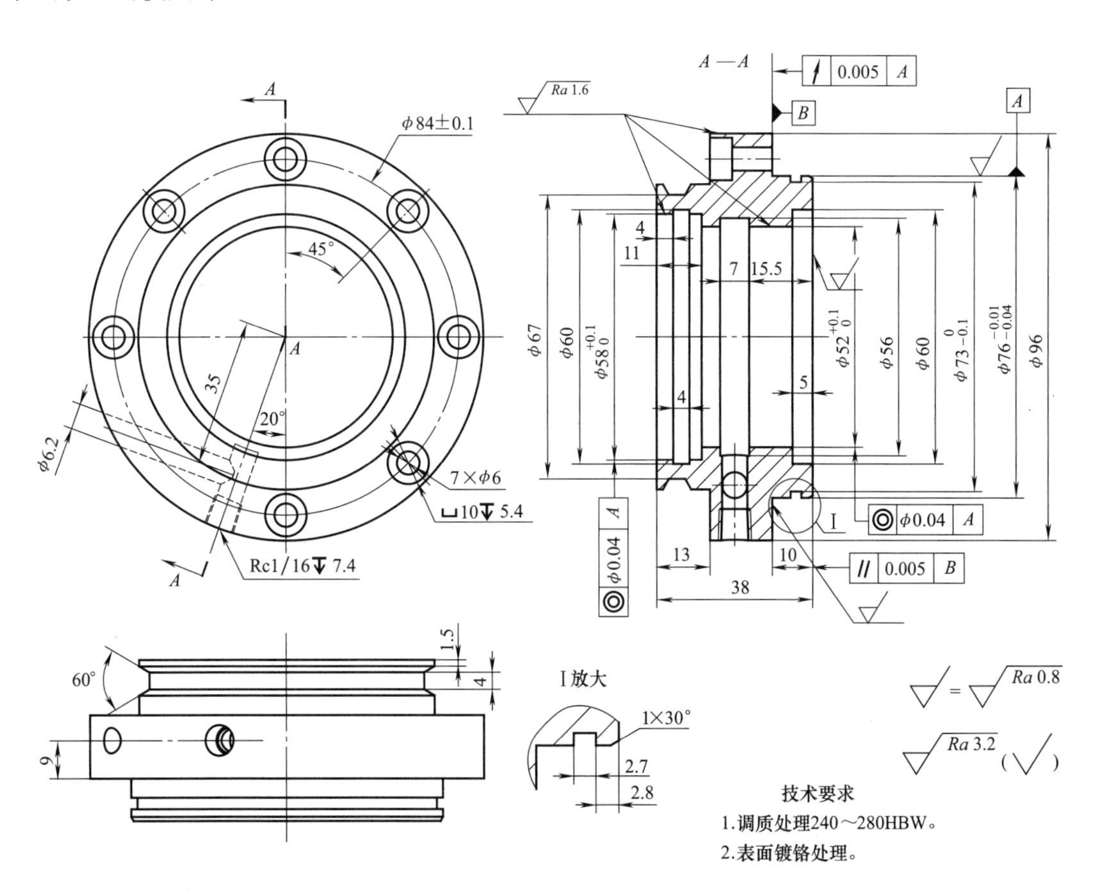


图5-1 轴承端盖的零件图

**【教学目标】**

**知识目标：**

（1）盘盖类零件的工艺设计

（2）斜孔钻夹具的设计

（3）螺纹的加工

（4）卡爪的选择及使用

（5）金属的表面处理技术

（6）多零件加工技术

（7）柔性制造单元

（8）零点定位系统

（9）电永磁吸盘

**能力目标：**

通过本项目的学习，进一步提高读图能力、工艺设计能力、成本分析能力、夹具设计能力、夹具装配能力、盘盖类零件的制造能力及质量分析能力，同时可以提高项目小组的团结协作能力、项目管理能力。

**【任务分解】**

任务 1　轴承端盖的工艺设计

任务 2　斜孔钻模的设计

任务 3　斜孔钻模的制造

任务 4　轴承端盖的加工

**【项目实施建议】**

由于本项目涉及零件的工艺设计、夹具设计及零件制造，为保证项目的按时完成，建议项目小组成员 4~6 人为宜，通过分工协作完成各个任务，在任务 1 工艺设计方案讨论阶段，全体组员参与，工艺流程一旦确定，提出夹具设计要求，留下 1~2 人完善工艺设计方案，绘制工艺卡，编写数控程序，其余人员参与夹具方案的设计与优化，夹具设计方案确定后，留 2 人完成夹具的设计及工程图绘制，留 1 人做生产准备，主要任务是进行毛坯、使用设备、刀具、量具及外购件等清单的提交与落实。在安排任务过程中，要学会合理安排时间，力求做到生产进度均衡。

## 任务 1　轴承端盖的工艺设计

**【任务描述】**

按 500 件的生产量设计工艺方案，车间有普通车床、普通铣床、钻床、数控车床及加工中心等设备。

## 【任务准备】

SolidWorks 或 UG 软件、CAXA 或 AutoCAD 软件、《机械加工工艺师手册》《刀具设计手册》等。

## 【任务实施】

### 1. 零件图样分析

零件的图样分析主要从以下几方面进行。

1）读懂零件图，审查图样完整性、准确性以及零件的结构、材料、热处理及表面处理的合理性，尤其是材料和热处理的合理性。

2）要先确认是否有替代的材料，材料确认后，分析毛坯可能的形式。

3）分析零件的几何特征以及零件图的尺寸精度、几何公差、表面粗糙度值等，重点关注尺寸公差、几何公差以及表面粗糙度值小于或等于 1.6μm 的加工特征，找出可能的加工方法及检测手段。

4）找出热处理的硬度要求，要了解其硬度的检测方法，是否需要中间热处理要求，如需要要会提出中间热处理要求。

5）对有表面处理要求的，分析可采取的工艺方法，要选择符合绿色环保要求的表面处理工艺。

图样分析完成，填写表 5-1。

表 5-1　图样分析结果

| 图样的完整性及合理性 | |
|---|---|
| 材料牌号含义及切削性能 | |
| 生产类型 | |
| 毛坯形式 | |
| 常见毛坯缺陷 | |
| 可能的热处理及定义 | |
| 表面镀铬 | |
| 几何特征 | 可能的加工方法 |
| 外圆柱面 | |
| 内孔 | |
| V 形槽 | |
| 外圆矩形槽 | |
| 内孔矩形槽 | |
| 沉孔 | |
| $\phi$6. 2mm 孔 | |
| Rc1/16 | |

（续）

| 尺寸精度 | 可能的检测设备及规格 |
| --- | --- |
| $\phi76_{-0.04}^{-0.01}$mm 外圆 | |
| $\phi$96mm 外圆 | |
| Rc1/16 | |
| $\phi$(84±0.1)mm | |
| 45° | |
| V 形槽 | |
| 矩形槽 | |
| $\phi$6.2mm 孔 | |
| 35mm | |
| 20° | |
| 几何公差 | 可能的检测设备及规格 |
| *A* 基准面 | |
| *B* 基准面 | |
| // 0.005 *B* | |
| ◎ $\phi$0.04 *A* | |
| ↗ 0.005 *A* | |
| 表面质量 | 可能的检测设备及规格 |
| *Ra*0.8μm | |
| *Ra*1.6μm | |
| *Ra*3.2μm | |

**2. 零件的机械加工工艺分析**

零件的机械加工工艺分析主要按以下几个步骤进行。

1）根据零件的生产量及交货周期确定零件的生产类型。

2）根据企业的设备状况及操作人员水平，列出可能的机械加工工艺路线图。

3）从质量、交货期及成本等方面综合考虑，确定最优的机械加工工艺方案。

4）提出夹具设计要求及初步方案，主要包括加工的特征、设备名称和型号、要求的生产节拍及定位尺寸要求等。

工艺分析完，填写表 5-2。

**3. 零件的机械加工工艺文件设计**

零件的机械加工工艺文件一般采用二维 CAD 软件绘制，为验证读图的正确性，建议按以下步骤进行。

（1）零件的三维建模及工程图绘制　利用三维 CAD 软件，完成零件的三维建模，结果如图 5-2 所示。完成零件的工程图，与图 5-1 对比，如果一致，说明读图正确。

表 5-2　零件的机械加工工艺分析结果

| | | 优点 | 缺点 |
|---|---|---|---|
| 工艺方案一 | | | |
| | | | |
| 工艺方案二 | | | |
| | | | |
| | | | |
| 工艺方案三 | | | |
| | | | |
| | | | |
| 最终的工艺方案 | | | |
| 夹具设计要求及方案 | | | |

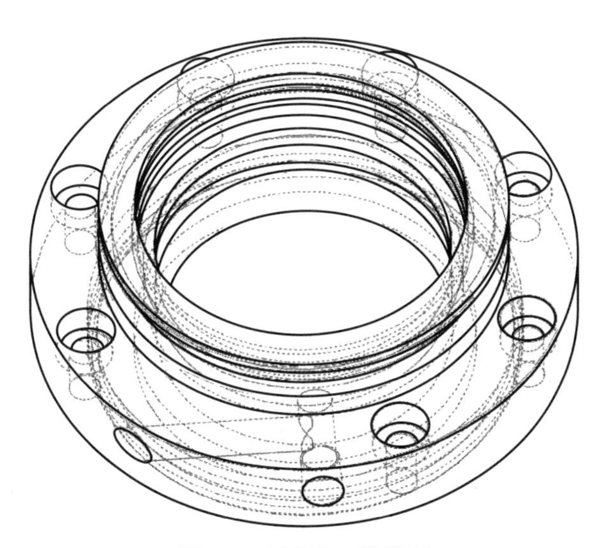

图 5-2　零件的三维模型

（2）零件的工程图转换及修改　将零件的工程图导出或另存为 .dwg 格式，利用 CAXA 或 AutoCAD 软件读取工程图，按照国家标准修改工程图，修改内容包括图层、线型、颜色、线宽及图框，最后填写技术要求及标题栏，修改后零件的工程图如图 5-3 所示。

（3）绘制零件的工艺文件　根据以上分析，利用二维 CAD 软件绘制零件的工艺文件，包括封面、综合过程卡、热处理卡、机械加工过程卡（刀具、切削参数）及质量检查卡。

**【任务实施参考】**

轴承端盖是一个典型的盘盖类零件，在尺寸精度方面主要的加工难点表现在内孔 $\phi52^{+0.1}_{0}$mm 与外圆 $\phi76^{-0.01}_{-0.04}$mm 的同轴度要求以及法兰端面的平行度、轴向圆跳动要求，在加

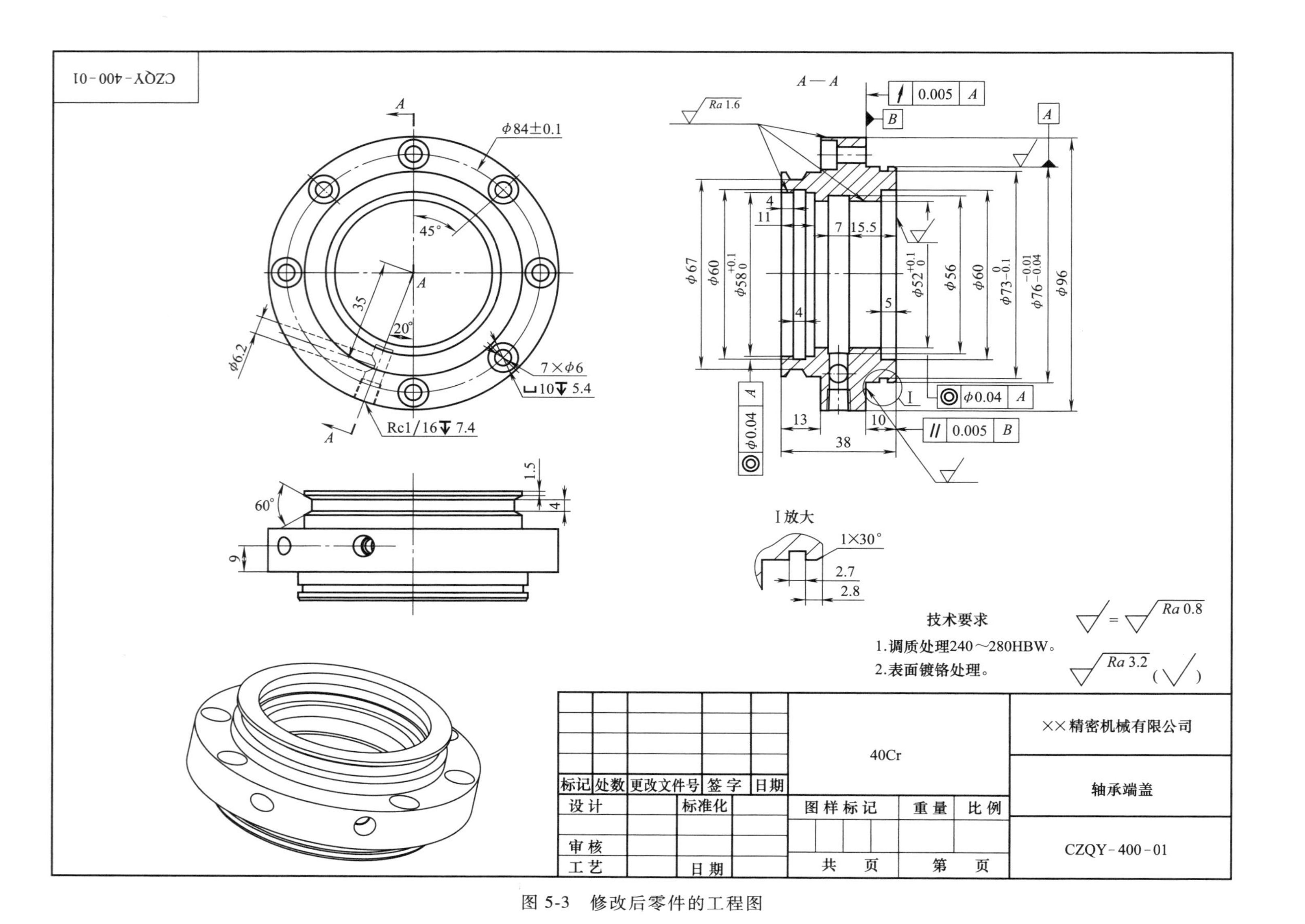


图 5-3　修改后零件的工程图

工特征方面，主要的加工难度是在圆弧面上加工斜的 $\phi6.2$mm 孔和 Rc1/16↧7.4 的 55°密封管螺纹。表面镀铬处理是一种表面处理工艺，一般安排在工序最后，但在本项目中需考虑镀铬对几何公差的影响，建议安排在精磨之前。根据目前一般企业的实际状况，建议粗车可采用普通车床或精度差的数控车床，粗车留 2~4mm 加工余量后进行去应力退火和调质处理，精车采用精度高的数控车床，左右端分开车削、卡爪装夹，保证同轴度要求，法兰端留 0.05mm 余量，外圆 $\phi76^{-0.01}_{-0.04}$mm 留 0.2mm 余量；沉孔加工可以设计一钻模，在钻床上进行加工，也可以在加工中心上利用电永磁吸盘，采用多零件加工技术进行加工；斜孔加工可采用加工中心，也可以采用钻床（需要设计钻床夹具）；磨削外圆及端面采用外圆磨床，利用专用磨夹具或电永磁吸盘装夹。综上所述，建议加工流程：毛坯（锯料）→钻孔→粗车一→粗车二→去应力退火→调质→精车一→精车二→钻沉孔→钻斜孔→去毛刺→表面镀铬→磨外圆及端面→检查→清洗、涂油、入库。零件的主要加工工艺过程见表 5-3。

**表 5-3　零件的主要加工工艺过程**

【知识拓展】

## 一、螺纹底径的选择

常见的螺纹加工方法有切削加工和挤压加工两类，切削加工方法包括车削、铣削、磨削及攻螺纹等。螺纹底径与零件的材质和加工工艺有关，一般可查手册或按经验公式计算。

（1）米制普通螺纹底径计算公式表（表5-4）以及英制螺纹底径计算公式表（表5-5）

表5-4　米制普通螺纹底径计算公式表

| 脆性材料(铸铁、青铜等) | 塑性材料(钢、纯铜等) |
| --- | --- |
| $D_1=D-P$ | $D_1=D-(1.04\sim1.08)P$ |

注：$D$ 为螺纹公称直径。$P$ 为螺距。$D_1$ 为底径。

表5-5　英制螺纹底径计算公式表

| 螺纹公称直径/in | 脆性材料（铸铁、青铜等） | 塑性材料（钢、纯铜等） |
| --- | --- | --- |
| 3/16″~5/8″ | $D_1=25.4(D-1/n)$ | $D_1=25.4(D-1/n)+0.1$ |
| 3/4″~1 1/2″ | $D_1=25.4(D-1/n)$ | $D_1=25.4(D-1/n)+0.2$ |

注：$n$ 为每英寸牙数。

（2）挤压加工米制普通螺纹底径计算公式　根据JB/T 7428—2006规定，挤压加工与工件材料的塑性等因素有关，预制孔尺寸增大可能会引起螺孔小径增大和螺纹牙型高度的降低，丝锥的寿命相对延长；预制孔尺寸减小则可能导致挤压扭矩增大、丝锥卡住以致断锥。因此，对底径要求较为苛刻，公差要求为H10，在正式加工前需要进行多次挤压试验，建议在增大（或减小）预制孔尺寸时，其增大（或减小）的量不要超过0.1$P$。挤压加工米制螺纹底径计算公式表见表5-6。

表5-6　挤压加工米制螺纹底径计算公式表

| 有色金属 | 黑色金属 |
| --- | --- |
| $D_1=D-0.45P$ | $D_1=D-0.43P$ |

注：$D_1$ 为螺纹预制孔尺寸。$D$ 为螺纹公称直径。$P$ 为螺距。

## 二、卡爪的选择和使用

自定心卡盘是利用均布在卡盘体上的三个活动卡爪的径向移动，把工件夹紧和定位的机床附件。三个卡爪自行对中，以夹紧不同直径的工件，普通卡盘自行对中精确度一般为0.05~0.15mm。其加工工件的精度受到卡盘制造精度和使用后磨损情况的影响，特别是卡爪的磨损，磨损的卡爪会呈喇叭口状，使所加工零件的几何公差增大。卡爪有硬爪（图5-4）和软爪（图5-5）之分。

硬爪表面经过硬化处理，在使用过程中不允许刀具进行切削加工，夹紧力大，易夹伤或夹变形工件，一般用于粗加工和半精加工。机床原配卡盘上的卡爪一般是硬爪。

软爪表面没有硬化处理，加工前由操作者根据工件的外形自行加工，保证软爪与工件的

轮廓线有较理想的配合，保证工件的加工精度在0.01~0.03mm以内，同时软爪可以成倍地增大与工件的夹紧面积，均匀多点的夹紧方式会大大减少薄壁工件的夹紧变形，而且不会夹伤工件，一般用于精加工，适用于单件或批量生产。软爪在数控加工中得到越来越广泛的应用，除了普通的软爪，现在还出现许多特殊软爪，如扇形软爪（图5-6）、反爪软爪（图5-7）、60°软爪（图5-8）及加高软爪（图5-9）等，这些特殊软爪可以定制，可代替部分较复杂的专用夹具，缩短生产周期，提高生产效率，降低生产成本。制作软爪的材料有中碳钢、铝合金、铜合金、胶木、塑料等。

图5-4　硬爪

图5-5　软爪

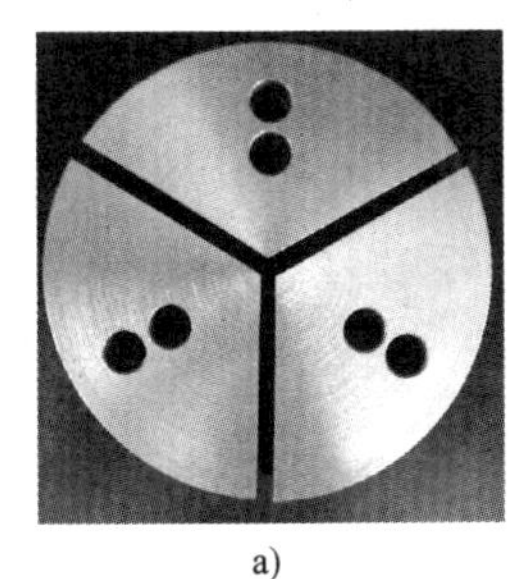

a)

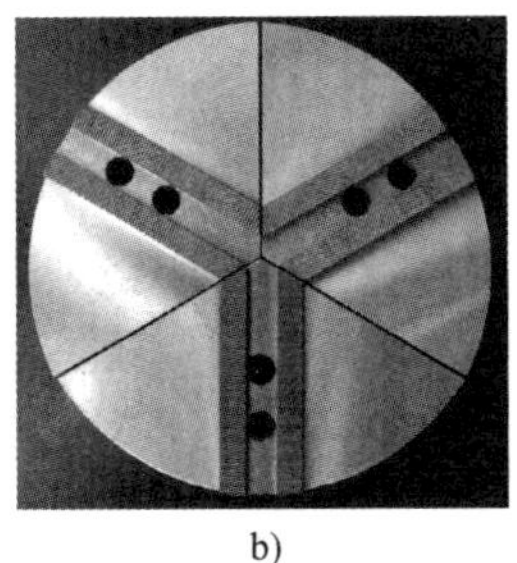

b)

图5-6　扇形软爪

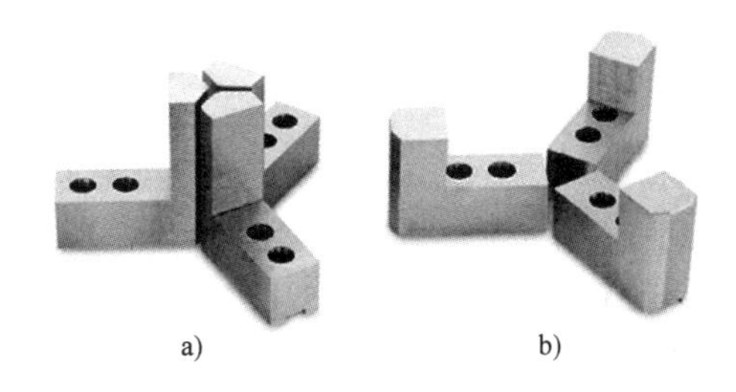

a)　b)

图5-7　反爪软爪

图5-8　60°软爪

图5-9　加高软爪

使用软爪要注意以下几点。

1）软爪有规格，应根据卡盘的大小去配。

2）为提高软爪现配的加工精度，建议使用修爪器（图5-10），外夹内涨均可使用，可任意调整所需尺寸，操作迅速、节省时间，提高加工的尺寸精度。图 5-11 所示为使用中的修爪器。

图 5-10 修爪器

图 5-11 使用中的修爪器

3）配套软爪应做好标记，减少重复装夹误差。

4）软爪上要标注加工的外形尺寸，以免混用，方便车间管理。

5）软爪磨损过大，可以改制成装夹更大尺寸的工件，降低软爪的使用成本。

6）对实在无法使用的软爪，也可以通过焊接延长其寿命，或将其改制为特殊的软爪。

## 三、金属表面处理技术

为了提高金属的使用性能，经常会对金属进行表面处理。最常见的金属表面处理技术有酸洗钝化处理、电解抛光处理、除油除锈处理和化学处理等。

（1）酸洗钝化处理　是指将金属零件浸入酸洗钝化液中，直至工件表面变成均匀一致的银白色即可完成工艺，操作简单，成本低廉，且酸洗钝化液可以反复循环使用。

（2）电解抛光处理　又称电化学抛光，是指将工件放在电解抛光液中，以提高金属工件表面的平整性，并使其产生光泽的加工过程。几乎金属都可电解抛光，如不锈钢、碳钢、钛、铝合金、铜合金、镍合金等，但以不锈钢应用最广。通过正负极的电流、电解抛光液的共同作用，来改善金属表面的微观几何形状，减小金属表面粗糙度值，从而达到工件表面光亮平整的目的。

（3）除油除锈处理　对于工件表面的油污、锈渍等污垢一般在做钝化处理前或电解抛光处理前就需要清洗干净，可根据不同的工件加工状况选用中性除油剂、不锈钢清洗剂。

（4）化学抛光处理　将金属零件浸入化学抛光液中至表面光亮如新的工艺，如铜材化学抛光、铝材化学抛光处理等。

（5）化学处理　包括发黑、磷化处理。发黑是化学表面处理的一种常用手段，其能使金属表面产生一层氧化膜，以隔绝空气，达到防锈目的。磷化是常用的前处理技术，原理上应属于化学转换膜处理。其目的主要是给基体金属提供保护，在一定程度上防止金属被腐蚀；用于涂漆前打底，提高漆膜层的附着力与防腐蚀能力；在金属冷加工工艺中起减摩润滑作用。

## 四、多零件加工技术

多零件加工技术，就是利用数控机床固有的加工能力和功能，实现多个相同或不同工件

一次同时装夹后连续完成自动加工。在多品种、大批量生产模式的数控加工中，应用多零件加工技术，可以较大幅度地缩短加工过程中的生产辅助时间，提高主轴切削运转率，从而提高数控设备利用率和加工效率。同时，对于外形轮廓复杂的板料类零件，还可以利用套裁排料的方法，提高材料的利用率，降低生产成本。多零件加工技术在航天、汽车制造业数控加工中得到了较广泛的应用。

**1. 工装塔**

工装塔特别适合作为加工中心的夹具载体。安装在塔体四侧的夹具快换装置可实现工件夹具的快速安装和拆卸。工装塔因而具有极高的柔性，安装在数控回转工作台上，可有效缩短机床的辅助时间，从而大幅度节省加工成本。图 5-12 所示为卧式加工中心工装塔，图 5-13所示为立式加工中心工装塔。

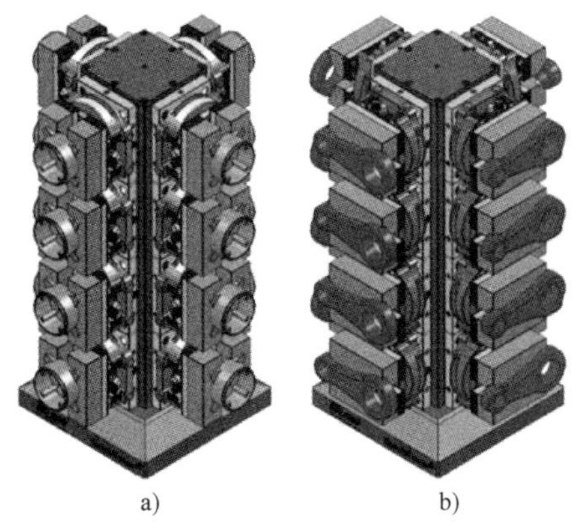

a)　　b)

图 5-12　卧式加工中心工装塔

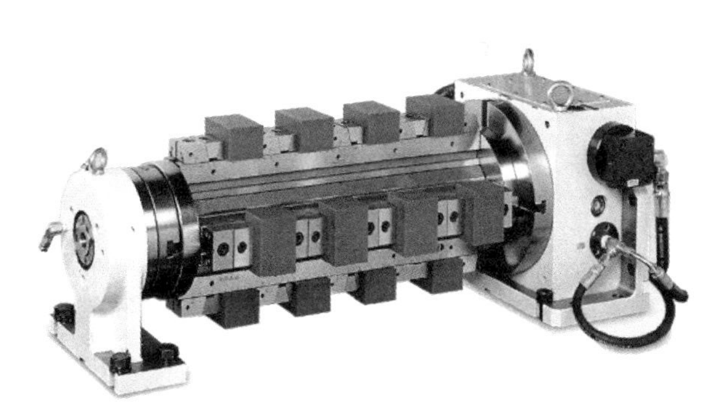

图 5-13　立式加工中心工装塔

**2. 精密组合平口钳**

精密组合平口钳实际上属于组合夹具中的“合件”，与其他组合夹具元件相比其通用性更强、标准化程度更高、使用更简便、装夹更可靠，因此得到了广泛应用。MC 倍力增压精密虎钳（图 5-14）具有快速安装（拆卸）、快速装夹等优点，因此可以缩短生产准备时间，提高小批量生产效率。目前常用的精密组合平口钳装夹范围一般在 1000mm 以内，夹紧力一般在 49033. 25N 以内。

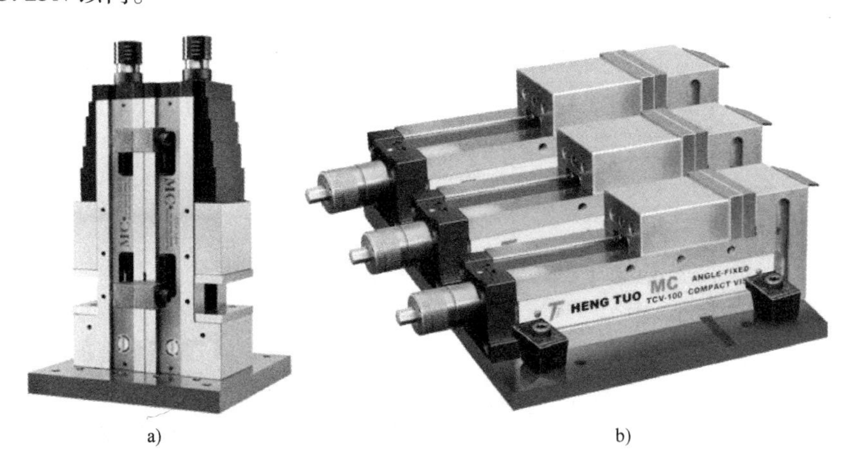


a)　　b)

图 5-14　MC 倍力增压精密虎钳

### 3. 电永磁吸盘

磁性吸盘作为机械加工的专用夹具，一直扮演着重要的角色。磁性吸盘的发展，经历了电磁吸盘、永磁吸盘、电永磁吸盘三代发展历程。20 世纪 80 年代以后，随着高性能钕铁硼稀土材料的出现，使利用钕铁硼永磁材料开发的电永磁吸盘以其不可比拟的优势正被广泛应用于机械制造行业，作为金属切削加工（包括车削、铣削、磨削、刨削、钻削等）的加工夹具使用，既适用于普通机床，也适用于加工中心等高精数控设备。电永磁吸盘作为电磁吸盘、永磁吸盘的升级换代产品，成为高端机床的标准配置。从外形看，电永磁吸盘主要有矩形电永磁吸盘（图 5-15）和圆形电永磁吸盘（图 5-16）两大类。

图 5-15　矩形电永磁吸盘

图 5-16　圆形电永磁吸盘

电永磁吸盘具有断电保磁功能，只是在固定工件时瞬间通电，即可牢固吸持住工件，加工过程中无需电源，加工完毕、瞬间通电，即可把工件卸下，由于加工过程中无需电源，所以电磁不发热，精度不会产生变化，即便是加工过程中突然停电，电磁也不会失磁，工件亦不会移动。电永磁吸盘具有自动辅助定位的特性，工件装夹定位时间可缩短到原来的 80%，而且一次装夹定位即可进行五面加工（图 5-17），极大提高加工效率。

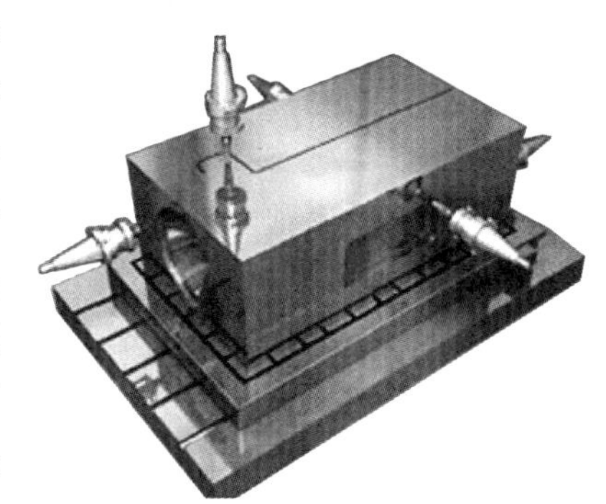

图 5-17　利用电永磁吸盘进行五面加工

电永磁吸盘的结构如图 5-18 所示，磁垫包括固定磁垫和浮动磁垫两种，固定磁垫用来固定工件的光滑表面或者初始加工面。磁垫的合理布置可以对工件轻松实现钻孔加工。浮动磁垫可以用来固定表面不平整的或是弯曲的工件，满足客户对弯曲或不规则工件的加工需求。使用时，一般采用 3 个固定磁垫和适量的浮动磁垫，紧固于吸盘表面的固定孔上，与工件形成最好的接触面。一旦充磁夹紧，磁垫全部支承于工件底部，磁流会使磁垫涨紧，与工件形成一个良好的整体。

矩阵式超强永磁吸盘（图 5-19）是电永磁吸盘的一种，其独特的磁路设计，使吸力非常强大、均匀，吸力可达 250~280N/cm$^2$。高性能优质磁钢可确保吸力长期稳定不变，无剩磁，是高精度高速加工中心、强力数控铣床、龙门铣床、立铣及卧铣专用的一种永磁吸盘，是加工高精度工件、模具加工不可缺少的吸附工具。

矩形电磁吸盘（图 5-20）是平面磨床或铣床的磁力工作台，用以吸附各类导磁工件，实现工件的定位和磨削加工，适用于磨削有角度工件，电控操纵、装夹方便。旋转主轴有刻

图 5-18　电永磁吸盘的结构

度尺，可对前、后加工角度进行任意调整。磁盘本体与回转主轴为一体，可保证足够的刚性。

图 5-19　矩阵式超强永磁吸盘

图 5-20　矩形电磁吸盘

电永磁玻璃夹具（图 5-21）使用 50mm×50mm 磁极，吸力达 $245N/cm^2$ 以上，适应手机触摸屏玻璃、平板电脑触摸屏玻璃、摄像头等玻璃工件的外形磨边、开槽、开孔和倒角等加工需求。配合固定磁垫夹具使用，可以同时加工 2~5 件玻璃工件，相比传统的真空吸盘一次只能吸紧一件（或一层）玻璃工件来说，生产效率提高了 2~5 倍。

**4. 托盘交换系统**

托盘是可安装工件及其随行夹具能在各工位、工作台之间互相交换的装置。配有托盘交换系统的加工中心（图 5-22）可以给每班工作时间增加至少 4h 以上的产量。使用托盘交换系统带来的效益：降低人工费用，可实现离线装夹工件、无人化生产，最小化劳动强度和意外风险，夹具、托盘数秒内完成交换，在相同机床或不同品牌机床之间托盘都可以互换。

托盘交换系统（图 5-23）适用于各种机床，在托盘上安装工装夹具后，通过交换托盘，可进行零件的机外装夹、卸载、检查、设置新任务等工作，托盘重复定位精度可达 ±0.0025mm。

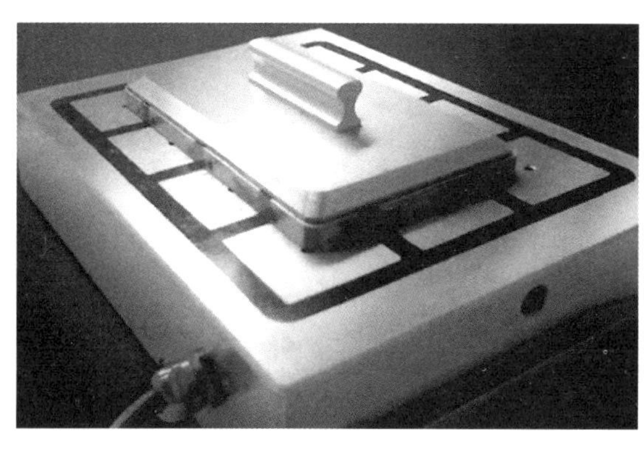

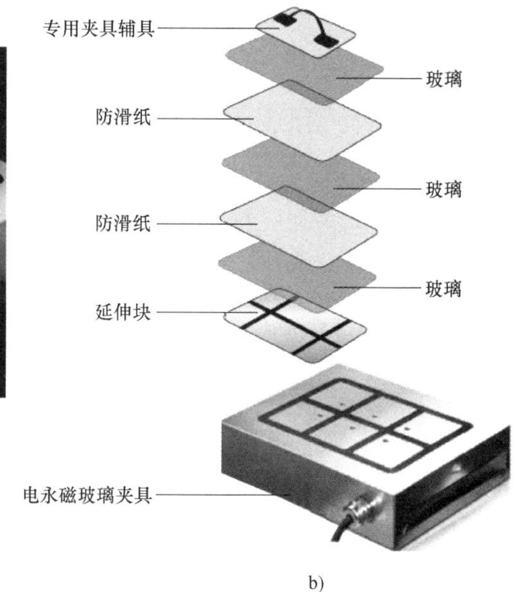


a)　　b)

图 5-21　电永磁玻璃夹具

a)　　b)

图 5-22　配有托盘交换系统的加工中心

### 5. 柔性制造单元

面对产品个性化的需求和不断上升的制造成本，改进生产的柔性一直是制造业者的追求，柔性制造单元（FMC）是由一台或数台数控机床或加工中心构成的加工单元。该单元根据需要可以自动更换刀具和夹具，加工不同的工件。其适合于加工形状复杂、加工工序简单、加工工时较长、批量小的零件。它有较大的设备柔性，但人员和加工柔性低。

RLS 柔性自动化加工单元（图 5-24）以工业机器人为搬运主体，服务于两台或三台数控车床和一套工件存储料库。采用双托盘双气缸驱动，在加工完一个托盘上的工件后，机器人自动转入下一个托盘进行装卸料工作，无需机器人等待。机器人在加工第二个托盘上的工件时，可人工对第一个托盘进行成品—毛坯更换工作。这样系统可以实现无缝运转，极大提高系统的生产效率。整个加工过程减少对操作者的依赖，缩短产品生产周期，从而使用户获

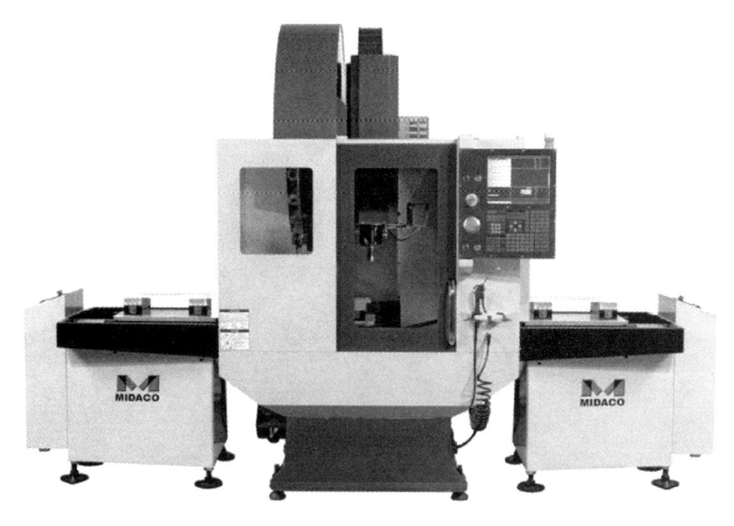

图5-23　托盘交换系统

得良好的经济效益。可满足汽车、摩托车、轴承、电子、航天军工等行业的中小批量、多工位操作零件的高柔性自动化生产。

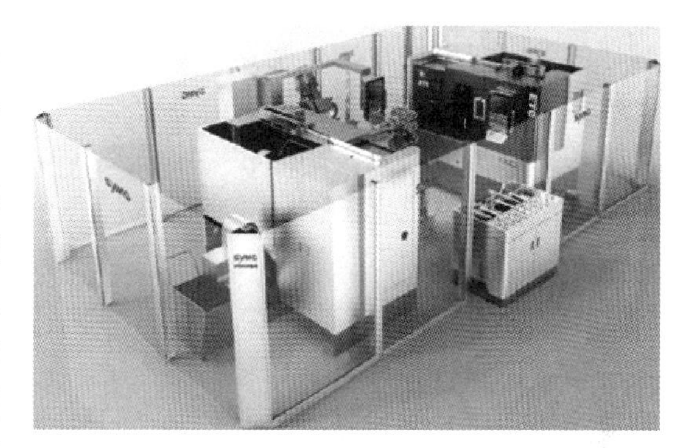

图5-24　RLS柔性自动化加工单元

H100P5柔性制造单元（图5-25）可实现X、Y、Z、B四轴联动，链式刀库可安装160把刀具、五个装卸台、一个旋转搬运机械手。该柔性制造单元具备自动储运工件和控制管理功能，能够在既定的生产能力范围内按照规定的作业计划独立进行多种零件的储存和运送，并可实现单班无人管理。既可以作为独立使用的加工生产设备，又可作为更大、更复杂的柔性制造系统和柔性自动线的基本组成模块。亦可实现多品种小批量生产自动化，节省大量工艺装备，缩短新产品开发周期，减少操作人员，降低生产成本，提高机床利用率，缩短生产周期，增强企业的应变能力和市场竞争能力。

**6. 柔性生产线**

柔性生产线是把多台可以调整的机床（多为专用机床）连接起来，配以自动运送装置组成的生产线。它依靠计算机管理，并将多种生产模式结合，从而能够减少生产成本做到物尽其用。从目前市场上的应用实例来看，柔性生产线（图5-26）主要有两种方式：一种是采用的单台（或多台）通用加工中心配多个托盘（或多层多托盘）的柔性形式；另一种就是多台机床（多为专用机床）连接起来，配以自动运送装置的刚性形式。前者适合中小批量、多品种加工，而后者则更适合单一品种的大批量生产。一台卧式加工中心再配上十个托盘，靠机械手实现自动装卸料，由此便组成了一条柔性生产线。

**7. 随行夹具**

随行夹具主要是切削加工中随带安装好的工件在各工位间被自动运送转移的机床夹具。

图 5-25　H100P5 柔性制造单元

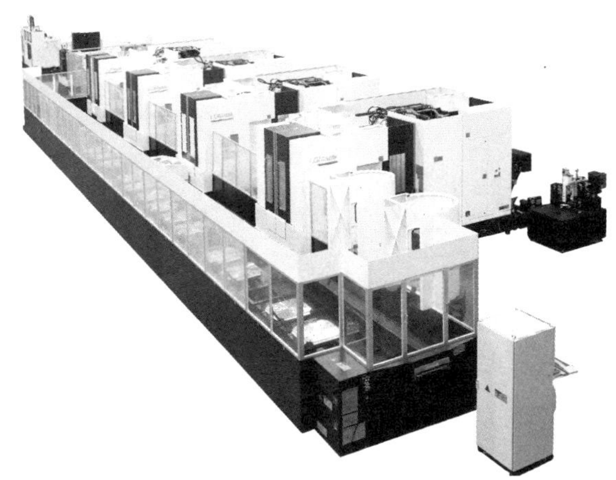

图 5-26　柔性生产线

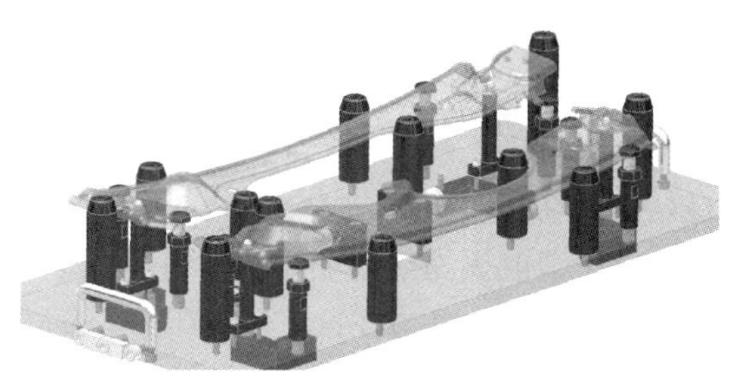

图 5-27　随行夹具

随行夹具（图 5-27）主要是在自动生产线、加工中心、柔性制造系统等自动化生产中，用于外形不太规则、不便于自动定位、夹紧和运送的工件。工件在随行夹具上安装定位后，由运送装置把随行夹具运送到各个工位上。随行夹具一般以其底平面和两定位孔在机床上定位，并由机床工作台的夹紧机构夹紧，从而保证工件与刀具的相对位置。当工件加工精度要求较高时，常把随行夹具的底平面分开成为定位基面和运输基面，以保护定位基面的精度。随行夹具属于专用夹具范围，其装夹工件部分需按工件外形和工艺要求设计。为了满足多台机床能同时加工并在加工区外装卸和储备工件的要求，同样的随行夹具要制造一定的数量，并保证互换性。

**8. 零点定位系统**

零点定位系统是一个独特的定位和锁紧装置，定位和锁紧一步完成，整个过程仅需几秒。零点快速定位基准夹具的作用是帮助用户实现工装夹具与机床之间的快速定位和夹紧，减少机械加工中的辅助时间。它包括零点定位器（凹头）和定位接头（凸头）。零点定位器通过大直径高刚度的滚珠夹紧定位接头，当给零点定位器通入 $6\times10^6$Pa 的液压或者 $6\times10^5$Pa 气压时，滚珠向两侧散开，定位接头可自由进出零点定位器；当切断压力时滚珠向中心聚拢并锁紧定位接头。这两部分之间的重复定位精度是 0.002mm，同时提供 5~30kN 的夹紧力。使用时将零点定位器（凹头）安装到机床工作台上，凹头在机床工作台上的位置标记为零点，根据实际加工需要可安装多个定位器凹头（至少 2 个）；定位接头凸头与夹具、工艺装备或者工件通过定位台阶和螺栓紧固到一起（每个夹具、工艺装备或工件至少安装 2 个定位接头凸头）。

AMF 零点定位系统的原理图如图 5-28 所示。它采用液压或气压控制，机械钢珠锁紧，一步实现定位和夹紧，可以用于快换托盘、快换工艺装备、快换工件等场合，重复定位精度 0.002mm，最大夹持力 101920N，使用寿命 500 万次，能提高 90%的工艺装备更换速度。配

合 AMF 精密液压夹具可提高生产线的柔性化程度。应用于汽车、航空及机床业等，有效地减少机械加工时的辅助时间，并能实现五面加工。

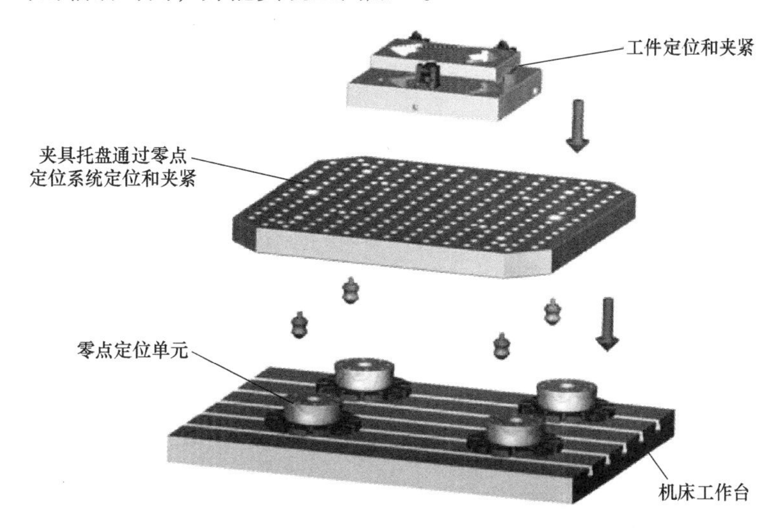


图 5-28　AMF 零点定位系统的原理图

## 任务 2　斜孔钻模的设计

**【任务描述】**

根据任务 1 的要求，利用台钻，手动完成斜孔的加工，为此需要设计一套斜孔钻模。

**【任务准备】**

SolidWorks 或 UG 软件、CAXA 或 AutoCAD 软件、《夹具设计手册》《机床夹具零件及部件标准汇编》等。

**【任务实施】**

（1）确定定位方案　在钻斜孔前，零件精车及沉孔已加工完毕，$\phi76^{-0.01}_{-0.04}$mm 外圆及端面预留磨削余量。

方案一：利用 $\phi52^{+0.1}_{0}$mm 内孔、沉孔及端面定位，调整相关工艺尺寸。

方案二：利用 $\phi76^{-0.01}_{-0.04}$mm 外圆、沉孔及端面定位，调整相关工艺尺寸。

从零件的加工成本和夹具的制造难度及成本对以上两种定位方案的优缺点进行分析，填写表 5-7。

表 5-7　斜孔钻模的定位方案比较

| | 工艺尺寸 | 方案的优缺点 |
|---|---|---|
| 方案一 | | |
| 方案二 | | |

（2）夹紧装置设计　夹紧装置设计要考虑夹紧可靠、拆卸方便。为便于快速装卸工件，采用螺母及开口垫圈夹紧机构或者C形夹头夹紧机构。

（3）导向元件选择　分析斜孔 $\phi6.2$mm 和 Rc1/16 螺孔的加工步骤，确定钻套是固定钻套还是可换钻套或快换钻套。

【任务实施参考】

斜孔钻模结构示意图如图5-29所示。其沉孔处设置定位插销，定位插销将钻模体与支座连接在一起，$\phi76_{-0.04}^{-0.01}$mm 外圆当作圆柱销，实现“一面两销”定位。采用C形夹头装夹零件的 $A$ 面和支座的 $B$ 面实现夹紧，先钻 $\phi6.2$mm 的斜孔（建议钻斜孔前要先铣一个小平面以保证钻削精度），拔出定位插销，转一个角度再钻 Rc1/16 螺纹底径，攻螺纹时要取出快换钻套。

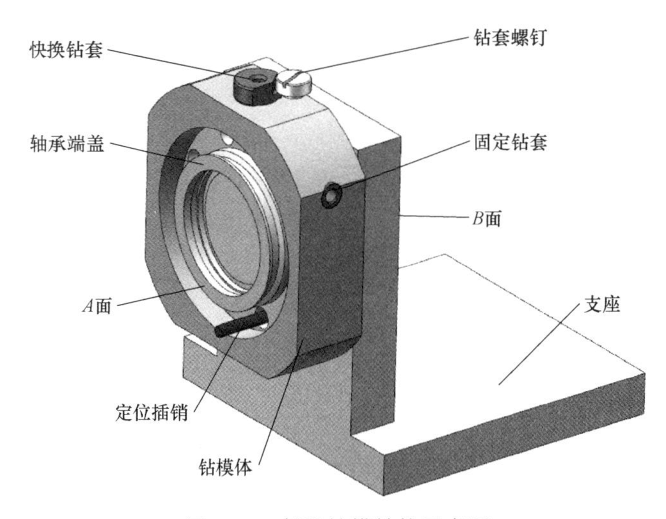


图5-29　斜孔钻模结构示意图

# 任务3　斜孔钻模的制造

【任务描述】

斜孔钻模的制造。

【任务准备】

锯床、普通车床、台钻、数控车床、数控铣床、外圆磨床、刀具、量具、毛坯等。

【任务实施】

任务实施过程参考项目3夹具制造过程，填写相关表格。

斜孔钻模零件的制造与装配要注意以下几点。

1）钻模体与钻套（或衬套）配合的孔要先加工，根据实际孔的尺寸调整钻套（或衬套）的外圆尺寸，保证配合公差要求。

2）装配前，所有零件均按图样要求检查相关尺寸。

3）所有零件应用磨石去除毛刺，并用汽油清洗干净。

4）需要配作的定位销，一定要在预装配好后再加工，一般需要钻、铰工序，铰削加工一般采用手工铰削。加工完毕后装入定位销。

5）装配后，需用三坐标测量仪检测关键的尺寸和几何公差要求。

6）试加工工件，检查工件尺寸，合格后进入正式生产。

## 任务4　轴承端盖的加工

**【任务描述】**

按计划完成零件的加工。

**【任务准备】**

锯床、普通车床、台钻、数控车床、数控铣床、外圆磨床、刀具、钻模、量具等。

**【任务实施】**

任务实施过程参考项目2，填写相关表格。

**【项目小结】**

本项目通过轴承端盖的加工，系统学习了盘盖类零件的工艺设计、钻床夹具设计方法，对批量生产的工艺和单件生产工艺的区别有了进一步的认识，进一步提高了自己的读图能力、工艺设计能力、成本分析能力、夹具设计能力、夹具装配能力、盘盖类零件的制造能力以及质量分析能力、团结协作能力及项目管理能力。在学习过程中也可以举一反三，如可以尝试设计一个利用钻床加工沉孔的钻模。

**【撰写项目报告】**

轴承端盖加工完成后，撰写项目报告。报告内容主要依据每个任务的完成情况，主要包括轴承端盖的图样分析、加工工艺方案分析、夹具方案设计过程、夹具的制造与装配、轴承端盖的制造与检测、质量分析、工艺改进、夹具优化等内容。报告附录部分包括零件图、零件的工艺卡、夹具设计全套工程图、毛坯清单、外购件清单、加工设备清单、刀具清单、量具清单、数控加工程序等。最后提交报告的打印稿及全套资料的电子稿。

# 项目6

# 异形件的工艺设计与加工

## 【项目描述】

本项目以异形件（图6-1）的产品开发为例，零件材料为6061-T5，内容涉及薄壁铝合金零件的工艺设计及加工，拓展知识点涉及薄壁铝合金件的高速铣削加工工艺、高速高精立式钻铣加工中心的选择、3C产业有关铝合金零件的智能制造技术与激光技术、铝合金的表面处理、铸造铝合金热处理方法等。

## 【教学目标】

**知识目标：**

（1）单件生产零件的工艺设计方法

（2）薄壁铝合金零件的机械加工工艺设计

（3）薄壁铝合金高速、高效加工

（4）高速、高效CAM编程

（5）铝合金材料的强化工艺

（6）铝合金的表面处理

（7）软钳口的使用

（8）智能制造技术

（9）激光加工技术

**能力目标：**

通过本项目的学习，进一步提高读图能力、工艺设计能力、成本分析能力、单件生产的加工能力，同时可以提高团结协作能力、项目管理能力。

## 【任务分解】

任务1　异形件的工艺设计

任务2　异形件的加工

## 【项目实施建议】

由于本项目涉及零件的单件生产，工艺流程短，为提高效率，建议项目小组成员2人为宜。

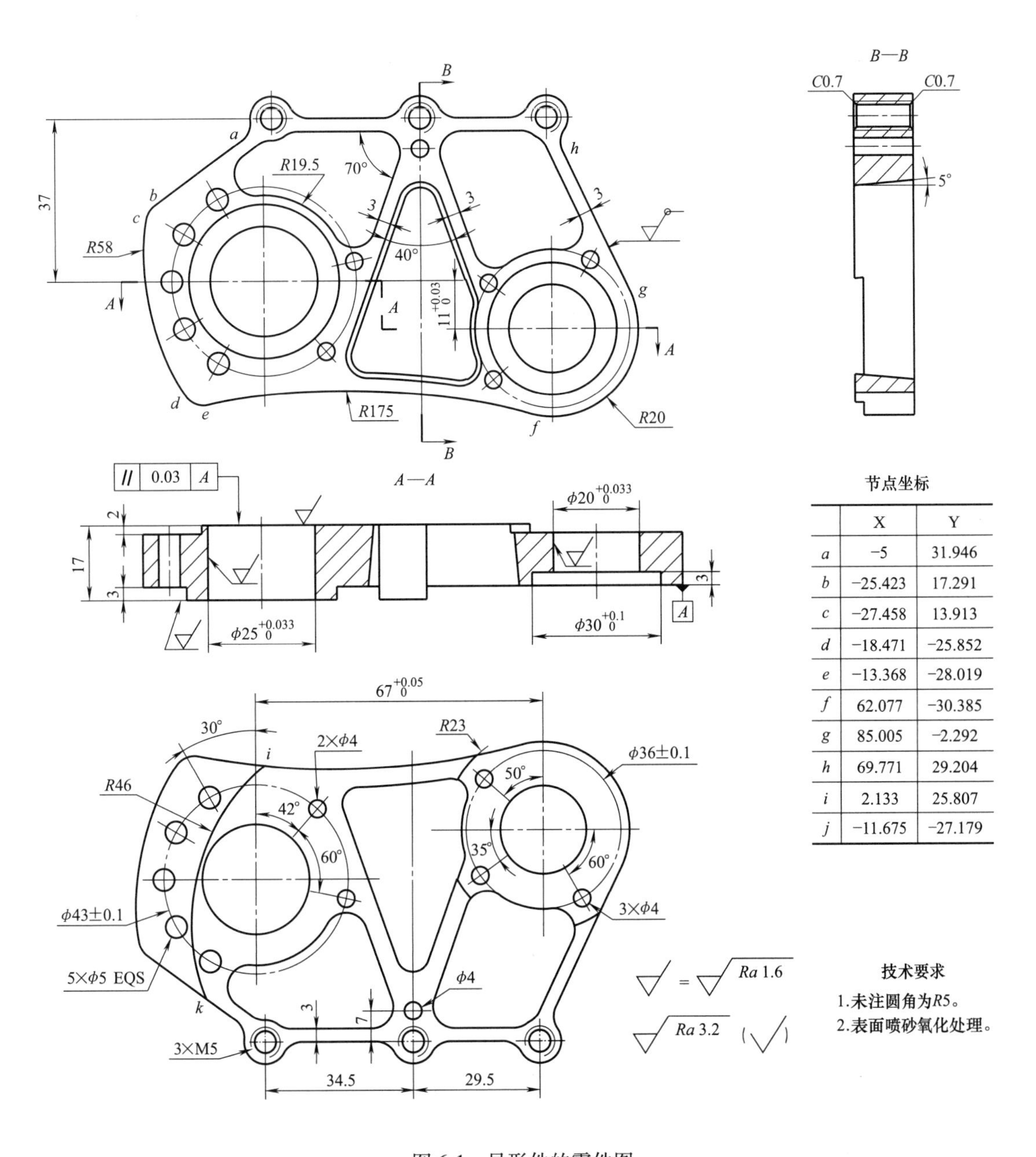


节点坐标

| | X | Y |
|---|---|---|
| a | −5 | 31.946 |
| b | −25.423 | 17.291 |
| c | −27.458 | 13.913 |
| d | −18.471 | −25.852 |
| e | −13.368 | −28.019 |
| f | 62.077 | −30.385 |
| g | 85.005 | −2.292 |
| h | 69.771 | 29.204 |
| i | 2.133 | 25.807 |
| j | −11.675 | −27.179 |

图 6-1　异形件的零件图

# 任务 1　异形件的工艺设计

**【任务描述】**

按单件生产的生产方式设计工艺方案，车间有加工中心及其他辅助设备。

## 【任务准备】

SolidWorks 或 UG 或 Mastercam 软件、CAXA 或 AutoCAD 软件、《机械加工工艺师手册》《刀具设计手册》等。

## 【任务实施】

### 1. 零件图样分析

零件的图样分析主要从以下几方面进行。

1）读懂零件图，审查图样完整性、准确性以及零件的结构、材料、热处理及表面处理的合理性，尤其是材料和热处理。

2）搞清材料牌号含义及毛坯可能的形式。

3）分析零件的几何特征以及零件图的尺寸精度、几何公差、表面粗糙度等，重点关注尺寸公差、几何公差及表面粗糙度值小于或等于 1.6μm 的加工特征，找出可能的加工方法及检测手段。

4）对有热处理要求的，要清楚其定义。

5）对有表面处理要求的，分析可采取的工艺方法，要选择符合绿色环保要求的表面处理工艺。

图样分析完成，填写表 6-1。

表 6-1　图样分析结果

| 图样的完整性及合理性 | |
|---|---|
| EQS | |
| 材料牌号含义及可加工性 | |
| 生产类型 | |
| 毛坯形式 | |
| 6061-T5 | |
| 喷砂 | |
| 铝合金氧化处理 | |
| 几何特征 | 可能的加工方法 |
| 外圆柱面 | |
| $\phi20^{+0.033}_{0}$mm、$\phi25^{+0.033}_{0}$mm、$\phi30^{+0.1}_{0}$mm 内孔 | |
| 3×M5 | |
| 异形直通槽 | |
| 异形锥度通槽 | |
| 异形外轮廓面 | |
| 尺寸精度 | 可能的检测设备及规格 |
| $\phi20^{+0.033}_{0}$mm 孔 | |
| $\phi20^{+0.033}_{0}$mm 孔 | |
| $\phi30^{+0.1}_{0}$mm 孔 | |

（续）

| | |
|---|---|
| $11^{+0.03}_{0}$mm | |
| $67^{+0.05}_{0}$mm | |
| $\phi(36\pm0.1)$mm | |
| $\phi(43\pm0.1)$mm | |
| 34.5mm、29.5mm | |
| 37mm | |
| 异形锥度通槽 | |
| 异形轮廓 | |
| 几何公差 | 可能的检测设备及规格 |
| *A* 基准面 | |
| // 0.03 *A* | |
| 表面质量 | 可能的检测设备及规格 |
| *Ra*1.6μm | |
| *Ra*3.2μm | |

**2. 单件生产零件的机械加工工艺设计原则**

单件生产零件的机械加工工艺分析主要按以下几个步骤进行。

1）为保证按时完成新产品的开发，工艺流程要尽可能短。

2）尽量采用具有复合功能的数控设备完成零件的制造。

3）以质量、交货期优先，兼顾成本等方面综合考虑，确定最优的机械加工工艺方案。

**3. 零件的三维建模及工程图绘制**

为提高复杂零件的读图能力，一般利用三维 CAD 软件，完成零件的三维建模，结果如图 6-2 所示，完成零件的工程图，与图 6-1 对比，如果一致，说明读图正确。

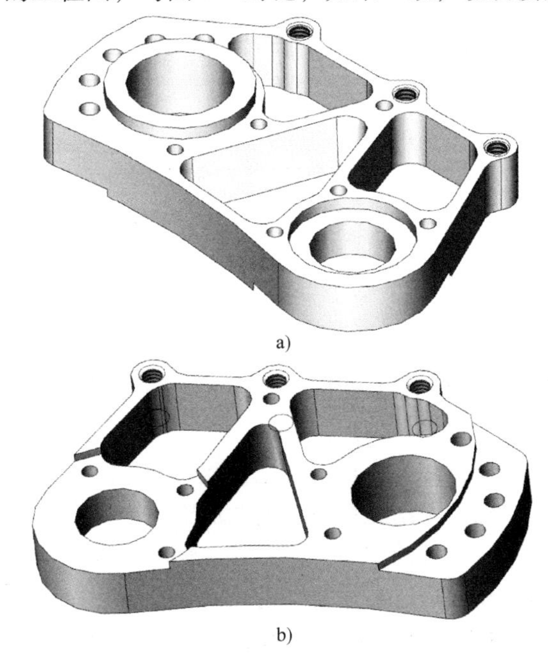

a)

b)

图 6-2　零件的三维模型

将零件的工程图导出或另存为 . dwg 格式，利用 CAXA 或 AutoCAD 软件读取工程图，按照国家标准修改工程图，修改内容包括图层、线型、颜色、线宽及图框，最后填写技术要求及标题栏。修改后零件的工程图如图 6-3 所示。

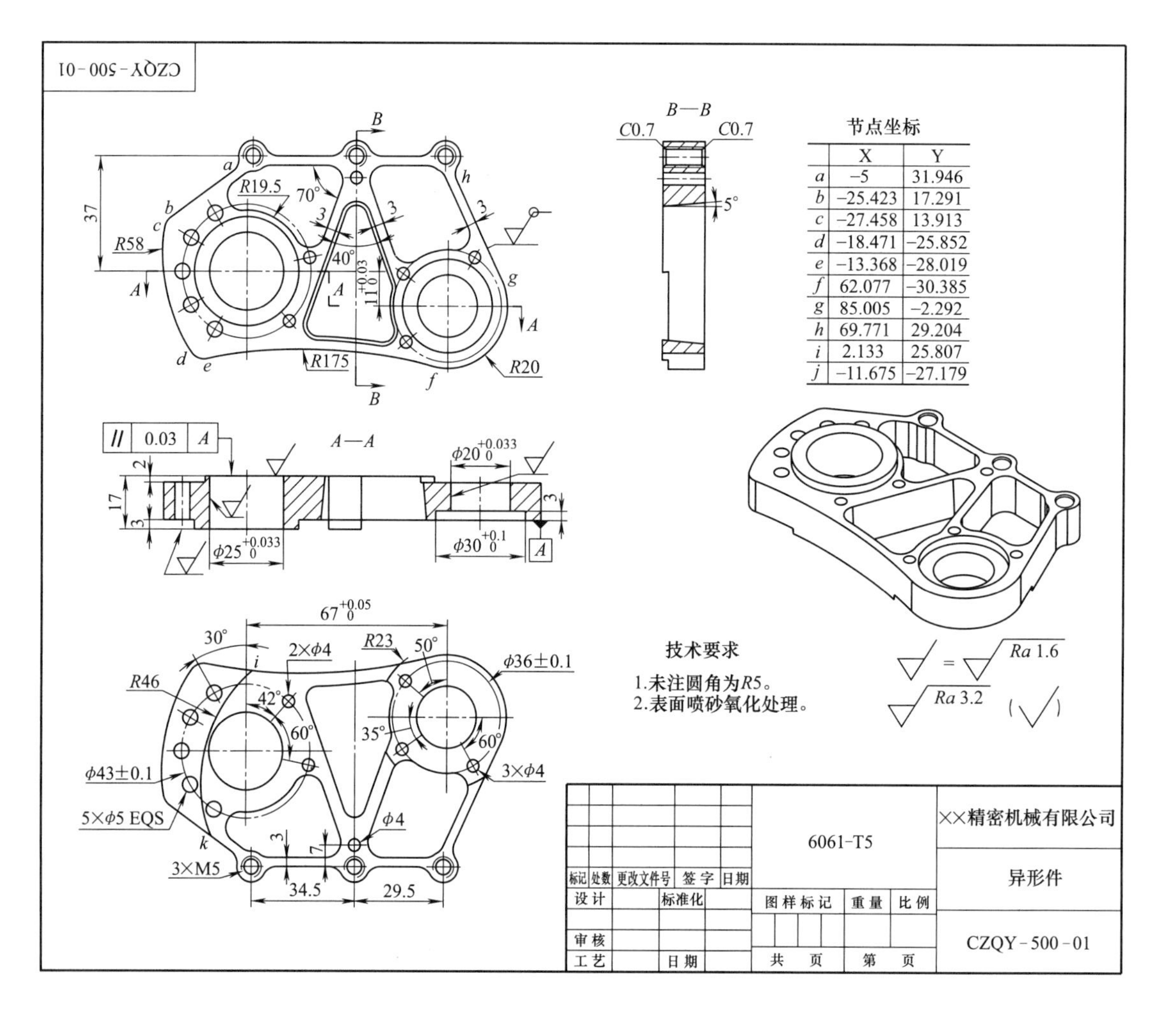


节点坐标

| | X | Y |
|---|---|---|
| a | −5 | 31.946 |
| b | −25.423 | 17.291 |
| c | −27.458 | 13.913 |
| d | −18.471 | −25.852 |
| e | −13.368 | −28.019 |
| f | 62.077 | −30.385 |
| g | 85.005 | −2.292 |
| h | 69.771 | 29.204 |
| i | 2.133 | 25.807 |
| j | −11.675 | −27.179 |

图 6-3　修改后零件的工程图

## 【任务实施参考】

异形件的材料是 6061-T5，属于有色金属，其可加工性不同于常见的黑色金属。从图样分析看，其难点主要在外形不规则、装夹困难、腔体之间壁薄、孔精度高，为提高效率，一般先用大直径刀具快速除料，再用小直径刀具进行残料加工。毛坯选择长方体，设备选择加工中心，先加工顶面及外轮廓，采用软钳口装夹，加工完毕，将软钳口形状铣削成与零件外轮廓一致，再装夹工件，完成零件的加工。在刀具、切削参数及切削液选择方面要注意与黑色金属加以区分。在喷砂氧化处理时要注意精密孔的保护，其加工工艺过程一般包括毛坯→铣顶面及外形→铣底面→钳工修整→检查→喷砂→阳极氧化→入库。异形件的主要工序见表 6-2。

表 6-2　异形件的主要工序

| 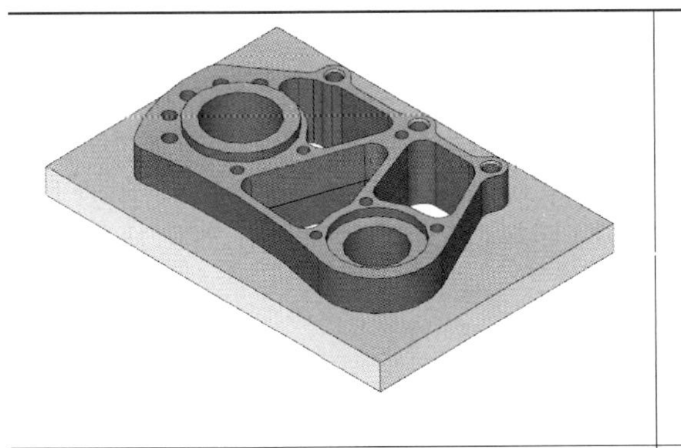 | 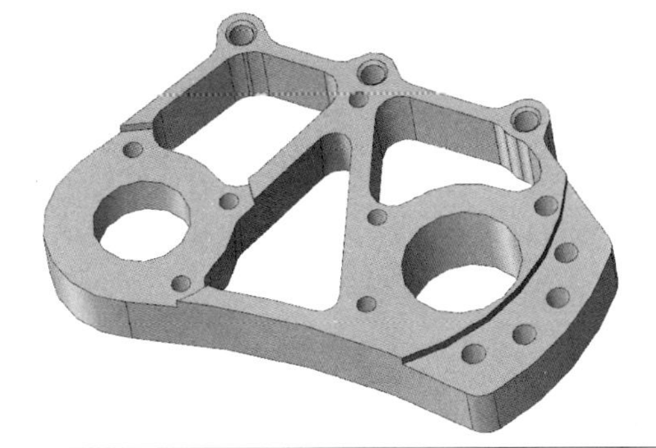 |
| --- | --- |
| 1. 铣顶面及外形 | 2. 铣底面 |

【知识拓展】

## 一、薄壁铝合金件的高速、高效铣削加工工艺

切削效率低和切削易变形是制约铝合金薄壁件加工的主要问题，高速铣削可以较好地解决这些问题。在高切削速度范围内，切削力降低，减少了切削变形引起的加工误差，从而有利于薄壁件或刚性差零件的切削加工。此外，高速切削时，切屑以很高的速度排出，带走大量的切削热。切削速度提高越大，带走的热量越多（大约在90%以上），传给工件的热量大幅度减少，有利于减少加工零件的内力和热变形，提高加工精度。高速切削时，工作平稳、振动小，零件的加工表面质量高。为保证薄壁件的加工质量，应把“机床—薄壁工件—夹具—刀具”作为一个完整的切削系统来研究，从提高薄壁零件的切削工艺系统刚性出发，合理规划高速切削工艺，除了要选择满足高速铣削性能要求的高刚性、高速数控机床外，还要采取以下措施。

（1）提高薄壁零件的刚度　提高薄壁零件本身的刚度方法很有限，一种方法是采用在加工件内部填充一些容易去除的物质，从而提高工件的刚度，加工完毕再去除；另外一种方法是采用具有较高弹性模量的材料，能够有效提升零件刚度，这是设计师在产品设计时就应该考虑的。

（2）提高装夹系统刚性　机械加工时装夹困难，易产生加工变形，表面加工质量很难控制。在夹具设计时应考虑到如下要求：翻面加工时能提供较好的定位和支承、较薄的结构能提供辅助支承、外轮廓加工时能连续进行切削、装夹接触面积尽可能大等。目前，普遍采用的装夹方式有机械、液压可调夹具、真空吸附装夹、电永磁吸盘、柔性夹具等几种。

（3）合理选择刀柄　由于高速切削加工时离心力和振动的影响，要求刀具具有很高的几何精度和重复定位精度，很高的刚度和高速动平衡的安全可靠性。液压膨胀式刀柄、应力锁紧式刀柄、热装式刀柄是加工中心和高速铣常用的三种刀柄。

1）液压膨胀式刀柄。TENDO E compact 经济型液压刀柄（图 6-4），由加压螺钉、驱动活塞、膨胀壁和腔体、刀柄接口、长度调节螺钉、刀具和环槽等组成。它兼具高夹持力和性价比，能满足大切削量加工需求，通过使用变径套，可以夹持柄径从 $\phi3 \sim \phi32$mm 的刀具。在 25000r/min 的高转速时 HSK 接口的刀柄仍可保证 G2.5 的动平衡标准及优越的减振性能。

刀柄采用完全密封的设计，有效地防止了切屑、润滑油和切削液的污染；内腔的环槽设计可以容纳油、油脂等润滑物的残余部分，保持了装夹孔内壁的清洁和干燥。其工作原理：旋转扳手顶进活塞，活塞把液压油压进夹紧腔；通过活塞传递给液压油的压力使弹性体均匀变形，使得夹持精度很高，获得很小的跳动。由于其优良的阻尼减振性，可以很好保证加工平稳性，保护机床主轴，延长刀具寿命达 40%，同时可以得到更好的表面粗糙度，在加工薄壁材料时优势十分明显。其使用的综合成本远低于使用热固刀柄和机械夹持刀柄。

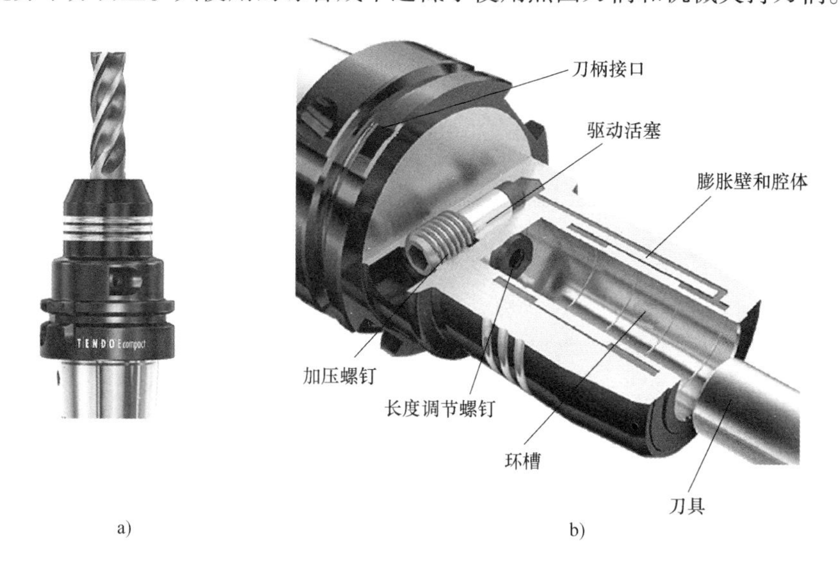


图 6-4　TENDO E compact 经济型液压刀柄

2）应力锁紧式刀柄。在加工空间非常受限制的场合，往往需要极细长的刀具夹头或加长杆。应力锁紧式刀柄（图 6-5）夹紧技术是德国雄克公司为适应这种需求而开发的一种超高精度夹持刀具的先进技术，该项技术适用于加工中心、高精度镗铣床和柔性自动生产线等金属切削加工设备，用来夹持钻头、铰刀、铣刀等，可广泛用于汽车制造、模具加工等行业。根据应力锁紧式刀柄夹持原理制造的超细型 TRIBOS-SVL 刀具加长杆和 TRIBOS-S 型刀具夹头，可以用在加工空间非常受限制的场合；根据这种夹持原理制造的 TRIBOS-R 型刀具夹头，外形粗壮、刚性好、具有高阻尼性能、减振性能好，不但适用于精加工，而且适用于粗加工。应力锁紧式刀柄夹紧工作原理：刀柄夹头的夹持孔具有精确设计的轴对称特殊几何形状，在原始状态下，刀具无法插入夹持孔内；安装刀具时，使用专用加载器（图 6-6）从外部对夹头夹持段加压，迫使夹持孔的形状在弹性变形的范围内变成圆孔，此时即可顺利地将刀具插入夹持孔内；然后松开专用加载器（即撤掉外部载荷），刀具就被夹头巨大的变形恢复力牢固地夹紧（图 6-7）。同样，使用专用加载器也可以方便地从夹头中卸下或更换刀具。

3）热装式刀柄。热装式刀柄的原理是利用刀柄（材料为特殊不锈钢）和刀具（材料为硬质合金）的热膨胀系数之差，来强力且高精度夹紧刀具。应用比较广泛的是德国 HAIMER 的热缩刀柄（图 6-8），可用于精加工、半精加工、重粗加工，夹持孔径的精度更高，保证刀具与刀柄的最大贴合面，增强了夹持力。其独创的 Safe-Lock 专利结构（图 6-9）解决了

图 6-5　应力锁紧式刀柄

固定长度测量装置的预留接口

加压孔

结束

开始

图 6-6　专用加载器

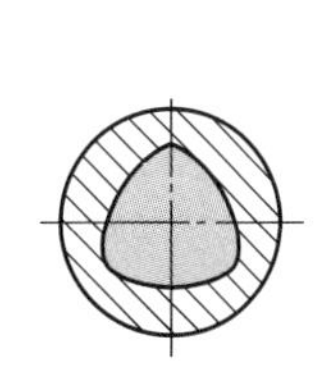

a) 刀具夹头未受力前的自由状态

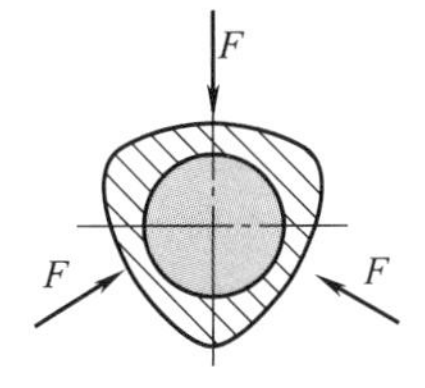


b) 刀具夹头受力后

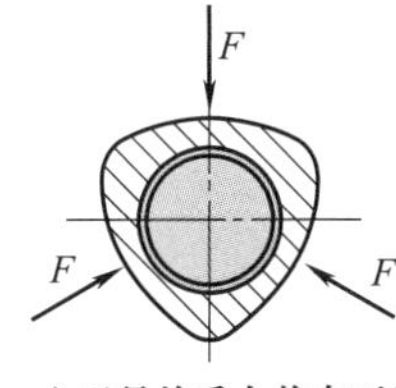


c) 刀具从受力状态下的夹头孔内自由取放

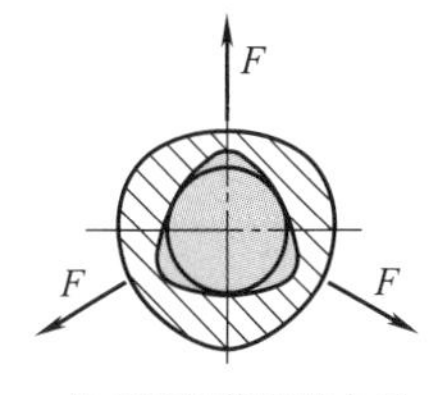


d) 专用加载器卸力后夹头内孔趋向复原

图 6-7　应力锁紧式刀柄夹紧工作原理

机械加工中的“拔刀”现象，利用了摩擦力的夹持以及在刀柄和沟槽之间特殊的驱动键，防止极端加工情况时铣刀因刀柄打滑甚至被拔出。热装式刀柄结构简单，可以被制造成所需的几何形状。极细型的热装式刀柄能用于模具行业的深腔加工，加强型的刀柄拥有稳固的刚性和强大的夹持力，适用于重铣削加工。热装式刀柄配合热装式延长杆（图 6-10）也保证

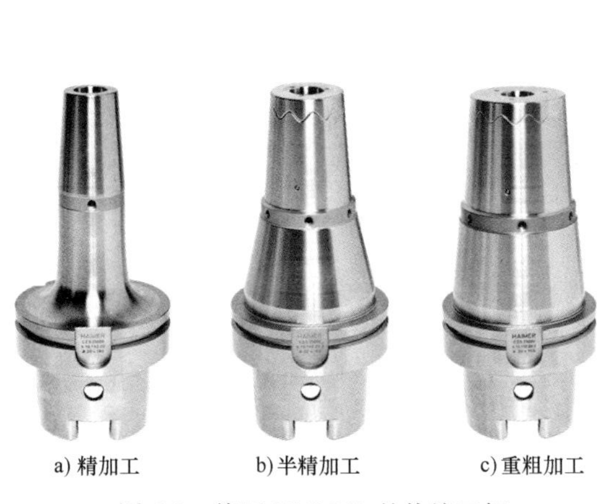

a) 精加工　　b) 半精加工　　c) 重粗加工

图 6-8　德国 HAIMER 的热缩刀柄

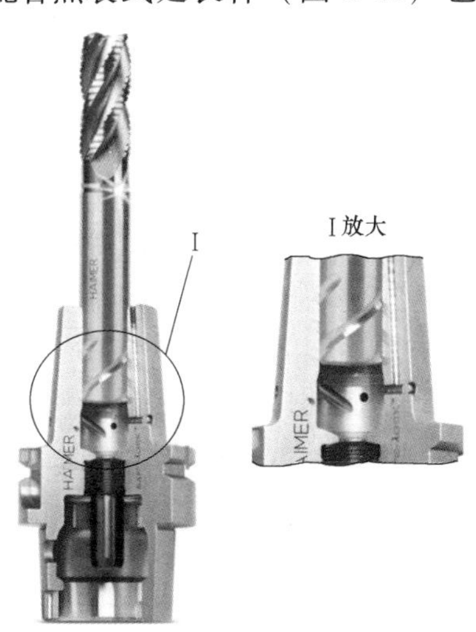


图 6-9　Safe-Lock 专利结构

了很好的精度，使用者可以按自己的要求组装这些延长杆。HAIMER 热缩机（图 6-11）用于刀具和热装式刀柄的快速装拆，其强大的功率和高重复定位精度使换刀过程仅需 3~5s，换刀过程刀具不会被加热，因此能安装硬质合金和 HSS 刀具。独创的水循环快速冷却系统能在 30s 内将刀柄冷却至常温，整个过程刀柄和刀具不接触任何液体，安全、干净、高效。

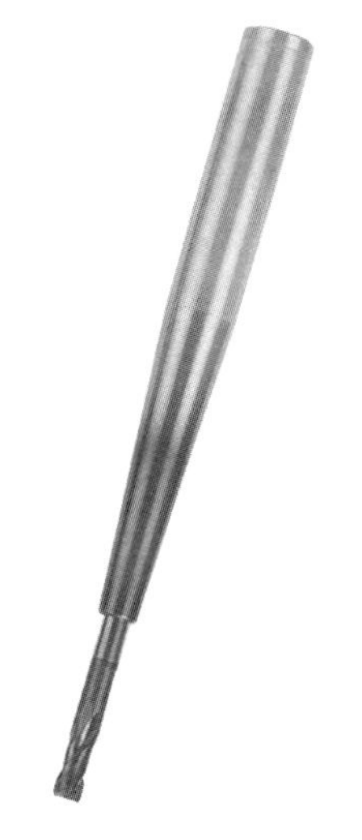

图 6-10　热装式延长杆

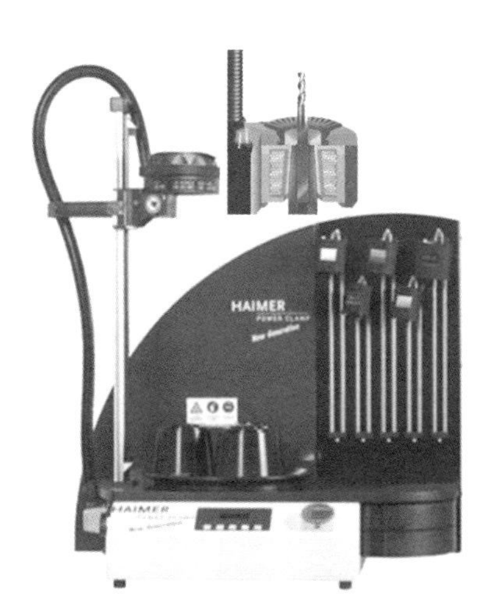


图 6-11　HAIMER 热缩机

（4）合理选择刀具

1）刀具材料的选择。高速铣削刀具应具有高耐磨性、高抗弯强度和冲击韧性、良好的耐热冲击性能，同时要求刀具表面的表面粗糙度小，以减小与铝合金的摩擦和粘结。PCD 刀具耐磨性、导热性、切削刃锋利性好，硬度高，是高速加工铝合金广泛采用的刀具材料。铝合金中硅的质量分数不同，PCD 刀片的粒度也就不同。加工硅的质量分数<12%的铝合金，选择 PCD 刀片的粒径为 8~9μm；而加工硅的质量分数>12%的高硅铝合金，PCD 粒径为 10~25μm 时加工效果最好。涂层硬质合金和超细晶粒硬质合金刀具加工铝合金也可达到很好的效果。因 PCD 刀具价格较高，对于整体结构件中常见铝合金复杂型面的高速切削加工，多采用整体式超细晶粒硬质合金或涂层硬质合金刀具加工。因为铝与氧化铝基陶瓷的化学亲和力易产生粘结现象，所以一般不用氧化铝基陶瓷刀具加工铝合金。

2）合理选择刀具几何参数。

① 前角：在保持切削刃强度的条件下，前角适当选择大一些，一方面可以磨出锋利的刃口，另一方面可以减少切削变形，使排屑顺利，进而降低切削力和切削温度。切忌使用负前角刀具。

② 后角：后角大小对后刀面磨损及加工表面质量有直接影响。切削厚度是选择后角的重要条件：粗铣时，由于进给量大、切削负荷重、发热量大，要求刀具散热条件好，因此，后角应选择小一些；精铣时，要求刃口锋利，减轻后刀面与加工表面的摩擦，减小弹性变形，因此，后角应选择大一些。

③ 刃倾角：为使铣削平稳，降低铣削力，刃倾角应尽可能选择大一些。

④ 主偏角：适当减小主偏角可以改善散热条件，使加工区的平均温度下降。

3）铣削参数选择。高速切削加工是解决薄壁件变形的有效方法，通常采用的切削方

案：高切削速度、中进给量和小切削深度。在实际加工中，要对工件、刀具及设备进行综合考虑，以选择合理的切削参数。高速切削铝合金的切削速度范围一般为1000~7000m/min。使用涂层硬质合金刀具时，高速切削铝合金的切削速度范围一般在1000~5000m/min。铝合金硅的质量分数越高，切削速度应越低，如加工高硅铝合金时切削速度在300~1500m/min时效果较好。粗加工时每齿进给量取0.3~0.5mm，精加工时取0.1~0.2mm。背吃刀量和侧吃刀量要从切削力、残余应力、切削温度等方面考虑，采用较小的背吃刀量和较大的侧吃刀量是有利的。通常粗加工时，背吃刀量 $a_p=(0.1\sim1)D$，侧吃刀量 $a_e<0.5D$，$D$ 为刀具的直径。

4）改善刀具结构。减少铣刀齿数，加大容屑槽。由于铝合金材料塑性较大，加工中切削变形较大，需要较大的容屑槽，因此容屑槽底半径应该较大、铣刀齿数较少为好。例如，$\phi$20mm以下的铣刀采用两个刀齿较好；$\phi$30~$\phi$60mm的铣刀采用三个刀齿较好，以避免因切屑堵塞而引起薄壁铝合金零件的变形。

（5）制订合理的工艺路线　薄壁零件数控铣削加工的工艺流程及工艺参数的设定，对于零件的变形具有重要的影响。对加工余量大的毛坯，可先粗加工，然后采用自然或人工时效等方法，释放毛坯的部分内应力，减少后工序的加工变形。粗加工之后留下的余量应大于变形量，一般为1~2mm。数控高速切削加工时一般分为粗加工、半精加工、清角加工、精加工等工步。精加工时，零件精加工表面要保持均匀的加工余量，一般以0.2~0.5mm为宜。

（6）合理规划工序及走刀路线　薄壁零件数控铣削加工的工序及走刀路线，对于零件的结构具有直接的影响，为了避免材料变形，应该做好如下的质量控制措施。

1）加工顺序。薄壁材料的加工顺序应该保障定位夹紧可靠、加工方便的前提下，材料的刚度在加工过程中保持最佳状态，减小加工变形。

2）走刀路线的选择。薄壁零件的加工效率及加工精度与走刀路线有关，因为在切削过程中，走刀会产生新的应力，从而影响零件精度，造成工件变形。为了保障零件精度，一般采用顺铣方式铣削。刀具缓慢切入工件，以降低切削热并减小背向力。对大切除量的整体结构件加工一般采用分层切削，小切削深度、中进给，刀具路径进行平滑，在加工内部型腔时，当刀具进到拐角处时，采用摆线切削，可避免切削力突然增大，否则产生的热量会破坏材料的性能。对腹板采用环切方式进行切削，减小进给速度，避免切削力陡然变大，保持切削平稳。对两面都需要加工的薄壁零件采用对称分层加工，可减小切削力，均匀释放应力，减小零件的加工变形。采用两侧轮流等余量切除，轮流的次数越多，应力释放就越彻底，零件的变形也就越小。粗加工选择型腔铣刀具路径，采用“层优先”策略，半精加工和精加工中采用“深度优先”策略，可使薄壁四周受力平衡，类似等高加工。

3）高速铣削时，刀具路径应尽可能简化，转折点少，刀具路径尽量平滑，减少急速转向；切削过程中尽量保持恒定的切削载荷，如保持毛坯余量的均匀等；采用多次加工或者系列刀具从大到小分次加工，避免用小刀一次加工。总之，高速加工要求刀具路径更平顺，毛坯余量更均匀。在保证加工精度的前提下，应减少空行程时间，尽可能增加切削时间在整个工件中的比例，以提高加工效率。进、退刀位置应选在不太重要的位置，并且使刀具沿零件的切线方向进刀和退刀，以免产生刀痕。先加工外轮廓，再加工内轮廓。

为了避免切削速度的突然变化，相比于传统加工刀具路径，高速加工刀具路径的过渡和进、退刀策略需要着重考虑。

1）行切刀具路径对比。行切的方式对大平面或相对平坦轮廓的切削较为高效便捷，普通数控加工在行切加工时刀具路径是直接转向的（图 6-12a）。高速加工中为了提升刀具路径的光顺性需要对刀具路径进行光滑优化处理（图 6-12b）。

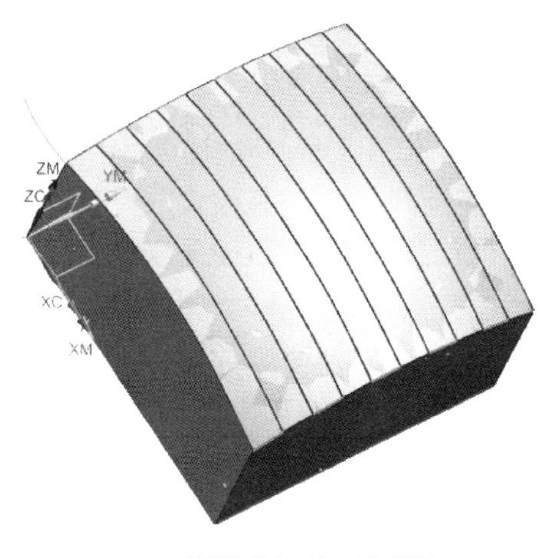


a) 传统数控加工行切刀具路径

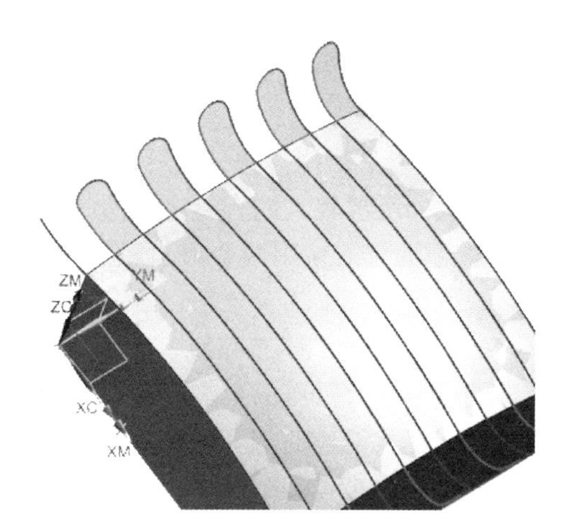


b) 高速加工行切刀具路径

图 6-12　行切刀具路径对比

2）环切刀具路径对比。环切通常在对曲面或型腔的加工中使用，其刀具路径由互相嵌套的多个环形刀具路径组成。针对环形刀具路径之间的连接刀具路径，传统数控加工方法通常采用直线连接（图 6-13a），高速加工中需要进行光滑连接才合理（图 6-13b）。

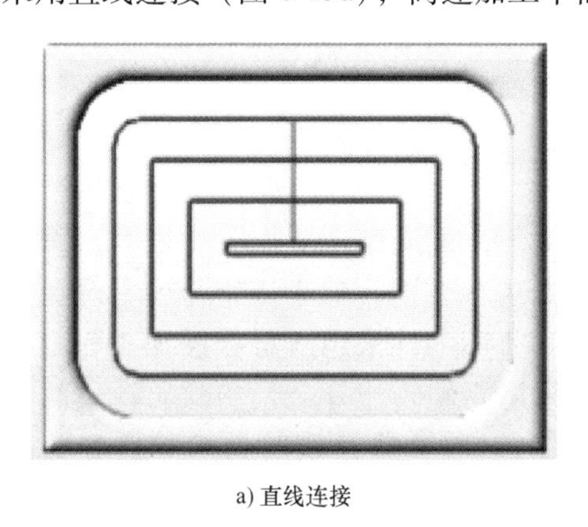

a) 直线连接

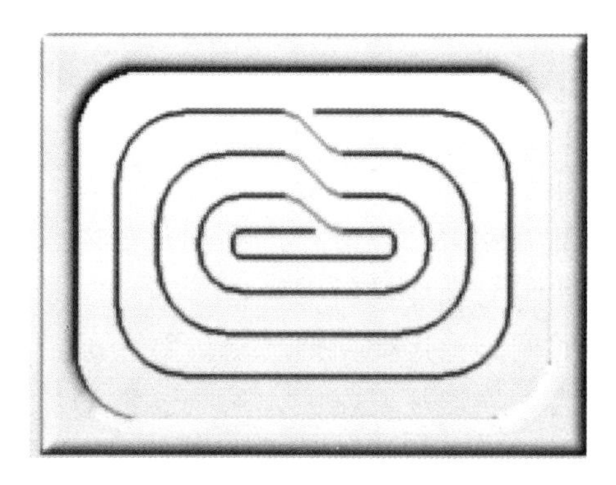

b) 光滑连接

图 6-13　环切刀具路径对比

3）分层加工刀具路径对比。在分层加工时，刀具需要从上一层过渡到下一层，普通数控加工通常采用直线退刀然后直线进刀的方式（图 6-14a），高速加工中为了提高刀具路径的光滑性，通常采用螺旋过渡的方式（图 6-14b）

4）拐角处刀具路径对比。针对零件轮廓外形存在拐角的情况，传统数控加工为了防止拐角过切，通常采用直接偏置直线求交刀具路径（图 6-15a），而高速加工则必须选择光滑

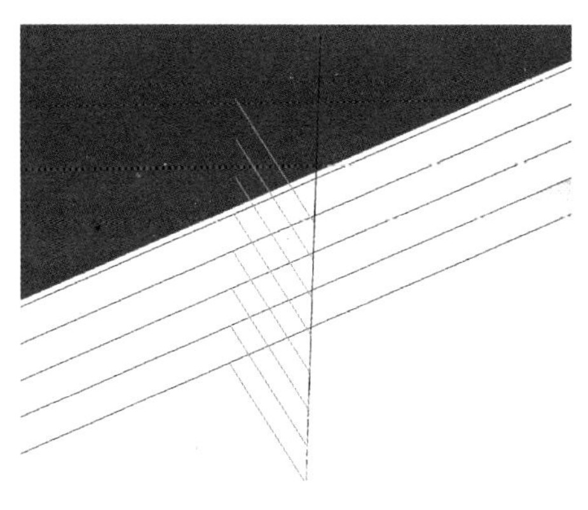

a) 直线进、退刀过渡

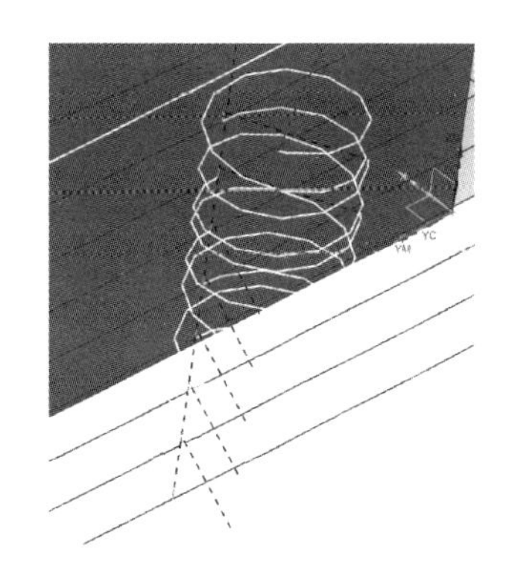

b) 螺旋过渡

图 6-14　分层加工刀具路径对比

圆弧过渡刀具路径（图 6-15b）。

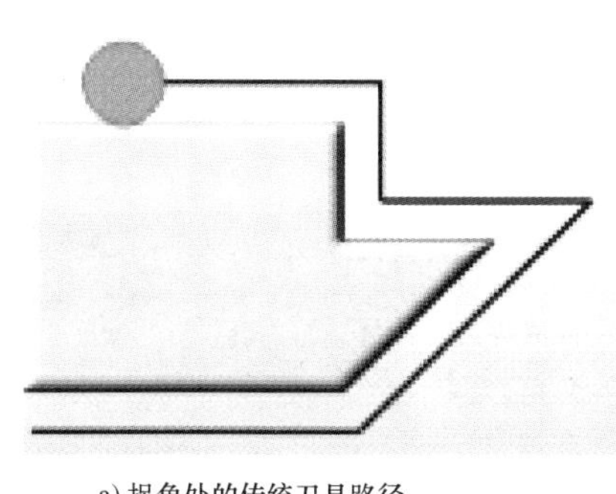

a) 拐角处的传统刀具路径

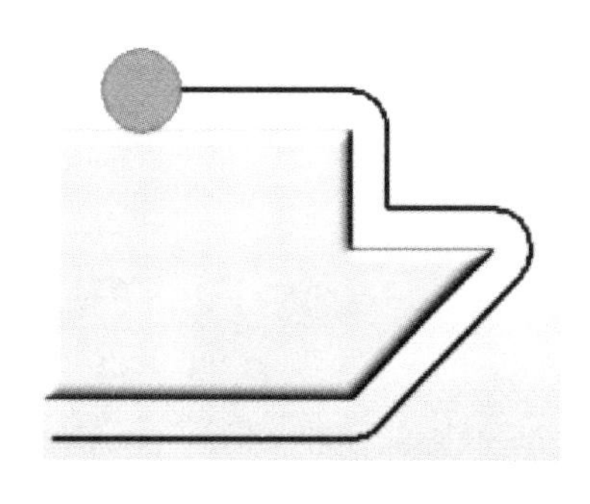

b) 拐角处的光滑刀具路径

图 6-15　拐角处刀具路径对比

（7）CAM 软件对高速铣削技术的支持　高速铣削加工对数控编程系统的要求越来越高，一个优秀的高速加工 CAM 编程系统应具有很高的计算速度、较强的插补功能、全程自动过切检查及处理能力、自动刀柄与夹具干涉检查、进给率优化处理功能、待加工刀具路径监控功能、刀具路径编辑优化功能和加工残余分析功能等。高速切削编程首先要注意加工方法的安全性和有效性；其次，要尽一切可能保证刀具路径光滑平稳，这会直接影响加工质量和机床主轴等零件的寿命；最后，要尽量使刀具载荷均匀，这会直接影响刀具寿命。现有的 CAM 软件，如 Mastercam、PowerMILL、UnigraphicsNX、Cimatron 等都提供了丰富的高速切削刀具路径。图 6-16 所示为 Mastercam 2D 高速刀具路径。图 6-17 所示为 Mastercam 曲面粗加工高速刀具路径。图 6-18 所示为 Mastercam 曲面精加工高速刀具路径。

## 二、高速、高精立式钻铣加工中心

高速、高精立式钻铣加工中心是 3C 产业零件及高速切削精密模具加工的理想机型，是在传统的立式加工中心的基础上延伸发展的个性化产品，以轻切削为主，集钻孔、攻螺纹、铣削为一体，转速高、位移速度快，主要用于有色金属的加工，特别适用于加工各种形状复杂的二、三维凹凸模型及复杂的型腔和表面，更适于企业生产车间批量加工零件。

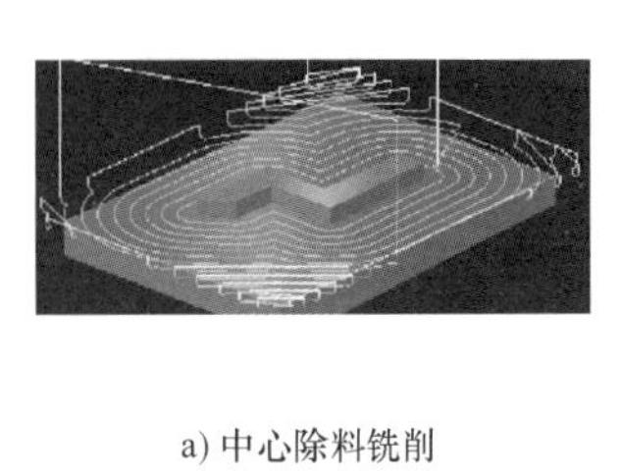
a) 中心除料铣削

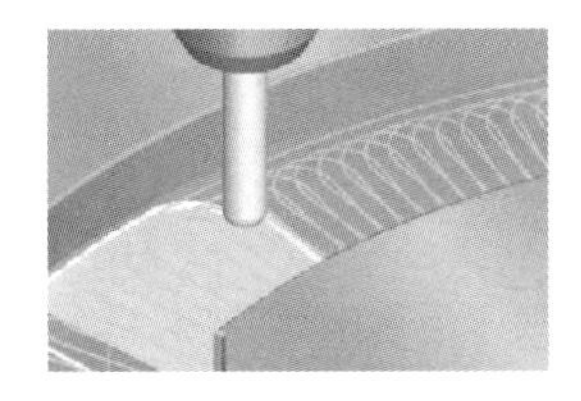
b) 剥铣

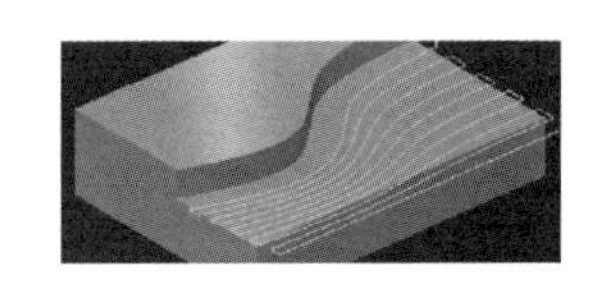
c) 熔接铣削

d) 残料铣削

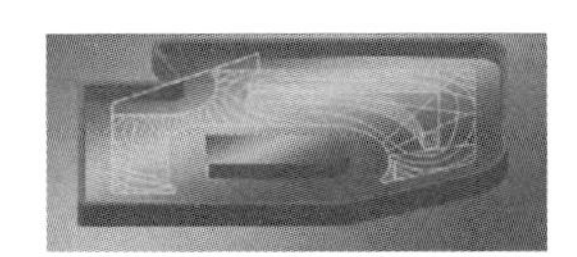
e) 动态铣削

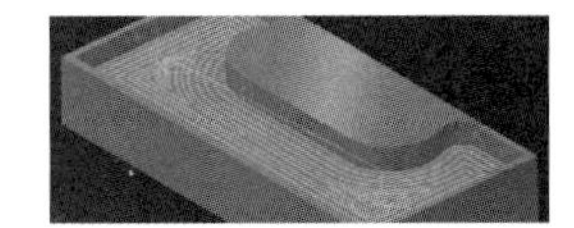
f) 区域铣削

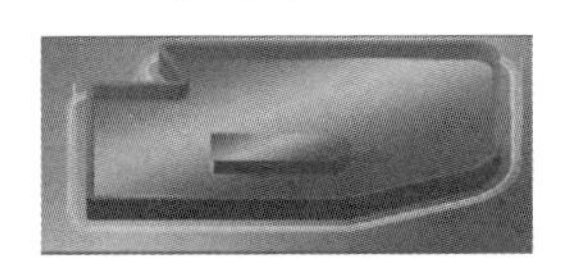
g) 动态外形铣削

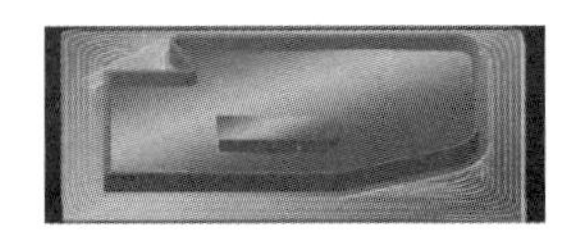
h) 动态中心除料铣削

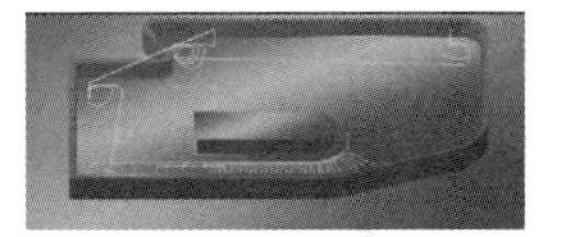
i) 动态残料铣削

图 6-16　Mastercam 2D 高速刀具路径

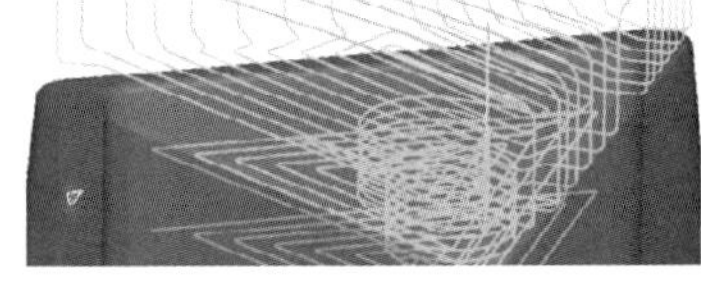
a) 中心除料粗加工

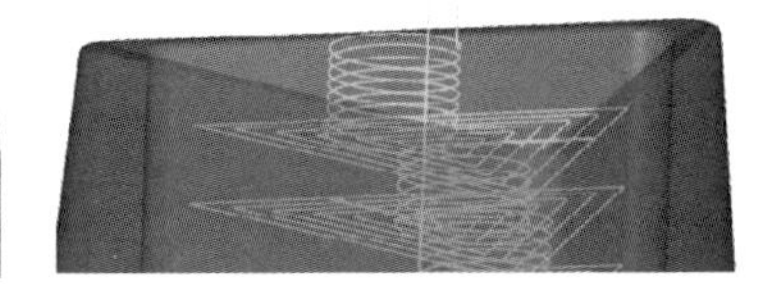
b) 区域除料加工

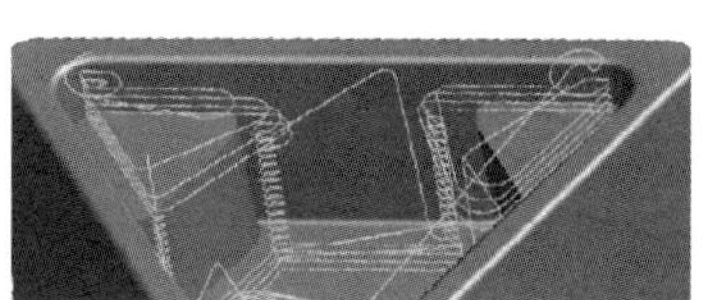
c) 残料粗加工

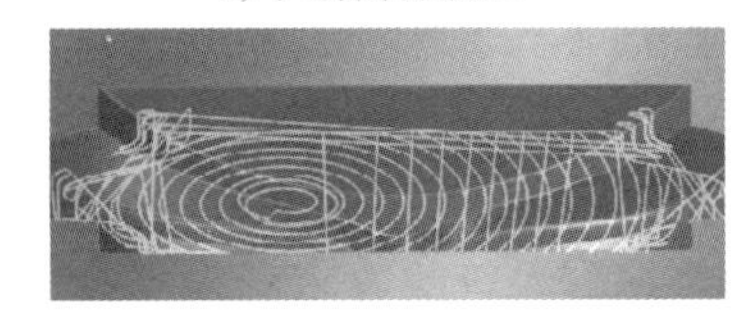
d) 最佳化区域铣削

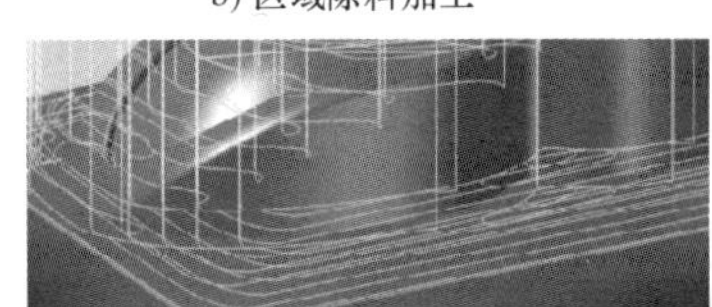
e) 最佳化中心除料铣削

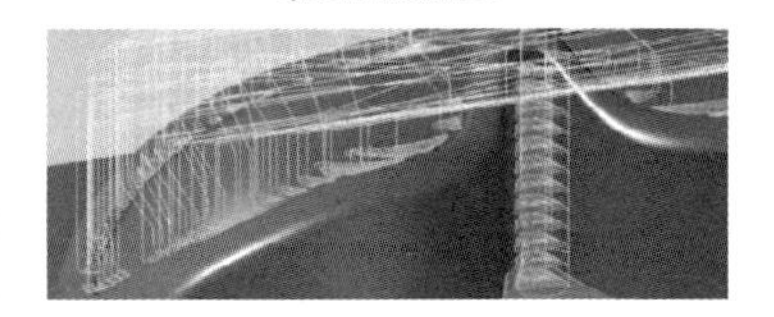
f) 最佳化残料铣削

图 6-17　Mastercam 曲面粗加工高速刀具路径

钻铣加工中心采用简便而又高可靠性的转塔式机构，换刀时间最快可达 0.9s；具有高刚性、高可靠机械结构，可实现长期工作精度稳定不变（30 天/月×24h）；具有 Z 轴热膨胀计算机补偿，保证主轴精度的稳定；主轴转速一般在 10000r/min 以上，除具有 1.3g 的快进加速度和 48m/min 快进速度外，还能达到 30m/min 的进给速度，重复定位精度在 0.005mm 以内，大大缩短非切削时间，提高加工效率；具有高速钻孔、攻螺纹功能；具有高速精密铣削/镗孔和精密雕刻功能。配置数控转台可形成四坐标联动加工，配置不同测头可实现刀具和工件测量。

DMG 的 MILLTAP 700 钻铣加工中心，标配转速为 10000r/min 的高转矩主轴（选配 24000r/min 的高速主轴），主轴的驱动功率高达 25kW，刚性极高、热稳定性好、工件的表面质量极高、刀具寿命长。配置了切削至切削时间仅 1.5s 的高速换刀装置，各线性轴加速度高达 1.6g，进给速度达到 60m/min，从而显着提高生产率。

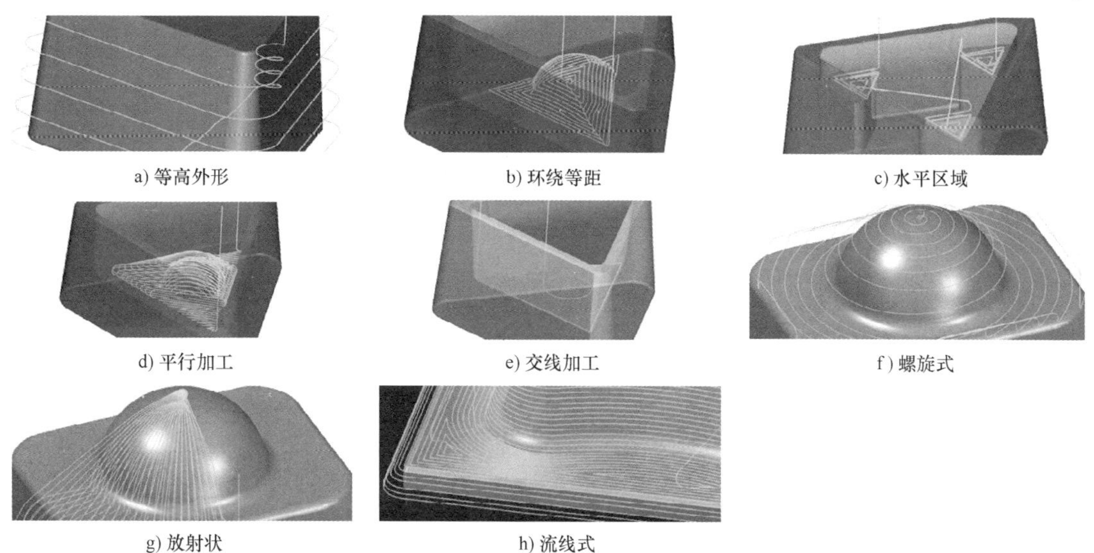


图 6-18　Mastercam 曲面精加工高速刀具路径

## 三、金属手机外壳的智能制造

在 3C 制造业中，智能手机外壳的金属化引领着智能手机的时尚潮流，带动了相关加工设备和产业爆发式的增长。2010 年 iPhone 手机率先使用金属外壳，引起了手机制造业的一次革命。高速钻铣加工中心是加工手机金属外壳的核心装备。

### 1. 手机金属外壳制造工艺

目前国内手机金属外壳制造工艺主要有两种，即全 CNC 工艺和 CNC+压铸工艺。全 CNC 工艺质量好但成本比较高，压铸成本低、节省时间，但是不利于后期的阳极氧化工艺，还会出现铸造缺陷。下面简单介绍铝镁合金外壳的全 CNC 主要制造工艺流程。

（1）铝挤（图 6-19）将柱形铝材进行切割并挤压，这个过程称为铝挤，会让铝材挤压之后成为 10mm 的铝板，以便加工，同时使材质更加致密、坚硬。

（2）DDG（图 6-20）使用高速钻铣加工中心，经过 DDG 将铝板精准地铣至尺寸 152. 2mm×86. 1mm×10mm，以方便之后的数控精加工。

（3）粗铣内腔（图 6-21）为方便数控加工，使用夹具夹住金属机身。粗铣内腔，把内

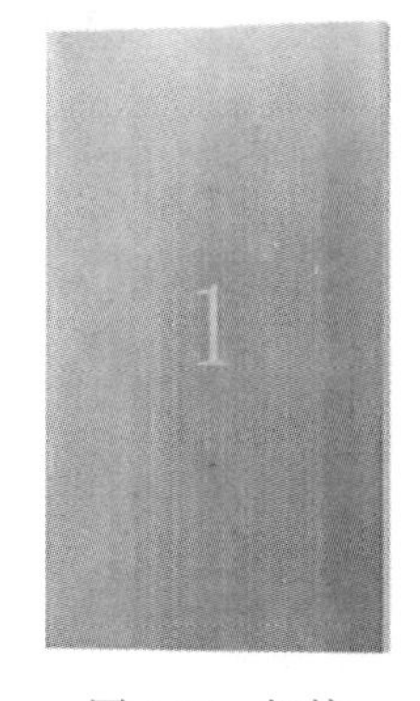


图 6-19　铝挤

图 6-20　DDG

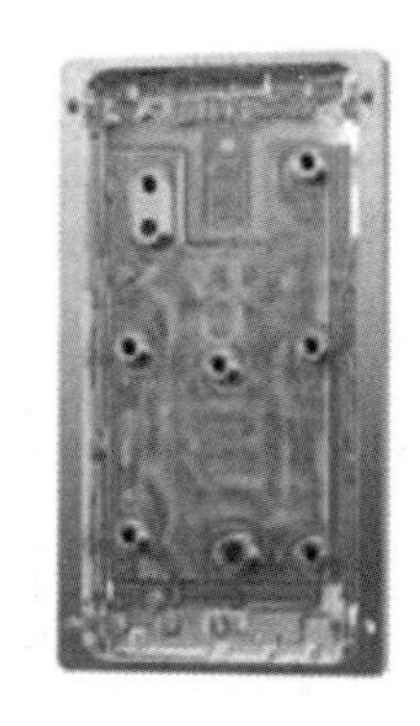

图 6-21　粗铣内腔

腔及其与夹具结合的定位柱加工好，这对之后的加工环节至关重要。

（4）铣天线槽（图 6-22） 铣天线槽是最重要、最难的一步，天线槽必须铣得均匀，并且保持必要的连接点，以保证金属壳的强度和整体感。

（5）T 处理（图 6-23） 经过铣天线槽之后，就要使用 T 处理（将金属机身置于特殊的化学药剂中）把铝材处理成可以与工程塑料相结合的表面，使铝材表面形成纳米级孔洞，为下一步的纳米注射做准备。

（6）NMT 纳米注射（图 6-24） NMT 纳米注射是将高温高压状态下的特殊塑料挤入经过 T 处理的金属材料上，让塑料与金属表层的纳米级细小孔洞紧密结合，从而达到紧固天线的目的。

图 6-22 铣天线槽

图 6-23 T 处理

图 6-24 NMT 纳米注射

（7）精铣弧面（图 6-25） 对于全金属手机而言，除了信号天线难以处理之外，还有金属机身的弧面，这恰好也是最费时的一道工序，耗时需 1000s 以上。

（8）精铣侧边（图 6-26） 金属机身的弧面被精铣后会在边缘保留一圈冗余，这时就需要精铣侧边。

（9）抛光（图 6-27） 利用机械、化学表面的加工方法，使工件表面光亮、平整，呈镜面效果。

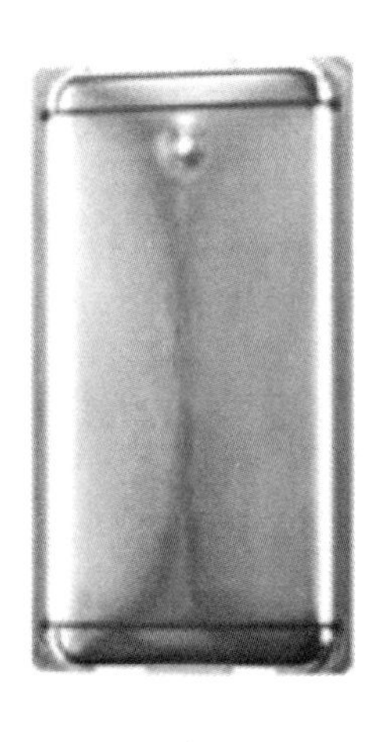

图 6-25 精铣弧面

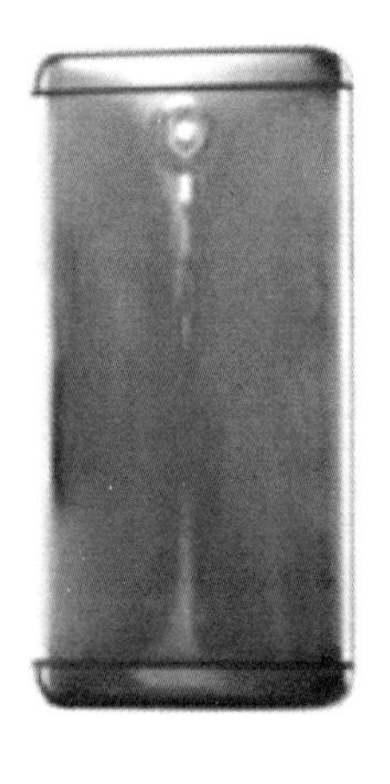

图 6-26 精铣侧边

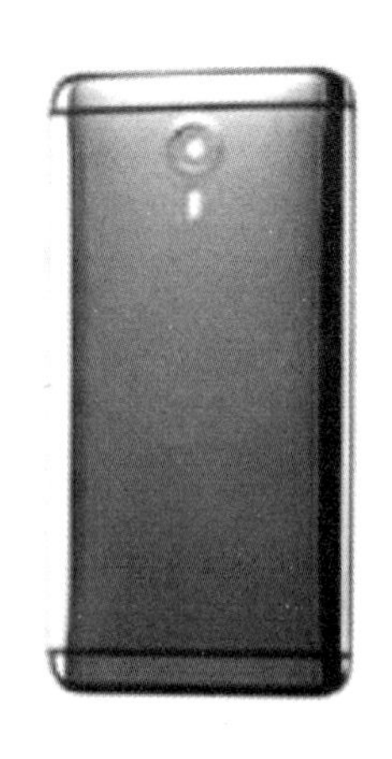

图 6-27 抛光

（10）喷砂（图 6-28） 将金属表面处理成磨砂效果。

（11）一次阳极氧化（图 6-29） 铝合金较为稳定，为了不被汗液等腐蚀，就必须对其进行阳极氧化。同时这也是为手机上色的过程，通过阳极氧化让铝木色变为金色。因为铝合金进行染色的过程中是非常难以控制的，控制不好就会出现色差、斑点等，这也会降低良品率。

（12）高光处理（图 6-30） 如图 6-31 所示，对边角进行高光切削加工，其使用的刀具为单晶倒角刀（图 6-32）。

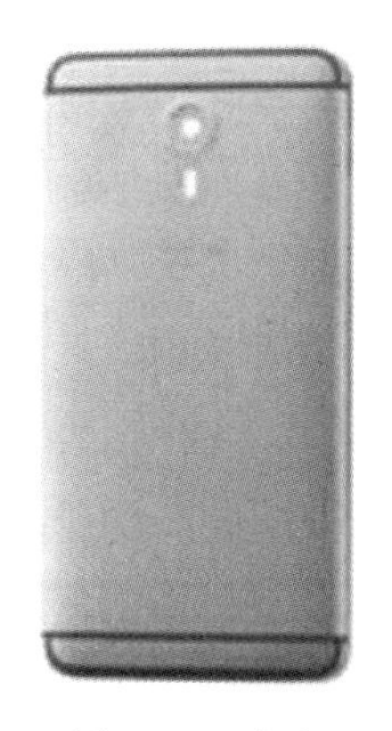

图 6-28 喷砂

图 6-29 一次阳极氧化

图 6-30 高光处理

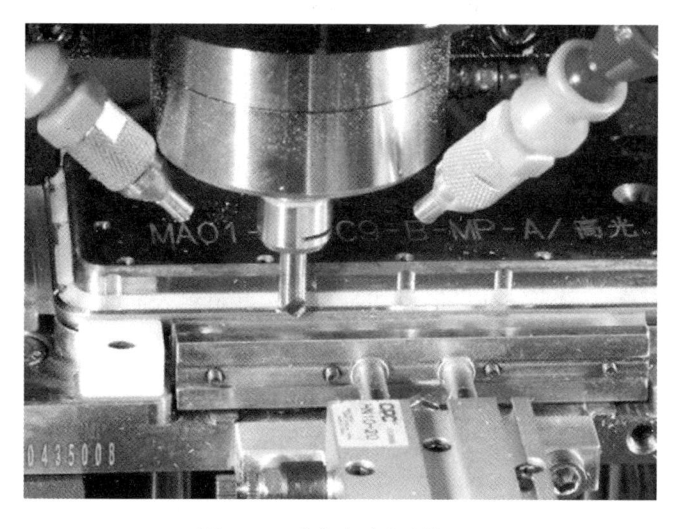


图 6-31 边角高光切削加工

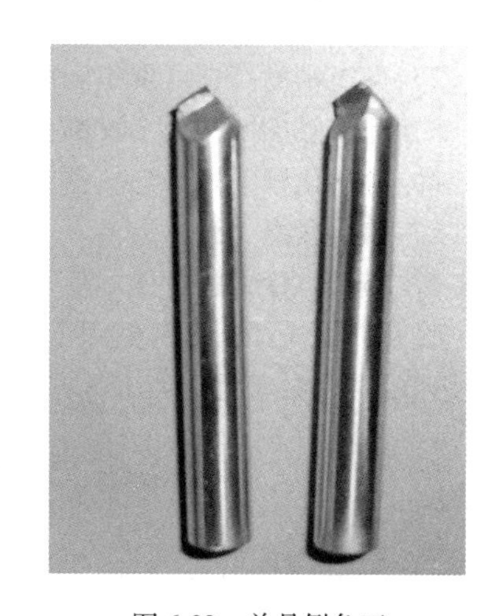

图 6-32 单晶倒角刀

（13）精铣内腔（图 6-33） 经过以上步骤后，将用于夹具锁止的定位柱等余料去除，让金属外壳内腔完全整洁。

（14）二次阳极氧化（图 6-34）再次被数控加工过的外壳还需要二次阳极氧化，使表面形成致密、坚硬的氧化膜，让其更加耐磨且不易沾污。

（15）铣导电位（图 6-35） 经过阳极氧化后的铝合金外壳导电效果会变差，所以就需要将局部阳极氧化膜去掉，露出金属以获得良好的接地效果。

（16）热熔螺母 最后，利用机械手将装配螺母嵌入到已做好的塑料中，以保证未来的手机装配。

图 6-33　精铣内腔

图 6-34　二次阳极氧化

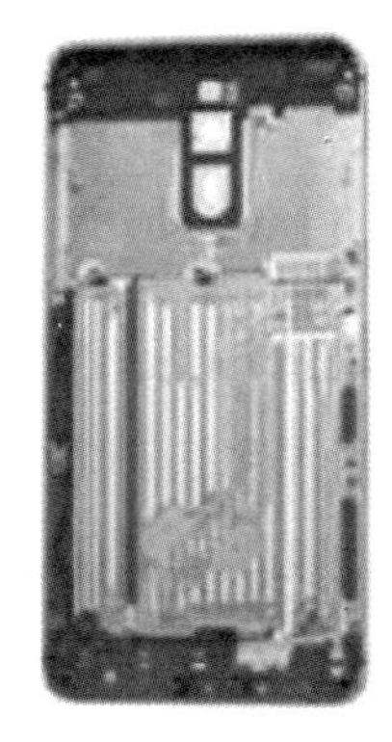

图 6-35　铣导电位

**2. 激光技术在智能手机中的应用**

激光加工是一种高能束加工方法，它利用激光高强度、高亮度的特性，通过一系列的光学系统聚焦成平行度很高的微细光束（直径几微米～几十微米），获得极高的能量密度（108～1010W/$cm^2$）照射到材料上，使材料在极短的时间内（千分之几秒甚至更短）熔化甚至气化，以达到加热和去除材料的目的。相比于传统加工方法，激光加工具有许多显而易见的优点。

1）适应性强，加工的对象范围广，除金属、非金属材料外，还可进行透明材料的加工。

2）加工精度高，可聚焦到微米级的光斑。

3）非接触加工，无工具磨损，热影响区小、变形小。

4）自动化程度高，与机器人、数字控制等技术相结合，可实现自动化加工。

5）整机紧凑、设计灵活。

6）维护方便，运行成本低。

目前，激光加工已广泛用于激光打标、激光钻孔、激光切割与焊接、材料表面改性、激光快速成形、激光复合加工等方面。激光在智能手机制造过程中的应用如图 6-36 所示。

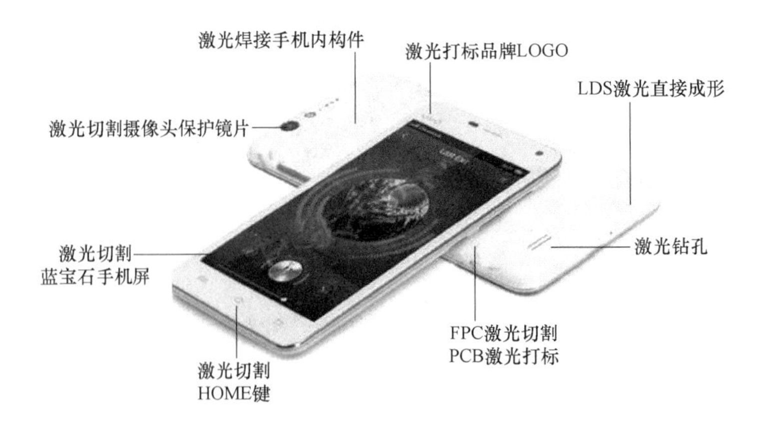


图 6-36　激光在智能手机制造过程中的应用

（1）激光打标　激光打标（雕刻）是利用高能量密度的激光对工件进行局部照射，使

表层材料气化或发生颜色变化的化学反应，从而留下永久性标记的一种打标方法。聚焦后的极细的激光光束如同刀具，可将物体表面材料逐点去除，其先进性在于标记过程为非接触性加工，不产生机械挤压或机械应力，因此不会损坏被加工物品。由于激光聚焦后的尺寸很小，热影响区小，加工精细，因此，可以完成一些常规方法无法实现的工艺。激光加工速度快，成本低廉。激光打标（雕刻）技术是激光加工最大的应用领域之一，激光打标（雕刻）可以打出各种文字、符号和图案等，字符大小可以从毫米到微米量级，这对产品的防伪有特殊的意义。一部手机，到处都有激光打标的影子，如 Logo 打标、手机按键、手机外壳、手机电池、手机饰品打标等，甚至在看不见的手机内部，也有零部件激光打标。目前手机激光打标一般采用 2D 光纤激光打标机（图 6-37）和 3D 光纤激光打标机（图 6-38）分别进行二维和三维曲面激光打标。

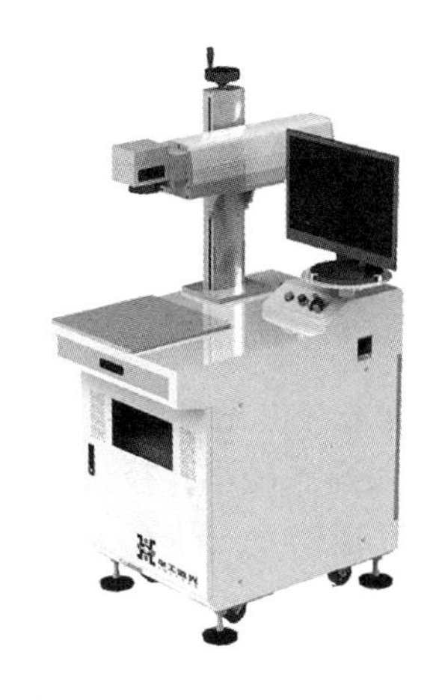

图 6-37　2D 光纤激光打标机

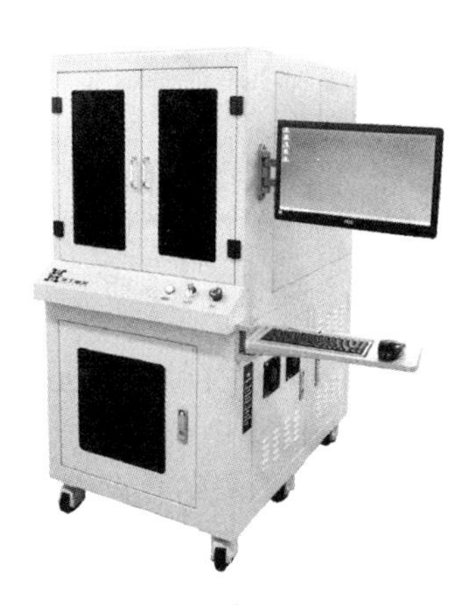

图 6-38　3D 光纤激光打标机

（2）激光切割　激光切割可对金属或非金属零部件等小型工件进行精密切割，具有切割精度高、速度快、热影响小等优点。智能手机所需的小尺寸与高性能需要较薄的内存晶片和组成低电介质的晶片，特别是，低电介质晶片具备高多孔性、柔软性及低黏附性，难以进行锯削。故“半切割”的激光划片已经成为用于切割低电介质最普遍的方法。此外，激光切割广泛用于手机面板切割、手机主机板固定件切割、手机绝缘垫激光切割、手机排线的激光切割、不规则形状金属部件切割等。手机上常见的激光切割工艺有蓝宝石玻璃手机屏幕激光切割、摄像头保护镜片激光切割、手机 Home 键激光切割、FPC 柔性电路板激光切割等。目前蓝宝石激光切割工艺分两种，一种是红外纳秒光纤激光切割，另一种是红外皮秒激光切割，两种激光切割工艺各有优劣（表 6-3）。

**表 6-3　蓝宝石激光切割工艺的优缺点**

| 激光切割种类 | 红外纳秒光纤 | 红外皮秒 |
|---|---|---|
| 优点 | 无锥度 | 强度高、边缘效果好 |
| 缺点 | 强度不高、有挂渣、边缘效果相对差 | 有锥度 |

连续光纤激光切割机（图 6-39）采用优质光纤激光器光源，光束质量好，可对极微小的工件进行精密切割，切缝平整美观，切割速度高，适合各种薄金属板切割、微孔加工、金属零部件精密切割。

双头全自动皮秒激光蓝宝石切割机（图 6-40）是一款针对 3C 制造行业中蓝宝石切割而研发的超快激光精密切割机，主要用于手机蓝宝石 Home 键、摄像头保护镜片等的切割加工。它配备超快激光器，加工精度高、热影响区小、加工边缘无毛刺和残渣、稳定性好。也可以对多种材料进行精密钻孔、切割及划槽等微加工处理。由于配备了双振镜头和双工位转台及自动装卸料装置，自动化程度高、加工效率高。

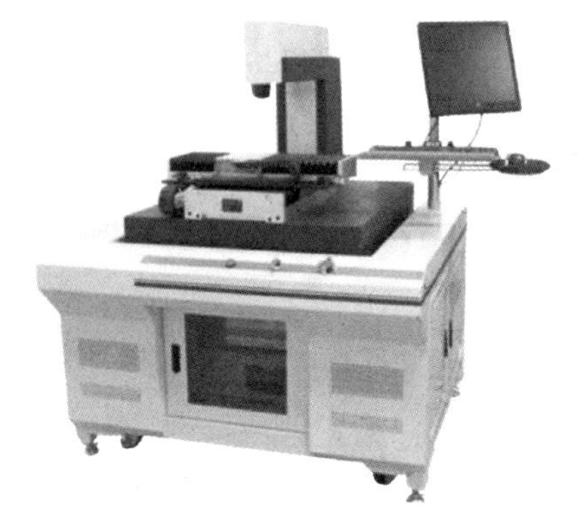

图 6-39　连续光纤激光切割机

图 6-40　双头全自动皮秒激光蓝宝石切割机

（3）激光钻孔　激光钻孔也是激光加工的重要应用。激光聚焦光斑可以会聚到波长量级，在很小的区域内集中很高的能量，特别适合于加工微细深孔，最小孔径只有几微米，长径比可大于 50∶1。激光钻孔可用于钻印制电路板孔、外壳受话器及天线孔、耳机孔等，具有效率高、成本低、变形小、适用范围广等优点。

（4）激光焊接　激光焊接是利用高能量密度的激光束作为热源，使材料表层熔化后凝固成一个整体。热影响区大小、焊缝美观度、焊接效率等，是判断焊接工艺好坏的重要指标。激光焊接工艺广泛用于手机电池、手机外壳和手机模具制造等方面。

（5）LDS 激光直接成形　LDS 激光直接成形技术已广泛用于智能手机的制造中，其优势：通过使用激光直接成形技术标刻手机壳上的天线轨迹，能最大程度地节省手机空间，而且能够随时调整天线轨迹。故手机可做得更轻薄、更精致，稳定性和抗振性也更强。

**3. 3C 制造智能工厂简介**

3C 制造智能工厂是中华人民共和国工业和信息化部 2015 年智能制造试点示范项目之一。该项目是智能制造技术在 3C 行业的示范，实现了高速高精国产钻攻数控设备、数控系统与机器人的协同工作，节省 70%以上的人力，降低产品不良率，缩短产品研制周期，提高设备利用率，提升车间能源利用率，最终实现少人化、人机协同化生产。此项目智能设备由 180 台高速钻攻中心（配置华中 8 型高速钻攻中心数控系统）、72 台华数机器人、25 台 RGV 和 15 台 AGV 小车构成。充分体现了“三国、五化、一核心”的智能制造战略思想（“三国”即国产智能装备、国产数控系统、国产软件系统。“五化”即机床高端化、装备自动化、工艺数字化、过程可视化、决策智能化。“一核心”即智能工厂大数据）。

## 四、铝合金的表面处理

铝合金如果不进行表面处理，外观不美观，而且在潮湿空气中容易被腐蚀，为了提高装饰效果、增强耐蚀性及延长使用寿命，铝合金一般都要进行表面处理。常见的铝合金表面处

理工艺介绍如下。

(1) 钝化　是使金属表面转化为不易被氧化的状态，而延缓金属腐蚀速度的方法。

(2) 阳极氧化　就是利用电解原理在某些金属表面镀上一薄层其他金属或合金的过程。刷镀可用于局部镀或修复。滚镀可用于小件，如紧固件、垫圈、销等。通过电镀，可以在机械制品上获得装饰保护性和各种功能性的表面层，还可以修复磨损和加工失误的工件。电镀液有酸性的、碱性的和加有铬合剂的酸性及中性溶液，不管采用何种镀覆方式，与待镀制品和镀液接触的镀槽、悬挂具等应具有一定程度的通用性。

(3) 喷涂　用于设备的外部防护、装饰，通常在氧化的基础上进行。铝合金在涂装前应进行前处理才能使涂层和工件结合牢固，一般的方法：磷化（磷酸盐法）、铬化（无铬钝化）、化学氧化。

(4) 喷砂　主要作用是表面清理，在涂装（喷漆或喷塑）前喷砂可以增大表面粗糙度，对附着力的提高有一定贡献，应在化学涂装前处理。

(5) 化学氧化　氧化膜较薄，厚度为 0.5~4μm，且多孔、质软，具有良好的吸附性，可作为有机涂层的底层，但其耐磨性和耐蚀性均不如阳极氧化膜。

铝及铝合金化学氧化的工艺按其溶液性质可分为碱性氧化法和酸性氧化法两大类。按膜层性质可分为：氧化物膜、磷酸盐膜、铬酸盐膜、铬酸-磷酸盐膜。导电氧化（铬酸盐转化膜）常用于既要防护又要导电的场合。

(6) 化学抛光　化学抛光是利用铝和铝合金制作在酸性或碱性电解质溶液中的选择性自溶解作用，以减小其表面粗糙度、pH 值的化学加工方法。这种抛光方法具有设备简单、不用电源，不受制件尺寸限制，抛光速度高和加工成本低等优点。铝及铝合金的纯度对化学抛光的质量具有很大影响，纯度越高，抛光质量越好，反之就越差。

(7) 着色　对铝进行上色主要有两种工艺：一种是铝氧化上色工艺，另一种是铝电泳上色工艺。在氧化膜上形成各种颜色，以满足一定使用要求，如光学仪器零件常着黑色，纪念章着金黄色等。

## 五、铸造铝合金热处理方法

(1) 退火　退火的作用是消除铸件的残留应力和机械加工引起的内应力，稳定加工件尺寸，并使 Al-Si 系合金的部分 Si 晶体球状化，改善合金的塑性。其工艺：将铝合金铸件加热到 280~300℃，保温 2~3h，随炉冷却到室温，使固溶体慢慢发生分解，析出的第二质点聚集，从而消除铸件的内应力，达到稳定尺寸、提高塑性、减少变形的目的。

(2) 淬火　淬火也称固溶处理或急冷处理。其工艺：将铝合金铸件加热到较高的温度（一般在接近于共晶体的熔点，大多在 500℃以上），保温 2h 以上，使合金内的可溶相充分溶解；然后急速淬入 60~100℃的水中，由于铸件受到急冷，使其在合金中得到最大限度溶解的强化相固定并保存到室温。

(3) 时效　其工艺：将经过淬火的铝合金铸件加热到某个温度，保温一定时间出炉空冷到室温，使过饱和的固溶体分解，让合金基体组织稳定。时效处理又分为自然时效和人工时效两大类。自然时效是在室温下进行时效强化的处理。人工时效又分为不完全人工时效、完全人工时效、过时效三种。

1) 不完全人工时效。将铸件加热到 150 ~ 170℃（较低温度下），保温 3 ~ 5h，以获得较好的抗拉强度、良好的塑性和韧性，但耐蚀性降低。

2）完全人工时效。将铸件加热到175~185℃（较高温度下），保温5~24h，以获得足够的抗拉强度，但伸长率降低。

3）过时效。其工艺：将铸件加热到190~230℃，保温4~9h，使强度有所下降、塑性有所提高，以获得较好的耐蚀性。

（4）循环处理　把铝合金铸件冷却到零下某个温度（如-50℃、-70℃或-195℃）并保温一定时间，再把铸件加热到350℃以下，使合金中的固溶体点阵反复收缩和膨胀，并使各相的晶粒发生少量位移，以使这些固溶体结晶点阵内的原子偏聚区和金属间化合物的质点处于更加稳定的状态，从而使产品零件尺寸更加稳定。循环处理仅适于要求尺寸很稳定、极精密的零件；一般铸件均不做这种处理。

## 任务2　异形件的加工

**【任务描述】**

按计划完成零件的加工。

**【任务准备】**

加工中心、刀具、量具、三坐标测量仪等。

**【任务实施】**

任务实施过程参考项目2，填写相关表格。

**【项目小结】**

本项目通过异形件的加工，系统学习了异形薄壁铝合金件零件的工艺设计，对批量生产的工艺和单件生产工艺的区别有了进一步的认识，进一步提高了读图能力、工艺设计能力、成本分析能力、异形件的制造能力以及质量分析能力、团结协作能力及项目管理能力。

**【撰写项目报告】**

异形件加工完成后，撰写项目报告。报告内容主要依据每个任务的完成情况，主要包括异形件的图样分析、加工工艺方案分析、异形件的制造与检测、质量分析、工艺改进、夹具优化等内容。报告附录部分包括零件图、零件的工艺卡、毛坯清单、外购件清单、加工设备清单、刀具清单、量具清单、数控加工程序等。最后提交报告的打印稿及全套资料的电子稿。

# 项目7

# 缸头法兰的工艺设计与加工

## 【项目描述】

本项目以加工 3 件缸头法兰（图 7-1）为例，零件材料为 45 钢，内容涉及单件生产零件的工艺设计及四轴加工，拓展知识点涉及车铣复合加工工艺设计、车铣复合加工中心、动力刀座、多任务刀具、螺纹铣削加工等。

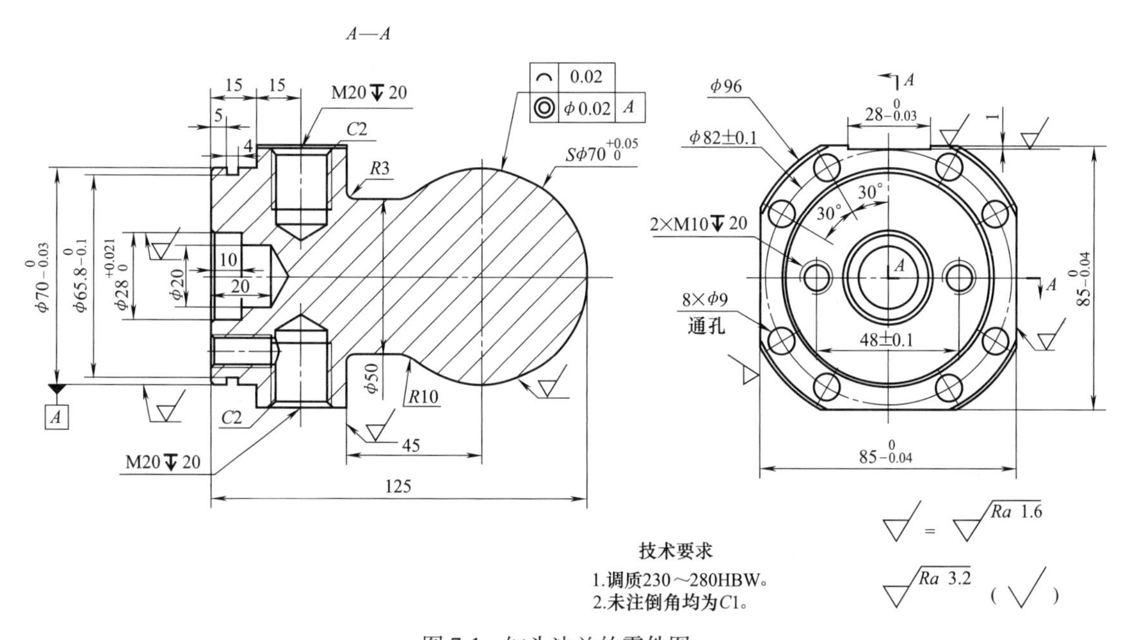


图 7-1　缸头法兰的零件图

## 【教学目标】

**知识目标：**

（1）单件生产零件的工艺设计方法

（2）车铣复合加工技术

（3）动力刀座

（4）螺纹铣削加工

**能力目标：**

通过本项目的学习，进一步提高读图能力、单件生产零件的工艺设计能力、成本分析能力及质量分析能力，同时可以提高团结协作能力、项目管理能力。

**【任务分解】**

任务 1　缸头法兰的工艺设计

任务 2　缸头法兰的加工

**【项目实施建议】**

由于本项目涉及单件生产零件的工艺设计及加工，为保证项目的按时完成，建议项目小组成员 2 人为宜。

## 任务 1　缸头法兰的工艺设计

**【任务描述】**

按 3 件的生产量设计工艺方案，车间有普通车床、普通铣床、钻床、数控车床以及四轴加工中心、三坐标测量机等设备。

**【任务准备】**

SolidWorks 或 UG 软件、CAXA 或 AutoCAD 软件、《机械加工工艺师手册》《刀具设计手册》等。

**【任务实施】**

### 1. 零件图样分析

零件的图样分析主要从以下几方面进行。

1）读懂零件图，审查图样完整性、准确性以及零件的结构、材料、热处理的合理性，尤其是材料和热处理。

2）确定材料牌号含义及可加工性，分析毛坯可能的形式。

3）分析零件的几何特征以及零件图的尺寸精度、几何公差、表面粗糙度值等，重点关注尺寸公差、几何公差以及表面粗糙度值小于或等于 1.6μm 的加工特征，找出可能的加工方法及检测手段。

4）对有热处理要求的，要清楚其定义，找出其硬度要求和深度要求，要了解其硬度的检测方法，是否需要中间热处理要求。如需要要会提出中间热处理要求。

图样分析完成，填写表 7-1。

**表 7-1　图样分析结果**

| | |
|---|---|
| 图样的完整性及合理性 | |
| 材料牌号含义及可加工性 | |
| 生产类型 | |

（续）

| 毛坯形式 | |
|---|---|
| 热处理及定义 | |
| 几何特征 | 可能的加工方法 |
| 外圆柱面 | |
| 球面 | |
| 2×M10↧20 | |
| 几何特征 | 可能的加工方法 |
| M20↧20 | |
| $28^{+0.021}_{0}$mm 凹槽及平面 | |
| 尺寸精度 | 可能的检测设备及规格 |
| $\phi70^{0}_{-0.03}$mm | |
| $85^{0}_{-0.04}$mm | |
| $28^{0}_{-0.03}$mm | |
| $\phi96$mm | |
| $S\phi70^{+0.05}_{0}$mm | |
| $\phi28^{+0.021}_{0}$mm | |
| $\phi70^{0}_{-0.03}$mm | |
| (48±0.1)mm | |
| $\phi$(82±0.1)mm | |
| 几何公差 | 可能的检测设备及规格 |
| *A* 基准面 | |
| ◎ $\phi$0.02 *A* | |
| ⌒ 0.02 | |
| 表面质量 | 可能的检测设备及规格 |
| *Ra*1.6μm | |
| *Ra*3.2μm | |

### 2. 零件的机械加工工艺分析

零件的机械加工工艺分析主要按以下几个步骤进行。

1）根据零件的生产量及交货周期确定零件的生产类型。

2）根据企业的设备状况及操作人员水平，列出可能的机械加工工艺路线图。

3）从质量、交货期及成本等方面综合考虑，确定最优的机械加工工艺方案。

工艺分析完，填写表7-2。

**表7-2　零件的机械加工工艺分析结果**

| | | 优点 | 缺点 |
|---|---|---|---|
| 工艺方案一 | | | |
| | | | |
| | | | |

（续）

| | | | |
|---|---|---|---|
| 工艺方案二 | | | |
| | | | |
| | | | |
| 工艺方案三 | | | |
| | | | |
| | | | |
| 最终的工艺方案 | | | |

### 3. 零件的机械加工工艺文件设计

零件的机械加工工艺文件一般采用二维 CAD 软件绘制，为验证读图的正确性，建议按以下步骤进行。

（1）零件的三维建模及工程图绘制　利用三维 CAD 软件，完成零件的三维建模，建模结果如图 7-2 所示，并完成零件的工程图，与图 7-1 对比，如果一致，说明读图正确。

（2）零件的工程图转换及修改　将零件的工程图导出或另存为 .dwg 格式，利用 CAXA 或 AutoCAD 软件读取工程图，按照国家标准修改工程图，修改内容包括图层、线型、颜色、线宽及图框。最后填写技术要求及标题栏，结果如图 7-3 所示。

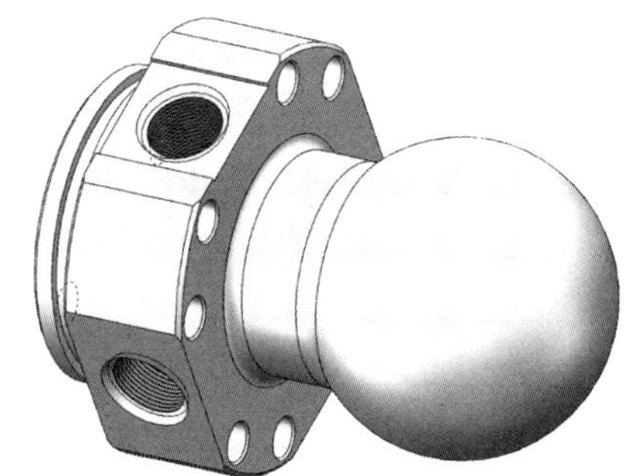

图 7-2　零件的三维模型

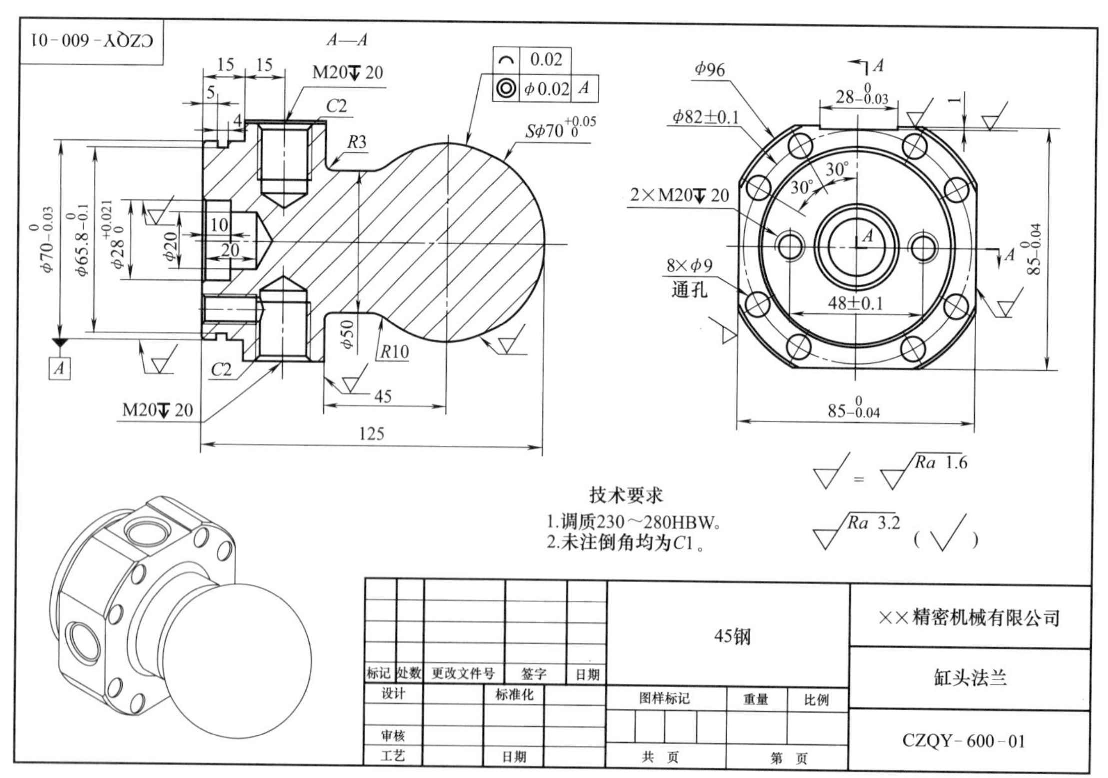


图 7-3　修改后零件的工程图

(3) 设计零件的机械加工工艺　本例为单件生产，为缩短产品的制造周期，应尽可能缩短工艺流程，尽量采用数控机床加工，在装夹上尽可能采用通用夹具、组合夹具。一般无需绘制详细的工艺卡，只需在零件图或单独附一页纸，写上简单的工艺过程即可。

**【任务实施参考】**

缸头法兰的加工难点主要是球面、圆弧面上的四个平面及螺孔。M20 的螺孔钻孔深度相对于攻螺纹的深度太浅，容易折断丝锥，造成零件可能报废。对 M20 螺孔的加工建议采用机攻螺纹的一半深度，剩下的将丝锥导向部分用线切割切短后再手动攻螺纹。当然最好的办法是用螺纹铣刀铣螺纹，就会不存在以上问题。其加工步骤如下。

1）锯床锯料 $\phi$100mm×132mm。

2）普通车床或低精度的数控车床车外圆、车槽，钻中心孔，外圆留 4mm 余量。

3）调质 230~280HBW。

4）数控车床精车端面、外圆，除 $\phi$96mm 外圆外，其余留 1mm 余量。

5）数控车床精车端面、外圆、切槽、钻孔及镗孔。

6）加工中心铣面、铣槽、点钻、钻孔、倒角及铣螺纹。

7）加工中心点钻、钻孔、倒角、攻螺纹。

8）数控车床精车球面、外圆及端面。

9）锐边去毛刺。

10）检查。

11）清洗、涂防锈油、入库。

零件的主要加工工艺过程见表 7-3。

表 7-3　零件的主要加工工艺过程

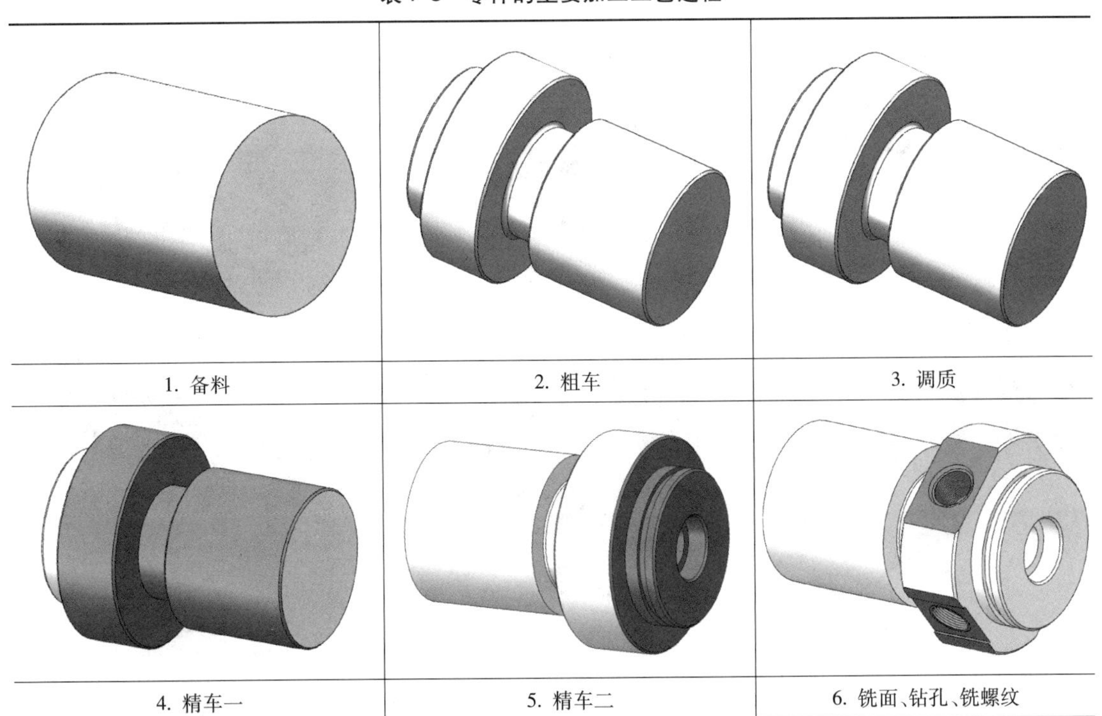

1. 备料　2. 粗车　3. 调质

4. 精车一　5. 精车二　6. 铣面、钻孔、铣螺纹

（续）

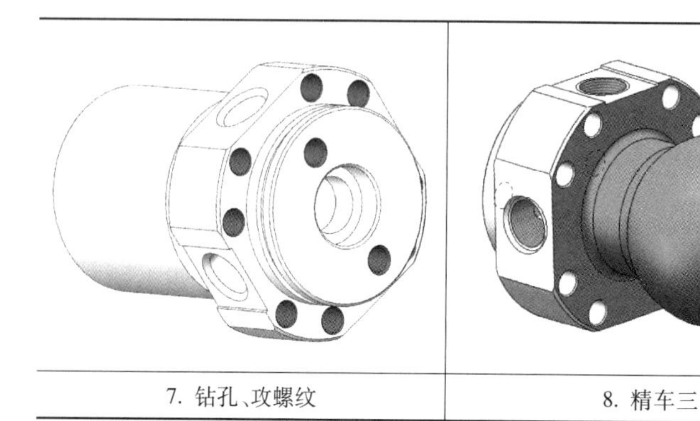

| 7. 钻孔、攻螺纹 | 8. 精车三 | |
|---|---|---|

**【知识拓展】**

## 一、车铣复合加工工艺

### 1. 车铣复合加工简介

目前应用最广泛、难度最大的复合加工就是车铣复合加工，车铣复合加工的理念是“一次装夹、全部完工”，即在一次装夹定位情况下，机床可以进行车、铣、钻、镗等加工任务。车铣复合加工为复杂零件、高精密零件和难加工零件提供了先进的解决方案，解决了传统加工中心难以解决的加工难题。图 7-4 所示为适合车铣复合加工的精密、结构复杂零件。与普通数控加工工艺相比，车铣复合加工工艺具有工序集中和编程复杂的特点。为使车铣中心的功能得到充分发挥，应在一台机床上加工尽量多的内容，对尺寸和位置精度要求高的部位尽量安排在一次装夹中完成。制订车铣复合加工工艺时，应重点考虑三个方面的问

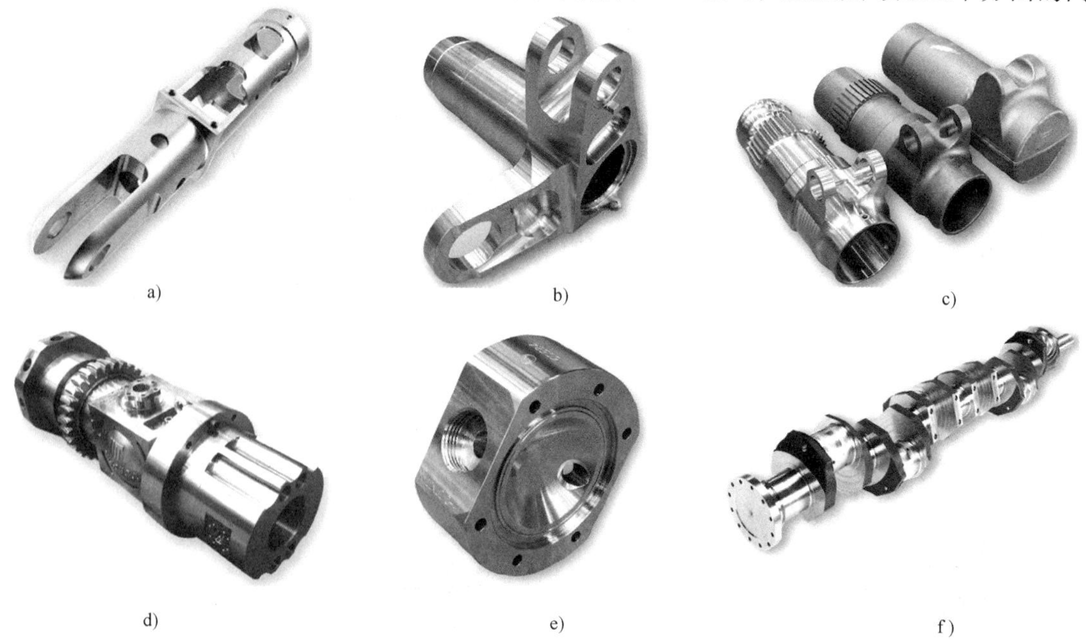

a)　b)　c)　d)　e)　f)

图 7-4　适合车铣复合加工的精密、结构复杂零件

题：工序安排、刀具选用和装夹方式选择。工序安排合理可以减小零件变形，使加工精度更容易得到保证；刀具选用合理能有效提高加工效率和加工质量；装夹方式选择适当可以使装夹牢靠，减少装夹次数，方便程序的编制。

在实际加工过程中并不能完全实现“一次装夹、全部完工”的加工理念，在实际加工过程中要考虑生产成本、探伤、热处理工艺等因素，做到粗、精加工分开，合理穿插安排探伤、热处理工艺等，将车铣复合加工中心和普通机床结合起来使用，有利于降低加工成本及提高效率。装夹面和定位基面可以安排在普通机床上进行加工。对功率和扭矩要求大的粗加工以及对加工精度要求不高的加工工序应安排在普通机床或数控机床上进行，这样可以充分发挥关键设备在难加工和精加工方面的优势，提高设备利用价值。

**2. 车铣复合加工中心**

车铣复合加工中心是具有数控车削、数控铣削、数控镗孔加工，甚至数控插齿、滚齿等多种加工功能的数控加工中心。车铣复合加工中心按加工特点可分为以车削为主的车铣复合加工中心和以铣削为主的铣车复合加工中心两种类型。

奥地利WFL车铣技术公司是世界唯一专门从事“复合加工”技术的车铣复合加工中心的制造企业。WFL车铣技术公司可提供中心距2~12m，车削直径520~1500mm的车铣加工中心。WFL车铣复合加工中心（图7-5）是在数控车床的基础上，增加了5轴数控铣削功能，主要用于加工曲轴类、筒杆类、发动机活塞等形状复杂、精度要求高的异形回转体零件。该车铣复合加工中心不仅实现了极高的重复定位精度，同时还可以测量及补偿由不可避免的外界因素产生的误差。WFL公司还提供大量软件，使得特殊操作如在线测量、偏心铣或滚齿的编程变得非常容易。为避免碰撞，WFL提供防碰撞软件，可在加工过程中实时监控并能在离线状态下进行模拟。同类型的车铣复合加工中心还有CTX/TC车铣复合加工中心（图7-6）。

a)

b)

图7-5　WFL车铣复合加工中心

DMU FD铣车复合加工中心（图7-7）以铣为主，可一次装夹完成铣削和车削加工，它配万能摆动铣头，因此能承担5面和5轴加工任务，该铣头可在水平位置与垂直位置间无级调整并用作B轴（选配A轴）。DirectDrive（直接驱动）技术的工作台，车削最高转速可达1200r/min，主要用于模具芯、行星齿轮座、曲轴箱等复杂异形非回转类零件的加工。

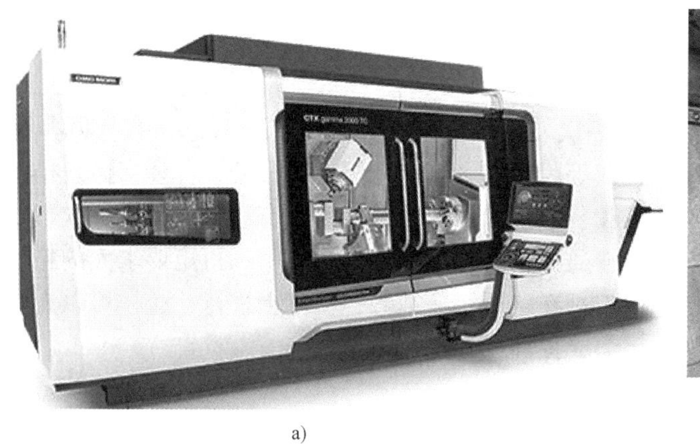

a)

b)

图 7-6　CTX/TC 车铣复合加工中心

a)

b)

c)

图 7-7　DMU FD 铣车复合加工中心

目前，大多数的车铣复合加工，在车削中心上完成，而一般的车削中心只是把数控车床的普通转塔刀架换成带动力刀具的转塔刀架，主轴增加 C 轴功能。由于转塔刀架结构、外形尺寸的限制，动力头的功率小、转速不高，也不能安装较大的刀具。这样的车削中心以车为主，铣、钻功能只是做一些辅助加工。DMG ecoTurn 系列万能车削中心（图 7-8）具有极

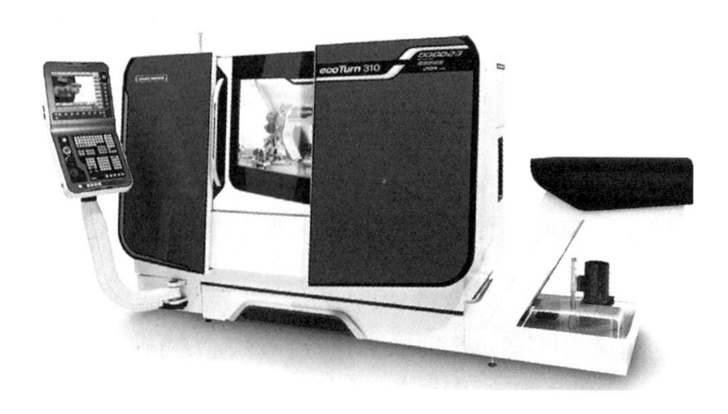

图 7-8　DMG ecoTurn 系列万能车削中心

高的刚性，具备了高速伺服刀塔和30m/min快移速度构成的最佳技术，重复定位精度优于0.008 mm，确保机床在难加工条件下能进行高精度的加工。标配12个VDI动力刀位和6个旁刀位（选配）的VDI 40/50刀塔。

### 3. 车铣复合加工的数控编程技术

车铣复合加工技术的发展，也对数控编程技术提出了更高的要求，一般利用CAM软件或设备制造企业自主开发的软件进行编程。与传统的数控编程技术相比，车铣复合加工的程序编制难点主要体现在以下几个方面。

（1）工艺种类繁杂　对于工艺人员来说，不仅要能掌握数控车削、多轴铣削、钻孔等多种加工方式的编程方法，而且应对工序间的衔接与进退刀方式进行准确界定。因此在进行数控编程时，需要对当前工序加工完成后的工序模型和加工余量的分布有直观的认识，以便于下一道工序的程序编制和进退刀的设置。

（2）程序编制过程中串并行顺序的确定必须严格按照工艺路线确定　许多零件在车铣复合加工中心上加工时可实现从毛料到成品的完整加工，因此加工程序的编制结果必须同工艺路线保持一致。同时，对于多通道并行加工也需要在数控加工程序编制的过程中进行综合考虑。可见，为实现高效的复合加工应该发展工艺—编程—仿真一体化的工艺解决方案。

（3）对于车铣复合加工的某些功能，目前的通用CAM软件尚不支持　与常规单台设备加工相比，车铣复合加工具备的机床运动和加工功能要复杂得多，目前的通用CAM软件尚不足以完全支持这些先进功能的程序编制，如在线测量、切断、自动送料、尾座控制等。因此，利用通用CAM软件编制出来的程序仍然需要大量的手工或交互的方式才能应用于自动化的车铣复合加工。

（4）加工程序的整合　目前通用CAM软件编制完成后的NC程序之间是相互独立的，要实现车铣复合这样复杂的自动化完整加工，需要对这些独立的加工程序进行集成和整合。这种整合必须以零件的工艺路线为指导，首先确定出哪些程序是并行的，然后对不同工艺方法的工序进行确定，并给出准确的换刀、装夹更换、基准转化及进退刀指令等。

### 4. 车铣复合加工工艺

与常规数控加工工艺相比，车铣复合加工具有的突出优势主要表现在以下几个方面。

（1）缩短产品制造工艺链，提高生产效率　车铣复合加工可以实现一次装夹完成全部或者大部分加工工序，从而大大缩短产品制造工艺链（图7-9）。这样一方面减少了由于装夹改变导致的生产辅助时间，同时也减少了工装夹具制造周期和等待时间，能够显著提高生产效率。

（2）减少装夹次数，提高加工精度　装夹次数的减少避免了由于定位基准转化而导致的误差积累。同时，目前的车铣复合加工设备大都具有在线检测的功能，可以实现制造过程关键数据的在线检测和精度控制，从而提高产品的加工精度。

（3）减少占地面积，降低生产成本　虽然车铣复合加工设备的单台价格比较高，但由于制造工艺链的缩短和产品所需设备的减少，以及工装夹具数量、车间占地面积和设备维护费用的减少，能够有效降低总体固定资产的投资、生产运作和管理的成本。

### 5. 动力刀塔和动力刀座

在车铣复合加工中心中，具有分度功能的C轴头部、副主轴、Y轴等，都必须搭配动力刀塔才能具备车铣复合的功能。依据加工的方式不同，动力刀塔可分为圆形轴向刀塔与多角

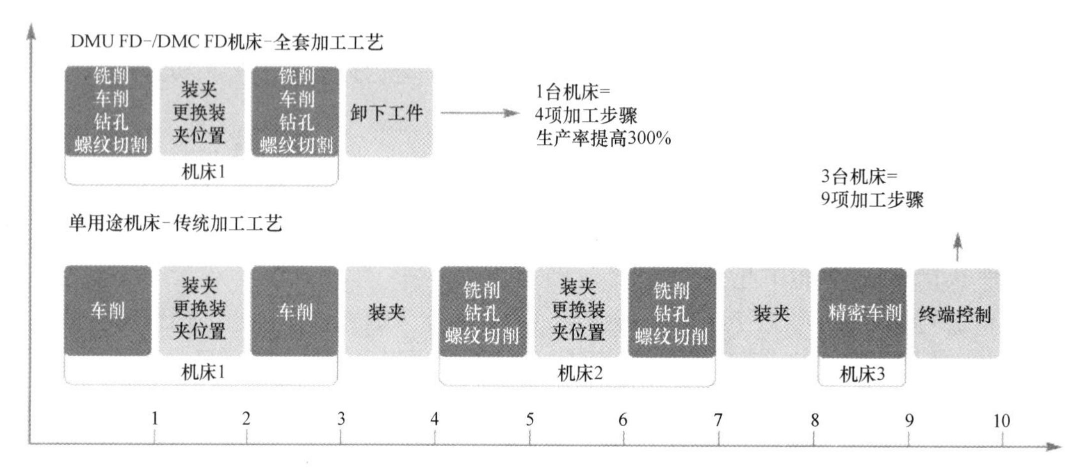


图 7-9　车铣复合加工工艺与传统加工工艺对比

形径向刀塔。圆形轴向刀塔（图 7-10）刚性较佳，但刀具干涉的范围较大，而多角形径向刀塔（图 7-11）虽然刚性略差，但是当搭配副主轴时，可进行背向加工，刀具干涉的范围相较于圆形轴向刀塔小很多。

图 7-10　圆形轴向刀塔

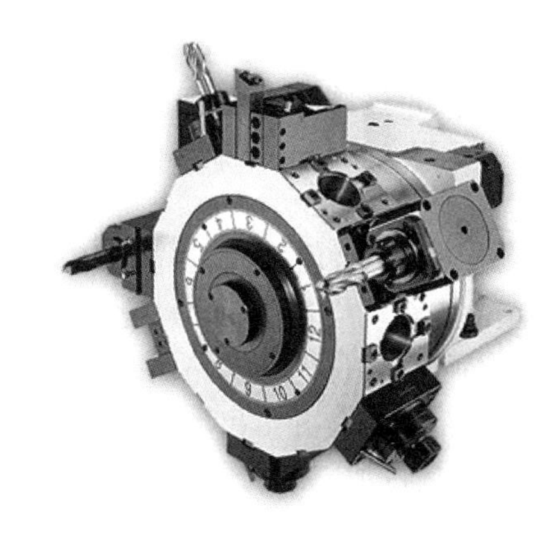

图 7-11　多角形径向刀塔

动力刀座种类众多，按照机床种类主要分为 VDI 刀座、BMT 刀座及日本刀座，其中以 VDI 刀座应用最为广泛。每种类型又分为固定刀座（图 7-12～图 7-14）和动力刀座（图 7-15～图 7-20）两种，动力刀座根据结构和外形可分为 0°（直柄）动力刀座、90°（直角）动力刀座、直

图 7-12　VDI 固定刀座

图 7-13　BMT 固定刀座

图 7-14　日本固定刀座

角后缩动力刀座、轴向偏置动力刀座、角度可调动力刀座、双头动力刀座等。根据冷却方式可分为外冷式刀座和外冷加内冷（中心冷）式刀座。根据输入输出转速比则可分为等速刀座、升速刀座和降速刀座。

图 7-15　0°（直柄）动力刀座

图 7-16　90°（直角）动力刀座

图 7-17　直角后缩动力刀座

图 7-18　轴向偏置动力刀座

图 7-19　角度可调动力刀座

图 7-20　双头动力刀座

车削中心一般是采用由固定刀座完成工件的外圆、端面、钻中心孔、镗和铰等工艺，而由动力刀塔上的动力刀座与主轴的 C 轴功能配合，完成工件的铣削、钻孔、攻螺纹及滚齿等。对于要求一次装夹完成全部加工以保证工件精度，且加工要求以车削为主（60%～95%），铣削等为辅（5%～40%）的工件特别适合在车削中心上进行加工。

动力刀座从诞生发展到现在已有几十年的历史，目前已发展到了第三代。

第一代动力刀座为分体式，其尾部和刀座本体通过四个螺栓连接，刀座的刚性不强、精度不高、扭矩较小、转速也低，目前用于入门级的车削中心。

第二代动力刀座采用整体式设计，刚性和精度大大提高，扭矩增大，转速提高到 6000r/min，有中心冷功能，这是目前市场上存在最多的动力刀座。它只能采用 ER 弹簧夹头、夹持钻头和立铣刀等刀具，可加工的范围比较窄，同时由于 ER 夹头的限制，刀链系统的整体刚性和精度很难提高。这些已经成为制约动力刀座发挥功能的最后瓶颈。

第三代动力刀座在保持刀链系统刚性和精度的基础上增加了一种 PRECI-FLEX 精灵快换系统接口，这种接口是一种刚性连接接口，采用了短锥和平面的配合定位，具有很高的精度（重复定位精度小于 5μm），并且具有极高的刚性。PRECI-FLEX 快换系统（图 7-21）由德国瑞品有限公司（ESA EPPINGER）开发并获得专利的技术。PRECI-FLEX 快换接口的接柄锥度是 DIN6499，和 ER 弹簧夹头的锥度相同，这样能够保证弹簧夹头在这种接口的刀座上继续使用，既可以保护客户先前的投资，又能兼顾今后的技术拓展。同类型产品还有德国 WTO 公司的 QuickFlex 快换系统（图 7-22），该系统整合于驱动式刀架之内，与 Trifix 高精度界面相结合，可确保高精度、高硬度和良好的切削性能。

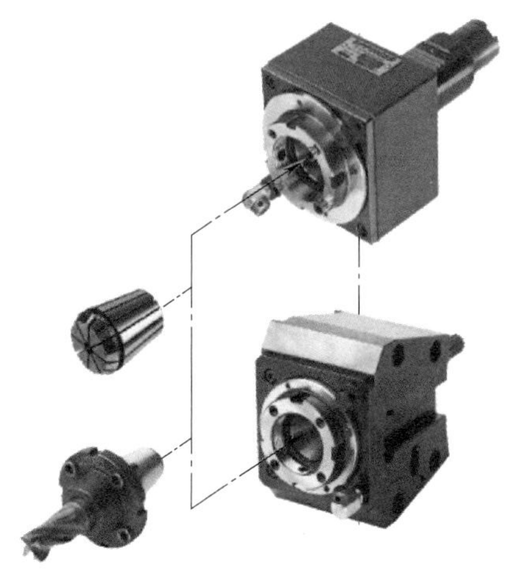

图 7-21　PRECI-FLEX 快换系统

图 7-22　QuickFlex 快换系统

第三代动力刀座的出现，快换接柄的刚性和高精度连接替代了 ER 弹簧夹头的柔性连接，使得整个刀链系统的瓶颈被打破，整个刀链系统的精度和刚性大幅提高。同时，也使得动力刀座“一座多能”，能够快速、精确地实现钻、立铣、面铣、铰和磨等功能的转换，进一步扩展了已有刀座的加工范围，可以发挥出与小型加工中心主轴相当的功效，并且有效地降低昂贵的刀座固定投资。

**6. 车铣复合加工刀具**

车铣复合加工机床一般都可以兼容使用目前常用的各类旋转刀具和车削刀具。典型车铣复合加工机床机内结构布局：上部铣、钻、镗主轴单元与常规数控铣钻加工设备类似，可以使用各类回转刀具；下部刀塔与数控车床刀塔类似，可以装夹各类内外圆车刀。同时，车铣复合加工机床还具有更高的灵活性，出现了各种各样可以装在铣、钻、镗主轴单元上的车削刀具，可以不使用下部刀塔而完成车削加工。

车铣复合加工机床的灵活性还引导发展了多任务刀具。多任务刀具是指一把刀具能完成数把刀具完成的加工内容，一次安装多次走刀，极大提高了刀具的柔性。例如山特维克公司的 CoroPlex 多任务刀具提供了高可达性、高稳定性和高效率，减少了换刀时间，节省了刀具室空间，降低了成本。CoroPlex 多任务刀具（图 7-23）有五合一刀具（1 把铣刀和 4 把车刀）、双刃刀具（车刀合二为一）、小型转塔刀具（车刀四合一）等形式。

## 二、螺纹铣削

传统的螺纹加工方法主要有采用螺纹车刀车削螺纹或采用丝锥、板牙手工攻螺纹及套螺纹。随着数控加工技术的发展，尤其是三轴联动数控加工系统的出现，使更先进的螺纹加工方式即螺纹的数控铣削得以实现。数控铣削螺纹是利用螺纹铣刀借助加工中心的三轴联动功能及 G02 或 G03 螺旋插补指令，完成螺纹铣削工作。螺纹铣削加工与传统螺纹加工方式相比，在加工精度、加工效率方面具有极大优势，且加工时不受螺纹结构和螺纹旋向的限制，如一把螺纹铣刀可加工多种不同旋向的内、外螺纹。对于不允许有过渡扣或退刀槽结构的螺纹，采用传统的车削方法或丝锥、板牙很难加工，但采用数控铣削却十分容易实现。此外，螺纹铣刀的刀具寿命是丝锥的十多倍甚至数十倍，而且在数控铣削螺纹过程中，对螺纹直径

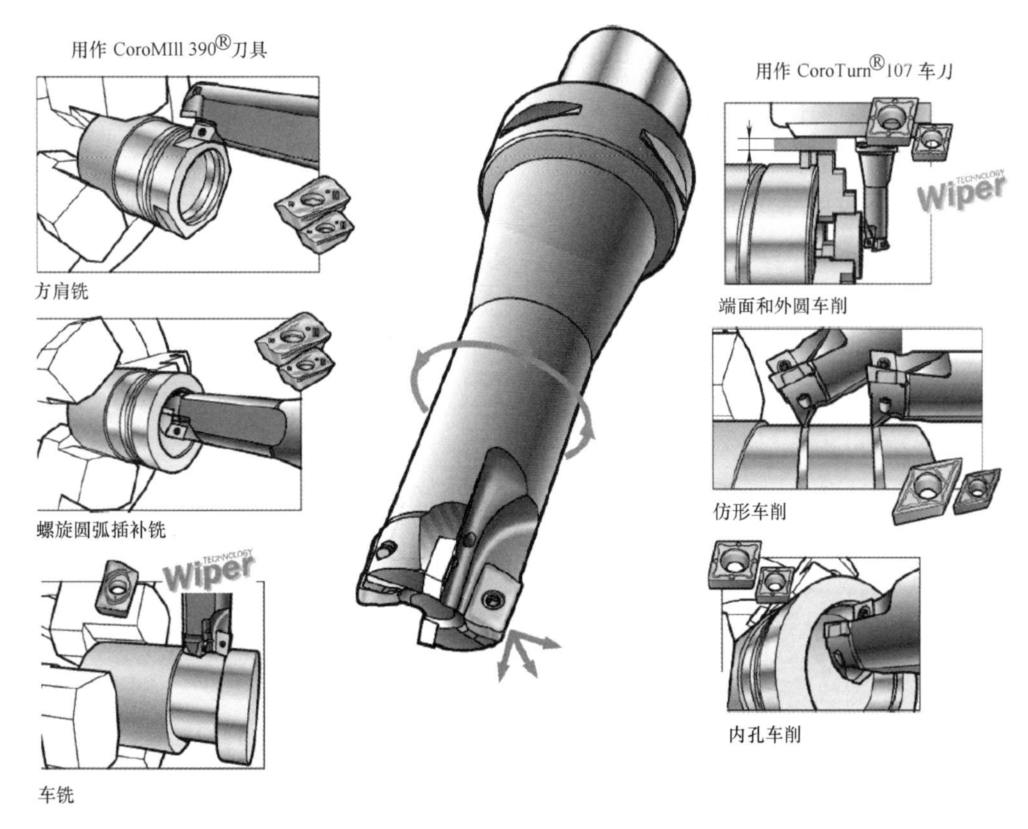


图 7-23 CoroPlex 多任务刀具

尺寸的调整极为方便，这是采用丝锥、板牙难以做到的。由于螺纹铣削加工的诸多优势，在生产中已得到较广泛地使用。在进行螺纹铣削编程前需对螺纹铣刀进行选择。

### 1. 螺纹铣刀的选择

选择螺纹铣削的前提是螺纹铣刀需要在三轴联动（或三轴联动以上）加工中心上才可以使用，一般只能加工 3 倍刀具刃径的螺纹长度，如果超过 3 倍刀具刃径的螺纹长度则需要深孔螺纹铣刀。然后需要了解螺纹的相关参数，主要包括螺纹规格、螺纹长度、内/外螺纹等。最后还要了解被切削材料的性能，包括材料硬度、工件数量等。

有了这些条件后，一般遵循以下原则选用螺纹铣刀。

（1）材料硬度　一般硬度超过 40HRC 的材料，就需要选用高硬度的螺纹铣刀。

（2）螺纹长度　螺纹长度应不超过刀具刃径的 3 倍，螺纹长度较长时尽量选择整体硬质合金螺纹铣刀。

（3）螺纹尺寸　一般来讲 M12 以下选用整体硬质合金螺纹铣刀，超过这个规格选择可转位螺纹铣刀。如果表面粗糙度值要求较小时，则应选用整体螺纹铣刀。

（4）加工批量　单件、小批量应选用单齿、螺距可调的螺纹铣刀，中批量一般选用整体螺纹铣刀，大批量选用可转位螺纹铣刀。

（5）内冷式/外冷式螺纹铣刀　除非是高硬度材料、特别难加工的材料、深孔螺纹或者要求小表面粗糙度值的螺纹，否则都可以用外冷式螺纹铣刀。

### 2. 螺纹铣削编程举例

一般螺纹铣刀供应商会提供专用的螺纹铣削编程软件，比如以色列 VARGUS 螺纹铣削编程（图 7-24），只要按软件提示的步骤，选择、填写相关参数，自动推荐螺纹铣刀，最后只要选择对应的数控操作系统，会自动导出数控程序。

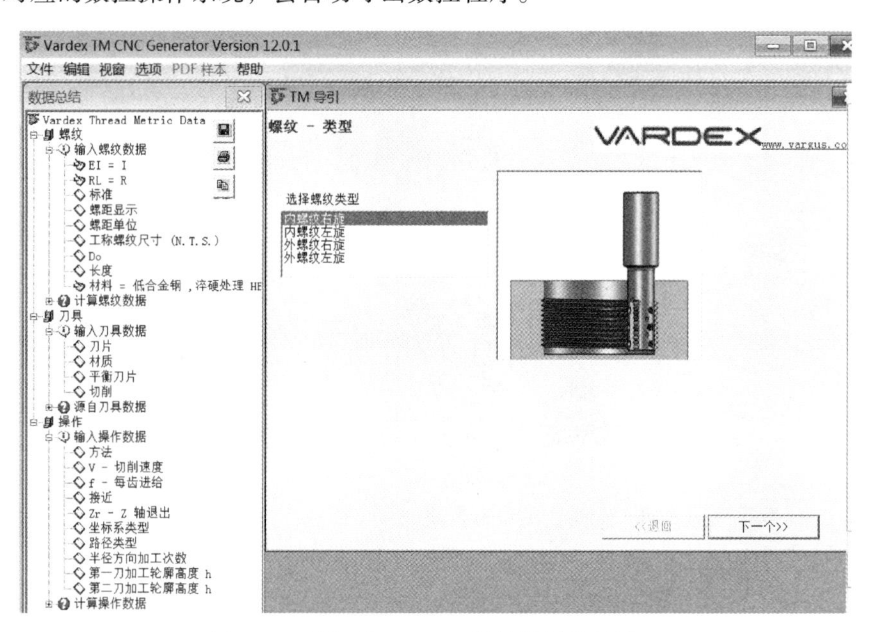


图 7-24 以色列 VARGUS 螺纹铣削编程界面

## 任务 2 缸头法兰的加工

**【任务描述】**

按计划完成零件的加工。

**【任务准备】**

锯床、普通车床、台钻、数控车床、四轴加工中心、刀具、量具、三坐标测量机等。

**【任务实施】**

任务实施过程参考项目 2，填写相关表格。

**【项目小结】**

本项目通过缸头法兰的加工，系统学习了单件生产零件的工艺设计方法，对单件生产工艺和批量生产的工艺的区别有了进一步的认识，进一步提高了读图能力、工艺设计能力、成本分析能力以及质量分析能力、团结协作能力及项目管理能力。在学习过程中要做到举一反三。

**【撰写项目报告】**

缸头法兰加工完成后，撰写项目报告。报告内容主要依据每个任务的完成情况，主要包括缸头法兰的图样分析、加工工艺方案分析、缸头法兰的加工与检测、质量分析、工艺改进、夹具优化等内容。报告附录部分包括零件图、单件生产工艺流程、毛坯清单、外购件清单、加工设备清单、刀具清单、量具清单、数控加工程序等。最后提交报告的打印稿及全套资料的电子稿。

# 项目8

# 箱体的工艺设计与加工

## 【项目描述】

本项目以每月加工200件箱体（图8-1）为例，零件材料为HT200，内容涉及箱体类零件的工艺设计、四轴铣床夹具的设计制造以及箱体零件的加工与检测。拓展知识点涉及适合具有精密孔系类零件加工的机床以及角度头和数控平旋盘的使用、组合刀具、箱体加工工艺及喷丸工艺等。

## 【教学目标】

**知识目标：**

（1）箱体类零件的工艺设计

（2）适合精密孔系类零件加工的机床选择

（3）角度头的使用

（4）数控平旋盘的使用

（5）组合刀具

（6）喷丸工艺

（7）四轴铣床夹具的设计制造

**能力目标：**

通过本项目的学习，进一步提高读图能力、工艺设计能力、成本分析能力、夹具设计能力、夹具装配能力、箱体类零件的加工能力及质量分析能力，同时可以提高项目小组的团结协作能力、项目管理能力。

## 【任务分解】

任务1　箱体的工艺设计

任务2　四轴铣床夹具的设计

任务3　四轴铣床夹具的制造

任务4　箱体的加工

## 【项目实施建议】

由于本项目涉及零件的工艺设计、夹具设计及零件加工，为保证项目的按时完成，建议

项目小组成员 4~6 人为宜，通过分工协作完成各个任务，在任务 1 工艺设计方案讨论阶段，全体组员参与，工艺流程一旦确定，提出夹具设计要求，留下 1~2 人完善工艺设计方案，绘制工艺卡，编写数控程序，其余人员参与夹具方案的设计与优化。夹具设计方案确定后，留 2 人完成夹具的设计及工程图的绘制，留 1 人做生产准备，主要任务为毛坯准备、设备使用、刀具、量具及外购件等清单的提交与落实。在安排任务过程中，要学会合理安排时间，力求做到生产进度均衡。

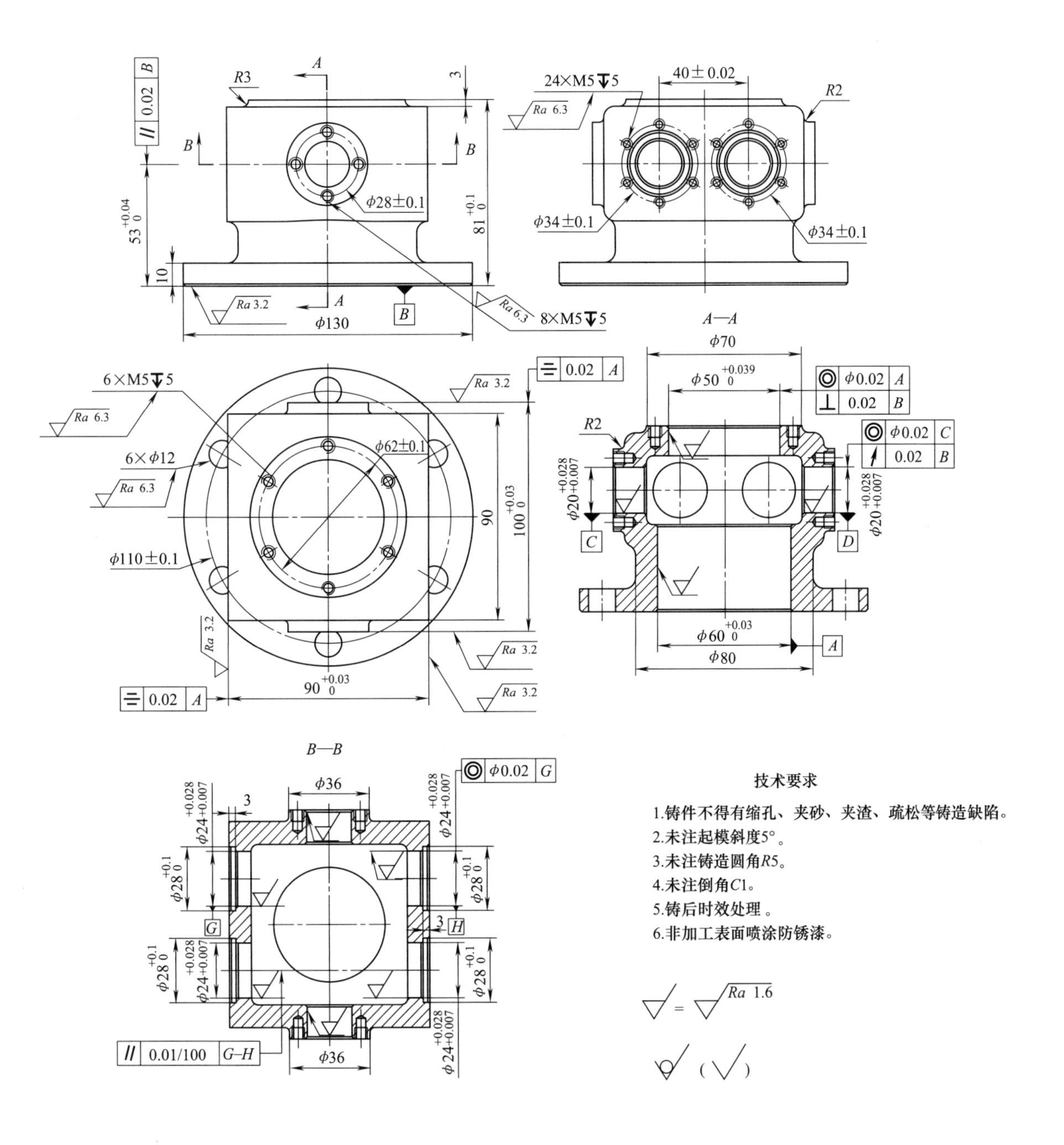


图 8-1　箱体的零件图

# 任务1　箱体的工艺设计

## 【任务描述】

按300件的生产量设计工艺方案，车间有普通车床、普通铣床、钻床、数控车床及四轴加工中心等设备。

## 【任务准备】

SolidWorks或UG软件、CAXA或AutoCAD软件、《机械加工工艺师手册》《刀具设计手册》等。

## 【任务实施】

### 1. 零件图样分析

零件的图样分析主要从以下几方面进行。

1）读懂零件图，审查图样完整性、准确性，查看零件的结构、材料、热处理及表面处理的合理性。

2）搞清材料牌号含义，分析毛坯的形式。

3）分析零件的几何特征以及零件图的尺寸精度、几何公差、表面粗糙度等，重点关注尺寸公差、几何公差以及表面粗糙度值小于或等于1.6μm的加工特征，找出可能的加工方法及检测手段。

4）对有表面处理要求的，分析可采取的工艺方法，要选择符合绿色环保要求的表面处理工艺。

图样分析完成，填写表8-1。

表8-1　图样分析结果

| 图样的完整性及合理性 | |
|---|---|
| 材料牌号含义及可加工性 | |
| 生产类型 | |
| 毛坯形式 | |
| 常见毛坯缺陷 | |
| 可能的热处理及定义 | |
| 几何特征 | 可能的加工方法 |
| 上、下端面 | |
| 侧平面 | |
| 平行孔系 | |
| $\phi50^{+0.039}_{0}$、$\phi60^{+0.03}_{0}$mm通孔 | |
| $\phi20^{+0.028}_{+0.007}$、$\phi24^{+0.028}_{+0.007}$mm通孔 | |
| $\phi28^{+0.1}_{0}$mm沉孔 | |

（续）

| M5 ↧ 5 孔 | |
|---|---|
| 尺寸精度 | 可能的检测设备及规格 |
| $\phi60^{+0.03}_{0}$mm 孔 | |
| $\phi50^{+0.039}_{0}$mm 孔 | |
| $\phi20^{+0.028}_{+0.007}$mm 孔 | |
| $\phi24^{+0.028}_{+0.007}$mm 孔 | |
| $\phi28^{+0.1}_{0}$mm 孔 | |
| $90^{+0.03}_{0}$mm | |
| $100^{+0.03}_{0}$mm | |
| $\phi(110\pm0.1)$mm | |
| $53^{+0.04}_{0}$mm | |
| $(40\pm0.02)$mm | |
| $\phi(34\pm0.1)$mm | |
| 几何公差 | 可能的检测设备及规格 |
| ◎ \| φ0.02 \| C | |
| ↗ \| 0.02 \| B | |
| ◎ \| φ0.02 \| A | |
| ⊥ \| 0.02 \| B | |
| ≡ \| 0.02 \| A | |
| // \| 0.01/100 \| G–H | |
| ◎ \| φ0.02 \| G | |
| 表面质量 | 可能的检测设备及规格 |
| $Ra1.6\mu m$ | |
| $Ra3.2\mu m$ | |

2. 零件的机械加工工艺分析

零件的机械加工工艺分析主要按以下几个步骤进行。

1）根据零件的生产量及交货周期确定零件的生产类型。

2）根据企业的设备状况及操作人员水平，列出可能的机械加工工艺路线图。

3）从质量、交货期及成本等方面综合考虑，确定最优的机械加工工艺方案。

4）提出夹具设计要求及初步方案，主要包括加工的特征、设备名称和型号、要求的生产节拍及定位尺寸要求等。

工艺分析完，填写表 8-2。

表 8-2　零件的机械加工工艺分析结果

| | | 优点 | 缺点 |
|---|---|---|---|
| 工艺方案一 | | | |
| | | | |
| | | | |

（续）

| | | | |
|---|---|---|---|
| 工艺方案二 | | | |
| | | | |
| | | | |
| 工艺方案三 | | | |
| | | | |
| | | | |
| 最终的工艺方案 | | | |
| 夹具设计要求及方案 | | | |

### 3. 零件的机械加工工艺文件设计

零件的机械加工工艺文件一般采用二维 CAD 软件绘制，为验证读图的正确性，建议按以下步骤进行。

（1）零件的三维建模及工程图绘制　利用三维 CAD 软件，完成零件的三维建模，结果如图 8-2 所示，完成零件的工程图，与图 8-1 对比，如果一致，说明读图正确。

（2）零件的工程图转换及修改　将零件的工程图导出或另存为 .dwg 格式，利用 CAXA 或 AutoCAD 软件读取工程图，按照国家标准修改工程图，修改内容包括图层、线型、颜色、线宽及图框。最后填写技术要求及标题栏。修改后零件的工程图如图 8-3 所示。

（3）绘制零件的工艺文件　根据以上分析，利用二维 CAD 软件绘制零件的工艺文件，包括封面、综合过程卡、热处理卡、机械加工过程卡（刀具、切削参数）及质量检查卡。

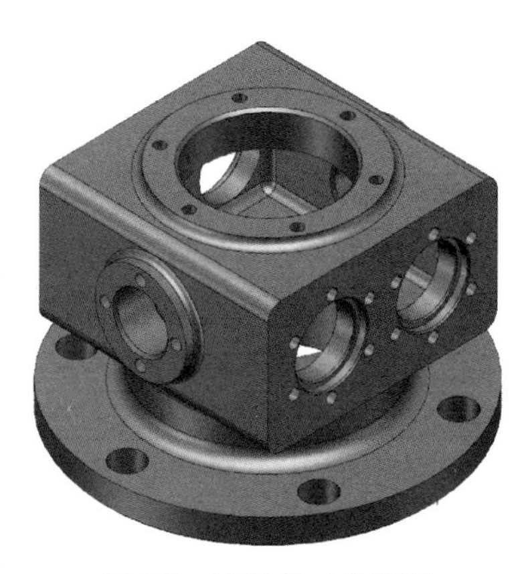

图 8-2　零件的三维模型

**【任务实施参考】**

箱体类零件具有以下几个特点：一是加工内容多，特别是孔多、面多，需频繁更换机床、刀具；二是加工精度要求高，特别是孔系的几何公差，采用普通机床加工质量难以保证，且由于工艺流程长、周转次数多，生产效率难以提高；三是形状复杂，且大部分为薄壁壳体，工件刚度差，较难装夹。这种结构特点和技术要求决定加工中心是箱体加工的最佳选择。本箱体的加工难点主要表现在四周侧面交叉孔系的几何公差要求，四侧面及孔的精加工。建议采用四轴立式加工中心或卧式加工中心。在精加工阶段时，为提高生产效率，可采用多零件同时加工。例如顶面及其螺孔的加工，除了可以采用精车的方案，还可以在立式加工中心上设计铣床夹具，以中间 $\phi60^{+0.03}_{0}$mm 孔定位，采用多零件铣削加工；顶面和顶面的孔也可以设计钻模，在钻床上加工，降低生产成本；四侧面螺孔也可以采用角度头，一次装夹完成全部加工；在立式加工中心上采用数控平旋盘，一次装夹完成底面、内孔、外圆及 6 个法兰孔的加工。本例兼顾生产成本及效率，采用常规加工工艺，粗加工采用普通机床，精加工采用数控车床和四轴立式加工中心，其参考工艺流程如下。

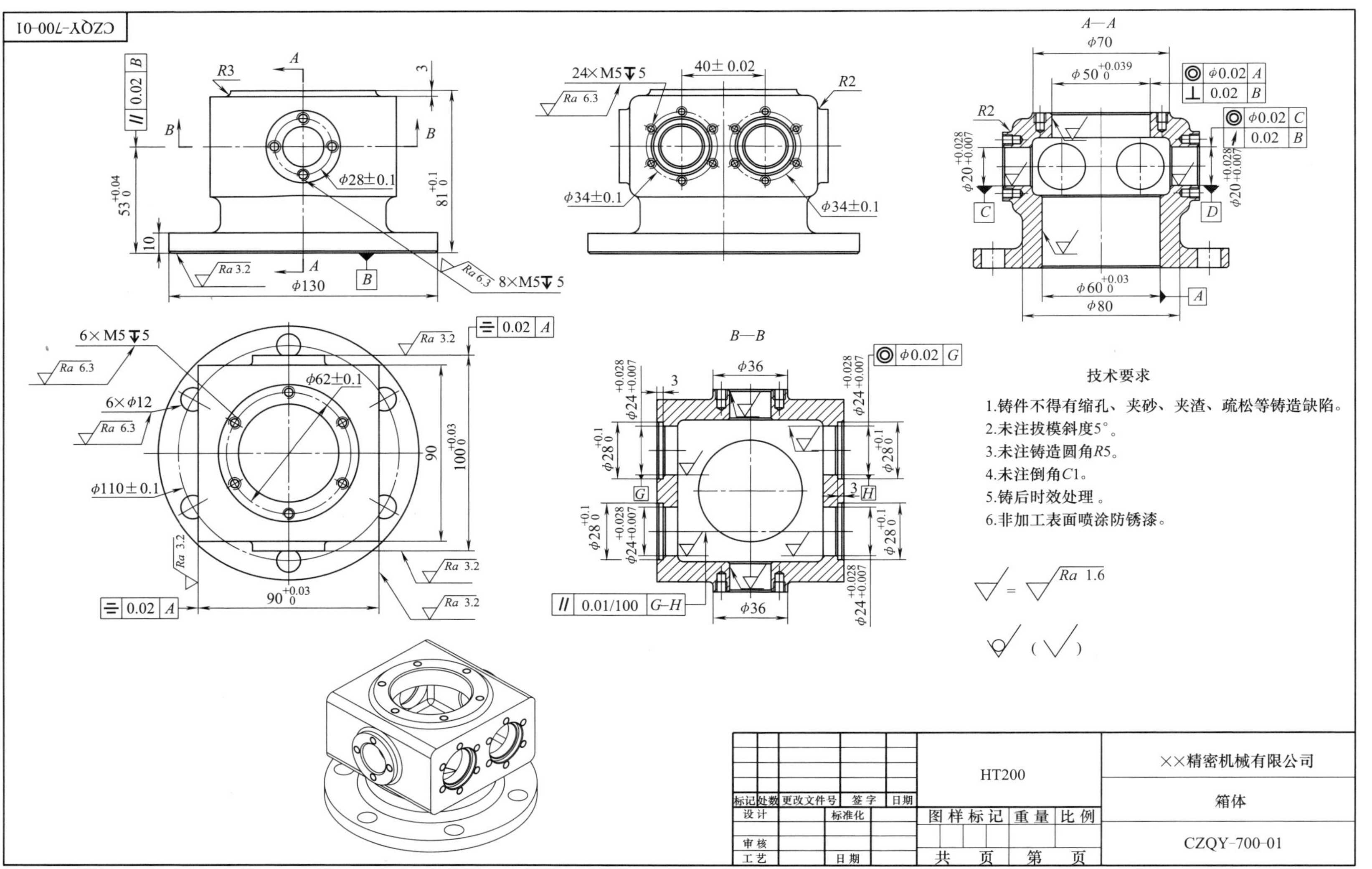


图 8-3　修改后零件的工程图

1）毛坯（铸件）。

2）时效处理。

3）涂底漆。

4）划线，尽量保证配合面加工余量均匀。

5）粗车底面、粗镗内孔。

6）粗车顶面。

7）粗铣侧面一。

8）粗铣侧面二。

9）退火。

10）喷丸。

11）精车底面、镗孔。

12）精车顶面。

13）钻、铰工艺孔。

14）钻孔、攻螺纹。

15）用四轴立式加工中心精铣四侧面、镗孔、钻孔、铰孔、攻螺纹。

16）修整、去毛刺。

17）检查。

18）清洗。

19）喷防锈漆。

20）涂防锈脂、入库。

零件的主要加工工艺过程见表 8-3。

**表 8-3　零件的主要加工工艺过程**

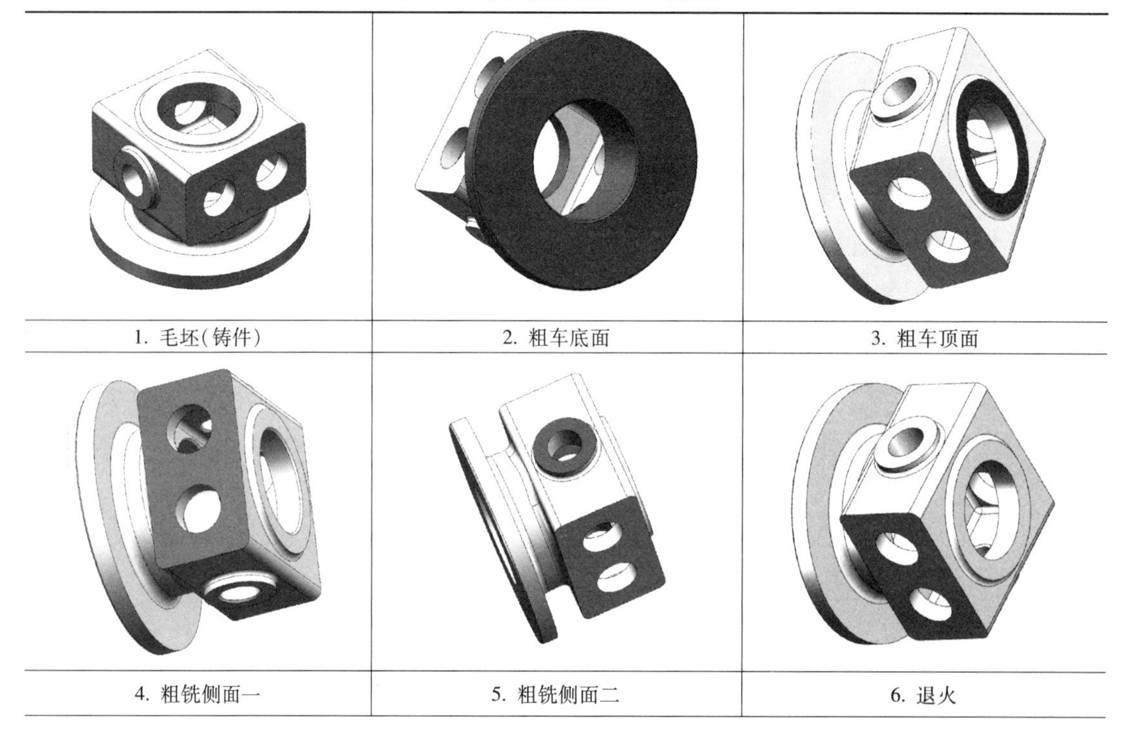

| 1. 毛坯(铸件) | 2. 粗车底面 | 3. 粗车顶面 |
|---|---|---|
| 4. 粗铣侧面一 | 5. 粗铣侧面二 | 6. 退火 |

（续）

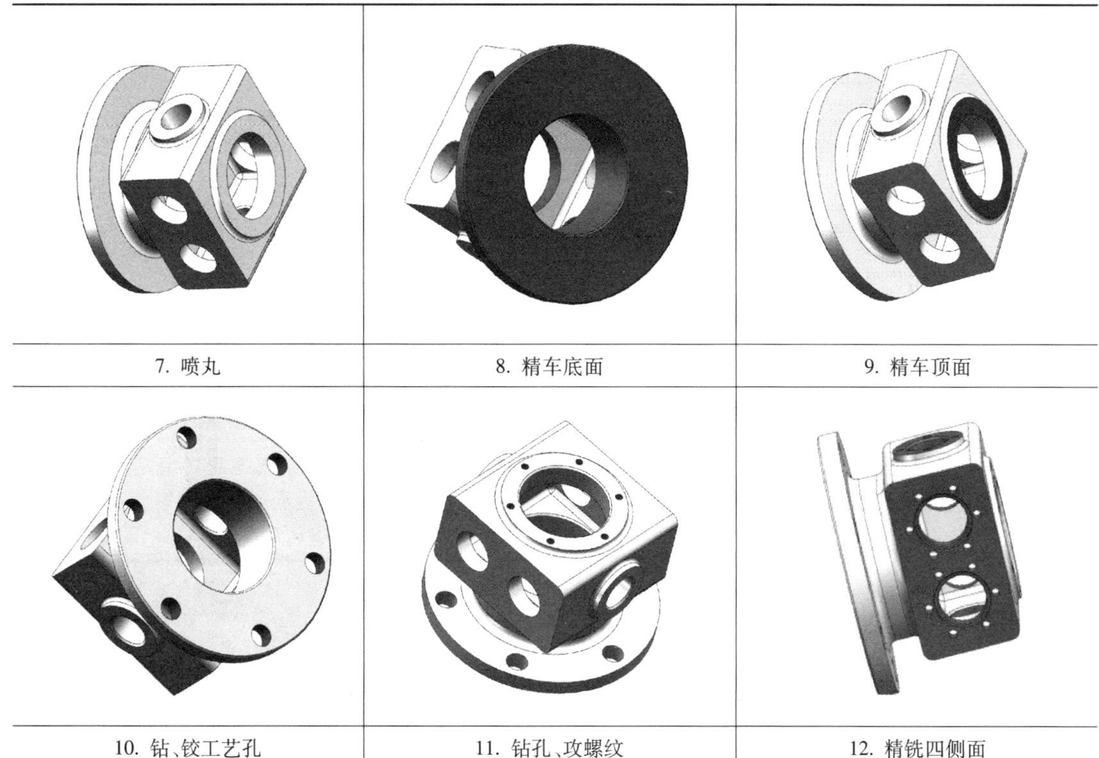

| 7. 喷丸 | 8. 精车底面 | 9. 精车顶面 |
| --- | --- | --- |
| 10. 钻、铰工艺孔 | 11. 钻孔、攻螺纹 | 12. 精铣四侧面 |

【知识拓展】

## 一、适合孔系类零件加工的机床

### 1. 卧式镗床

卧式镗床（图8-4）在一次装夹的情况下可进行钻孔、扩孔、镗孔、铰孔、铣削及车削螺纹等工作。同时机床带有平旋盘，平旋盘上滑块在平旋盘旋转时得到径向进给，能够镗削较大尺寸的孔，并进行车外圆、平面和切槽等加工。加工零件的尺寸精度可以达到IT7级，表面粗糙度值可以达到 $Ra1.6\mu m$。

图8-4　卧式镗床

### 2. 坐标镗床

坐标镗床是具有精密坐标定位装置，用于加工高精度孔或孔系的一种镗床。在坐标镗床上还可进行钻孔、扩孔、铰孔、铣削、精密刻线和精密划线等工作，也可对孔距和轮廓尺寸进行精密测量。坐标镗床适于在工具车间加工钻模、镗模和量具等，也用在生产车间加工精密工件。坐标镗床的结构特点是有坐标位置的精密测量装置。坐标镗床可分为单柱式坐标镗床、双柱式坐标镗床、卧式坐标镗床和精密坐标镗床。

（1）单柱式坐标镗床（图 8-5） 可完成钻孔、铰孔、攻螺纹、精密镗孔、精密铣削、坐标测量、精密划线等工作。其结构简单、操作方便，特别适宜加工板状零件的精密孔，但它的刚性较差，所以这种结构只适用于中小型坐标镗床。

（2）双柱式坐标镗床（图 8-6） 可完成钻孔、铰孔、攻螺纹、精密镗孔、精密铣削、坐标测量、精密划线等工作。机床设有垂直主轴箱和水平主轴箱，因此，一次装夹工件后可完成两个方向的加工。

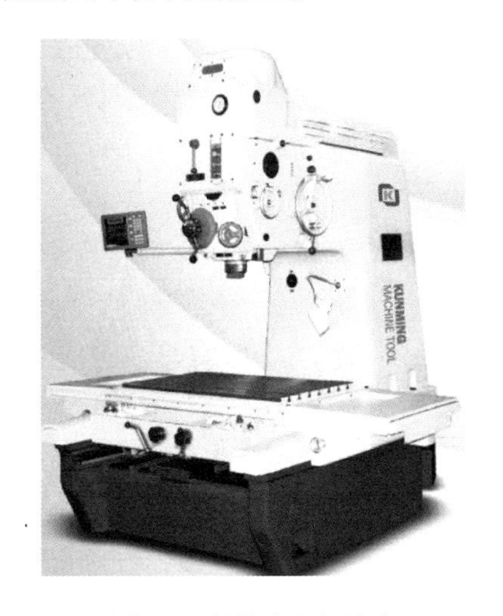

图 8-5 单柱式坐标镗床

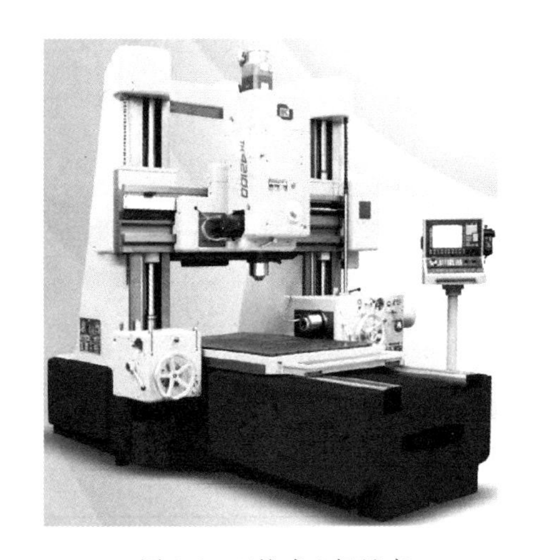
图 8-6 双柱式坐标镗床

（3）卧式坐标镗床（图 8-7） 由于主轴平行于工作台面，利用精密回转工作台可在一次安装工件后很方便地加工箱体类零件四周所有的坐标孔，而且工件安装方便、生产效率较高。这种镗床加工精度较高，适合箱体类零件的加工。工作台能在水平面内做旋转运动，进给运动可以由工作台纵向移动或主轴轴向移动来实现。

（4）精密坐标镗床（图 8-8） 位置控制精度：0.0001mm（线性光栅尺、全闭环）。线性定位精度：≤1μm/全行程。转台定位精度：≤1.5″/0～360°（分度单位 0.0001°）。适合于精密复杂箱体加工、表面铣削及精密镗孔加工等。

图 8-7 卧式坐标镗床

### 3. 金刚镗床

金刚镗床是一种高速精密镗床。因初期采用金刚石镗刀而得名，后已广泛使用硬质合金刀具。金刚镗床的种类很多，按布局形式可分为单面、双面和多面；按主轴的配置可分为立式（图 8-9）、卧式（图 8-10）和倾斜式；按主轴数量可分为单轴、双轴和多轴。这种镗床的工作特点是进给量很小，切削速度很高（600～800m/min）。它在大批量生产的汽车、拖

图 8-8 精密坐标镗床

拉机等行业中应用很广，主要用于加工连杆轴瓦、活塞、液压泵壳体等零件上的精密孔，在航空工业中也用于铝镁合金工件的加工。加工孔的圆度公差在 3μm 以内，表面粗糙度值为 *Ra*0. 08～0. 63μm。

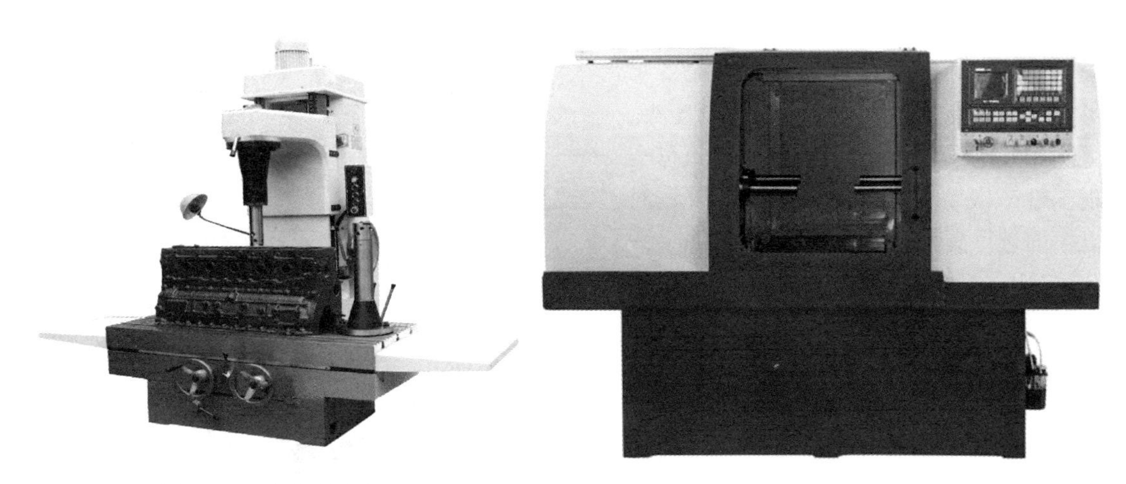

图 8-9 立式金刚镗床

图 8-10 卧式金刚镗床

### 4. 卧式加工中心

HDBS 系列高速卧式加工中心（图 8-11）是大连机床开发生产的具有国内领先水平、国际先进水平的卧式加工中心之一，机床主轴采用内藏式电主轴结构，最高转速可达 24000r/min，可实现两档变速，在满足低速切削要求的同时满足高速加工要求。该机床显著特点：高速、高精和高刚性。该机床广泛适用于汽车、模具、机械制造等行业的箱体零件、壳体零件、盘类零件、异形件的加工，零件经一次装夹可自动完成四个面的铣、镗、钻、扩、铰、攻螺纹的多工序加工。

### 5. 立式加工中心

INGERSOLL 系列立式加工中心（图 8-12）是英格索尔公司研发生产的具有国内领先水平、国际先进水平的新一代数控机床，机床的主体部分全部采用高强度铸铁，内部金相组织稳定。机床在设计过程中通过有限元分析使结构更加合理，保证了机床整体刚性。该机床不仅适用于板类、盘类、壳体类、精密零件的加工，而且适用于模具加工。零件经过一次装夹后可完成铣、镗、钻、扩、铰、攻螺纹等多工序加工。

图 8-11　HDBS 系列高速卧式加工中心

图 8-12　INGERSOLL 系列立式加工中心

#### 6. 龙门式五面体加工中心

龙门式五面体加工中心（图 8-13）采用了高精密滚珠丝杠驱动，并配备了可以进行 5 面及多种形状加工的角度头，适用于不同位置的加工（图 8-14），可实现工件一次装夹后，除安装底面外，对五个面进行高精、高效加工。

图 8-13　龙门式五面体加工中心

## 二、扩展孔系加工功能的机床附件

#### 1. 角度头

角度头（图 8-15）是一种机床附件，主要用于加工中心和镗铣床等，可装在刀库中，并可以在刀库和机床主轴之间实现自动换刀。使用角度头可在工件一次装夹中完成腔体内孔（图 8-16a）、侧面（图 8-16b）、斜面等加工，并可用于钻、铣、攻、大直径盘铣刀铣削。因角度头扩充了机床的使用性能，相当于给机床增加了一根轴，甚至在某些大型工件不易翻转或是高精度要求的情况下，比第四轴更实用。使用角度头，可有效解决三轴加工中心多次装夹的难题，使工序集中，提高生产效率和加工精度，可减少机床投入及人工成本。

- 角度头的种类

（1）直角角度头　该类型的角度头输出（可以是 ER 弹簧夹头或刀柄）与机床主轴成 90°角，用于工件的侧面加工。直角角度头有单输出型直角角度头（图 8-17）和双输出型直角角度头（图 8-18）以及用于内加工的偏置型直角角度头（图 8-19）等。

（2）特定角度输出型角度头　该类型的角度头输出（可以是 ER 弹簧夹头或刀柄）与机床主轴成一定的角度（这个角度可以任意指定，如 45°），用于工件特定斜面的加工，如图 8-20。

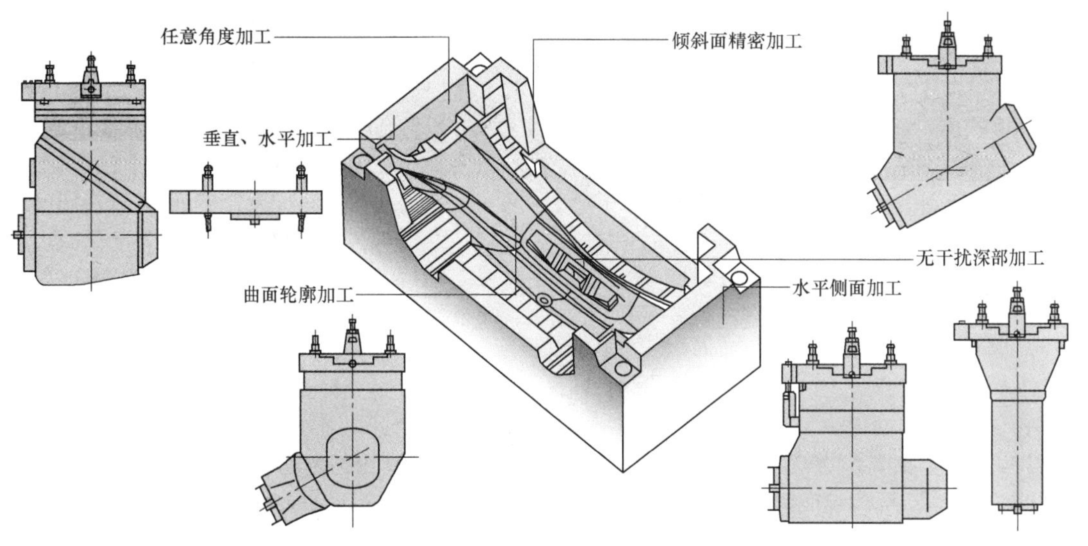


图 8-14　适用于不同加工位置的角度头排列

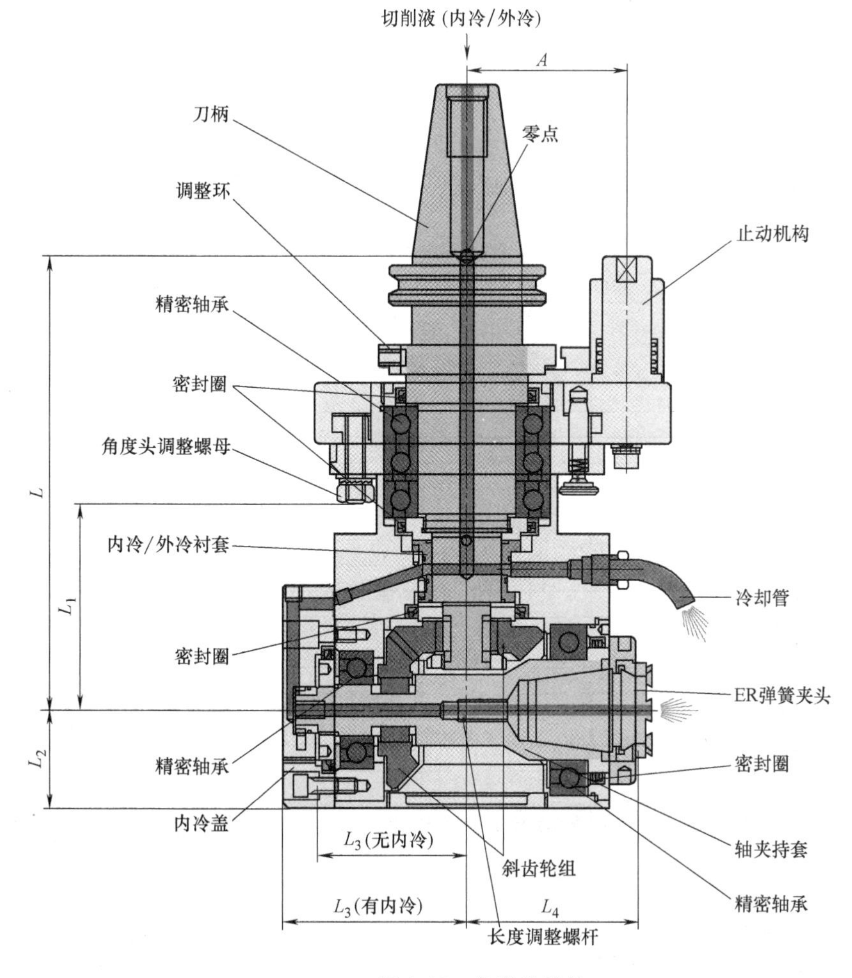


图 8-15　角度头结构

a)　　b)

图 8-16　角度头加工内孔和侧面

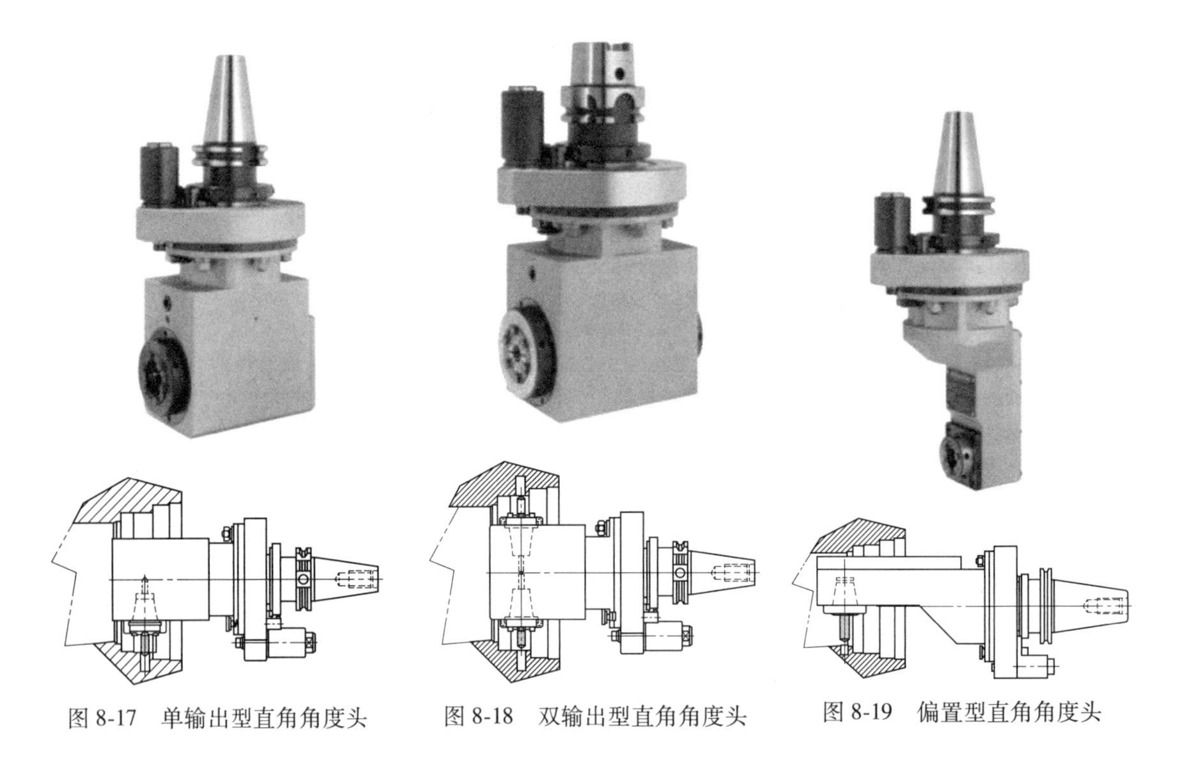
图 8-17　单输出型直角角度头　　图 8-18　双输出型直角角度头　　图 8-19　偏置型直角角度头

（3）可调角度型角度头　该类型的角度头输出（可以是 ER 弹簧夹头或刀柄）与机床主轴的角度在 0°~90°内可调，但也有特殊的，如德国 mimatic 角度头在 0°~98°可调。这种可调角度不连续，如每隔 15°可调，用于工件特定斜面的加工，如图 8-21 所示。

（4）万能角度头　也称摆角铣头，该类型的角度头输出与机床主轴的角度在 0°~90°内连续可调，用于工件特定斜面的加工，如图 8-22 所示。

图 8-20 特定角度输出型角度头

图 8-21 可调角度型角度头

图 8-22 万能角度头

（5）非标定制角度头 该类型的角度头一般根据客户工件加工的特殊需要制作，完全根据客户的要求设计制造，一般大型镗铣床、龙门加工中心和大型立式车床上比较常用，如图 8-23 所示。

a)

b)

c)

图 8-23 非标定制角度头

- 角度头应用场合

1）大型工件固定困难时，简单加工中使用时。

2）精密工件，一次性固定，需加工多个面时。

3）相对基准面，进行任意角度的加工时。

4）加工保持在一个特殊角度进行仿形铣销，如球头端铣加工时。

5）阶梯孔，铣头或者其他工具无法探进孔中加工小孔时。

6）加工中心无法加工的斜孔、斜槽等，如发动机、箱壳内部孔。

● 使用角度头注意事项

1）加工斜孔的轴线与机床 X、Y、Z 轴中任一轴平行时，机床应具有两轴以上联动功能方可使用。

2）加工斜孔的轴线与机床 X、Y、Z 轴均不平行时，机床应具有三轴以上联动功能方可使用。

3）在工作前角度头需要在 500r/min 预运行 5～10min。

4）角度头工作温度为 50°。

● 如何选用角度头

（1）弄清机床参数　品牌、型号、立式/卧式、主轴类型、主轴刀具连接方式（HSK、BT、CAT、SK）、有无切削液（是否从主轴中心供给及其压力）、主轴功率、主轴转矩、最大主轴转速、最大刀具承载重量、刀库类型、是否自动换刀、刀具允许最大长度。

（2）核对角度头参数　刀具夹持方式（ER、MI 快换、高精度液压夹持、强力夹套夹持、盘铣刀等）、转速、扭矩、冷却方式（无冷却、内冷、外冷、内冷从刀具中心出水）等。

● 角度头的安装

角度头的安装需根据主轴旁原有定位块选择相应固定座架和定位栓组合（图 8-24），对没有定位块的机床需进行制作通用定位块（图 8-25）。

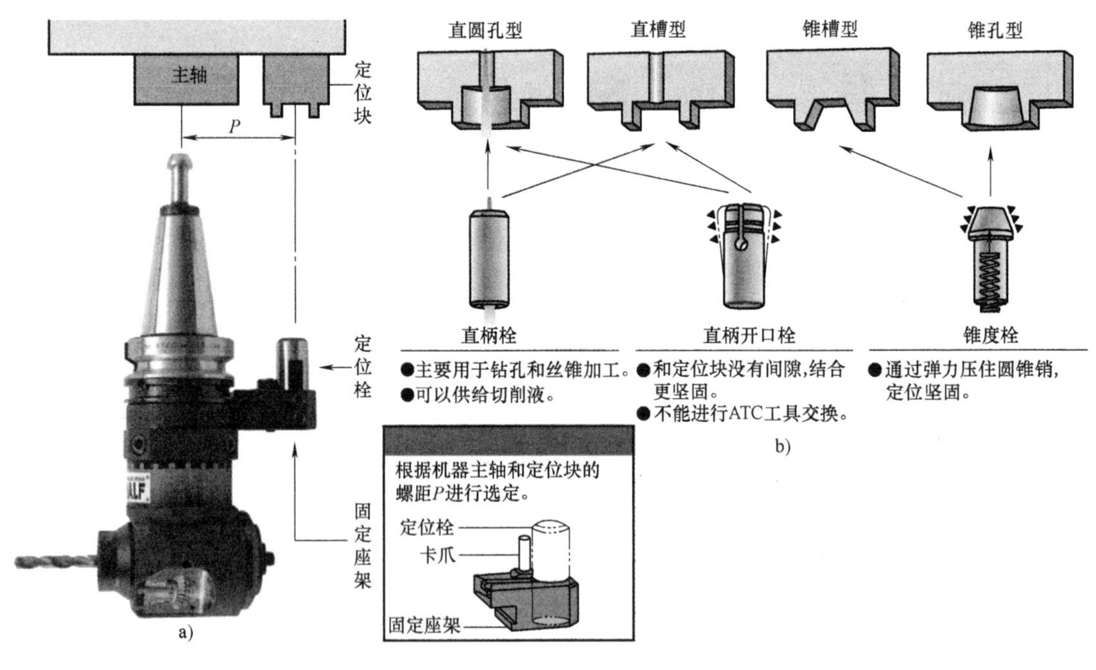


图 8-24　角度头的安装

**2. 数控平旋盘的使用**

数控平旋盘是一种具有 U 轴功能的机床附件，可以利用现有的加工中心、数控铣床实现切削加工。数控平旋盘可以加工包括内外径、内外锥度、管螺纹、径向插槽、曲面、球面等，车床可以完成的动作几乎都可以完成。应用在卧式铣镗床、落地镗床及带有伸缩轴功能

加工中心及各种专用机床上，完成对箱体、结构件及其他复杂零件的变径镗削加工。广泛应用于航空航天、阀门制造、船舶、能源、石油化工等重大设备制造领域。

意大利 D'ANDREA（丹得瑞）公司是世界上领先的高精度数控平旋盘的制造厂家，其主要产品有 TA-CENTER、TA-TRONIC、U-TRONIC、U-COMAX 数控平旋盘及 AUTORADIAL 机械平旋盘。

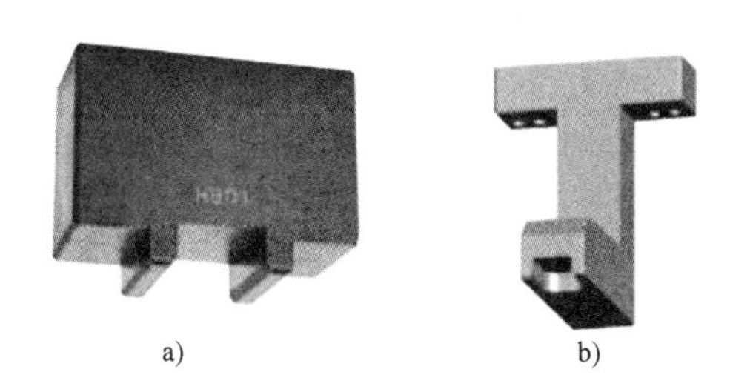

a)　　b)

图 8-25　通用定位块

（1）TA-CENTER 数控平旋盘　TA-CENTER 数控平旋盘（图 8-26）针对自动换刀而设计，可用于加工中心，在刀具旋转的同时，通过“U”驱单元驱动滑板做径向进给。该单元由 CNC 的“U”轴直接控制，与其他数控轴联动插补，加工中心可以完成内外圆加工、切槽、锥面的镗削、凹凸圆弧的加工、管螺纹的加工、复杂型面的加工等。当某些机床数控系统本身不具备“U”轴功能时，TA-CENTER 还可通过一实用、简便的远程控制器来控制伺服电动机。远程控制器可与机床的 M 功能接口连接，接收从远程控制器发来的各种操作程序启动信号。但此种应用的缺点是不能与机床的其他数控轴联动，因此不能加工球面。

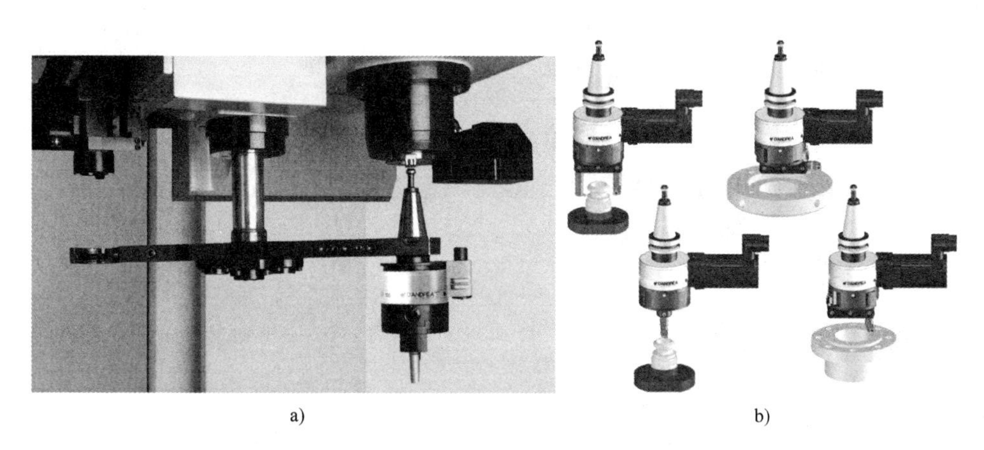

a)　　b)

c)

图 8-26　TA-CENTER 数控平旋盘

（2）TA-TRONIC 平旋盘　TA-TRONIC 平旋盘（图 8-27）可手动或自动安装到小型的镗床、加工中心和专用机床上。其与机床主轴的连接方式：通过一个锥柄控制平旋盘的旋转，使用法兰盘将本体固定到机床的滑板上。如果加工任务不重，可使用一个简单的反转销。TA-TRONIC 平旋盘设计配有两个配重块，通过与滑板的相反移动进行自动平衡，因此可实现高转速加工，且没有明显振动。

TA-TRONIC 平旋盘采用两种方式进行控制。

1）直接连到机床数控系统的“U”轴，可与其他数控轴联动插补，从而实现镗孔、车外圆、车端面、车背面、切槽（各种弧形或异形槽密封圈）、凹凸圆弧的加工、锥孔及阶梯孔的镗削及管螺纹的加工等。

2）利用简单经济的远程控制器，通过无线控制单元来驱动伺服电动机。远程控制器可与机床的 M 功能接口连接，接收从远程控制器发来的各种操作程序启动信号。这种方法可实现镗孔、车外圆、车端面、车背面、切槽（各种弧形或异形槽密封圈）、螺纹和锥孔的镗削等加工，但是不能加工球面。

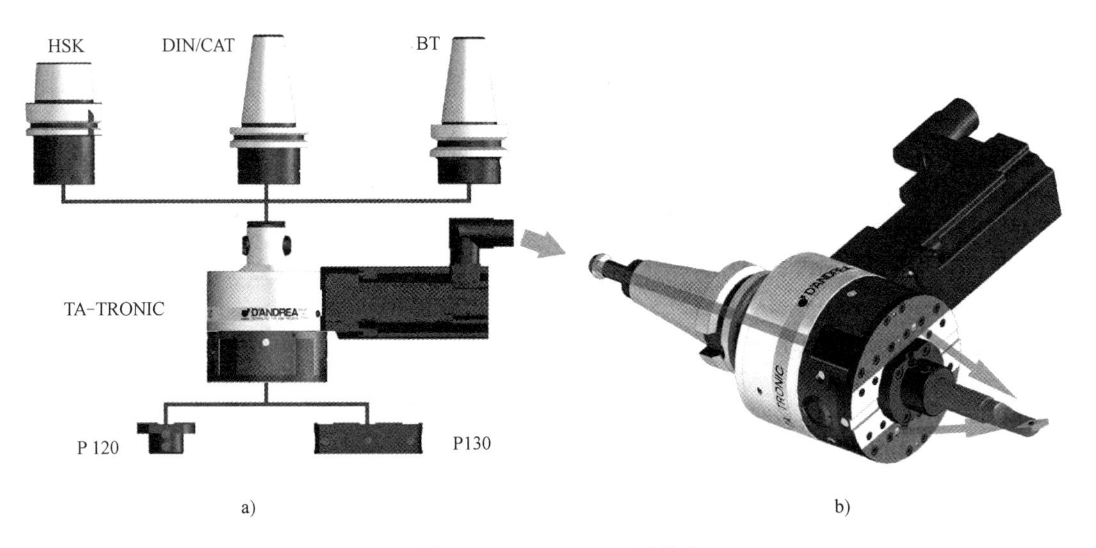


图 8-27　TA-TRONIC 平旋盘

（3）U-TRONIC 平旋盘　U-TRONIC 平旋盘（图 8-28）是一种中大型数控平旋盘，通过数控机床的 U 轴控制，实现刀架的径向进给，并与其他数控轴联动插补，从而实现镗孔、车外圆、车端面、车背面、切槽（各种弧形或异形密封槽）、镗锥孔、凸凹面的加工、管螺纹的加工以及各种复杂型面的加工。平旋盘可手动、自动装于镗床、加工中心及特殊机床。该系列产品目前有 6 种标准规格，平旋盘直径从 $\phi360 \sim \phi1000$mm，均带内部冷却。如有特殊要求，还可提供双滑板或自带平衡配重的平旋盘。U-TRONIC 平旋盘上的刀具也可以通过手动或自动换刀系统进行装夹。若机床的数控系统本身不具备“U”轴功能，则可采用一实用、简便的 U 轴远程控制器，通过无线控制单元来驱动伺服电动机。

为了提高加工时的表面精度，需要降低滑板及刀柄刀具之间所产生的不平衡。基于此点，在旋转体上有螺孔借以固定配重块（图 8-29），配重块需平稳固定。其重量应根据滑板的重量，刀柄刀具及它们相对于 U-TRONIC 平旋盘的中心位置来进行计算。

图 8-28　U-TRONIC 平旋盘

图 8-29　U-TRONIC 平旋盘配重

（4）U-COMAX 平旋盘　U-COMAX 平旋盘（图 8-30）是设计用于组合机床、加工单元和专用机床的轴向控制平旋盘。即使在旋转期间，也可以使用“U”驱单元（安装在机床主轴后面，由机床的数控系统直接控制）来控制刀柄滑板的径向进给。U-COMAX 平旋盘可与其他数控轴联动插补，从而实现车外圆、车端面、车背面、切槽（各种弧形或异形密封槽）、镗锥孔、凸凹面加工、管螺纹加工及各种复杂型面加工。

U-COMAX 刀头设计有两个自动平衡用的平衡块（图 8-31），跟滑台做反向移动，可以做更高转速的加工但不会有有感的振动。

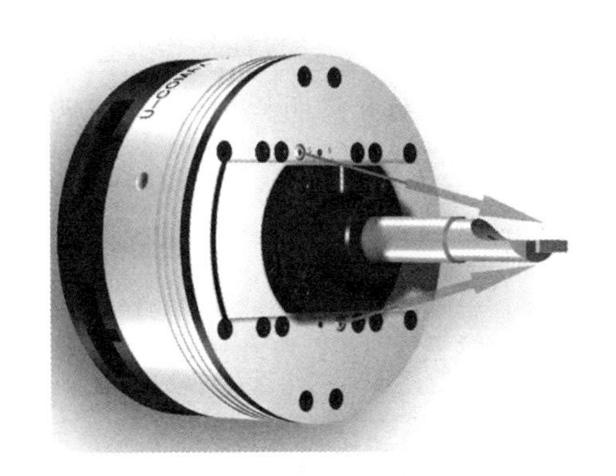

图 8-30　U-COMAX 平旋盘

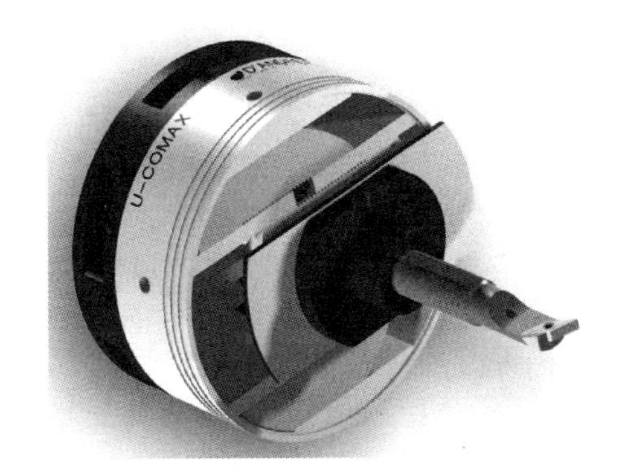


图 8-31　U-COMAX 自动平衡块

（5）AUTORADIAL 平旋盘　AUTORADIAL 平旋盘（图 8-32）可以在机床主轴旋转时，刀架实现自动径向进给和快速退刀，从而实现车背面、内外圆切槽（弹簧卡圈槽、O 形环槽）、法兰盘水线等加工。AUTORADIAL 平旋盘可用于加工中心和数控机床，无需任何电子接口，即可自动执行上述各种加工操作。该过程可实现以正常速度进给，然后快速退刀，无需停止或反转主轴。若要重置该过程，只需将主轴反转几转即可。

## 三、提高孔系加工精度和效率的组合刀具

组合刀具是由两个以上的工作部分组合在一个刀体上，能同时或依次加工两个以上表面或完成一个表面多道加工工序的刀具。一把组合刀具可替换 5～10 把常规刀具。在加工复杂工件时，可降低加工时间约 70%，生产率高，简化刀具、库存和管理。

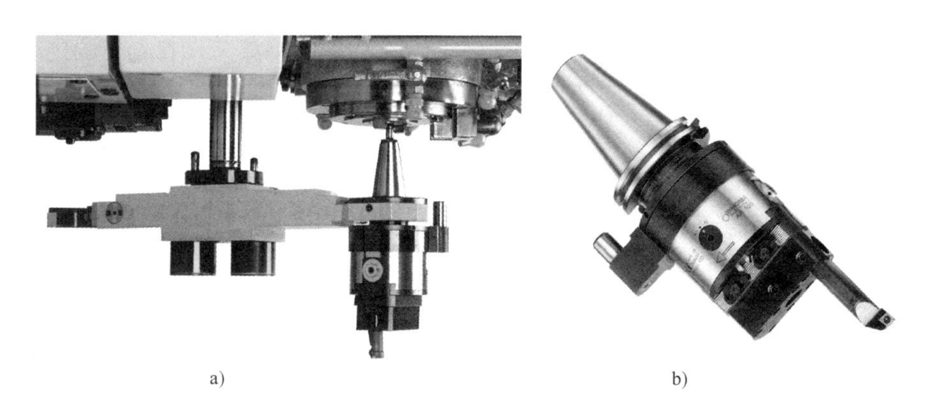

a)　　　　b)

图 8-32　AUTORADIAL 平旋盘

根据零件的工艺要求，组合刀具分为：

1）同类工艺组合刀具，由同类型的刀具组合在一起，如组合铣刀、组合镗刀和组合铰刀等。

2）非同类工艺组合刀具，由不同类型的刀具组合在一起，如钻头与扩孔钻组合，钻头、扩孔钻与锪钻组合，钻头、扩孔钻与铰刀组合等。

组合刀具可以制成整体的，也可以制成装配式的。组合刀具的品种范围已从简单的分级钻孔延伸到带有各种切削材料的、应用于不同生产任务的、高度复杂的、由多个部分组成的刀具。由于刀具有较高的精度，对于成品加工而言，它比用两种刀具加工所留的加工余量明显要小得多。其结果：提高了工件表面质量和刀具寿命。现将几种组合刀具介绍如下。

（1）复合工步的组合刀具（图 8-33）　在一个工序、一次安装、一次往复走刀过程中，高效地完成通孔进出口两端去毛刺，倒角，锪两端平面、埋头孔，甚至包括钻孔等，使钻孔、倒角工艺与先进的去毛刺系统相结合，可减少换刀频率以提高生产效率。

（2）可乐满组合镗削刀具（图 8-34）　是一个由固定刀槽、刀卡、精镗单元和接口组合而成的柔性单元。各部分在限度范围内可以进行任意组合，形成组合镗削刀具。

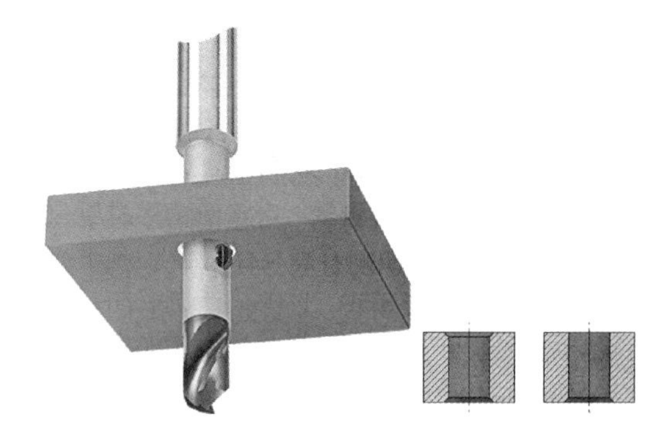

图 8-33　复合工步的组合刀具

（3）PCD 成形组合刀具（图 8-35）　该刀具材料具有高硬度、良好的耐磨性，特别适合于加工有色金属。在发动机生产行业中，缸盖大多采用压铸铝的方式制造，因而该刀具可充分发挥其优越的加工性能。在导管孔、座圈底孔、凸轮轴轴承孔和火花塞孔的加工中，保证尺寸精度、同轴度、圆度、表面粗糙度很关键，采用 PCD 成形复合刀具能够加工出公差等级、台阶段差非常严格的产品。虽然刀具的制造非常复杂，但是能够大幅度提高效率，成倍地降低了单件的成本。

（4）精粗一体镗刮滚光复合刀（图 8-36）　集成了粗镗、精镗、粗刮、精刮和滚压五道工序三重工艺，可以一次完成大余量钢管的加工，大大提高了加工效率，是传统珩磨的 20 倍以上，同时刀具寿命更长。产品加工后，其表面硬度提高约 30%，精度可达 IT8 级以上，

表面粗糙度值可达到 $Ra0.05 \sim 0.2\ \mu m$。

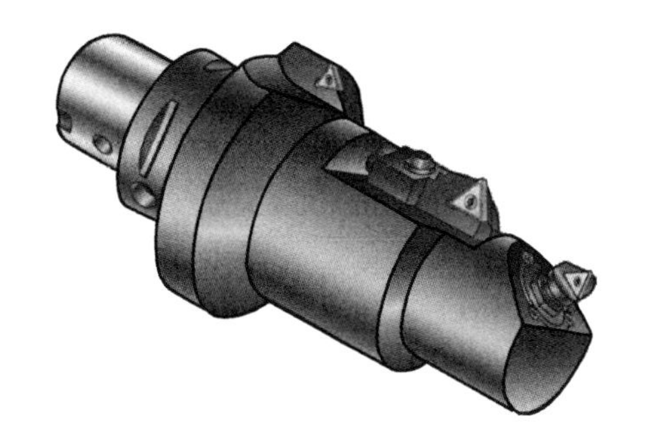

图 8-34　可乐满组合镗削刀具

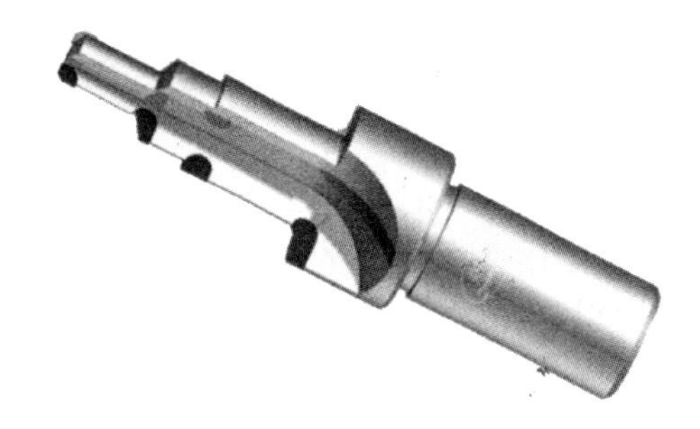

图 8-35　PCD 成形组合刀具

## 四、箱体加工

### 1. 箱体的结构特点

箱体的种类很多，其尺寸大小和结构形式随着机器的结构和箱体在机器中功用的不同有着较大的差异。但从工艺上分析它们仍有许多共同之处，其结构特点如下。

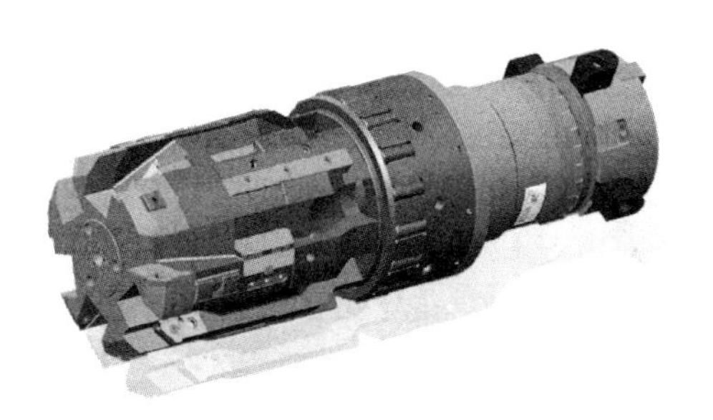

图 8-36　精粗一体镗刮滚光复合刀

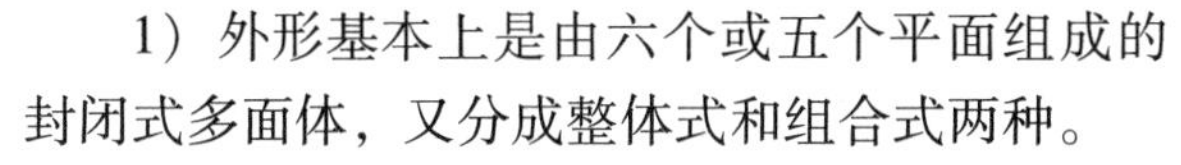

1）外形基本上是由六个或五个平面组成的封闭式多面体，又分成整体式和组合式两种。

2）结构形状比较复杂。内部常为空腔形，某些部位有“隔墙”，箱体壁薄且厚薄不均。

3）箱壁上通常都布置有平行孔系或垂直孔系。

4）箱体上的加工面，主要是大量的平面，此外还有许多精度要求较高的轴承支承孔和精度要求较低的紧固用孔。

### 2. 箱体类零件的技术要求

1）轴承支承孔的尺寸精度、形状精度、表面粗糙度要求。

2）位置精度：包括孔系轴线之间的距离尺寸精度和平行度，同一轴线上各孔的同轴度，以及孔端面对孔轴线的垂直度等。

3）为满足箱体加工中的定位需要及箱体与机器总装要求，箱体的装配基准面与加工中的定位基准面应有一定的平面度和表面粗糙度值要求；各支承孔与装配基准面之间应有一定距离尺寸精度的要求。

### 3. 箱体类零件的材料和毛坯

箱体类零件的材料一般用灰铸铁，常用的牌号有 HT100～HT400。

毛坯为铸件，其铸造方法视铸件精度和生产批量而定。单件小批生产多用木模手工造型，毛坯精度低、加工余量大；有时也采用钢板焊接方式。大批生产常用金属型机器造型，毛坯精度较高，加工余量可适当减小。

### 4. 箱体零件加工工艺分析

（1）工艺路线的安排　在加工箱体表面中，平面加工精度比孔的加工精度容易保证，于是，箱体中主轴孔（主要孔）的加工精度、孔系加工精度就成为工艺关键问题。因此，在工艺路线的安排中应注意三个问题。

1）工件的时效处理。

① 箱体结构复杂、壁厚不均匀、铸造内应力较大。由于内应力会引起变形，因此铸造后应安排人工时效处理，以消除内应力减少变形。一般精度要求的箱体，可利用粗、精加工工序之间的自然停放和运输时间，得到自然时效的效果。但自然时效需要的时间较长，否则会影响箱体精度的稳定性。

② 对于特别精密的箱体，在粗加工和精加工工序间还应安排一次人工时效，迅速充分地消除内应力，提高精度的稳定性。

2）先面后孔。由于平面面积较大、定位稳定可靠，有利于简化夹具结构，减少安装变形。从加工难度来看，平面比孔加工容易。先加工平面，把铸件表面的凹凸不平和夹砂等缺陷切除，再加工分布在平面上的孔时，对便于孔的加工和保证孔的加工精度都是有利的。

3）粗、精加工阶段要分开。箱体均为铸件，加工余量较大，而在粗加工中切除的金属较多，因而夹紧力、切削力都较大，切削热也较多。加之粗加工后，工件内应力重新分布也会引起工件变形，因此，对加工精度影响较大。为此，把粗精加工分开进行，有利于把已加工后由于各种原因引起的工件变形充分暴露出来，然后在精加工中将其消除。

（2）定位基准的选择　箱体定位基准的选择，直接关系到箱体上各个平面与平面之间、孔与平面之间、孔与孔之间的尺寸精度和位置精度要求是否能够保证。在选择基准时，首先要遵守“基准重合”和“基准统一”的原则，同时必须考虑生产批量的大小，生产设备、特别是夹具的选用等因素。

1）粗基准的选择。粗基准的作用主要是决定非加工面与加工面的位置关系，应能保证重要加工表面（主轴支承孔）的加工余量均匀；应保证装入箱体中的轴、齿轮等零件与箱体内壁各表面间有足够的间隙；应保证加工后的外表面与非加工的内壁之间壁厚均匀以及定位、夹紧牢固可靠。为此，通常选择主轴孔和与主轴孔相距较远的一个轴孔作为粗基准。

2）精基准的选择。精基准的选择对保证箱体类零件的技术要求十分重要。在选择精基准时，首先要遵循“基准统一”原则，即使具有相互位置精度要求的加工表面的大部分工序，尽可能用同一组基准定位。这样就可避免因基准转换带来的误差，有利于保证箱体类零件各主要表面间的相互位置精度。箱体的精基准选择一般有两种可行方案。

① 中小批生产时，以箱体底面作为统一基准。由于底面具有装配基面，这样就实现了定位基准、装配基准与设计基准重合，消除了基准不重合误差。在加工各支承孔时，由于箱口朝上，观察和测量以及安装和调整刀具也较方便。但是在镗削箱体中间壁上的孔时，为了增加镗杆刚度，需要在中间安置导向支承。以工件底面作为定位基准面的镗模，中间支承只能采用悬挂的方式。这种悬挂于夹具座体上的导向支承架不仅刚度差、安装误差大，而且装卸也不方便，故不适用中小批生产。

② 大批大量生产时，采用箱体顶面及两定位销孔作为统一基准。由于加工时箱体口朝下，中间导向支承架可以紧固在夹具座体上，其优点是没有悬挂所带来的问题，适合于大批生产。但由于箱体顶面不是装配基面，故定位基面与装配基面（设计基准）不重合，增加了定位误差。为了保证图样规定的精度要求，需进行工艺尺寸换算。此外，由于箱体顶面开口朝下，不便于观察加工情况和及时发现毛坯缺陷，加工中也不便于测量孔径及调整刀具，因此需采用定径尺寸镗刀来获得孔的尺寸与精度。

**5. 加工箱体工序的安排**

加工箱体工序的安排一般应遵循以下原则。

（1）先面后孔的原则　箱体工序的一般规律是先加工平面，后加工孔。先加工平面，可以为孔加工提供可靠的定位基准，再以平面为精基准定位加工孔。平面的面积大，以平面定位加工孔的夹具结构简单、可靠，反之则夹具结构复杂、定位也不可靠。由于箱体上的孔分布在平面上，先加工平面可以去除铸件毛坯表面的凹凸不平、夹砂等缺陷，对孔加工有利，如可减小钻头的歪斜、防止刀具崩刃，同时对刀调整也方便。

（2）先主后次的原则　箱体上用于紧固的螺孔、小孔等可视为次要表面，因为这些次要孔往往需要依据主要表面（轴孔）定位，所以这些螺孔的加工应在轴孔加工后进行。对于次要孔与主要孔相交的孔系，必须先完成主要孔的精加工，再加工次要孔，否则会使主要孔的精加工产生断续切削、振动，影响主要孔的加工质量。

（3）孔系的数控加工　箱体上若干有相互位置精度要求的孔的组合，称为孔系。孔系可分为平行孔系、同轴孔系和交叉孔系（图8-37）。箱体类零件一般都需要进行孔系、轮廓、平面的多工位加工，通常要经过铣、钻、扩、铰、镗、攻螺纹等工序，使用的刀具、工艺装备较多，在普通机床上需多次装夹、找正，测量次数多，导致工序复杂、加工周期长、成本高，更重要的是精度难以保证。采用加工中心加工，采用工序集中原则，一次装夹可完成铣、钻、扩、铰、镗、攻螺纹等加工，完成普通机床60%~95%的工序内容，减少了装夹次数，零件各项精度一致性好，质量稳定，缩短生产周期，降低生产成本。当加工工位较多，工作台需多次旋转角度才能完成的零件，一般选用卧式加工中心；当加工的工位较少，且跨距不大时，可选立式加工中心从一端进行加工。采用双交换托盘可以有效提高工作效率。

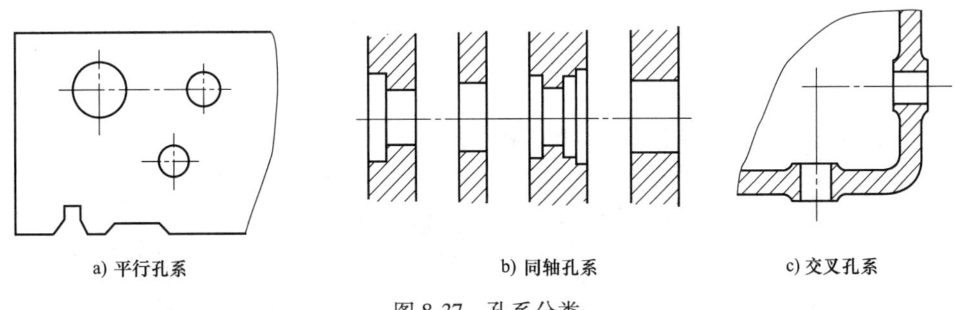


图8-37　孔系分类

## 五、喷丸工艺

喷丸处理是利用高速喷射出的砂丸和铁丸，对工件表面进行撞击，以提高零件的部分力学性能和改变表面状态的工艺方法。喷丸可用于提高零件机械强度以及耐磨性、疲劳强度和耐蚀性等，还可用于表面消光、去氧化皮和消除铸、锻、焊件的残留应力等。

用喷丸进行表面处理，打击力大、清理效果明显。但喷丸对薄板工件的处理，容易使工件变形，且钢丸打击到工件表面（无论抛丸或喷丸）使金属基材产生变形，由于$Fe_3O_4$和$Fe_2O_3$没有塑性，破碎后剥离，而油膜与基材一同变形，所以对带有油污的工件，抛丸、喷丸无法彻底清除油污。在现有的工件表面处理方法中，清理效果最佳的还是喷砂清理。

（1）机器人喷丸强化及喷丸成形设备　机器人喷丸强化及喷丸成形设备（图8-38）利用数控系统高精度、双机器人结构的高柔性以及强大的喷丸参数控制能力，实现了对复杂形状机翼壁板类零件的全自动喷丸成形控制，将喷丸成形过程变得简单化，在大多数情况下不再需要进行喷丸校形。

a)　　　b)

图 8-38　机器人喷丸强化及喷丸成形设备

（2）数控喷丸强化设备　数控喷丸强化处理设备（图 8-39）将抛丸和喷砂技术结合使用，实现在同种设备实现不同的工艺解决方案，提供并独创针对金属介质和非金属介质丸流闭环控制和调节系统。允许同一设备使用几种不同介质的技术，并能够确保金属与非金属介质有效分离。实现了同一零件在同一设备上既完成喷丸强化加工又解决喷丸后的去污染问题。广泛应用于各种工业领域，如汽车、航空航天、可再生能源及医疗等行业。

a)　　　b)

图 8-39　数控喷丸强化设备

# 任务 2　四轴铣床夹具的设计

**【任务描述】**

根据任务 1 的要求，利用四轴加工中心完成四侧面交叉孔系的精加工，为此需要设计一套铣床夹具。

**【任务准备】**

SolidWorks 或 UG 软件、CAXA 或 AutoCAD 软件、《夹具设计手册》《机床夹具零件及部件标准汇编》等。

**【任务实施】**

（1）确定定位方案　利用 $\phi60^{+0.03}_{0}$mm 和 $\phi$12mm 工艺孔及箱体底面实现“一面两销”定位，夹具体要考虑与数控分度头的定位连接。

（2）绘制铣床夹具的零件图　利用三维软件设计完钻模后，需绘制每个零件的工程图，选择合理的材料，并提出相关的技术要求，主要包括尺寸公差、几何公差、配合公差、热处理等。

**【任务实施参考】**

四轴铣床夹具（图 8-40）采用“一面两销”定位，螺母、开口垫圈夹紧。为提高夹具刚性，提高零件的加工精度，在使用过程中用尾座顶尖顶紧。

**【任务拓展】**

如果考虑本工序在卧式加工中心或数控（或坐标）镗床上加工，则需设计另外的镗夹具。图 8-41 所示为镗夹具与机床工作台连接示意图，采用“一面两销”定位。

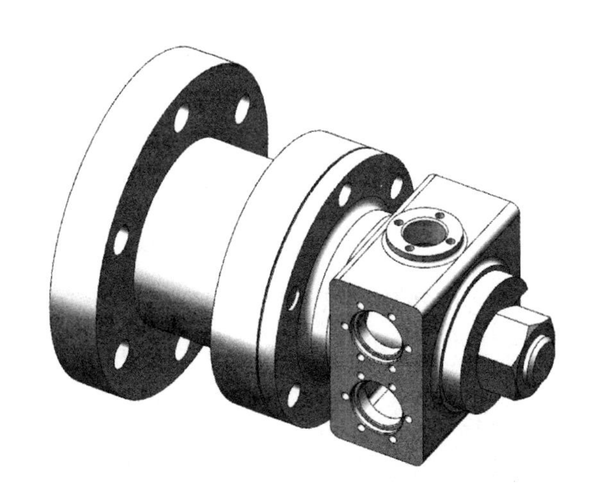

图 8-40　四轴铣床夹具

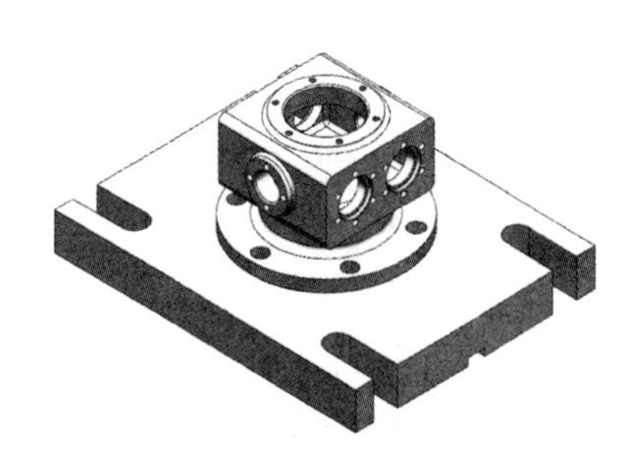

图 8-41　镗夹具与机床工作台连接示意图

## 任务3　四轴铣床夹具的制造

**【任务描述】**

四轴铣床夹具的制造。

【任务准备】

锯床、普通车床、台式钻床、数控车床、数控铣床、平面磨床、刀具、量具、毛坯等。

【任务实施】

任务实施过程参考项目 3 夹具制造过程，填写相关表格。

四轴铣床夹具零件的制造与装配要注意以下几点。

1）装配前，所有零件均按图样要求检查相关尺寸。

2）所有零件应用磨石去除毛刺，并用汽油清洗干净。

3）装配后，需用三坐标测量仪检测关键的尺寸和几何公差要求。

4）试加工工件，检查工件尺寸，合格后进入正式生产。

## 任务 4　箱体的加工

【任务描述】

按计划完成箱体的加工。

【任务准备】

划线平台及划线工具、普通车床、数控车床、数控铣床、四轴加工中心、刀具、四轴铣床夹具、量具、三坐标测量机等。

【任务实施】

任务实施过程参考项目 2，填写相关表格。

【知识拓展】

划线是按图样要求在工件上划出加工界线、中心线和其他标志线的钳工作业。单件和中、小批量生产中的铸锻件毛坯和形状比较复杂的零件，在切削加工前通常需要划线。划线的作用如下。

1）确定工件的加工余量，使加工有明显的尺寸界线。

2）为便于复杂工件在机床上的装夹，可按划线找正、定位。

3）能及时发现和处理不合格的毛坯。

4）当毛坯误差不大时，可以采用借料划线的方法来补救，从而提高毛坯的合格率。

箱体工件的划线，除按一般划线时选择划线基准、找正、借料外，还应注意以下几点。

1）划线前必须仔细检查毛坯质量，有严重缺陷和很大误差的毛坯，就不要勉强去划，避免出现废品和浪费较多工时。

2）认真掌握技术要求，如对箱体工件的外观要求、精度要求和几何公差要求；分析箱体的加工部位与装配工件的相互关系，避免因划线前考虑不周而影响工件的装配质量。

3）了解零件机械加工工艺路线，知道各加工部位应划的线与加工工艺的关系，确定划

线的次数和每次要划哪些线，避免因所划的线被加工掉而重划。

4）第一划线位置，应该是选择待加工表面和非加工表面比较重要和比较集中的位置，这样有利于划线时能正确找正和及早发现毛坯的缺陷，既保证了划线质量，又减少工件的翻转次数。

5）箱体工件划线，一般都要准确地划出十字校正线，为划线后的刨、铣、镗、钻等加工工序提供可靠的校正依据。一般常以基准孔的轴线作为十字校正线，划在箱体的长而平直的部位，以便于提高校正的精度。

6）第一次划出的箱体十字校正线，在经过加工以后再次划线时，必须以已加工表面作为基准面，划出新的十字校正线，以备下道工序校正。

7）为避免和减少翻转次数，其垂直线可利用角尺或角铁一次划出。

8）某些箱体，内壁不需加工，而且装配齿轮或其他零件的空间又较小，在划线时要特别注意找正箱体内壁，以保证加工后能顺利装配。

## 【项目小结】

本项目通过箱体的加工，系统学习了箱体类零件的工艺设计、四轴铣床夹具的设计方法，进一步提高了读图能力、工艺设计能力、成本分析能力、夹具设计能力、夹具装配能力、箱体类零件的加工能力以及质量分析能力、团结协作能力及项目管理能力。

## 【撰写项目报告】

箱体加工完成后，撰写项目报告。报告内容主要依据每个任务的完成情况，主要包括箱体的图样分析、加工工艺方案分析、夹具方案设计过程、夹具的制造与装配、箱体的加工与检测、质量分析、工艺改进、夹具优化等内容。报告附录部分包括零件图、零件的工艺卡、夹具设计全套工程图、毛坯清单、外购件清单、加工设备清单、刀具清单、量具清单、数控加工程序等。最后提交报告的打印稿及全套资料的电子稿。

# 项目9

## 部件的制造与装配

**【项目描述】**

本项目以江苏省职业技能数控大赛样题——单缸发动机（图 9-1）和弯管机（图 9-2）的制造为例，根据学习进度不同，选择一个部件，综合利用所学知识和技能完成部件的制造和装配，内容涉及零件的制造和装配。

图 9-1　单缸发动机

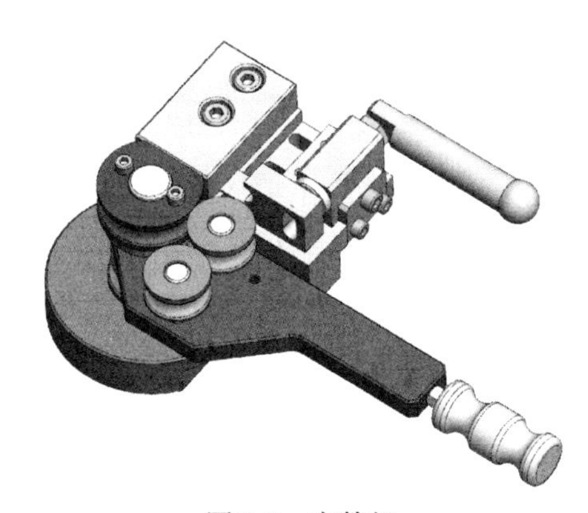

图 9-2　弯管机

**【教学目标】**

**知识目标：**

（1）零部件的三维建模与装配

（2）标准件的查询与选择

（3）单件生产零件的工艺设计

（4）部件的装配与调试

**能力目标：**

通过本项目的学习，提高装配图的读图能力、三维建模与装配能力、标准件的查询与选择能力以及零件的制造与装配能力，进一步提高团结协作能力、项目管理能力。

**【任务分解】**

任务 1　零部件的三维建模与装配

任务 2　零件的工艺设计与制造

任务 3　部件的装配与调试

**【项目实施建议】**

本项目为二选一，建议根据学生的学习情况及实训条件选择一个部件，内容涉及零件的三维建模、部件的装配、标准件的查询、零件的工艺设计与制造以及部件的装配与调试，为保证项目的按时完成，建议项目小组成员 4~6 人为宜，通过分工协作完成各个任务，在安排任务过程中，要学会合理安排时间，力求做到生产进度均衡。

**【图样准备】**

## 一、单缸发动机图样

单缸发动机装配图如图 9-3 所示。

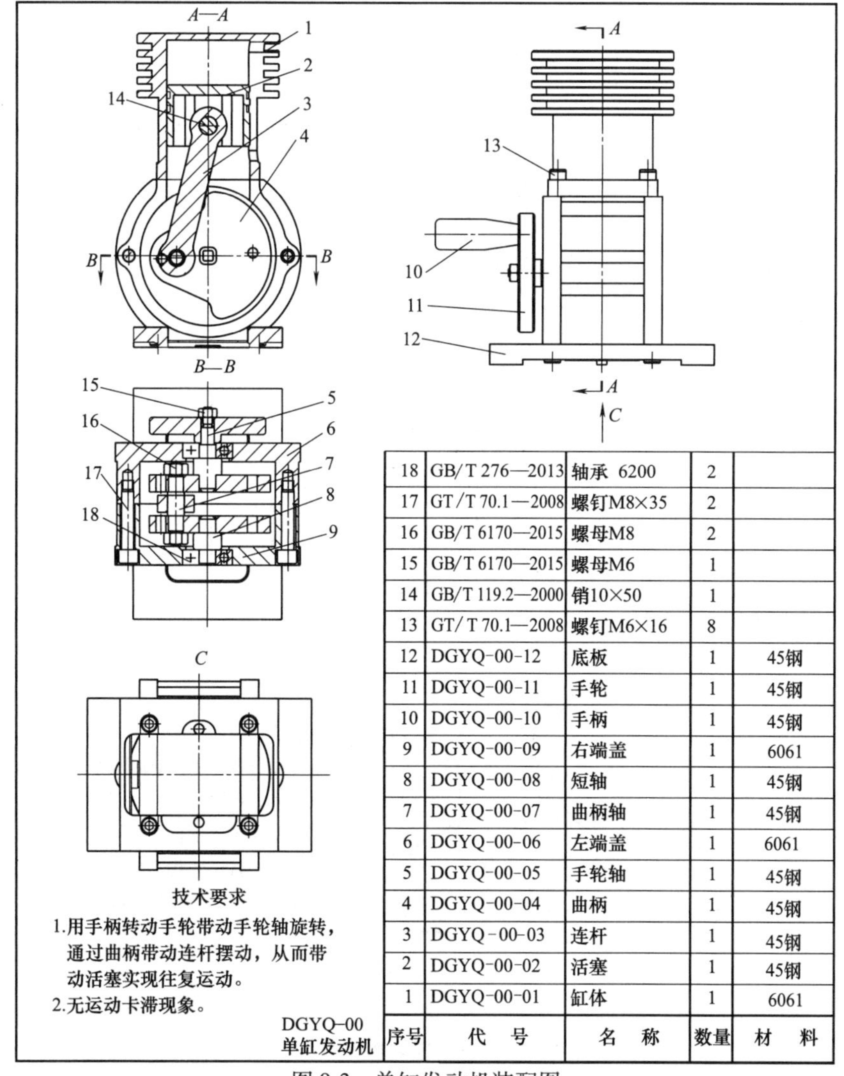


| 序号 | 代　号 | 名　称 | 数量 | 材　料 |
|---|---|---|---|---|
| 18 | GB/T 276—2013 | 轴承 6200 | 2 | |
| 17 | GT/T 70.1—2008 | 螺钉M8×35 | 2 | |
| 16 | GB/T 6170—2015 | 螺母M8 | 2 | |
| 15 | GB/T 6170—2015 | 螺母M6 | 1 | |
| 14 | GB/T 119.2—2000 | 销10×50 | 1 | |
| 13 | GT/T 70.1—2008 | 螺钉M6×16 | 8 | |
| 12 | DGYQ-00-12 | 底板 | 1 | 45钢 |
| 11 | DGYQ-00-11 | 手轮 | 1 | 45钢 |
| 10 | DGYQ-00-10 | 手柄 | 1 | 45钢 |
| 9 | DGYQ-00-09 | 右端盖 | 1 | 6061 |
| 8 | DGYQ-00-08 | 短轴 | 1 | 45钢 |
| 7 | DGYQ-00-07 | 曲柄轴 | 1 | 45钢 |
| 6 | DGYQ-00-06 | 左端盖 | 1 | 6061 |
| 5 | DGYQ-00-05 | 手轮轴 | 1 | 45钢 |
| 4 | DGYQ-00-04 | 曲柄 | 1 | 45钢 |
| 3 | DGYQ-00-03 | 连杆 | 1 | 45钢 |
| 2 | DGYQ-00-02 | 活塞 | 1 | 45钢 |
| 1 | DGYQ-00-01 | 缸体 | 1 | 6061 |

图 9-3　单缸发动机装配图

单缸发动机零件图如图 9-4 所示。

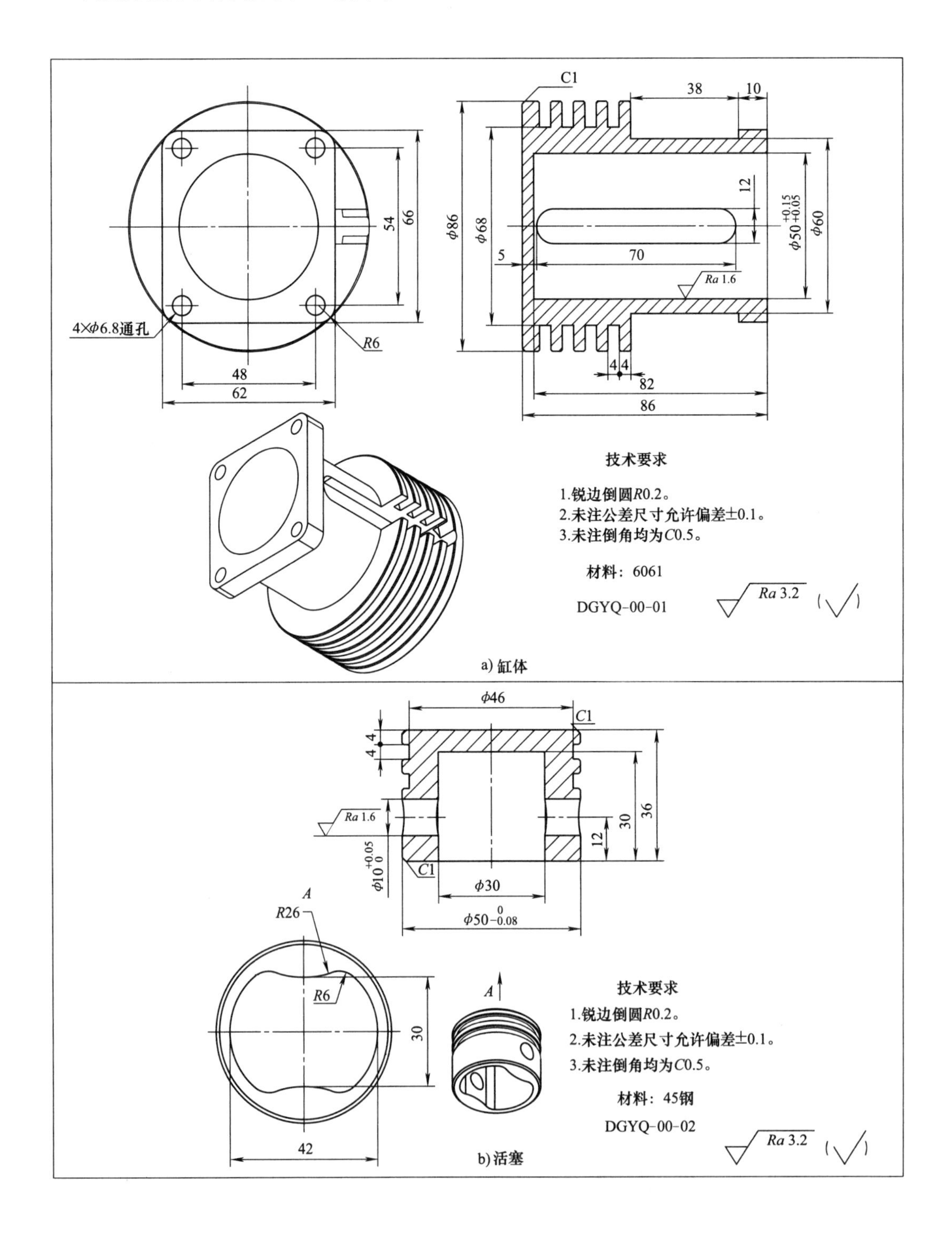


图 9-4　单缸发动机零件图

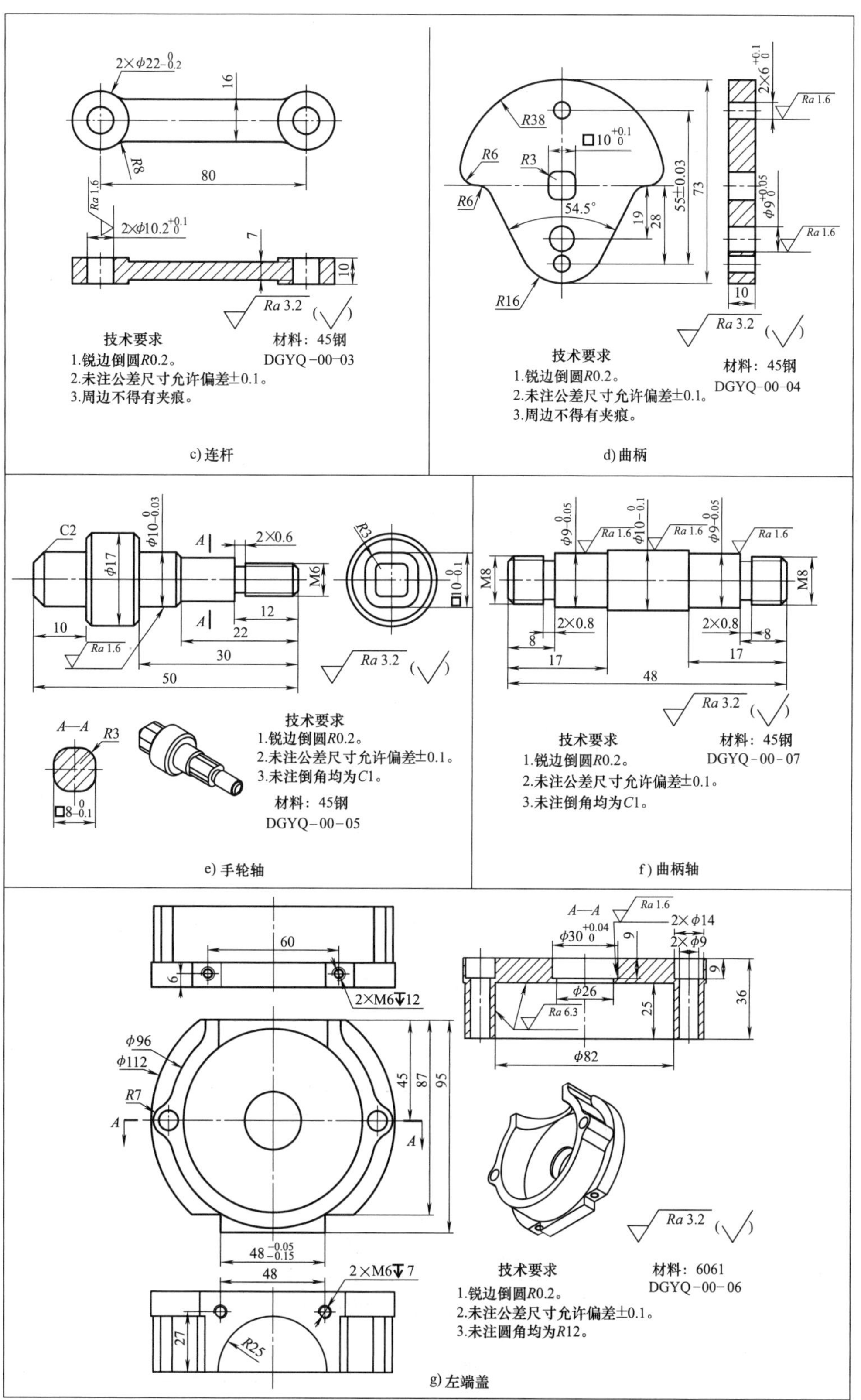


图 9-4　单缸发动机零件图（续）

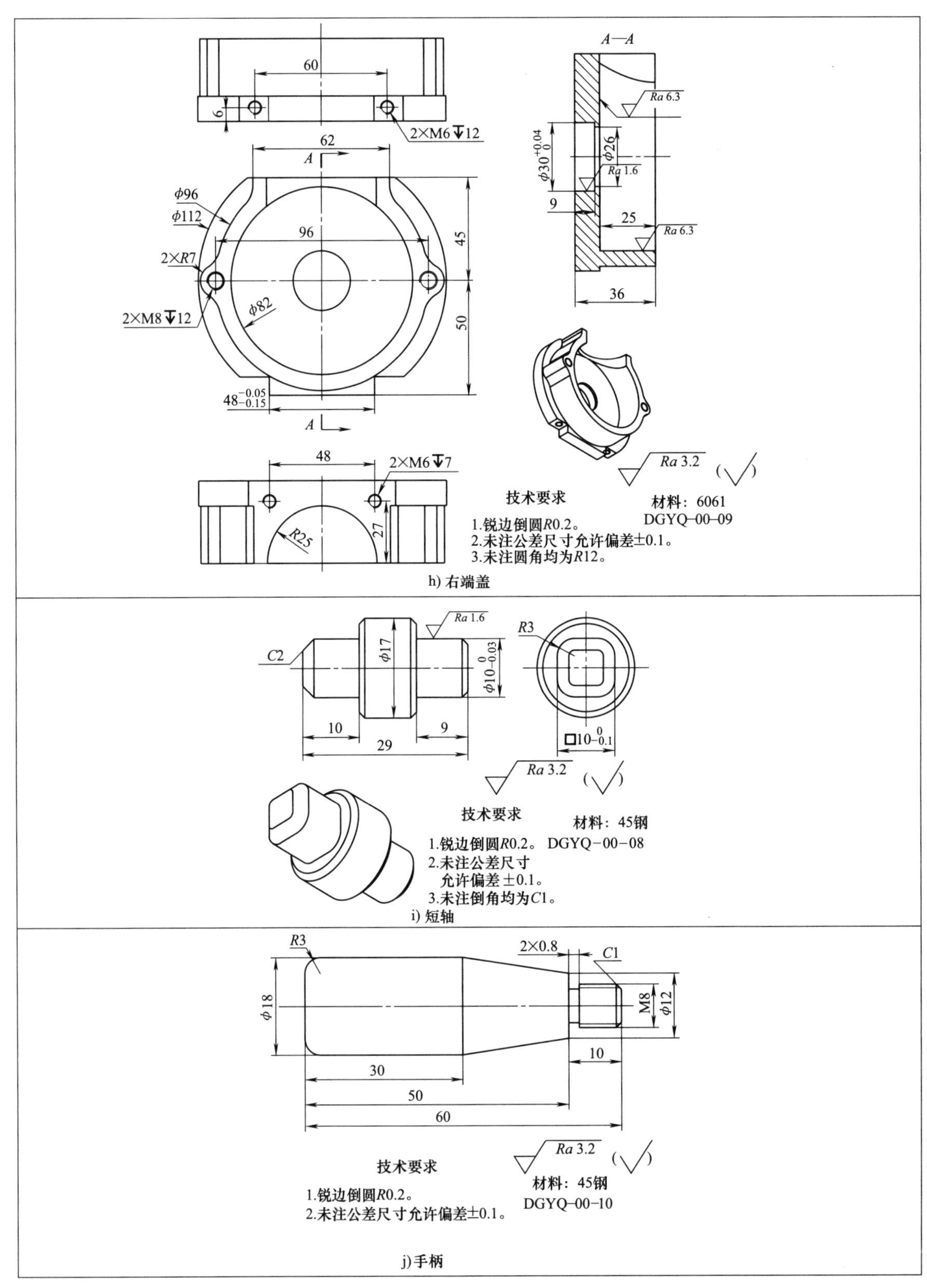


图 9-4　单缸发动机零件图（续）

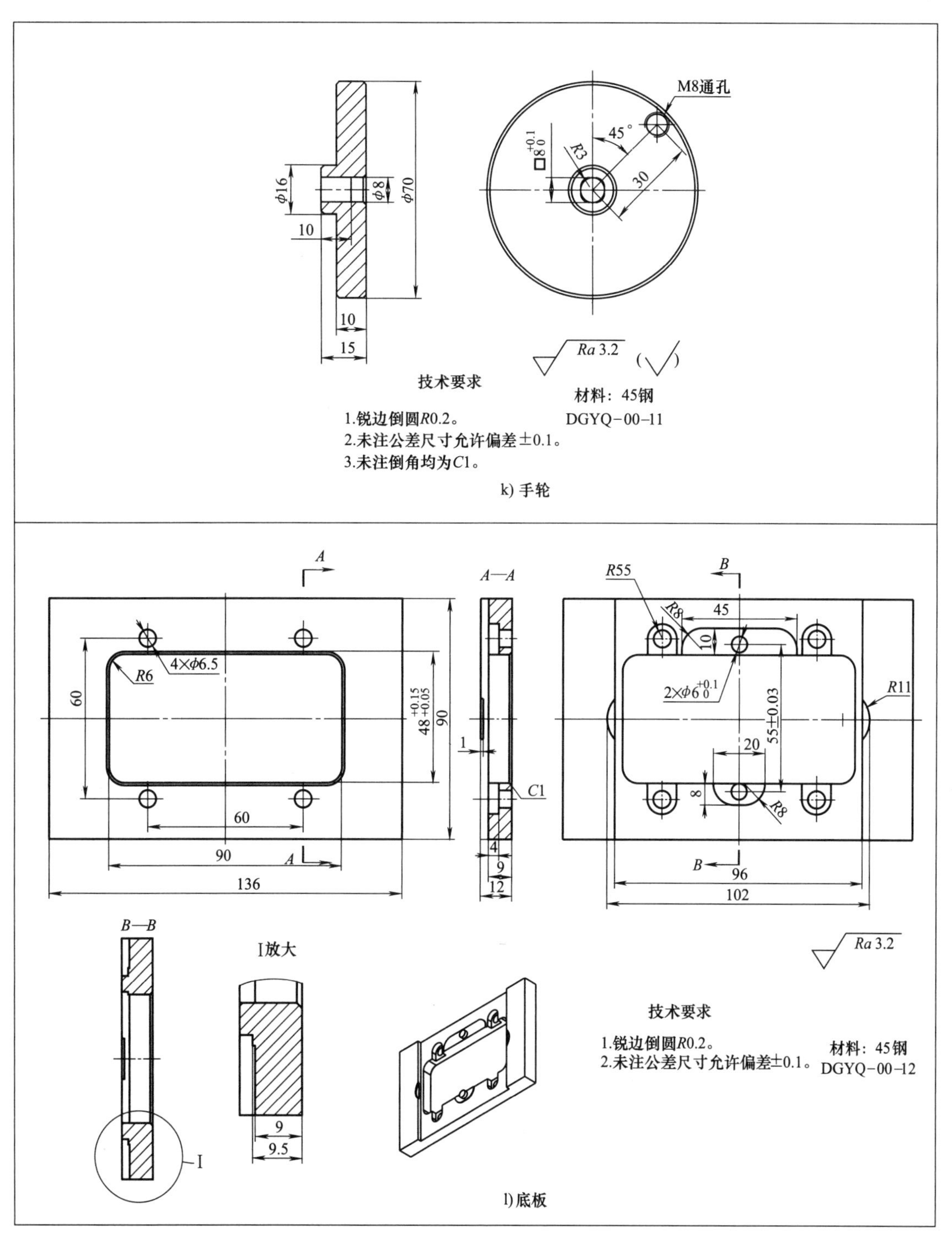


图 9-4　单缸发动机零件图（续）

## 二、弯管机图样

弯管机装配图如图 9-5 所示。

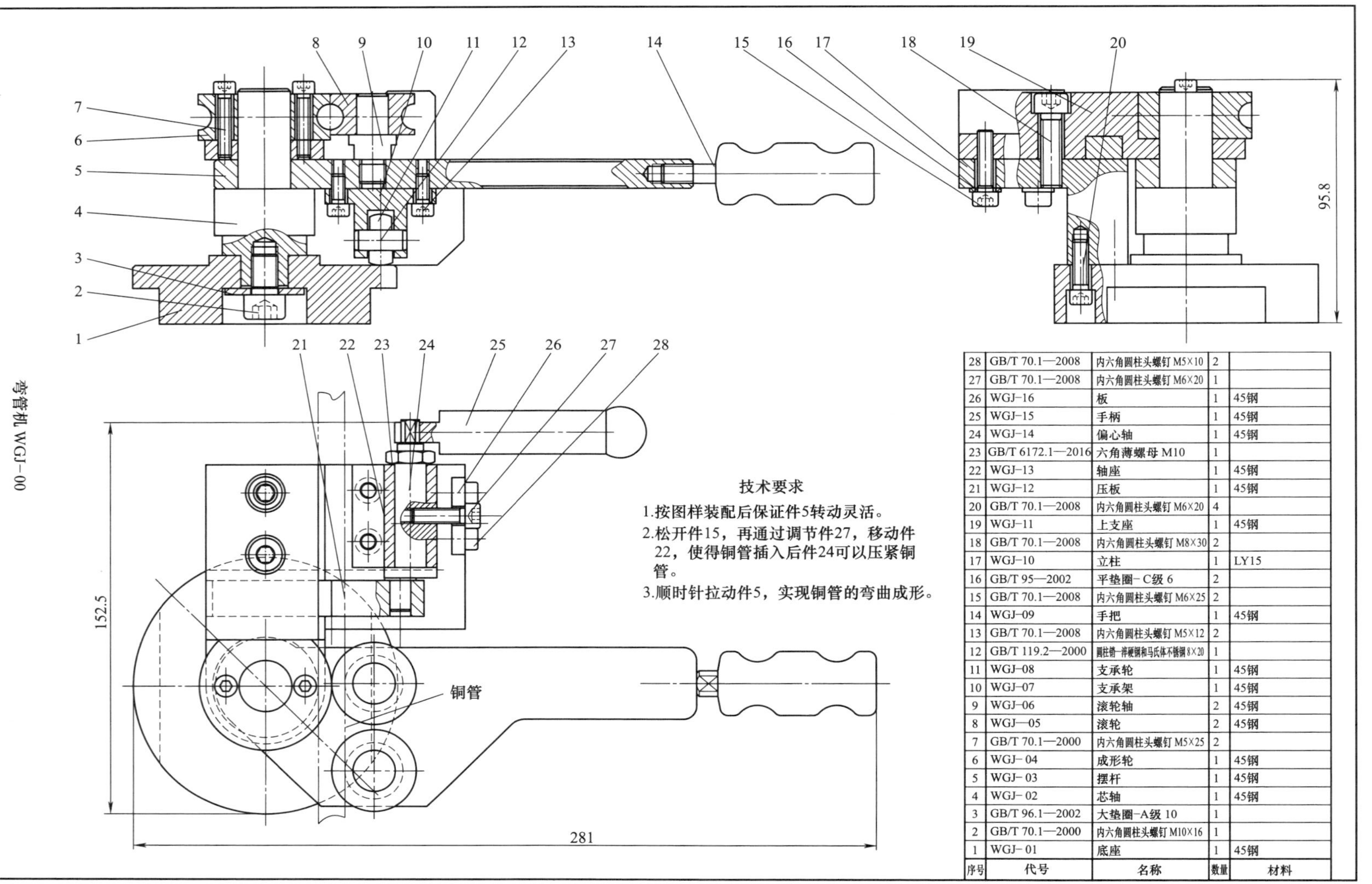


| 序号 | 代号 | 名称 | 数量 | 材料 |
|---|---|---|---|---|
| 28 | GB/T 70.1—2008 | 内六角圆柱头螺钉 M5×10 | 2 | |
| 27 | GB/T 70.1—2008 | 内六角圆柱头螺钉 M6×20 | 1 | |
| 26 | WGJ−16 | 板 | 1 | 45钢 |
| 25 | WGJ−15 | 手柄 | 1 | 45钢 |
| 24 | WGJ−14 | 偏心轴 | 1 | 45钢 |
| 23 | GB/T 6172.1—2016 | 六角薄螺母 M10 | 1 | |
| 22 | WGJ−13 | 轴座 | 1 | 45钢 |
| 21 | WGJ−12 | 压板 | 1 | 45钢 |
| 20 | GB/T 70.1—2008 | 内六角圆柱头螺钉 M6×20 | 4 | |
| 19 | WGJ−11 | 上支座 | 1 | 45钢 |
| 18 | GB/T 70.1—2008 | 内六角圆柱头螺钉 M8×30 | 2 | |
| 17 | WGJ−10 | 立柱 | 1 | LY15 |
| 16 | GB/T 95—2002 | 平垫圈−C级 6 | 2 | |
| 15 | GB/T 70.1—2008 | 内六角圆柱头螺钉 M6×25 | 2 | |
| 14 | WGJ−09 | 手把 | 1 | 45钢 |
| 13 | GB/T 70.1—2008 | 内六角圆柱头螺钉 M5×12 | 2 | |
| 12 | GB/T 119.2—2000 | 圆柱销—淬硬钢和马氏体不锈钢 8×20 | 1 | |
| 11 | WGJ−08 | 支承轮 | 1 | 45钢 |
| 10 | WGJ−07 | 支承架 | 1 | 45钢 |
| 9 | WGJ−06 | 滚轮轴 | 2 | 45钢 |
| 8 | WGJ—05 | 滚轮 | 2 | 45钢 |
| 7 | GB/T 70.1—2000 | 内六角圆柱头螺钉 M5×25 | 2 | |
| 6 | WGJ− 04 | 成形轮 | 1 | 45钢 |
| 5 | WGJ− 03 | 摆杆 | 1 | 45钢 |
| 4 | WGJ− 02 | 芯轴 | 1 | 45钢 |
| 3 | GB/T 96.1—2002 | 大垫圈−A级 10 | 1 | |
| 2 | GB/T 70.1—2000 | 内六角圆柱头螺钉 M10×16 | 1 | |
| 1 | WGJ− 01 | 底座 | 1 | 45钢 |

图 9-5　弯管机装配图

弯管机零件图如图 9-6 所示。

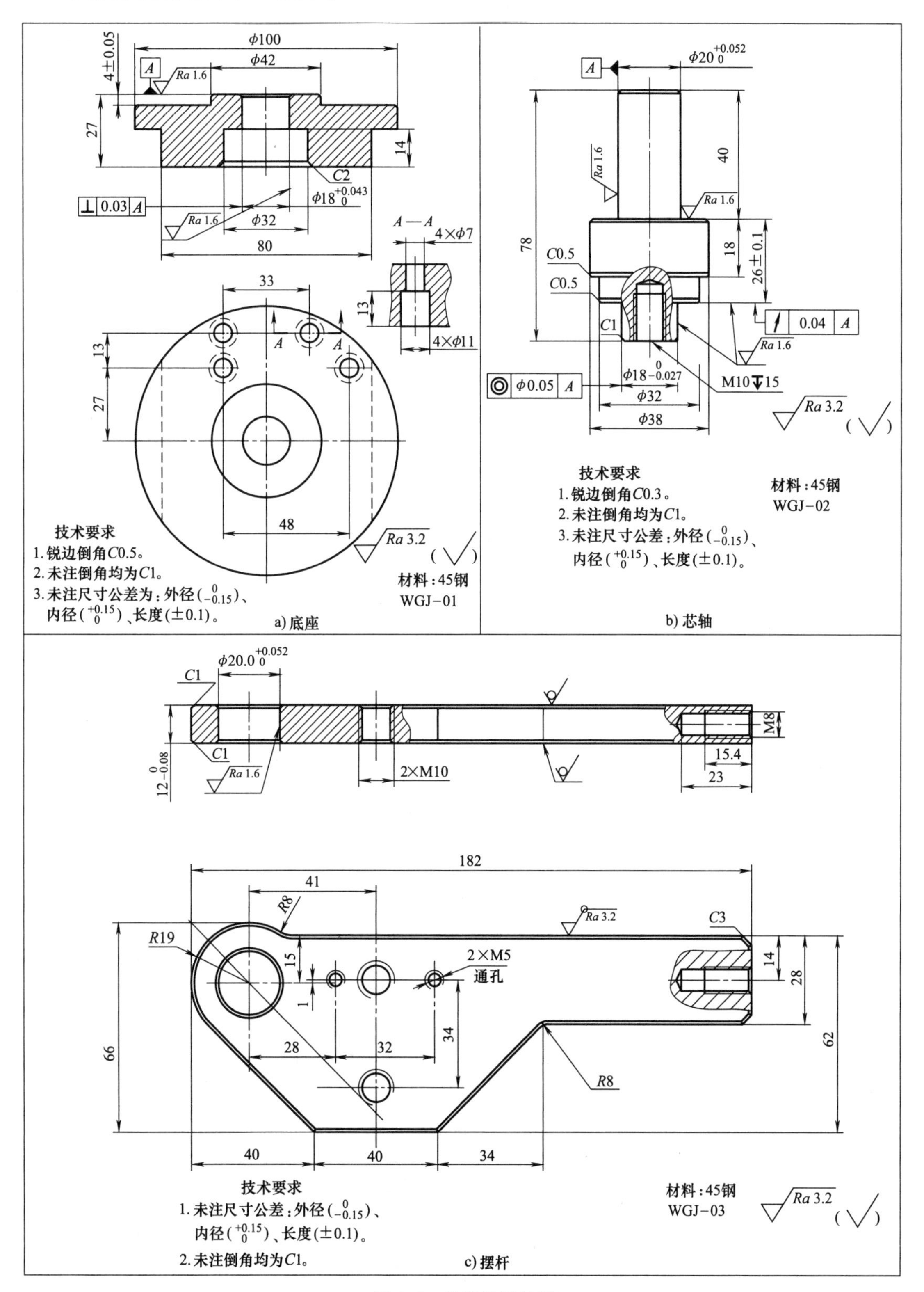


图 9-6 弯管机零件图

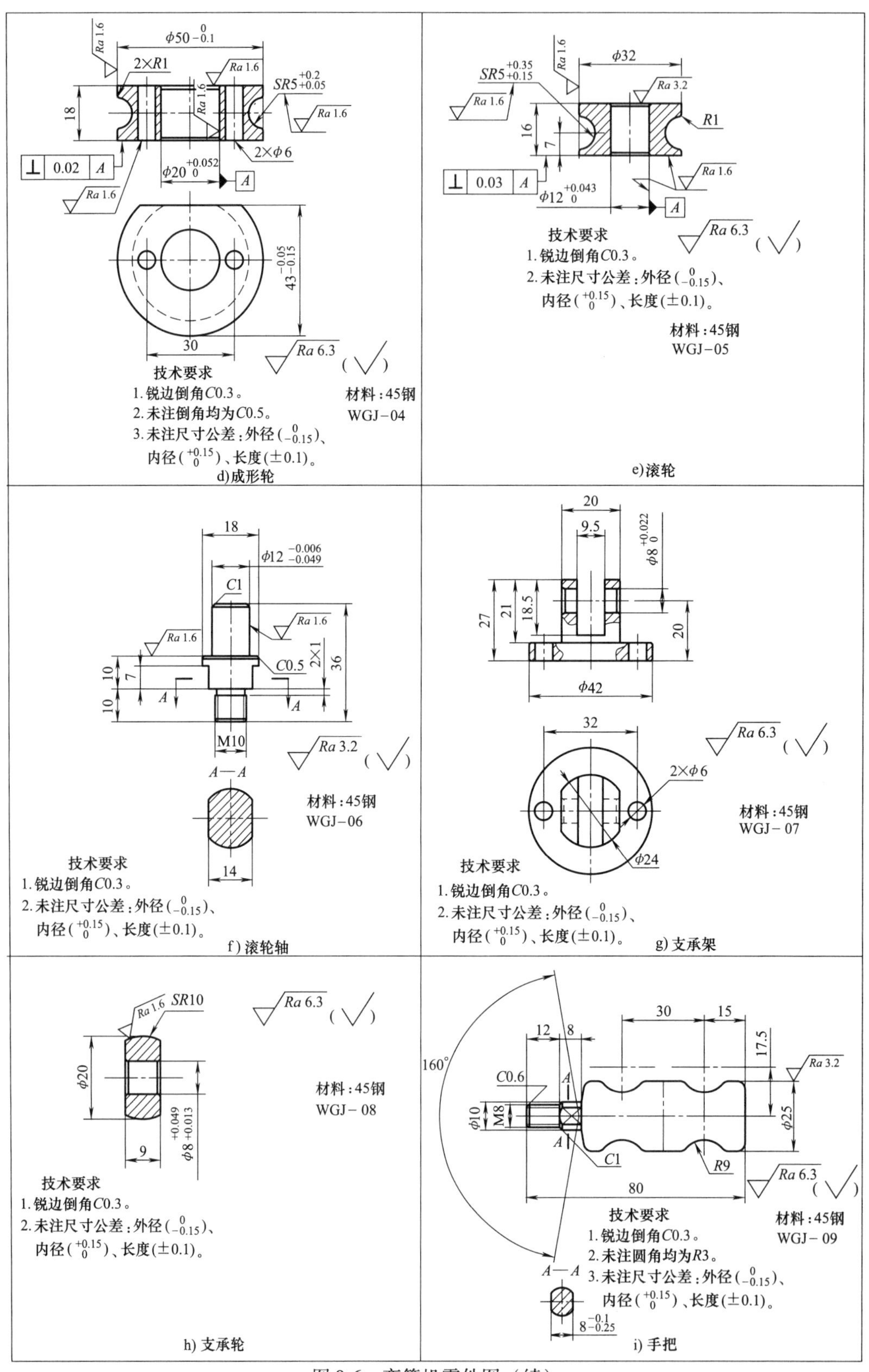
技术要求
1. 锐边倒角C0.3。
2. 未注倒角均为C0.5。
3. 未注尺寸公差：外径（$_{-0.15}^{0}$）、内径（$_{0}^{+0.15}$）、长度（±0.1）。
材料：45钢
WGJ-04
d)成形轮
技术要求
1. 锐边倒角C0.3。
2. 未注尺寸公差：外径（$_{-0.15}^{0}$）、内径（$_{0}^{+0.15}$）、长度（±0.1）。
材料：45钢
WGJ-05
e)滚轮
材料：45钢
WGJ-06
技术要求
1. 锐边倒角C0.3。
2. 未注尺寸公差：外径（$_{-0.15}^{0}$）、内径（$_{0}^{+0.15}$）、长度（±0.1）。
f)滚轮轴
材料：45钢
WGJ-07
技术要求
1. 锐边倒角C0.3。
2. 未注尺寸公差：外径（$_{-0.15}^{0}$）、内径（$_{0}^{+0.15}$）、长度（±0.1）。
g)支承架
材料：45钢
WGJ-08
技术要求
1. 锐边倒角C0.3。
2. 未注尺寸公差：外径（$_{-0.15}^{0}$）、内径（$_{0}^{+0.15}$）、长度（±0.1）。
h)支承轮
技术要求
1. 锐边倒角C0.3。
2. 未注圆角均为R3。
3. 未注尺寸公差：外径（$_{-0.15}^{0}$）、内径（$_{0}^{+0.15}$）、长度（±0.1）。
材料：45钢
WGJ-09
i)手把

图 9-6 弯管机零件图（续）

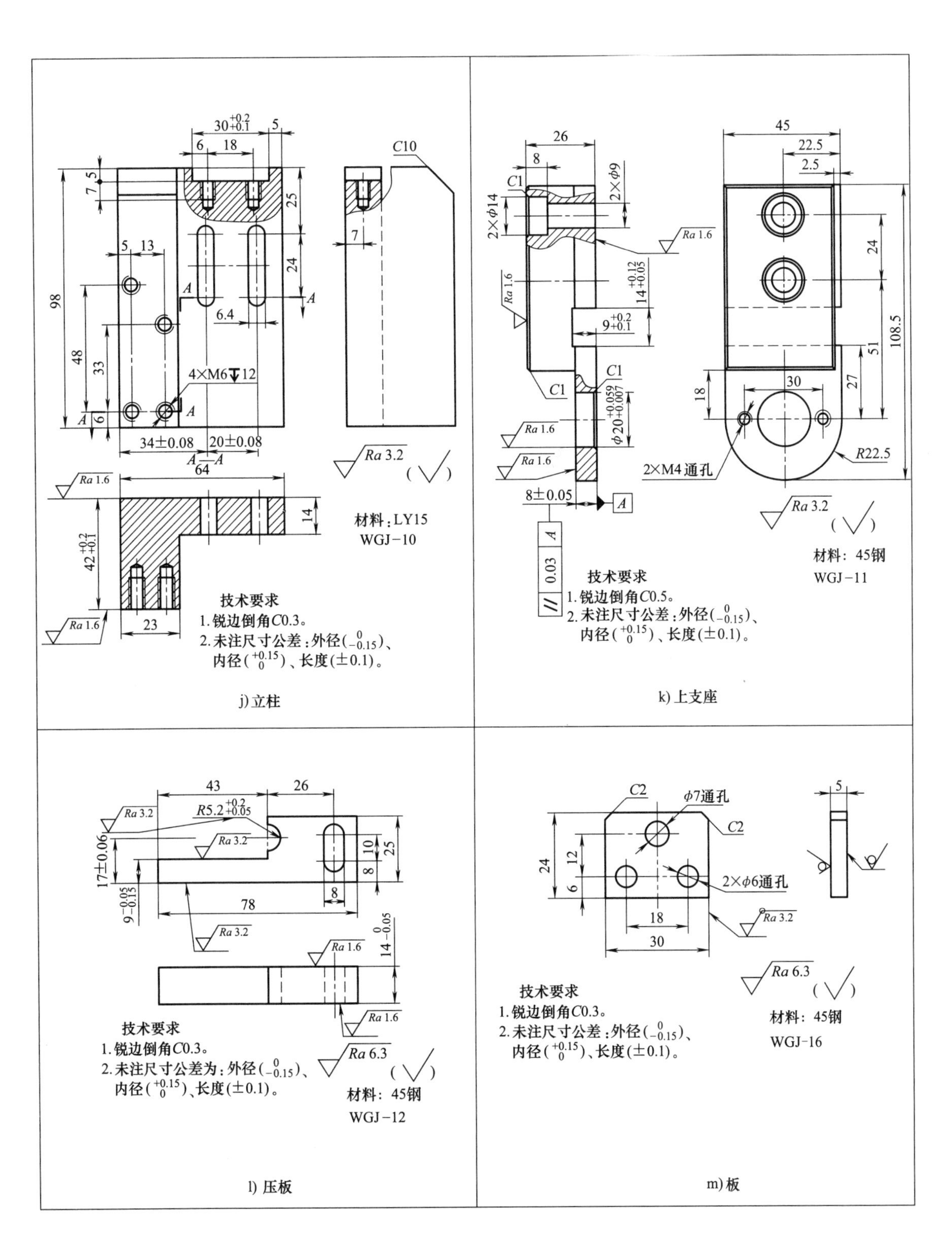
技术要求
1. 锐边倒角C0.3。
2. 未注尺寸公差：外径($^{0}_{-0.15}$)、内径($^{+0.15}_{0}$)、长度(±0.1)。
材料：LY15
WGJ−10
j) 立柱
技术要求
1. 锐边倒角C0.5。
2. 未注尺寸公差：外径($^{0}_{-0.15}$)、内径($^{+0.15}_{0}$)、长度(±0.1)。
材料：45钢
WGJ−11
2×M4通孔
k) 上支座
技术要求
1. 锐边倒角C0.3。
2. 未注尺寸公差为：外径($^{0}_{-0.15}$)、内径($^{+0.15}_{0}$)、长度(±0.1)。
材料：45钢
WGJ−12
l) 压板
φ7通孔
2×φ6通孔
技术要求
1. 锐边倒角C0.3。
2. 未注尺寸公差：外径($^{0}_{-0.15}$)、内径($^{+0.15}_{0}$)、长度(±0.1)。
材料：45钢
WGJ−16
m) 板

图 9-6 弯管机零件图（续）

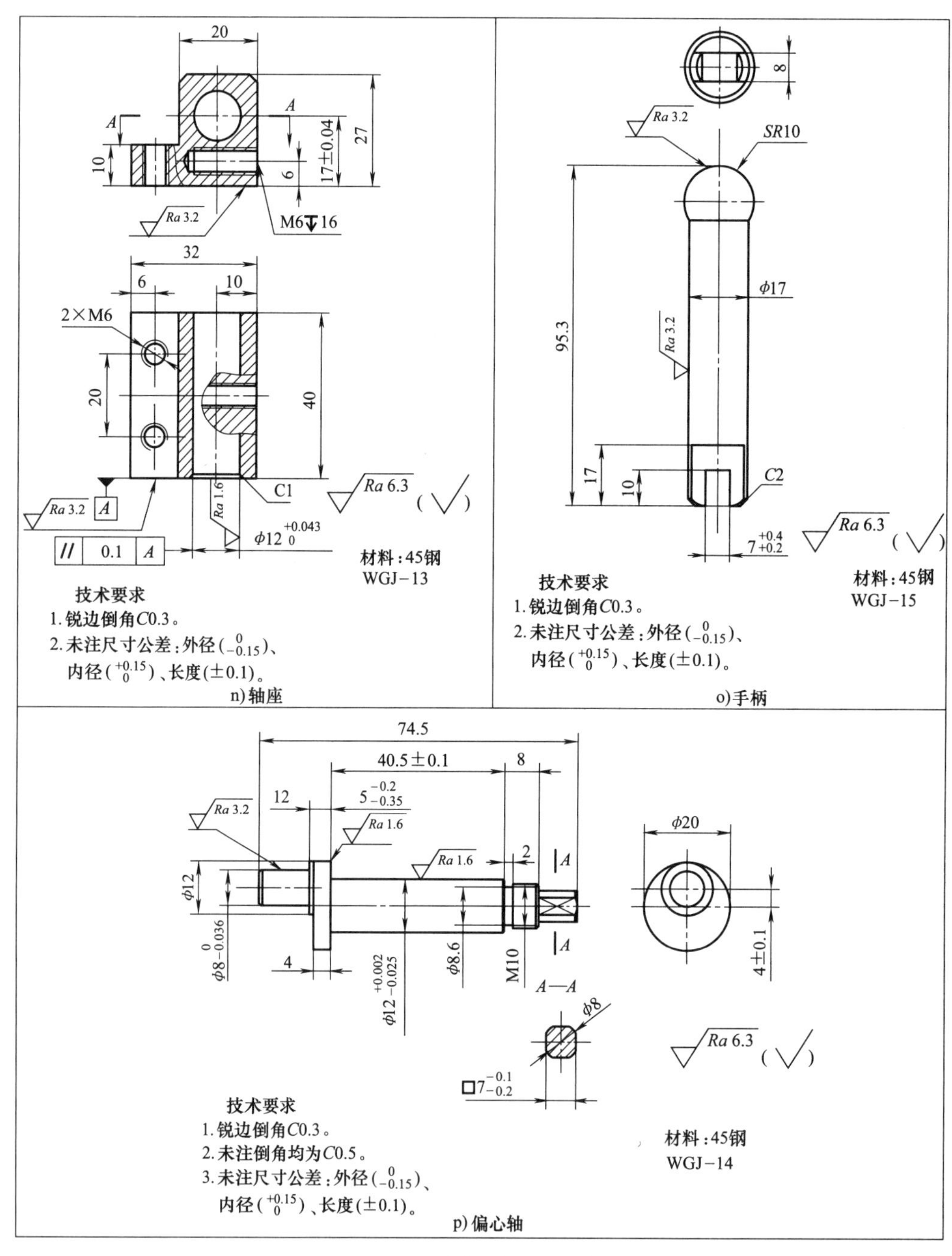


图 9-6　弯管机零件图（续）

# 任务 1　零部件的三维建模与装配

**【任务描述】**

根据提供的零件图样完成零件的三维建模与部件装配。

**【任务准备】**

SolidWorks 或 UG 等三维 CAD 软件。

**【任务实施参考】**

1）读懂工程图，包括技术要求，查找图样中是否存在材料选择不合理、几何公差标注不合理及缺少尺寸等问题。

2）根据工程图，完成零件的三维建模和装配。

3）完成与教材提供工程图一样的工程图，添加合适的图框，验证读图的准确性。

4）零件三维建模及装配参考。

① 单缸发动机的零件三维模型及装配爆炸图如图 9-7 所示。

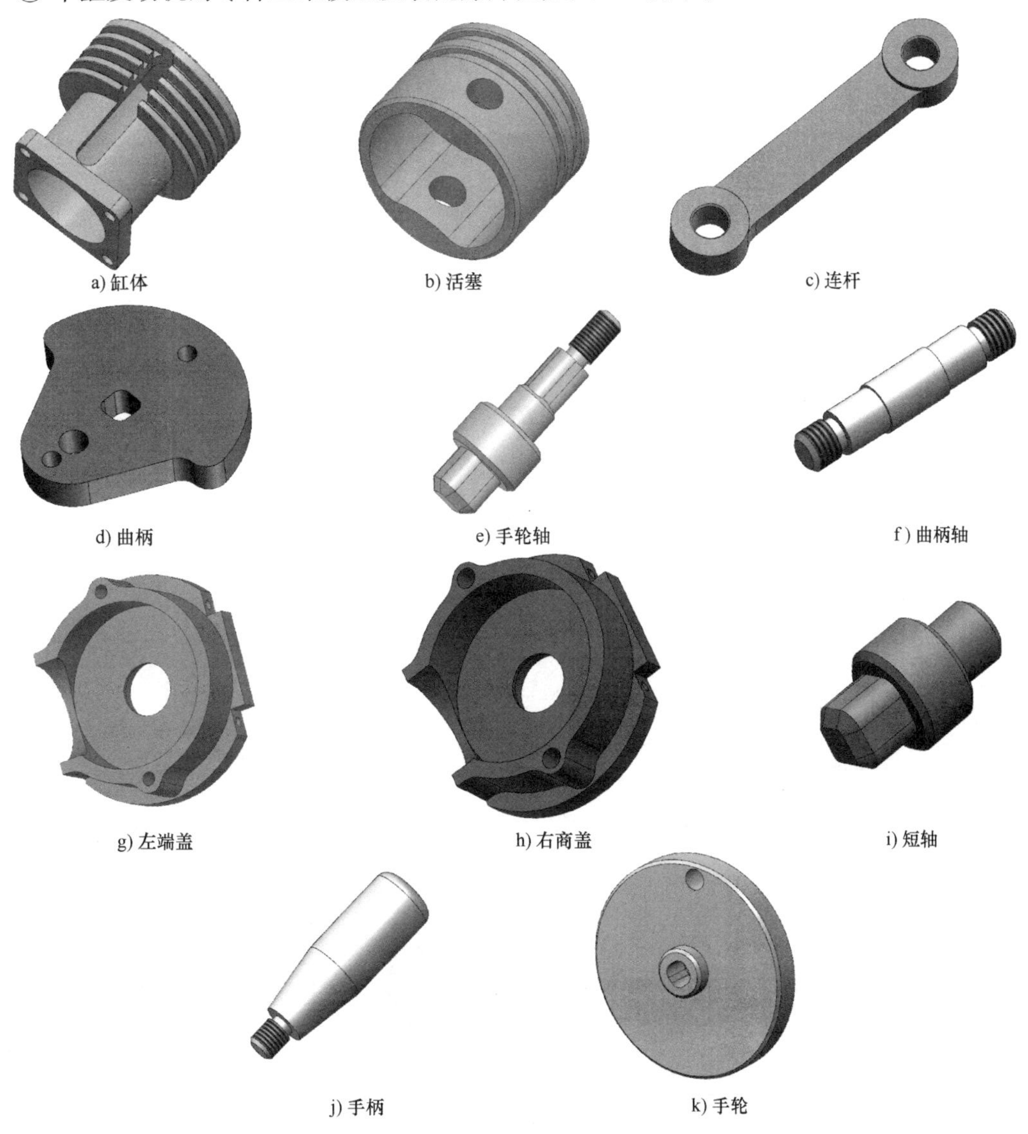


图 9-7　单缸发动机的零件三维模型及装配爆炸图

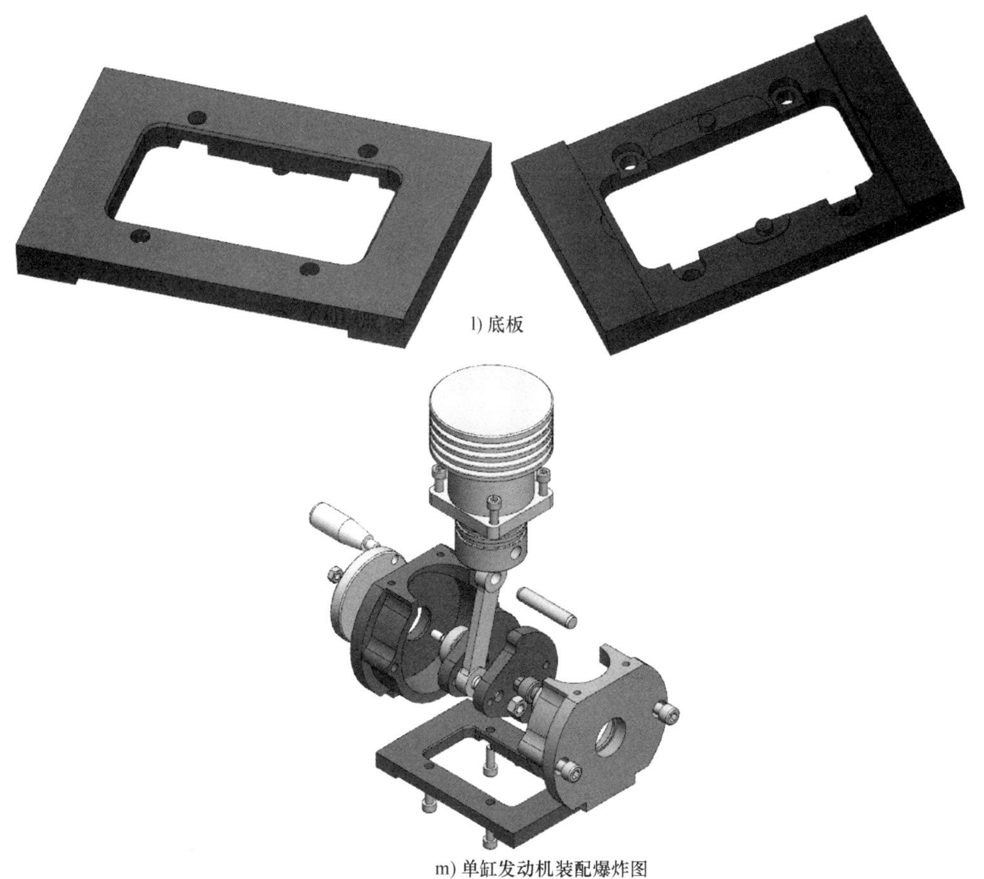

l) 底板

m) 单缸发动机装配爆炸图

图 9-7　单缸发动机的零件三维模型及装配爆炸图（续）

② 弯管机的零件三维模型及装配爆炸图如图 9-8 所示。

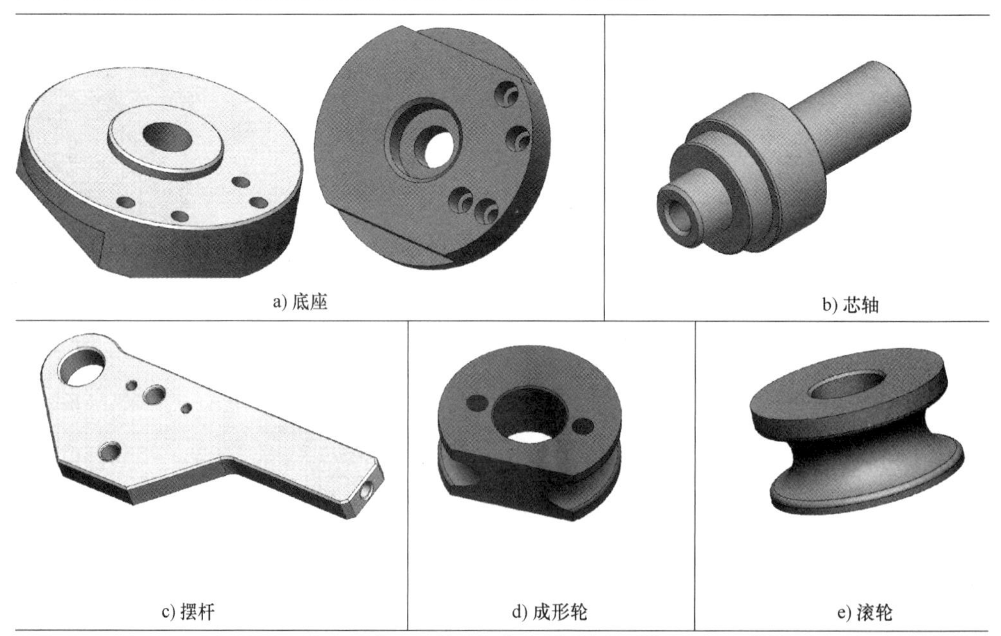

a) 底座　b) 芯轴　c) 摆杆　d) 成形轮　e) 滚轮

图 9-8　弯管机的零件三维模型及装配爆炸图

f) 滚轮轴　g) 支承架　h) 支承轮

i) 手把　j) 立柱　k) 上支座

l) 压板　m) 板　n) 轴座

o) 手柄　p) 偏心轴

q) 弯管机装配爆炸图

图 9-8　弯管机的零件三维模型及装配爆炸图（续）

# 任务 2 零件的工艺设计与制造

**【任务描述】**

按单件生产要求完成零件的机械加工工艺方案设计与制造。

**【任务准备】**

锯床、普通车床、台式钻床、数控车床、数控铣床、刀具、量具、毛坯等。

**【任务实施参考】**

## 一、编写零件的机械加工工艺和数控加工程序

按单件生产工艺编写零件的机械加工工艺，直接填写在打印的零件图样上。采用手工或自动编程方法完成零件的数控加工程序的编写。

## 二、列出机床设备清单

根据零件的机械加工工艺，列出零件制造所需机床设备清单，包括机床附件，填写表 9-1。

表 9-1 零件制造所需机床设备清单

| 序号 | 设备名称 | 型号 | 数量 | 设备状况 | 使用日期 | 使用时间 |
|---|---|---|---|---|---|---|
| 1 | | | | | | |
| 2 | | | | | | |
| 3 | | | | | | |
| 4 | | | | | | |

## 三、列出刀具清单

根据加工工艺，列出所需刀具清单，填写表 9-2。

表 9-2 所需刀具清单

| 序号 | 刀具名称 | 规格 | 数量 | 使用日期 |
|---|---|---|---|---|
| 1 | | | | |
| 2 | | | | |
| 3 | | | | |
| 4 | | | | |

## 四、列出量具清单

根据机械加工工艺，列出所需量具清单，填写表 9-3。

表 9-3 所需量具清单

| 序号 | 量具名称 | 规格 | 数量 | 使用日期 |
| --- | --- | --- | --- | --- |
| 1 | | | | |
| 2 | | | | |
| 3 | | | | |
| 4 | | | | |

## 五、列出毛坯清单

根据机械加工工艺，列出零件制造所需毛坯清单（尽量减少有关型材的牌号、规格，以减少备料的工作量和生产成本），填写表 9-4。

表 9-4 零件制造所需毛坯清单

| 序号 | 夹具零件名称 | 零件代号 | 材料牌号 | 规格 | 数量 | 重量/kg |
| --- | --- | --- | --- | --- | --- | --- |
| 1 | | | | | | |
| 2 | | | | | | |
| 3 | | | | | | |
| 4 | | | | | | |

## 六、列出外购件（标准件）清单

根据部件的装配图，列出夹具装配所需外购件（标准件）清单，填写表 9-5。

表 9-5 夹具装配所需外购件（标准件）清单

| 序号 | 外购件（标准件）名称 | 型号（标准号） | 材料 | 规格 | 数量 |
| --- | --- | --- | --- | --- | --- |
| 1 | | | | | |
| 2 | | | | | |
| 3 | | | | | |
| 4 | | | | | |

## 七、零件的制造

1）根据零件工艺的设计要求，分工协作，完成零件的制造。

2）对单缸发动机的连杆、曲柄等零件加工要求表面不允许有夹痕，建议自制软钳口，将软钳口加工成与零件外形一致的曲面，这样夹紧不会伤着零件表面。当然也可以采用电永磁吸盘夹紧。

3）对弯管机的摆杆这样的小型偏心轴类的零件，建议采用自制偏心套的方法。

4）对单件生产的配合组件加工，建议先加工难度大的零件，然后根据实际的尺寸再加工配合件，以保证配合间隙要求。例如轴类和套类的配合组件，建议先加工套类的零件。

# 任务3　部件的装配与调试

**【任务描述】**

按部件的装配图完成部件的装配并调试。

**【任务准备】**

检测设备、加工好的零件、清洗液、扳手、锤子、铜棒、磨石、修边器、无尘布等。

**【任务实施参考】**

1）按要求检查所有的零件（包括外购的标准件）并做记录。

2）用磨石、修边器去除所有的飞边、毛刺及碰伤等。

3）用清洗液清洗所有的零件（包括外购的标准件）并擦干。

4）按图样要求进行装配，运动配合件要涂润滑油（脂）。

5）装配调试完毕后表面涂防锈油。

**【项目小结】**

本项目通过部件的制造，提高读图能力、综合工艺设计能力、制造和装配能力、成本分析能力、团结协作能力及项目管理能力。

**【撰写项目报告】**

部件的装配与调试完成后，撰写项目报告。报告内容主要依据每个任务的完成情况，主要包括零件的图样分析、加工工艺方案分析、零件的制造与装配、质量分析、工艺改进优化等内容。报告附录部分包括全套工程图、三维模型、毛坯清单、外购件清单、加工设备清单、刀具清单、量具清单、数控加工程序等。最后提交报告的打印稿及全套资料的电子稿。

# 项目10

# 部分案例实施工艺方案参考

**【项目描述】**

本项目给出案例1~案例5的工艺方案参考，工序卡片中省略了工步内容，包括机床型号、工量具名称、定位、夹紧符号及切削参数等，机床类型和工序余量根据设备状况及操作水平可做适当调整。其他案例的工艺文件请读者结合教材中提供的参考工艺流程自行绘制。在绘制工艺卡片时，除了常规线型按国家标准外，注意本工序加工部分的轮廓线线型为粗实线，其余线型均为细线。本项目参考方案的线型不做区分，由读者自行理解。

## 案例1 主轴的工艺设计方案参考

主轴的工艺设计方案参考如图10-1~图10-15所示。

| ×××精密机械有限公司 | 综合 卡片 | 产品型号及名称 | 零(部)件图号 | 零(部)件名称 | 文件编号 |
|---|---|---|---|---|---|
| | | | CZQY-100-10 | 主轴 | CZQY-100-10-21GY |

| 工序号 | 名称 | 内容 | 加工单位 | 设备名称或型号 | 工装名称及编号 | 工时(min) | 工序卡片（材料：20CrMnTi） | 协作卡片 | 检查卡片 | | 备注 |
|---|---|---|---|---|---|---|---|---|---|---|---|
| 0 | 毛坯 | 锯料 $\phi$50×343.5 | 金工 | | | | | | | | |
| 5 | 正火 | 正火 | 热处理 | | | | | | | | |
| 10 | 铣端面 | 铣端面，打中心孔 | 金工 | 铣端面打中心孔机床 | | | 1 | | | | |
| 15 | 粗车一 | 粗车外圆及端面 | 金工 | 卧式经济型数控车床 | | | 1 | | | | |
| 20 | 粗车二 | 粗车外圆及端面 | 金工 | 卧式经济型数控车床 | | | 1 | | | | |
| 25 | 钻孔 | 钻孔 | 金工 | 立式钻床 | | | 1 | | | | |
| 30 | 退火 | 去应力退火 | 热处理 | | | | | | | | |
| 35 | 精车一 | 精车外圆及端面 | 金工 | 卧式数控车床 | | | 1 | | | | |
| 40 | 精车二 | 精车外圆及端面、镗孔、镗锥孔 | 金工 | 卧式数控车床 | | | 1 | | | | |
| 45 | 铣扁丝 | 铣扁丝 | 金工 | 立式数控铣床 | | | 1 | | | | |

| | | | | | | | | | | 编制 | | 会签 | |
|---|---|---|---|---|---|---|---|---|---|---|---|---|---|
| | | | | | | | | | | 校对 | | | |
| | | | | | | | | | | 标准化 | | | |
| 标记 | 处数 | 修改文件号 | 签字 | 日期 | 标记 | 处数 | 修改文件号 | 签字 | 日期 | 审核 | | 批准 | |

图10-1 主轴的工艺设计方案参考（一）

| ×××精密机械有限公司 | 综合　卡片 | | | 产品型号及名称 | 零(部)件图号 | 零(部)件名称 | 文件编号 | | | | |
|---|---|---|---|---|---|---|---|---|---|---|---|
| | | | | | CZQY-100-10 | 主轴 | CZQY-100-10-21GY | | | | |
| 工序 | | | 加工单位 | 设备名称或型号 | 工装名称及编号 | 工时(min) | 材料 20CrMnTi | | | | |
| 工序号 | 名称 | 内容 | | | | | 工序卡片 | 协作卡片 | 检查卡片 | | 备注 |
| 50 | 氮碳共渗 | 氮碳共渗、淬火、低温回火，硬度58~62HRC | 热处理 | | | | | 1 | | | |
| | | | | | | | | | | | |
| 55 | 冷处理 | -70～-80℃低温冷处理 | 热处理 | | | | | | | | |
| | | | | | | | | | | | |
| 60 | 研磨中心孔 | 研磨中心孔 | 金工 | 立式中心孔磨床 | | | 1 | | | | |
| | | | | | | | | | | | |
| 65 | 粗磨外圆 | 粗磨外圆 | 金工 | 外圆磨床 | | | 1 | | | | |
| | | | | | | | | | | | |
| 70 | 精车螺纹 | 精车螺纹 | 金工 | 卧式精密数控车床 | | | 1 | | | | |
| | | | | | | | | | | | |
| 75 | 精磨外圆 | 精磨外圆及端面 | 金工 | 数控万能外圆磨床 | | | 1 | | | | |
| | | | | | | | | | | | |
| 80 | 精磨锥孔 | 精磨锥孔 | 金工 | 数控万能外圆磨床 | | | 1 | | | | |
| | | | | | | | | | | | |
| 85 | 检查 | 按产品图纸检查 | 质检 | | | | | | | | |
| | | | | | | | | | | | |
| 90 | 清洗 | 超声波清洗 | 金工 | 超声波清洗机 | | | | | | | |
| | | | | | | | | | | | |
| 95 | 入库 | 涂防锈油，入库 | | | | | | | | | |

| | | | | | | | | | | 编制 | | | 会签 | | |
|---|---|---|---|---|---|---|---|---|---|---|---|---|---|---|---|
| | | | | | | | | | | 校对 | | | | | |
| | | | | | | | | | | 标准化 | | | | | |
| 标记 | 处数 | 修改文件号 | 签字 | 日期 | 标记 | 处数 | 修改文件号 | 签字 | 日期 | 审核 | | | 批准 | | |

图 10-2　主轴的工艺设计方案参考（二）

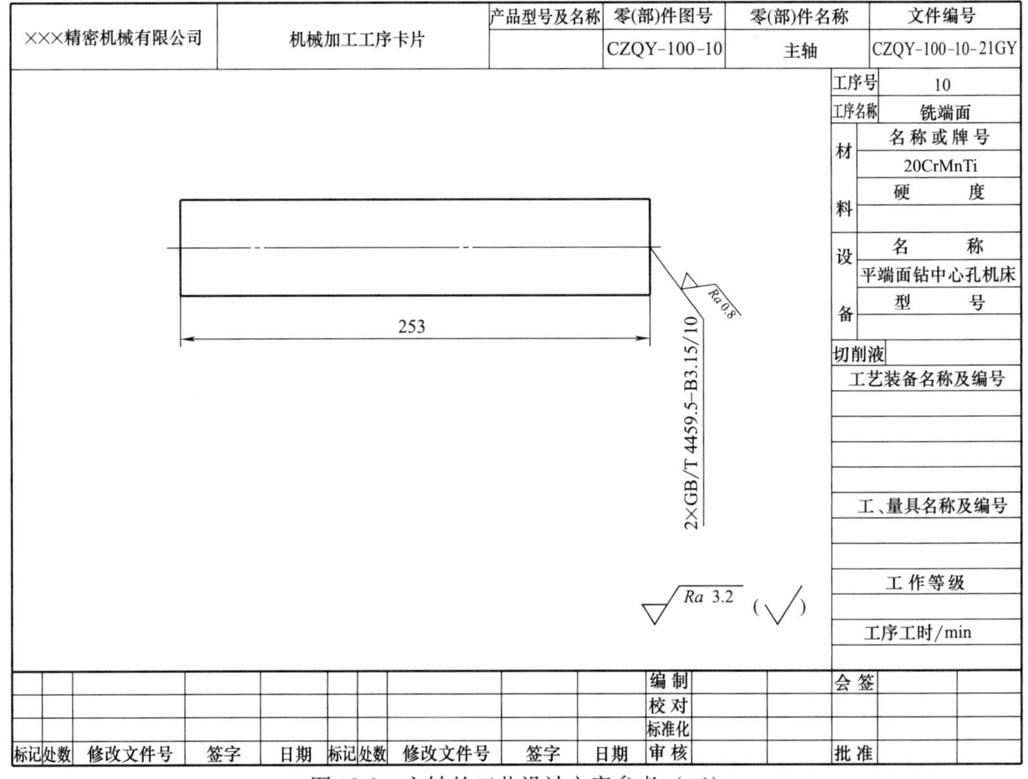

| ×××精密机械有限公司 | 机械加工工序卡片 | 产品型号及名称 | 零(部)件图号 | 零(部)件名称 | 文件编号 |
|---|---|---|---|---|---|
| | | | CZQY-100-10 | 主轴 | CZQY-100-10-21GY |



| | |
|---|---|
| 工序号 | 10 |
| 工序名称 | 铣端面 |
| 材料 | 名称或牌号 |
| | 20CrMnTi |
| | 硬　度 |
| | |
| 设备 | 名　称 |
| | 平端面钻中心孔机床 |
| | 型　号 |
| | |
| 切削液 | |
| 工艺装备名称及编号 | |
| | |
| 工、量具名称及编号 | |
| | |
| 工作等级 | |
| | |
| 工序工时/min | |

| | | | | | | | | | | 编制 | | | 会签 | | |
|---|---|---|---|---|---|---|---|---|---|---|---|---|---|---|---|
| | | | | | | | | | | 校对 | | | | | |
| | | | | | | | | | | 标准化 | | | | | |
| 标记 | 处数 | 修改文件号 | 签字 | 日期 | 标记 | 处数 | 修改文件号 | 签字 | 日期 | 审核 | | | 批准 | | |

图 10-3　主轴的工艺设计方案参考（三）

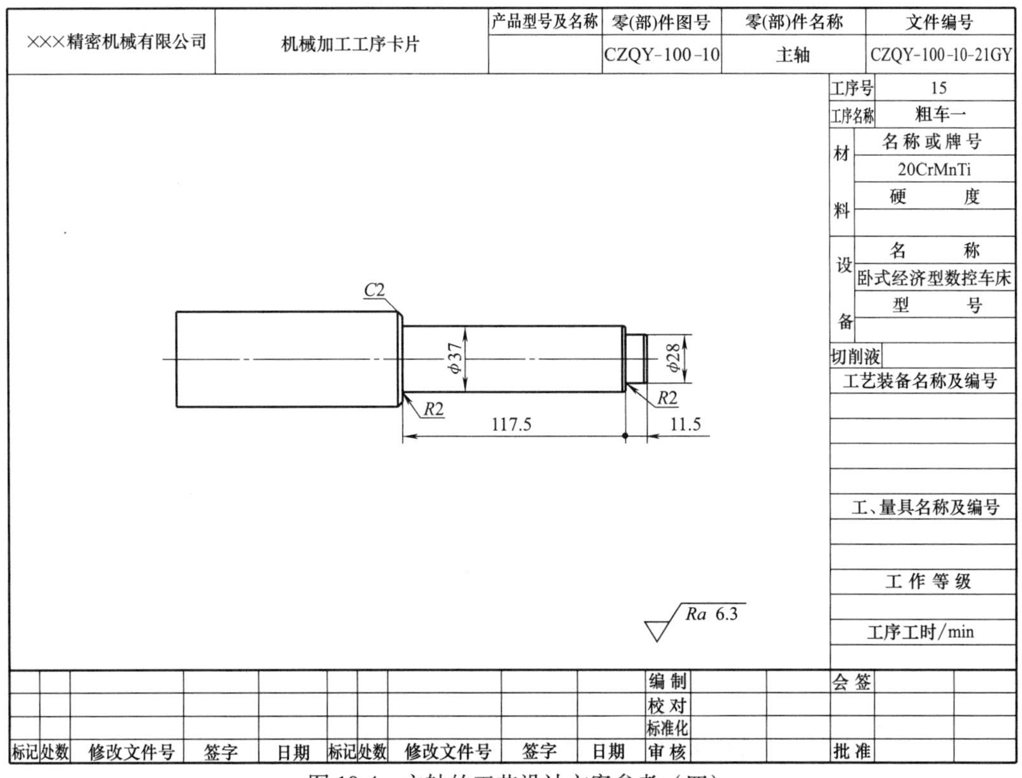


图 10-4　主轴的工艺设计方案参考（四）

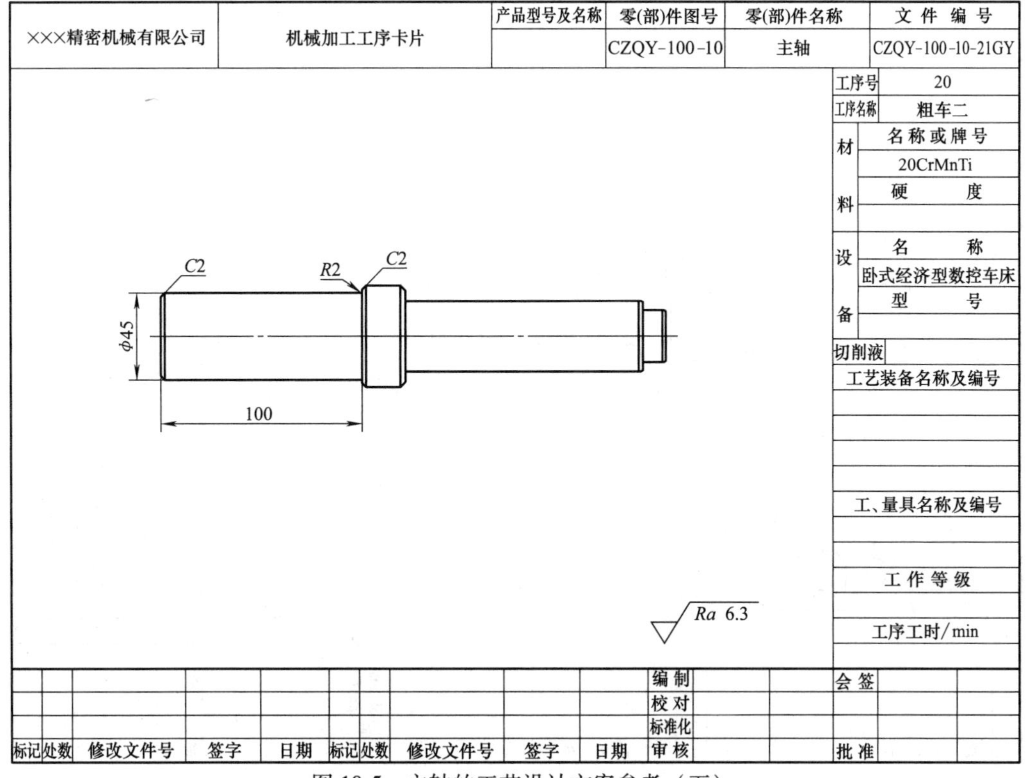


图 10-5　主轴的工艺设计方案参考（五）

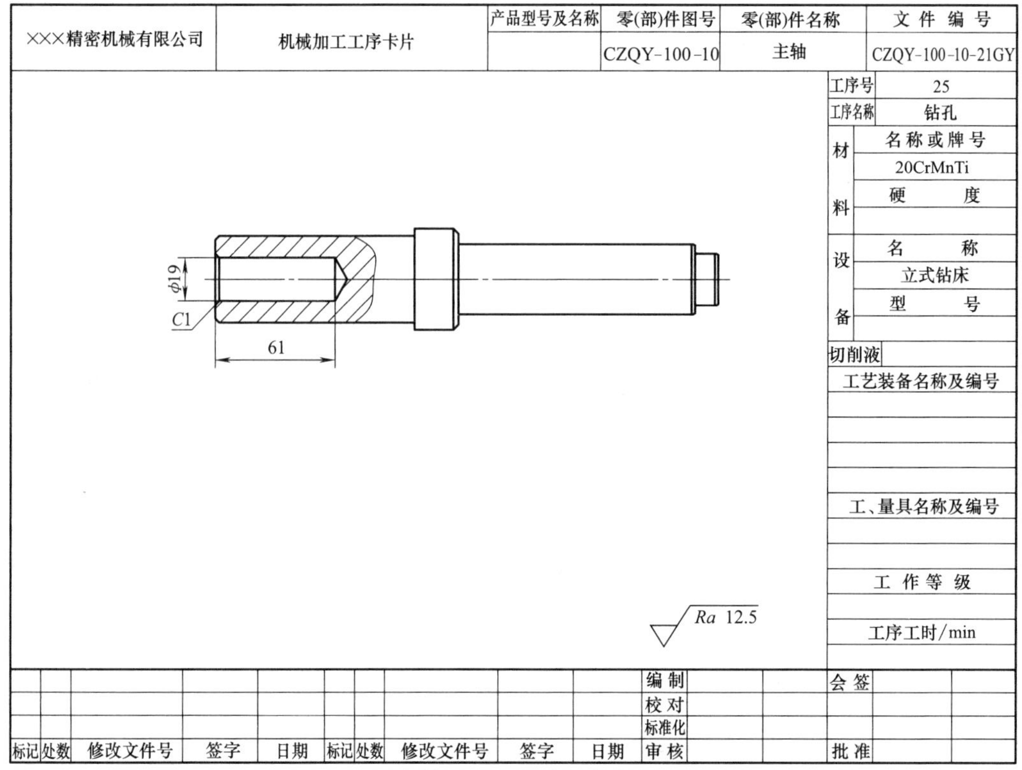


图 10-6 主轴的工艺设计方案参考（六）

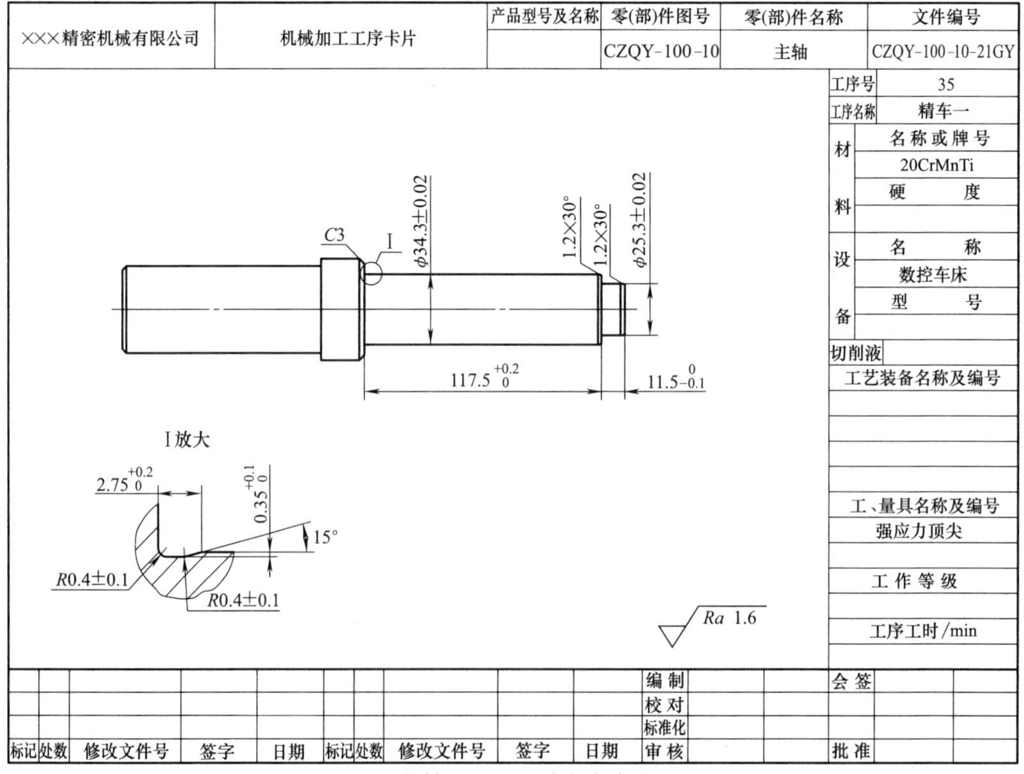


图 10-7 主轴的工艺设计方案参考（七）

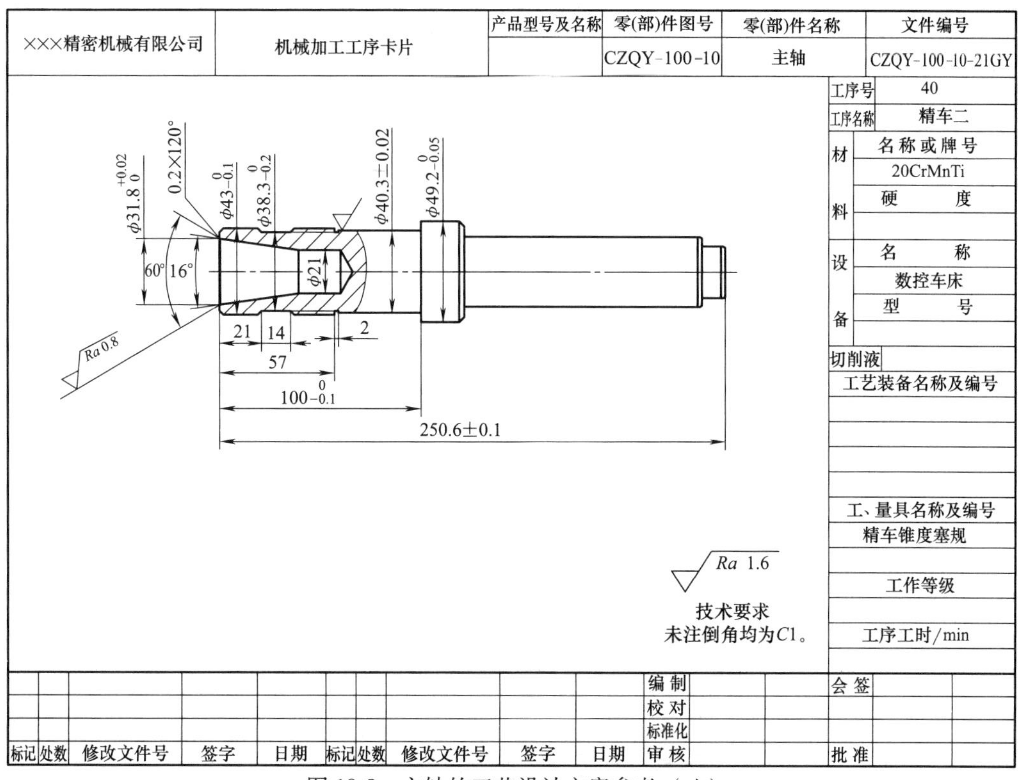


图 10-8　主轴的工艺设计方案参考（八）

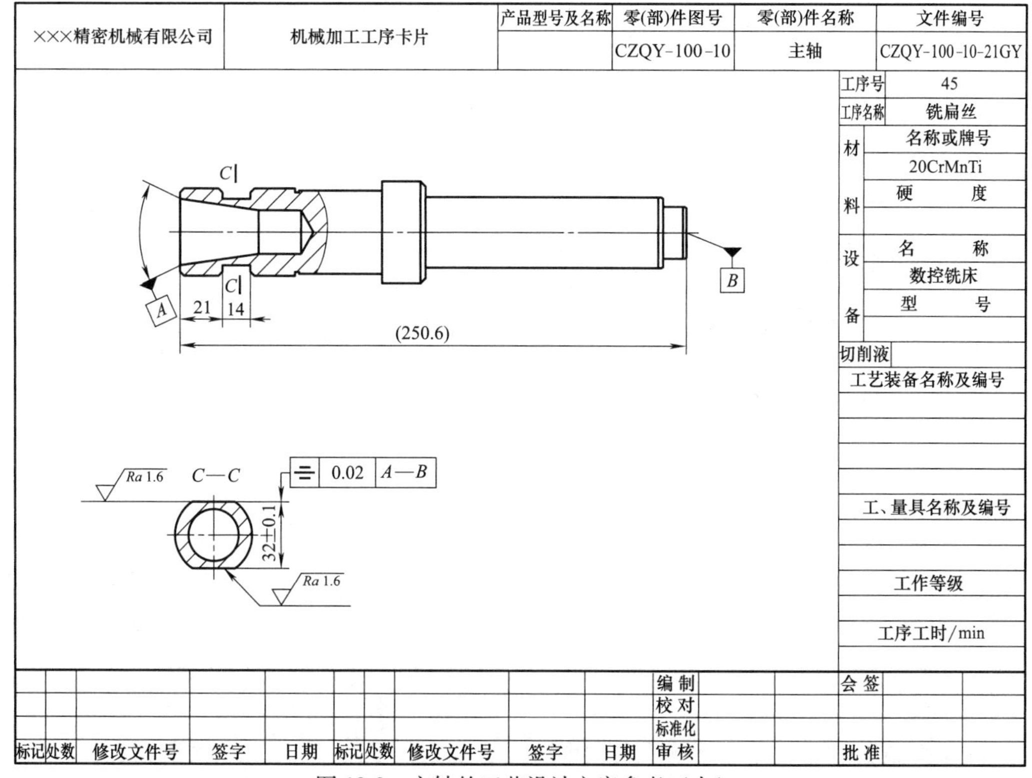


图 10-9　主轴的工艺设计方案参考（九）

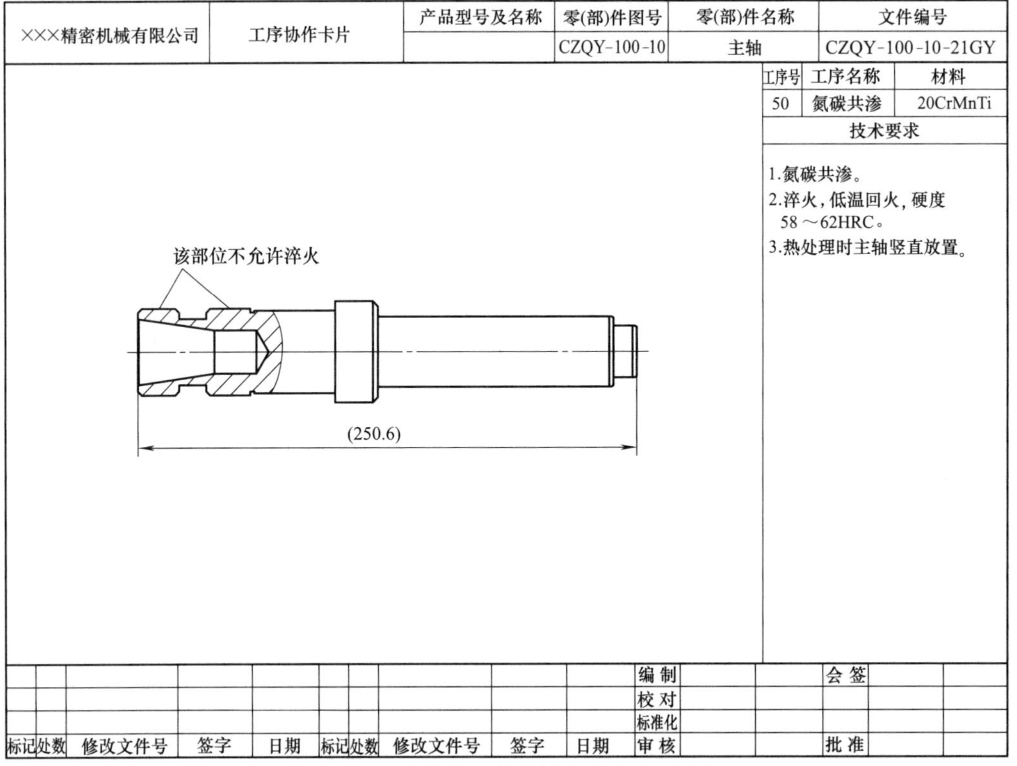

| ×××精密机械有限公司 | 工序协作卡片 | 产品型号及名称 | 零(部)件图号 | 零(部)件名称 | 文件编号 |
|---|---|---|---|---|---|
| | | | CZQY-100-10 | 主轴 | CZQY-100-10-21GY |

| 工序号 | 工序名称 | 材料 |
|---|---|---|
| 50 | 氮碳共渗 | 20CrMnTi |

技术要求

1.氮碳共渗。
2.淬火，低温回火，硬度 58～62HRC。
3.热处理时主轴竖直放置。



| | | | | | | | | | | 编制 | | | 会签 | |
|---|---|---|---|---|---|---|---|---|---|---|---|---|---|---|
| | | | | | | | | | | 校对 | | | | |
| | | | | | | | | | | 标准化 | | | | |
| 标记 | 处数 | 修改文件号 | 签字 | 日期 | 标记 | 处数 | 修改文件号 | 签字 | 日期 | 审核 | | | 批准 | |

图 10-10　主轴的工艺设计方案参考（十）

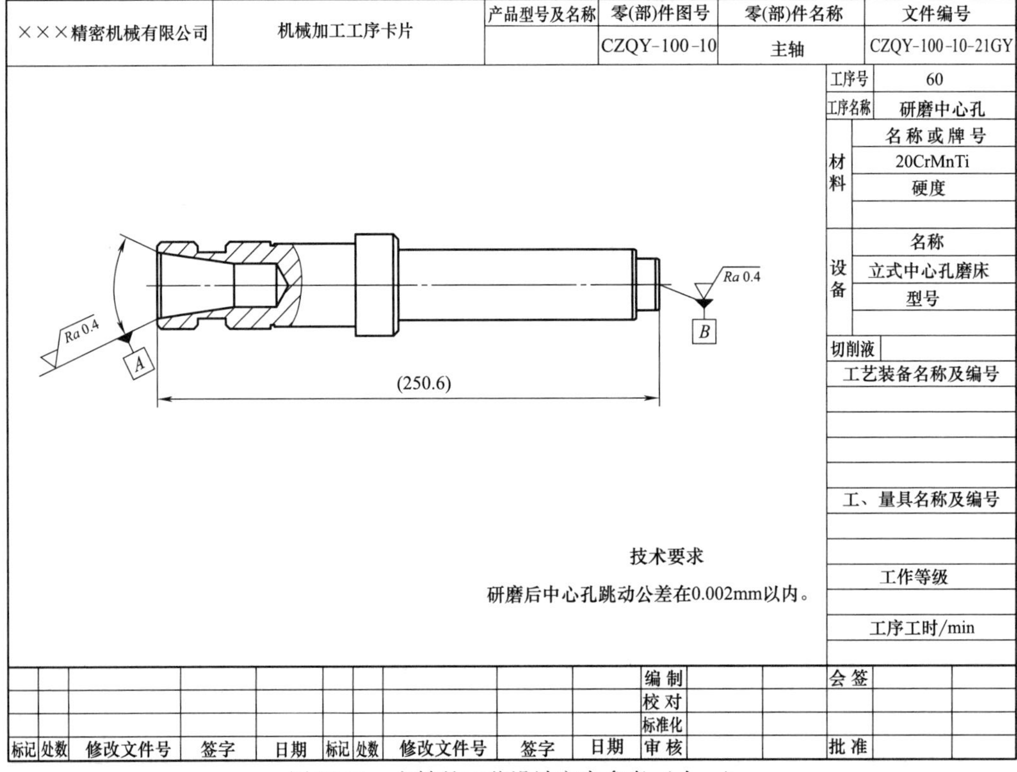

| ×××精密机械有限公司 | 机械加工工序卡片 | 产品型号及名称 | 零(部)件图号 | 零(部)件名称 | 文件编号 |
|---|---|---|---|---|---|
| | | | CZQY-100-10 | 主轴 | CZQY-100-10-21GY |

| 工序号 | 60 |
|---|---|
| 工序名称 | 研磨中心孔 |
| 材料 | 名称或牌号 |
| | 20CrMnTi |
| | 硬度 |
| | |
| 设备 | 名称 |
| | 立式中心孔磨床 |
| | 型号 |
| | |
| 切削液 | |
| 工艺装备名称及编号 | |
| 工、量具名称及编号 | |
| 工作等级 | |
| 工序工时/min | |



技术要求

研磨后中心孔跳动公差在0.002mm以内。

| | | | | | | | | | | 编制 | | | 会签 | |
|---|---|---|---|---|---|---|---|---|---|---|---|---|---|---|
| | | | | | | | | | | 校对 | | | | |
| | | | | | | | | | | 标准化 | | | | |
| 标记 | 处数 | 修改文件号 | 签字 | 日期 | 标记 | 处数 | 修改文件号 | 签字 | 日期 | 审核 | | | 批准 | |

图 10-11　主轴的工艺设计方案参考（十一）

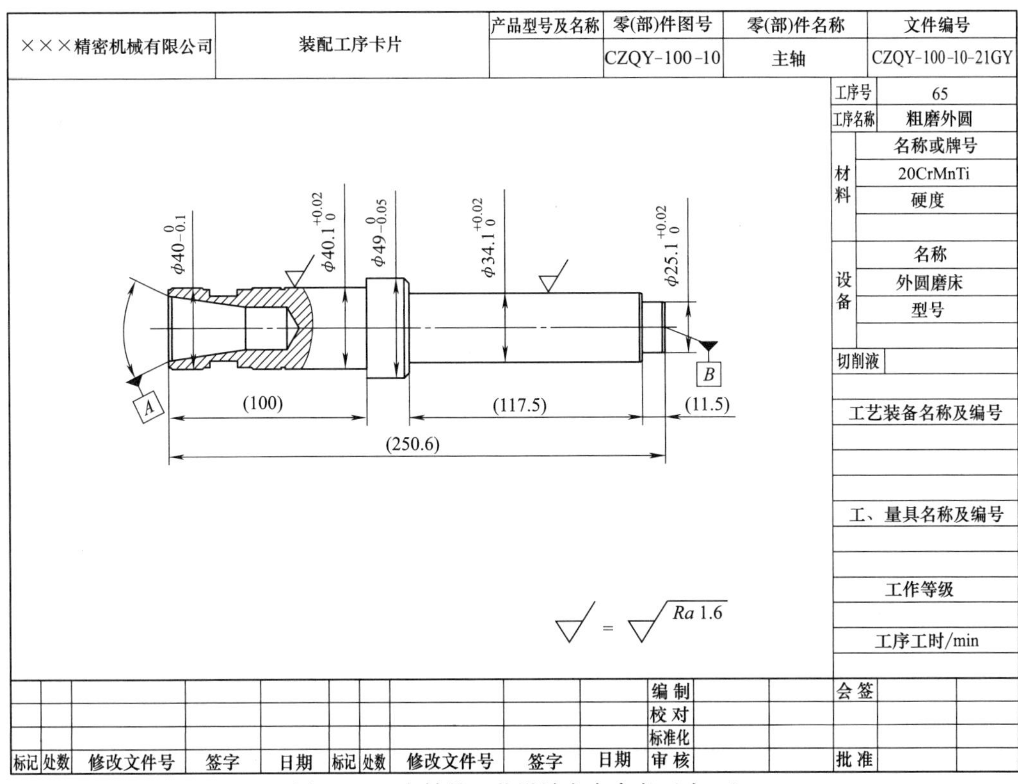


图 10-12　主轴的工艺设计方案参考（十二）

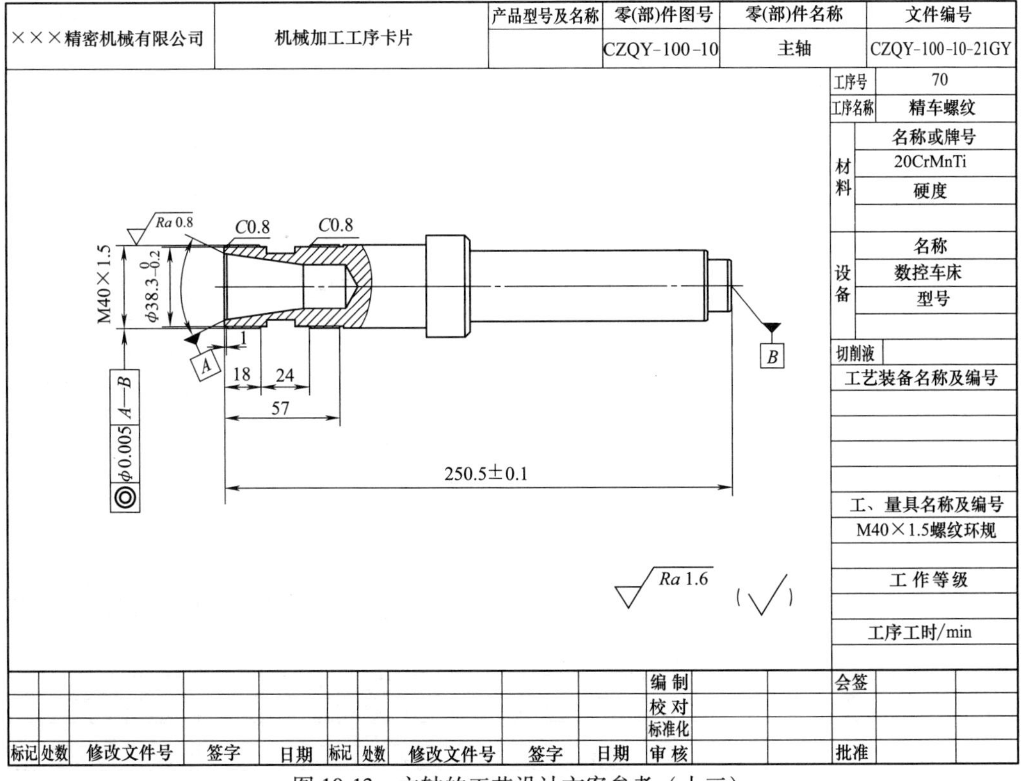


图 10-13　主轴的工艺设计方案参考（十三）

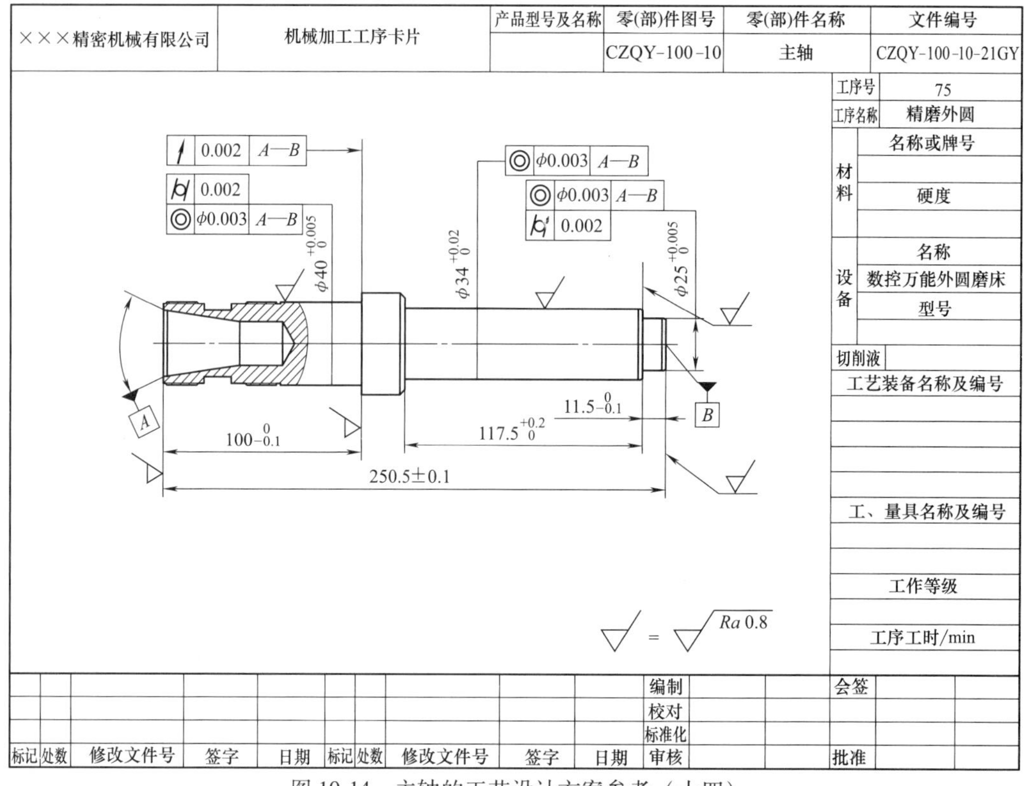


图 10-14 主轴的工艺设计方案参考（十四）

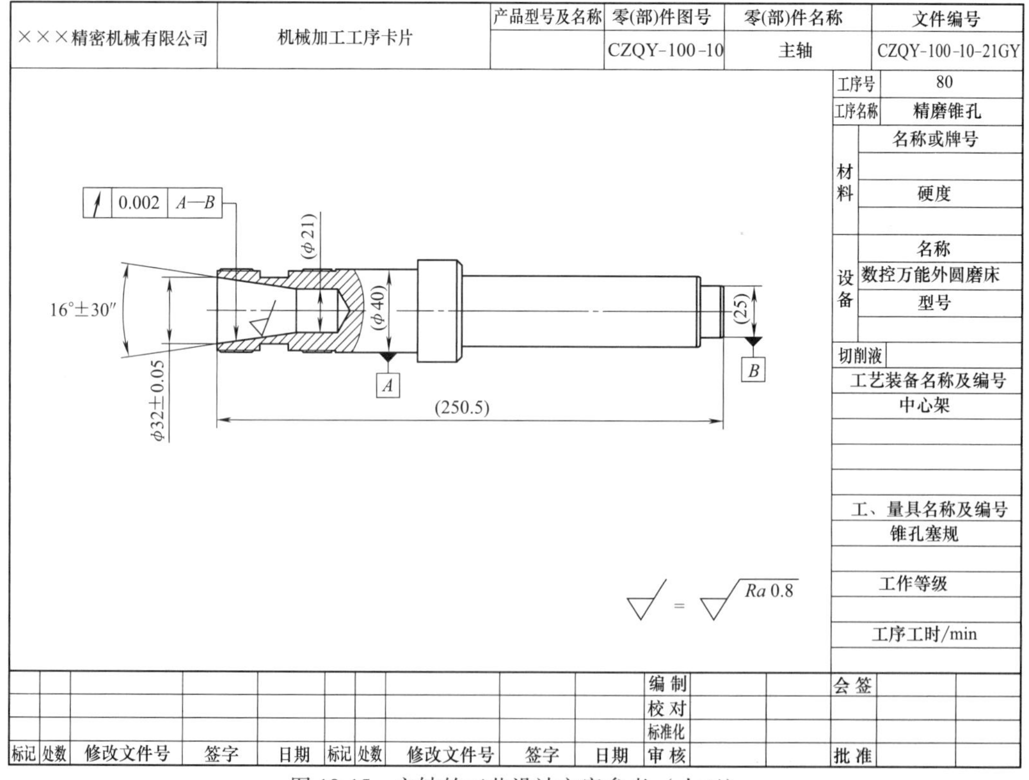


图 10-15 主轴的工艺设计方案参考（十五）

# 案例2　输出轴的工艺设计方案参考

输出轴的工艺设计方案参考如图10-16~图10-21所示。

| ×××精密机械有限公司 | 综合　卡片 | 产品型号及名称 | 零(部)件图号 | 零(部)件名称 | 文件编号 |
|---|---|---|---|---|---|
| | | | CZQY-200-01 | 输出轴 | CZQY-200-01-21GY |

| 工序 | | | 加工单位 | 设备名称或型号 | 工装名称及编号 | 工时(min) | 材料 QT700-2 | | | | 备注 |
|---|---|---|---|---|---|---|---|---|---|---|---|
| 工序号 | 名称 | 内容 | | | | | 工序卡片 | 协作卡片 | 检查卡片 | | |
| 0 | 毛坯 | 铸件 | 铸造 | | | | | | | | |
| 5 | 时效处理 | 时效处理 | 热处理 | | | | | | | | |
| 10 | 喷丸 | 喷丸 | 喷丸 | | | | | | | | |
| 15 | 划线 | 划加工基准线，检查铸造缺陷 | 金工 | | | | | | | | |
| 20 | 铣底面 | 粗精铣底面、粗精镗内孔、钻铰定位孔、攻螺纹 | 金工 | 加工中心 | 铣夹具 | | 1 | | | | |
| 25 | 车外圆 | 粗车外圆、钻孔、精车外圆、车螺纹 | 金工 | 卧式数控车床 | 车夹具 | | 1 | | | | |
| 30 | 镗孔 | 车端面、粗、精镗内孔 | 金工 | 卧式数控车床 | 软爪三爪卡盘 | | 1 | | | | |
| 35 | 钻顶面孔 | 钻、攻管螺纹孔 | 金工 | 立式钻床 | 钻夹具 | | 1 | | | | |
| 40 | 钳工 | 清理、去毛刺 | 金工 | | | | | | | | |
| 45 | 检查 | 按产品图纸检查 | 质检 | | | | | | | | |

| | | | | | | | | | | 编制 | | 会签 | |
|---|---|---|---|---|---|---|---|---|---|---|---|---|---|
| | | | | | | | | | | 校对 | | | |
| | | | | | | | | | | 标准化 | | | |
| 标记 | 处数 | 修改文件号 | 签字 | 日期 | 标记 | 处数 | 修改文件号 | 签字 | 日期 | 审核 | | 批准 | |

图10-16　输出轴的工艺设计方案参考（一）

| ×××精密机械有限公司 | 综合　卡片 | 产品型号及名称 | 零(部)件图号 | 零(部)件名称 | 文件编号 |
|---|---|---|---|---|---|
| | | | CZQY-200-01 | 输出轴 | CZQY-200-01-21GY |

| 工序 | | | 加工单位 | 设备名称或型号 | 工装名称及编号 | 工时(min) | 材料 QT700-2 | | | | 备注 |
|---|---|---|---|---|---|---|---|---|---|---|---|
| 工序号 | 名称 | 内容 | | | | | 工序卡片 | 协作卡片 | 检查卡片 | | |
| 50 | 探伤 | 磁粉探伤 | 质检 | | | | | | | | |
| 55 | 清洗 | 超声波清洗 | | | | | | | | | |
| 60 | 喷漆 | 喷底漆、面漆 | 喷漆 | | | | | | | | |
| 65 | 涂防锈脂 | 加工面涂防锈脂 | | | | | | | | | |
| 70 | 入库 | | | | | | | | | | |

| | | | | | | | | | | 编制 | | 会签 | |
|---|---|---|---|---|---|---|---|---|---|---|---|---|---|
| | | | | | | | | | | 校对 | | | |
| | | | | | | | | | | 标准化 | | | |
| 标记 | 处数 | 修改文件号 | 签字 | 日期 | 标记 | 处数 | 修改文件号 | 签字 | 日期 | 审核 | | 批准 | |

图10-17　输出轴的工艺设计方案参考（二）

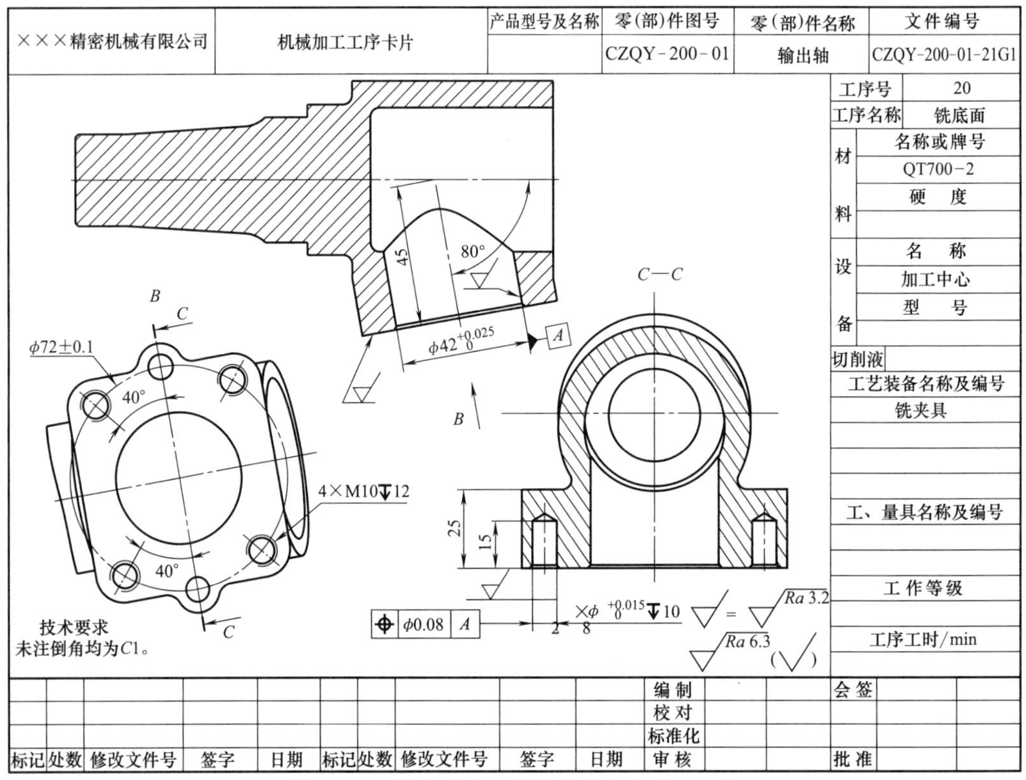


图 10-18　输出轴的工艺设计方案参考（三）

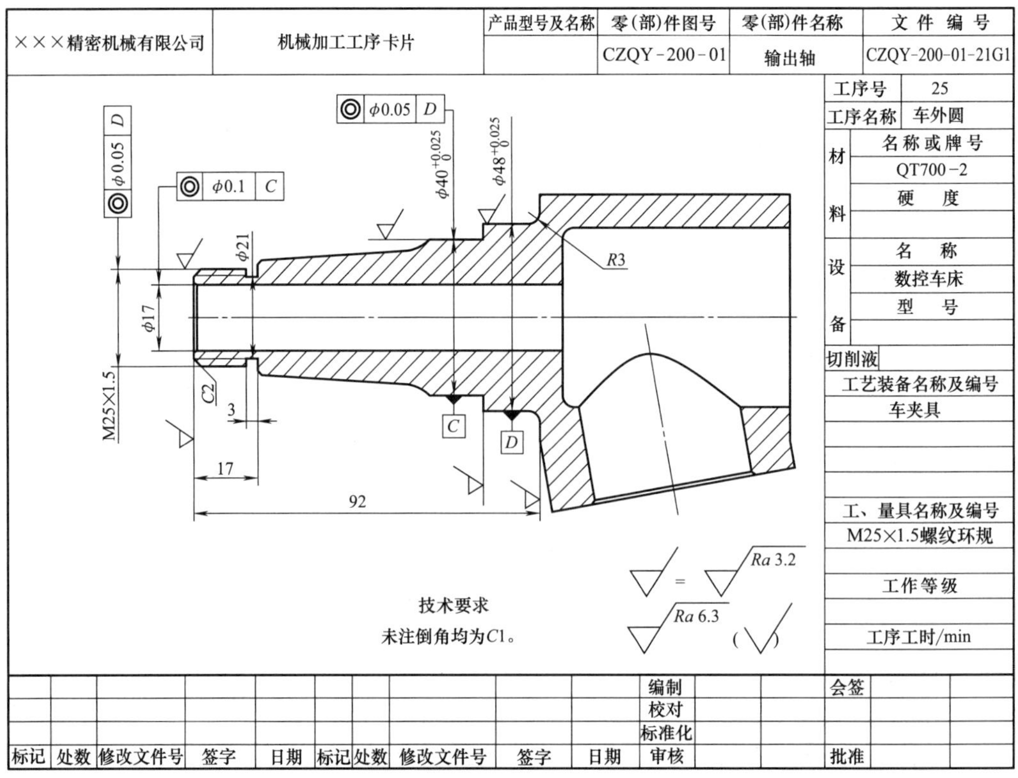


图 10-19　输出轴的工艺设计方案参考（四）

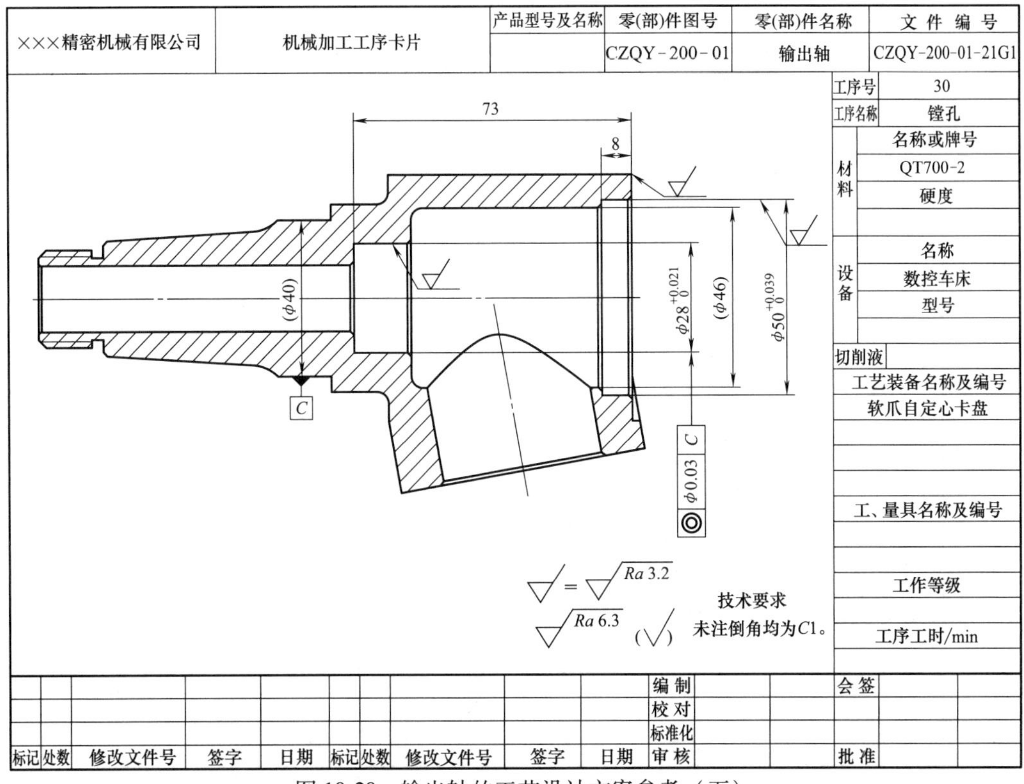


图 10-20 输出轴的工艺设计方案参考（五）

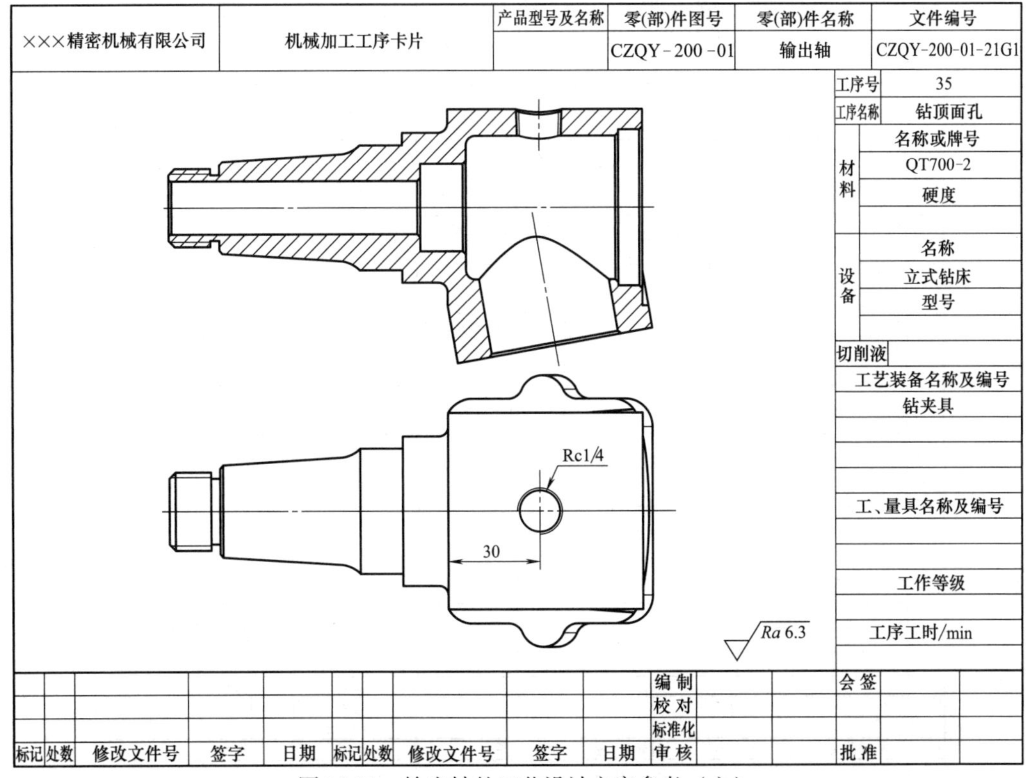


图 10-21 输出轴的工艺设计方案参考（六）

# 案例3　齿芯的工艺设计方案参考

齿芯的工艺设计方案参考如图 10-22～图 10-32 所示。

| ×××精密机械有限公司 | 综合　卡片 | 产品型号及名称 | 零(部)件图号 | 零(部)件名称 | 文件编号 |
|---|---|---|---|---|---|
| | | | CZQY-300-01 | 齿芯 | CZQY-300-01-21GY |

| 工序号 | 名称 | 内容 | 加工单位 | 设备名称或型号 | 工装名称及编号 | 工时(min) | 材料 42CrMoA 工序卡片 | 协作卡片 | 检查卡片 | | 备注 |
|---|---|---|---|---|---|---|---|---|---|---|---|
| 0 | 毛坯 | 模锻件 | 锻造 | | | | | | | | |
| | | | | | | | | | | | |
| 5 | 正火 | 正火 | 热处理 | | | | | | | | |
| | | | | | | | | | | | |
| 10 | 粗车一 | 粗车外圆及端面、粗镗内孔 | 金工 | 卧式经济型数控车床 | | | 1 | | | | |
| | | | | | | | | | | | |
| 15 | 粗车二 | 粗车外圆及端面 、粗镗内孔 | 金工 | 卧式经济型数控车床 | | | 1 | | | | |
| | | | | | | | | | | | |
| 20 | 粗铣半圆槽 | 粗铣半圆槽 | | 立式数控铣床 | | | 1 | | | | |
| | | | | | | | | | | | |
| 25 | 粗铣复合圆弧面 | 粗铣复合圆弧面 | 金工 | 立式数控铣床 | | | 1 | | | | |
| | | | | | | | | | | | |
| 30 | 调质 | 调质硬度240–280HB | 热处理 | | | | | 1 | | | |
| | | | | | | | | | | | |
| 35 | 精车一 | 精车外圆及端面 | 金工 | 卧式数控车床 | | | 1 | | | | |
| | | | | | | | | | | | |
| 40 | 精铣半圆槽 | | 金工 | 立式数控铣床 | | | 1 | | | | |
| | | | | | | | | | | | |
| 45 | 精铣复合圆弧面 | 精铣复合圆弧面、钻铰孔 | 金工 | 加工中心 | | | 1 | | | | |

| | | | | | | | | | | 编制 | | 会签 | |
|---|---|---|---|---|---|---|---|---|---|---|---|---|---|
| | | | | | | | | | | 校对 | | | |
| | | | | | | | | | | 标准化 | | | |
| 标记 | 处数 | 修改文件号 | 签字 | 日期 | 标记 | 处数 | 修改文件号 | 签字 | 日期 | 审核 | | 批准 | |

图 10-22　齿芯的工艺设计方案参考（一）

| ×××精密机械有限公司 | 综合　卡片 | 产品型号及名称 | 零(部)件图号 | 零(部)件名称 | 文件编号 |
|---|---|---|---|---|---|
| | | | CZQY-300-01 | 齿芯 | CZQY-300-01-21GY |

| 工序号 | 名称 | 内容 | 加工单位 | 设备名称或型号 | 工装名称及编号 | 工时(min) | 材料 42CrMoA 工序卡片 | 协作卡片 | 检查卡片 | | 备注 |
|---|---|---|---|---|---|---|---|---|---|---|---|
| 50 | 精车二 | 精车外圆及端面、镗孔 | 金工 | 卧式数控车床 | | | 1 | | | | |
| | | | | | | | | | | | |
| 55 | 检查 | 按产品图纸检查 | 质检 | | | | | | | | |
| | | | | | | | | | | | |
| 60 | 清洗 | 超声波清洗 | 金工 | 超声波清洗机 | | | | | | | |
| | | | | | | | | | | | |
| 65 | 入库 | 涂防锈油，入库 | | | | | | | | | |

| | | | | | | | | | | 编制 | | 会签 | |
|---|---|---|---|---|---|---|---|---|---|---|---|---|---|
| | | | | | | | | | | 校对 | | | |
| | | | | | | | | | | 标准化 | | | |
| 标记 | 处数 | 修改文件号 | 签字 | 日期 | 标记 | 处数 | 修改文件号 | 签字 | 日期 | 审核 | | 批准 | |

图 10-23　齿芯的工艺设计方案参考（二）

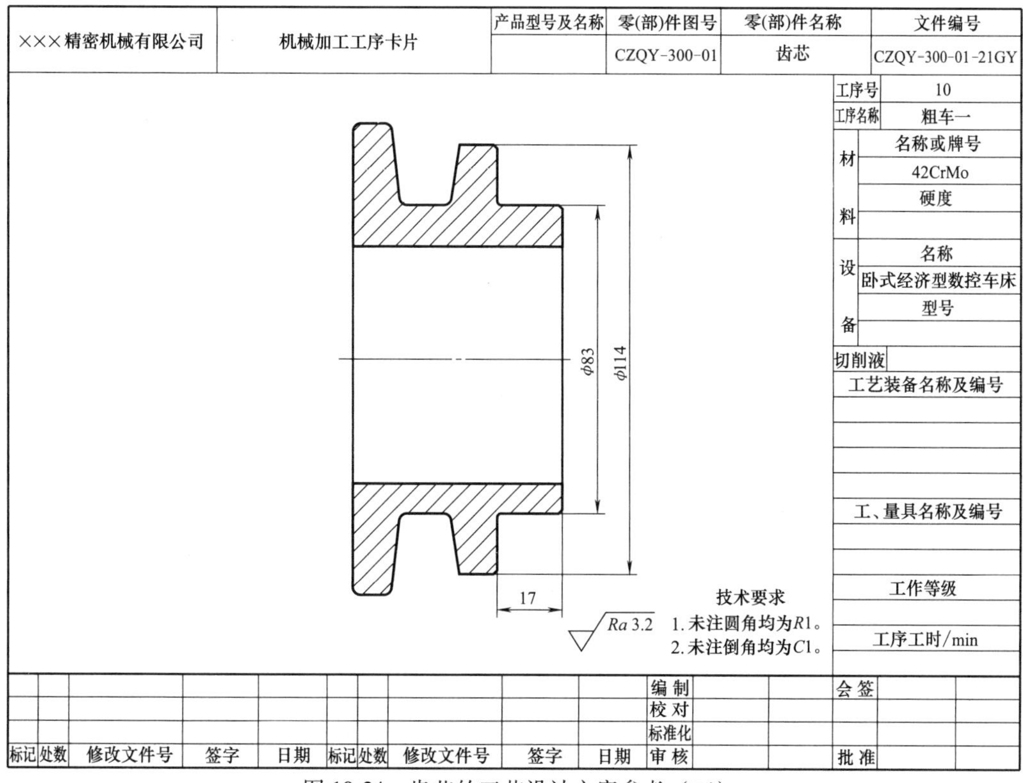

| ×××精密机械有限公司 | 机械加工工序卡片 | 产品型号及名称 | 零(部)件图号 | 零(部)件名称 | 文件编号 |
|---|---|---|---|---|---|
| | | | CZQY-300-01 | 齿芯 | CZQY-300-01-21GY |

|  |  |
|---|---|
| 工序号 | 10 |
| 工序名称 | 粗车一 |
| 材料 名称或牌号 | 42CrMo |
| 材料 硬度 | |
| 设备 名称 | 卧式经济型数控车床 |
| 设备 型号 | |
| 切削液 | |
| 工艺装备名称及编号 | |
| 工、量具名称及编号 | |
| 工作等级 | |
| 工序工时/min | |



技术要求
1. 未注圆角均为R1。
2. 未注倒角均为C1。

| 标记 | 处数 | 修改文件号 | 签字 | 日期 | 标记 | 处数 | 修改文件号 | 签字 | 日期 | 编制 / 校对 / 标准化 / 审核 | | | 会签 / 批准 |
|---|---|---|---|---|---|---|---|---|---|---|---|---|---|

图 10-24　齿芯的工艺设计方案参考（三）

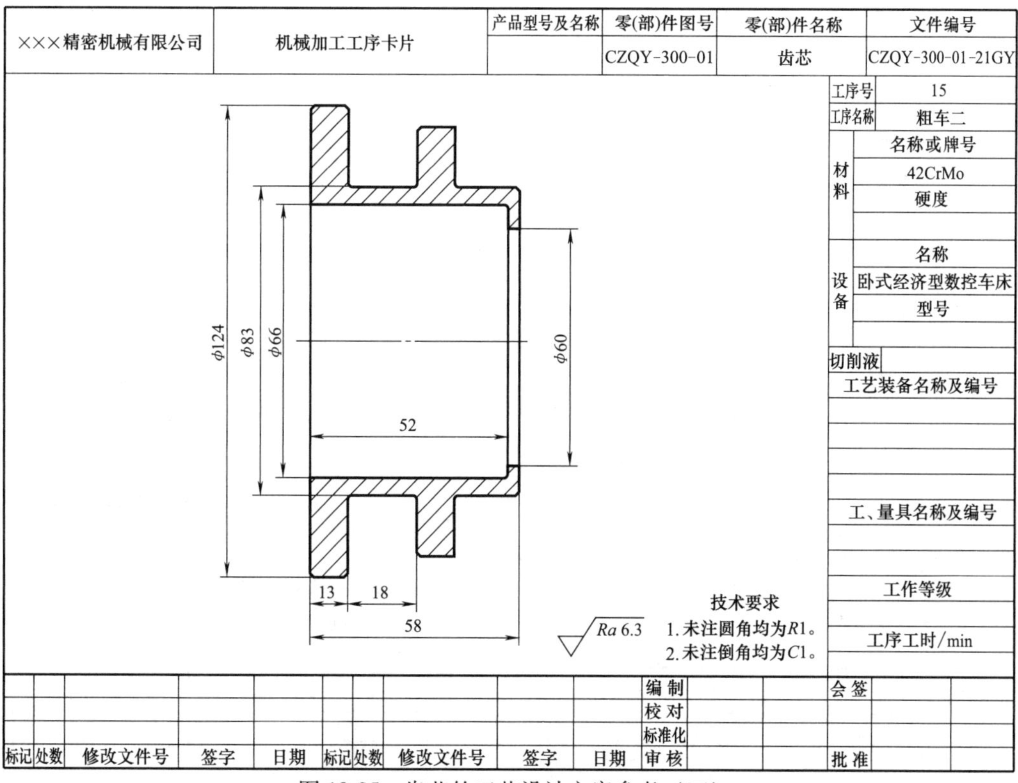

| ×××精密机械有限公司 | 机械加工工序卡片 | 产品型号及名称 | 零(部)件图号 | 零(部)件名称 | 文件编号 |
|---|---|---|---|---|---|
| | | | CZQY-300-01 | 齿芯 | CZQY-300-01-21GY |

|  |  |
|---|---|
| 工序号 | 15 |
| 工序名称 | 粗车二 |
| 材料 名称或牌号 | 42CrMo |
| 材料 硬度 | |
| 设备 名称 | 卧式经济型数控车床 |
| 设备 型号 | |
| 切削液 | |
| 工艺装备名称及编号 | |
| 工、量具名称及编号 | |
| 工作等级 | |
| 工序工时/min | |



技术要求
1. 未注圆角均为R1。
2. 未注倒角均为C1。

| 标记 | 处数 | 修改文件号 | 签字 | 日期 | 标记 | 处数 | 修改文件号 | 签字 | 日期 | 编制 / 校对 / 标准化 / 审核 | | | 会签 / 批准 |
|---|---|---|---|---|---|---|---|---|---|---|---|---|---|

图 10-25　齿芯的工艺设计方案参考（四）

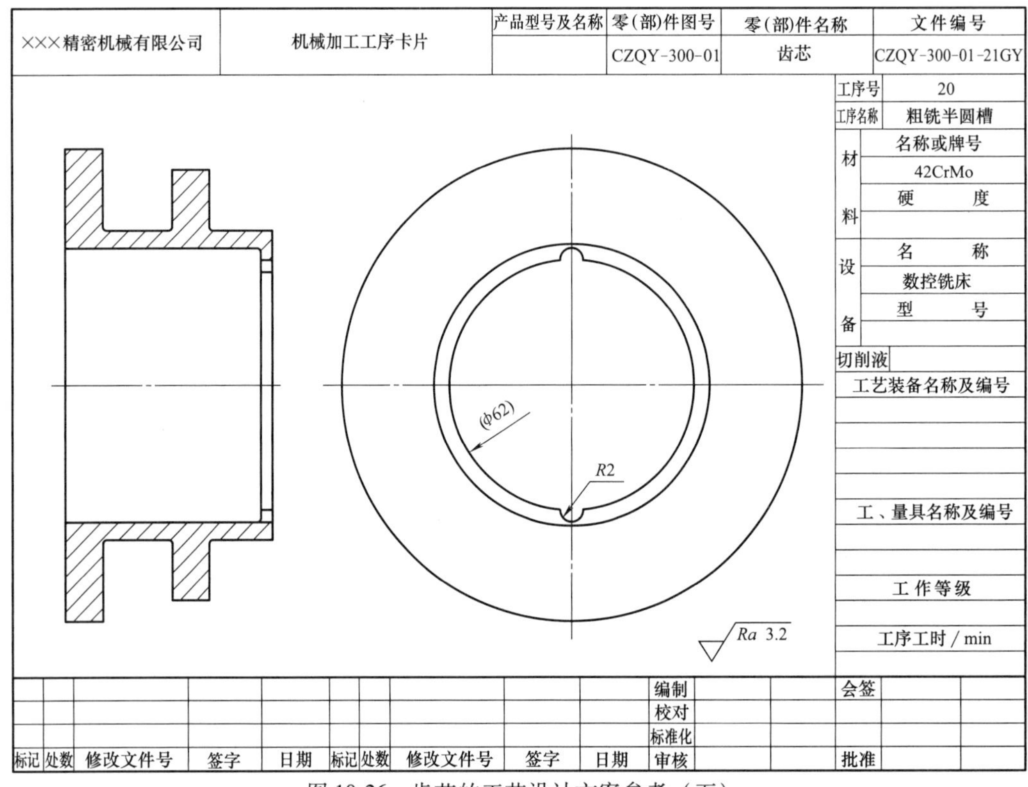


图 10-26 齿芯的工艺设计方案参考（五）

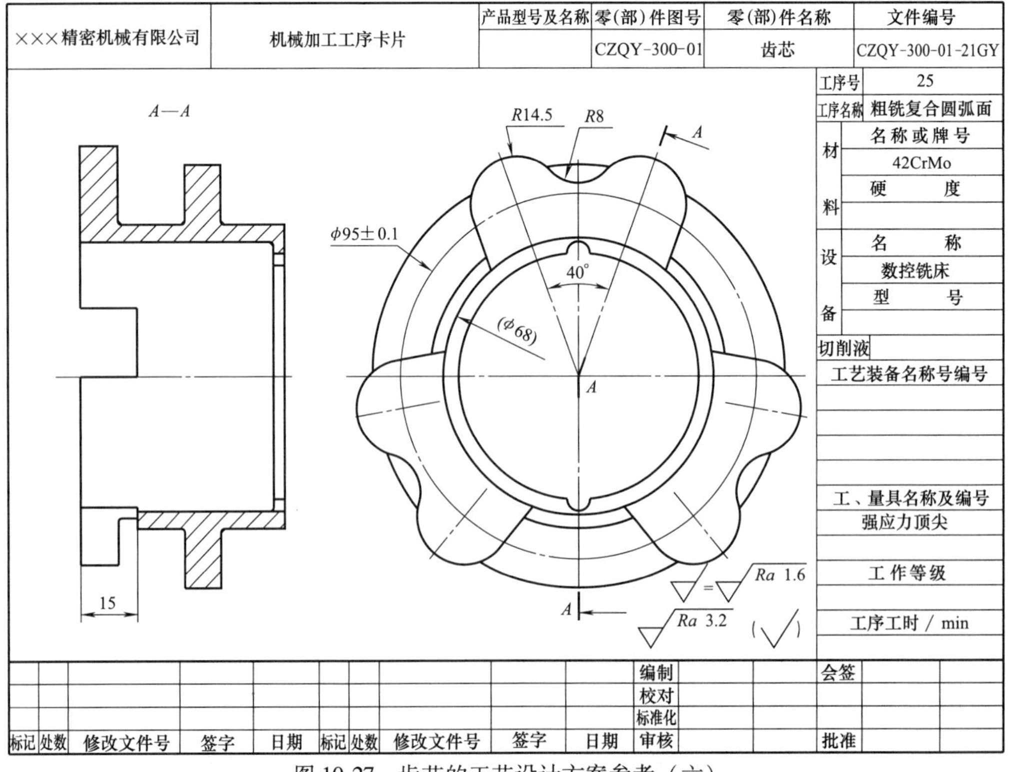


图 10-27 齿芯的工艺设计方案参考（六）

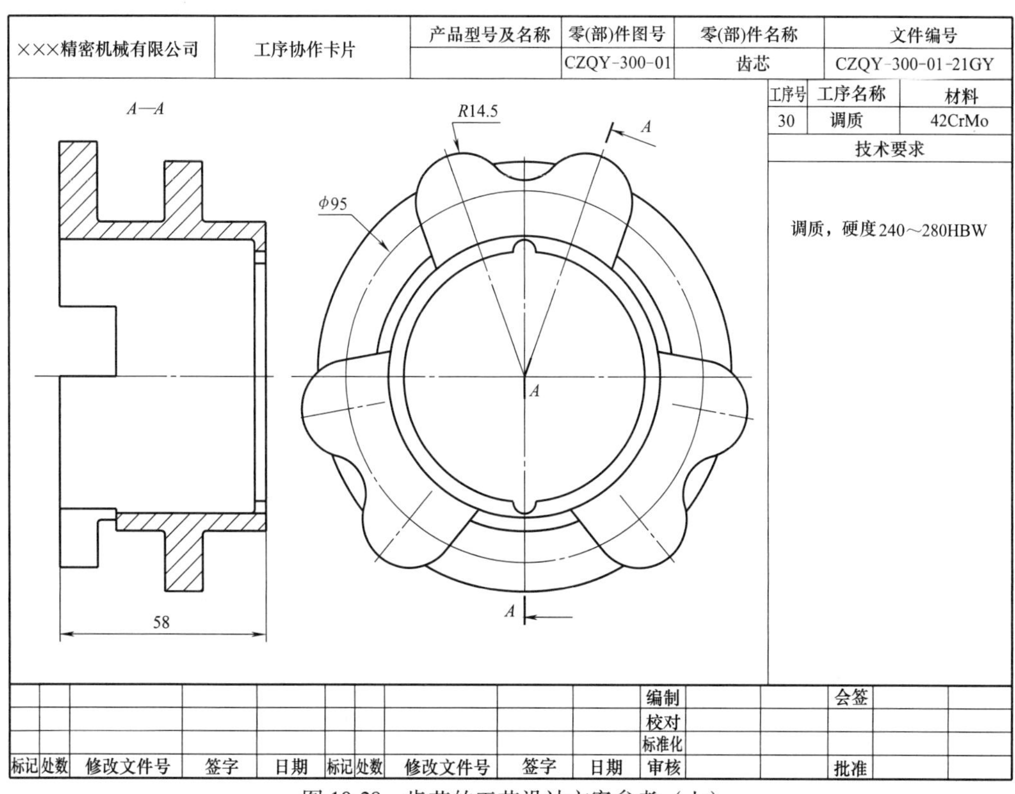


图 10-28　齿芯的工艺设计方案参考（七）

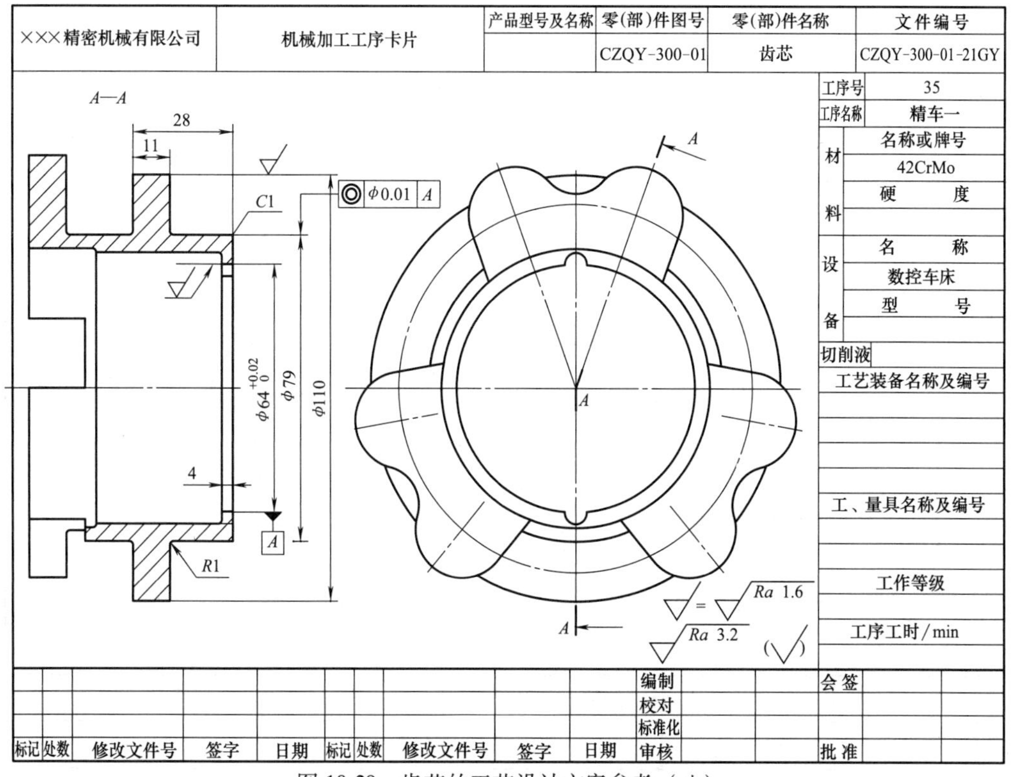


图 10-29　齿芯的工艺设计方案参考（八）

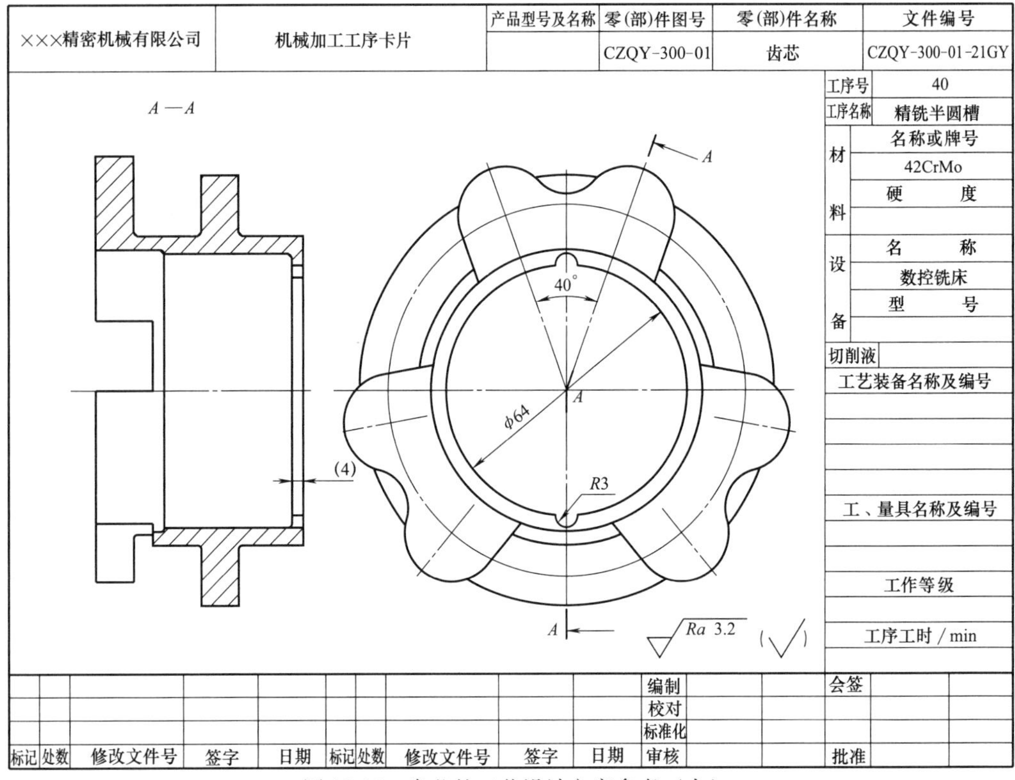

| ×××精密机械有限公司 | 机械加工工序卡片 | 产品型号及名称 | 零(部)件图号 | 零(部)件名称 | 文件编号 |
|---|---|---|---|---|---|
| | | | CZQY-300-01 | 齿芯 | CZQY-300-01-21GY |

|  |  |
|---|---|
| 工序号 | 40 |
| 工序名称 | 精铣半圆槽 |
| 材料 名称或牌号 | 42CrMo |
| 材料 硬度 | |
| 设备 名称 | 数控铣床 |
| 设备 型号 | |
| 切削液 | |
| 工艺装备名称及编号 | |
| 工、量具名称及编号 | |
| 工作等级 | |
| 工序工时 / min | |

| 标记 | 处数 | 修改文件号 | 签字 | 日期 | 标记 | 处数 | 修改文件号 | 签字 | 日期 | 编制 / 校对 / 标准化 / 审核 | 会签 / 批准 |
|---|---|---|---|---|---|---|---|---|---|---|---|



图 10-30 齿芯的工艺设计方案参考（九）

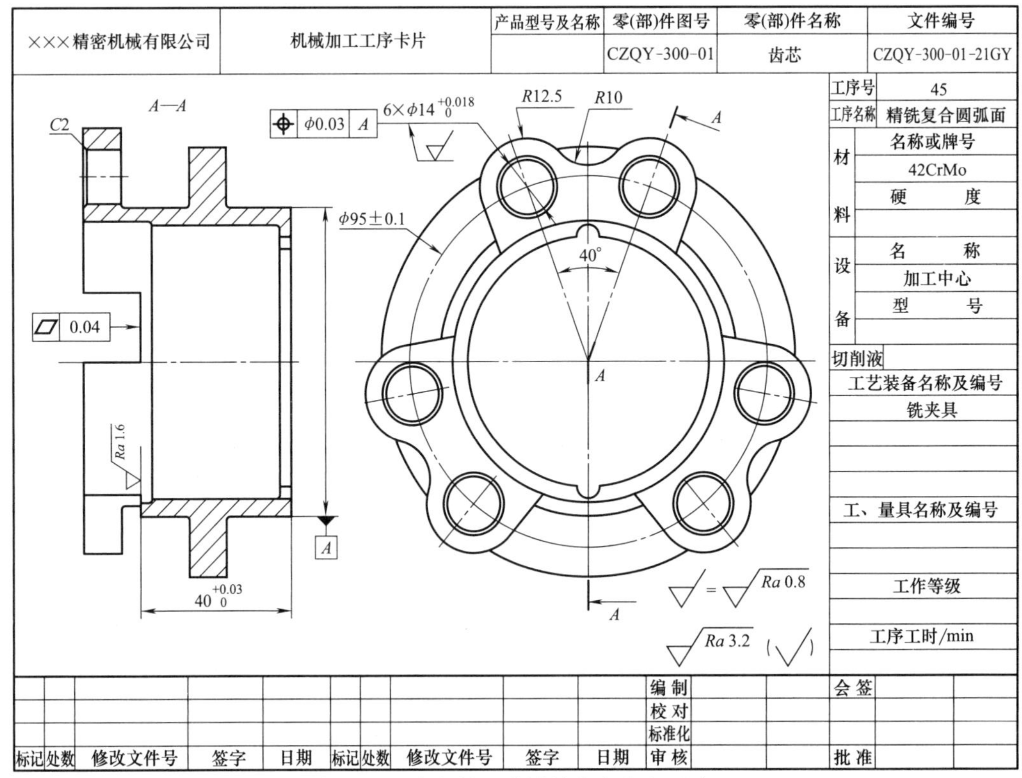

| ×××精密机械有限公司 | 机械加工工序卡片 | 产品型号及名称 | 零(部)件图号 | 零(部)件名称 | 文件编号 |
|---|---|---|---|---|---|
| | | | CZQY-300-01 | 齿芯 | CZQY-300-01-21GY |

|  |  |
|---|---|
| 工序号 | 45 |
| 工序名称 | 精铣复合圆弧面 |
| 材料 名称或牌号 | 42CrMo |
| 材料 硬度 | |
| 设备 名称 | 加工中心 |
| 设备 型号 | |
| 切削液 | |
| 工艺装备名称及编号 | 铣夹具 |
| 工、量具名称及编号 | |
| 工作等级 | |
| 工序工时/min | |

| 标记 | 处数 | 修改文件号 | 签字 | 日期 | 标记 | 处数 | 修改文件号 | 签字 | 日期 | 编制 / 校对 / 标准化 / 审核 | 会签 / 批准 |
|---|---|---|---|---|---|---|---|---|---|---|---|



图 10-31 齿芯的工艺设计方案参考（十）

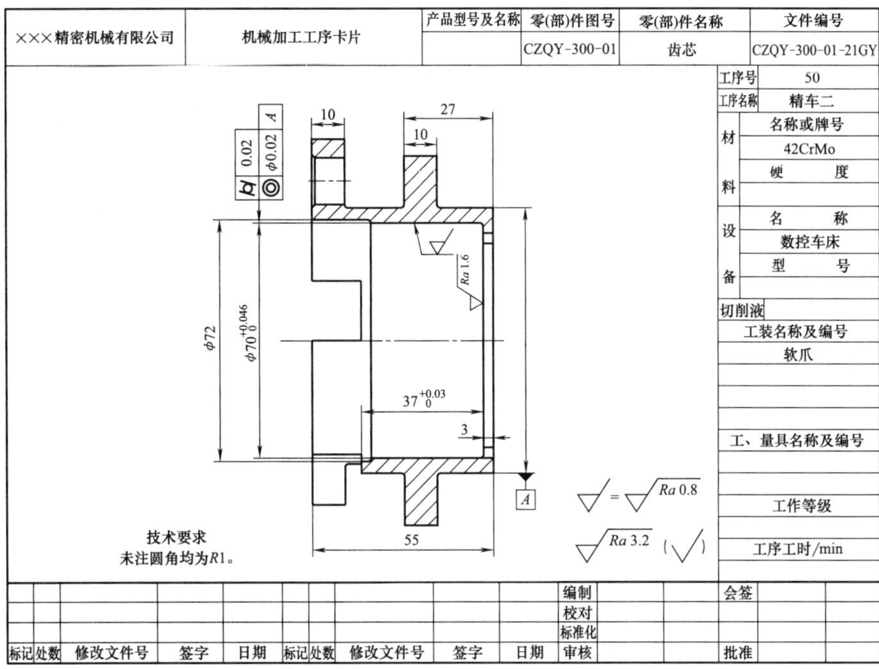

| ×××精密机械有限公司 | 机械加工工序卡片 | 产品型号及名称 | 零(部)件图号 | 零(部)件名称 | 文件编号 |
|---|---|---|---|---|---|
| | | | CZQY-300-01 | 齿芯 | CZQY-300-01-21GY |

|  |  |
|---|---|
| 工序号 | 50 |
| 工序名称 | 精车二 |
| 材料 名称或牌号 | 42CrMo |
| 材料 硬度 | |
| 设备 名称 | 数控车床 |
| 设备 型号 | |
| 切削液 | |
| 工装名称及编号 | 软爪 |
| 工、量具名称及编号 | |
| 工作等级 | |
| 工序工时/min | |



| | | | | | | | | | | 编制 | | 会签 | |
|---|---|---|---|---|---|---|---|---|---|---|---|---|---|
| | | | | | | | | | | 校对 | | | |
| | | | | | | | | | | 标准化 | | | |
| 标记 | 处数 | 修改文件号 | 签字 | 日期 | 标记 | 处数 | 修改文件号 | 签字 | 日期 | 审核 | | 批准 | |

图 10-32　齿芯的工艺设计方案参考（十一）

# 案例 4　轴承端盖的工艺设计方案参考

轴承端盖的工艺设计方案参考如图 10-33～图 10-43 所示。

| ×××精密机械有限公司 | | 综合　卡片 | | 产品型号及名称 | | 零(部)件图号 | 零(部)件名称 | 文件编号 | | | |
|---|---|---|---|---|---|---|---|---|---|---|---|
| | | | | | | CZQY-400-01 | 轴承端盖 | CZQY-400-01-21GY | | | |
| 工序 | | | 加工单位 | 设备名称或型号 | 工装名称及编号 | 工时(min) | 材料 | 40Cr | | | 备注 |
| 工序号 | 名称 | 内容 | | | | | 工序卡片 | 协作卡片 | 检查卡片 | | |
| 0 | 毛坯 | 锯料ϕ100×45 | 金工 | | | | | | | | |
| 5 | 钻孔 | 钻孔ϕ45 | 金工 | 立式钻床 | | | 1 | | | | |
| 10 | 粗车一 | 粗车外圆及端面、粗镗内孔 | 金工 | 卧式经济型数控车床 | | | 1 | | | | |
| 15 | 粗车二 | 粗车外圆及端面 | 金工 | 卧式经济型数控车床 | | | 1 | | | | |
| 20 | 退火 | 去应力退火 | 热处理 | | | | | | | | |
| 25 | 调质 | 调质硬度240-280HB | 热处理 | 立式数控铣床 | | | | 1 | | | |
| 30 | 精车一 | 精车外圆及端面、镗孔、切槽 | 金工 | 卧式数控车床 | | | 1 | | | | |
| 35 | 精车二 | 精车外圆及端面、镗孔、切槽 | 金工 | 卧式数控车床 | | | 1 | | | | |
| 40 | 钻沉孔 | 钻沉孔 | 金工 | 立式钻床 | 钻模 | | 1 | | | | |
| 45 | 钻斜孔 | 钻圆柱面斜孔 | 金工 | 立式加工中心 | 钻夹具 | | 1 | | | | |

| | | | | | | | | | | 编制 | | 会签 | |
|---|---|---|---|---|---|---|---|---|---|---|---|---|---|
| | | | | | | | | | | 校对 | | | |
| | | | | | | | | | | 标准化 | | | |
| 标记 | 处数 | 修改文件号 | 签字 | 日期 | 标记 | 处数 | 修改文件号 | 签字 | 日期 | 审核 | | 批准 | |

图 10-33　轴承端盖的工艺设计方案参考（一）

| ×××精密机械有限公司 | 综合　卡片 | 产品型号及名称 | 零(部)件图号 | 零(部)件名称 | 文件编号 |
|---|---|---|---|---|---|
| | | | CZQY-400-01 | 轴承端盖 | CZQY-400-01-21GY |

| 工序号 | 名称 | 内容 | 加工单位 | 设备名称或型号 | 工装名称及编号 | 工时(min) | 材料 40Cr 工序卡片 | 协作卡片 | 检查卡片 | | 备注 |
|---|---|---|---|---|---|---|---|---|---|---|---|
| 50 | 钳工 | 去毛刺 | 金工 | | | | | | | | |
| 55 | 表面镀铬 | 表面镀铬 | 表面处理 | | | | | | | | |
| 60 | 精磨外圆 | 精磨外圆及端面 | 金工 | 外圆磨床 | 磨夹具 | | 1 | | | | |
| 65 | 检查 | 按产品图纸检查 | 质检 | | | | | | | | |
| 70 | 清洗 | 超声波清洗 | 金工 | 超声波清洗机 | | | | | | | |
| 75 | 入库 | 涂防锈油，入库 | | | | | | | | | |

| | | | | | | | | | | 编制 | | | 会签 | | |
|---|---|---|---|---|---|---|---|---|---|---|---|---|---|---|---|
| | | | | | | | | | | 校对 | | | | | |
| | | | | | | | | | | 标准化 | | | | | |
| 标记 | 处数 | 修改文件号 | 签字 | 日期 | 标记 | 处数 | 修改文件号 | 签字 | 日期 | 审核 | | | 批准 | | |

图 10-34　轴承端盖的工艺设计方案参考（二）

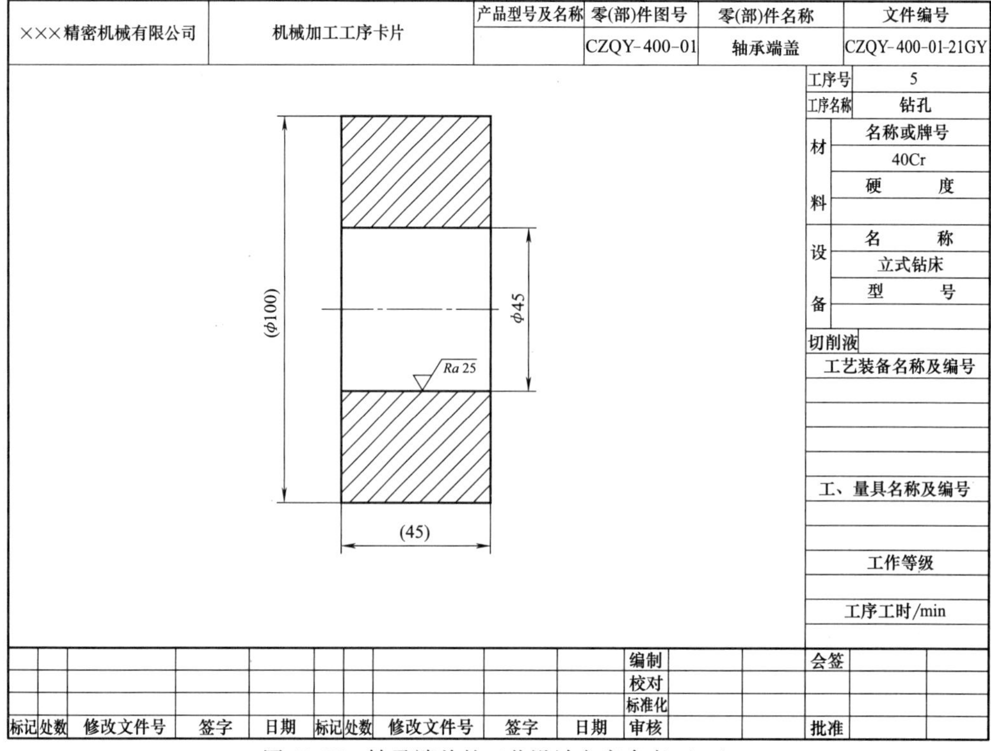

| ×××精密机械有限公司 | 机械加工工序卡片 | 产品型号及名称 | 零(部)件图号 | 零(部)件名称 | 文件编号 |
|---|---|---|---|---|---|
| | | | CZQY-400-01 | 轴承端盖 | CZQY-400-01-21GY |

|  |  |
|---|---|
| 工序号 | 5 |
| 工序名称 | 钻孔 |
| 材料 名称或牌号 | 40Cr |
| 材料 硬度 | |
| 设备 名称 | 立式钻床 |
| 设备 型号 | |
| 切削液 | |
| 工艺装备名称及编号 | |
| 工、量具名称及编号 | |
| 工作等级 | |
| 工序工时/min | |



| | | | | | | | | | | 编制 | | | 会签 | | |
|---|---|---|---|---|---|---|---|---|---|---|---|---|---|---|---|
| | | | | | | | | | | 校对 | | | | | |
| | | | | | | | | | | 标准化 | | | | | |
| 标记 | 处数 | 修改文件号 | 签字 | 日期 | 标记 | 处数 | 修改文件号 | 签字 | 日期 | 审核 | | | 批准 | | |

图 10-35　轴承端盖的工艺设计方案参考（三）

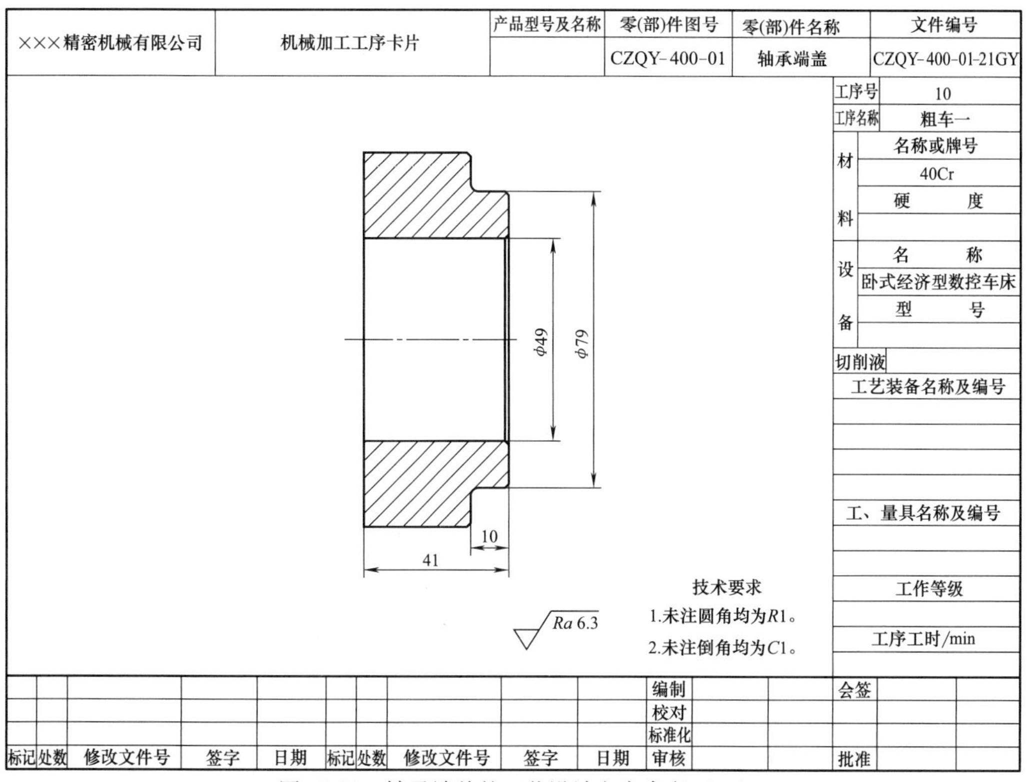


图 10-36 轴承端盖的工艺设计方案参考（四）

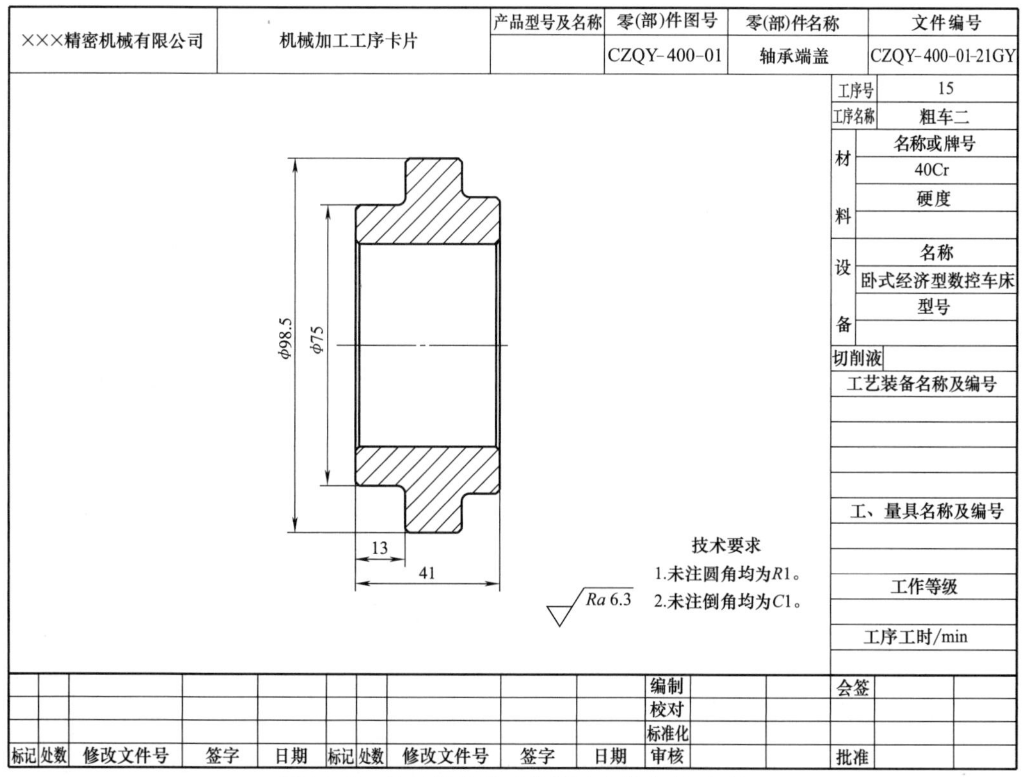


图 10-37 轴承端盖的工艺设计方案参考（五）

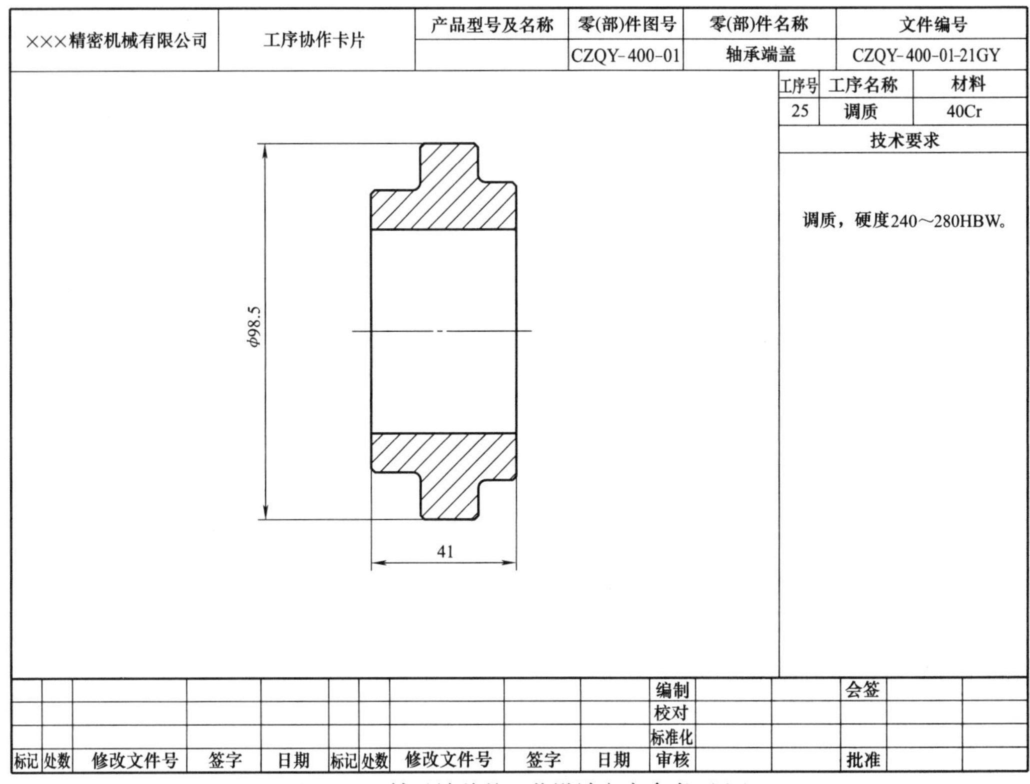


图 10-38　轴承端盖的工艺设计方案参考（六）

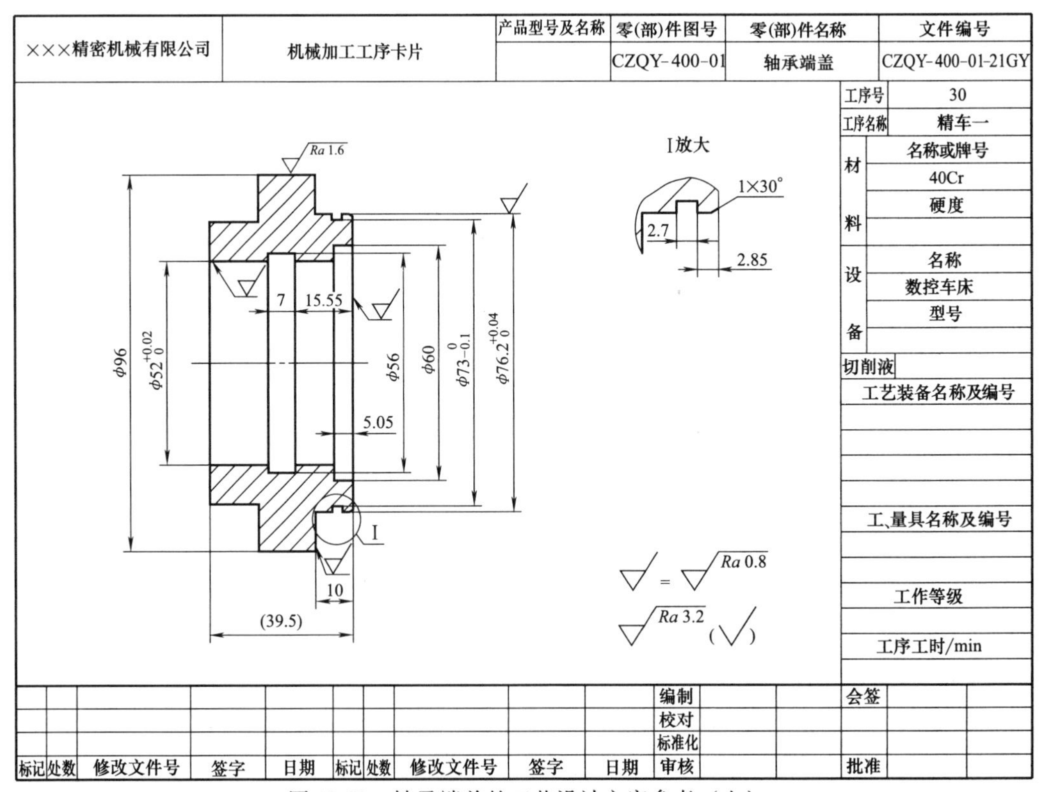


图 10-39　轴承端盖的工艺设计方案参考（七）

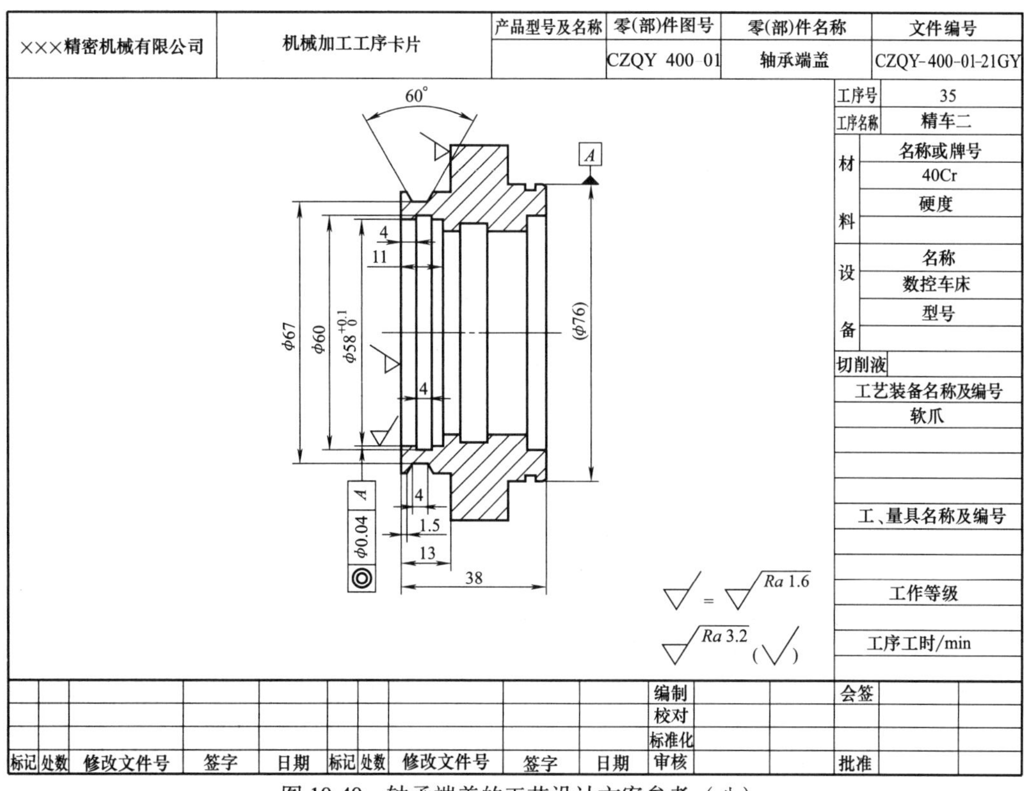


图 10-40　轴承端盖的工艺设计方案参考（八）

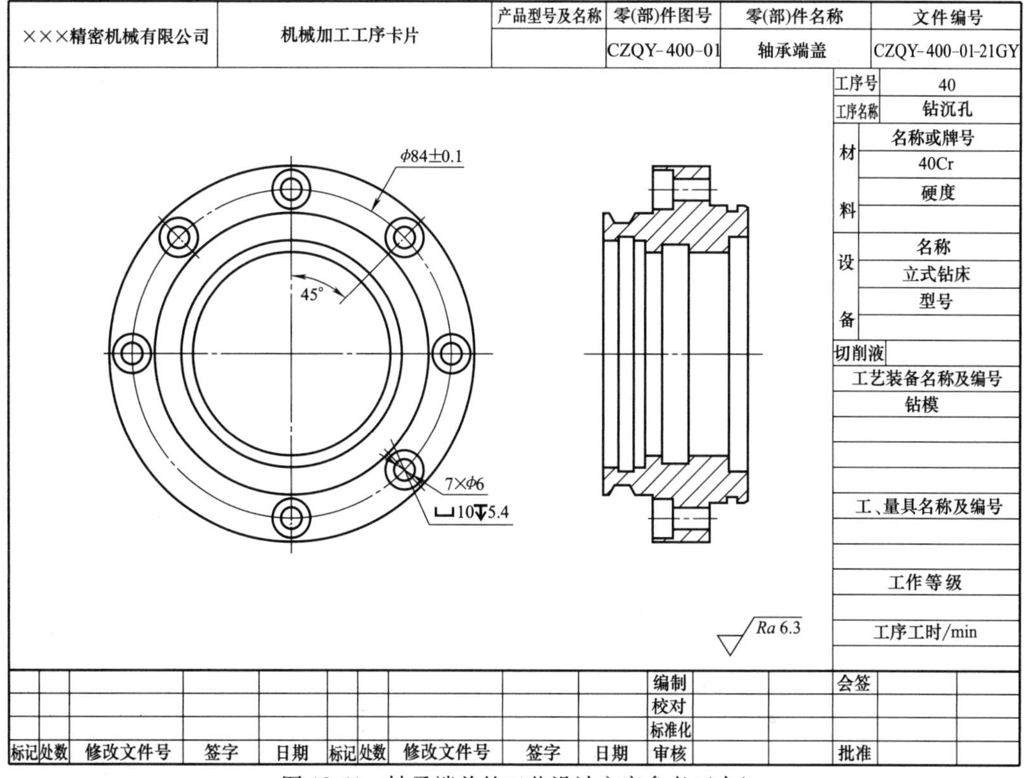


图 10-41　轴承端盖的工艺设计方案参考（九）

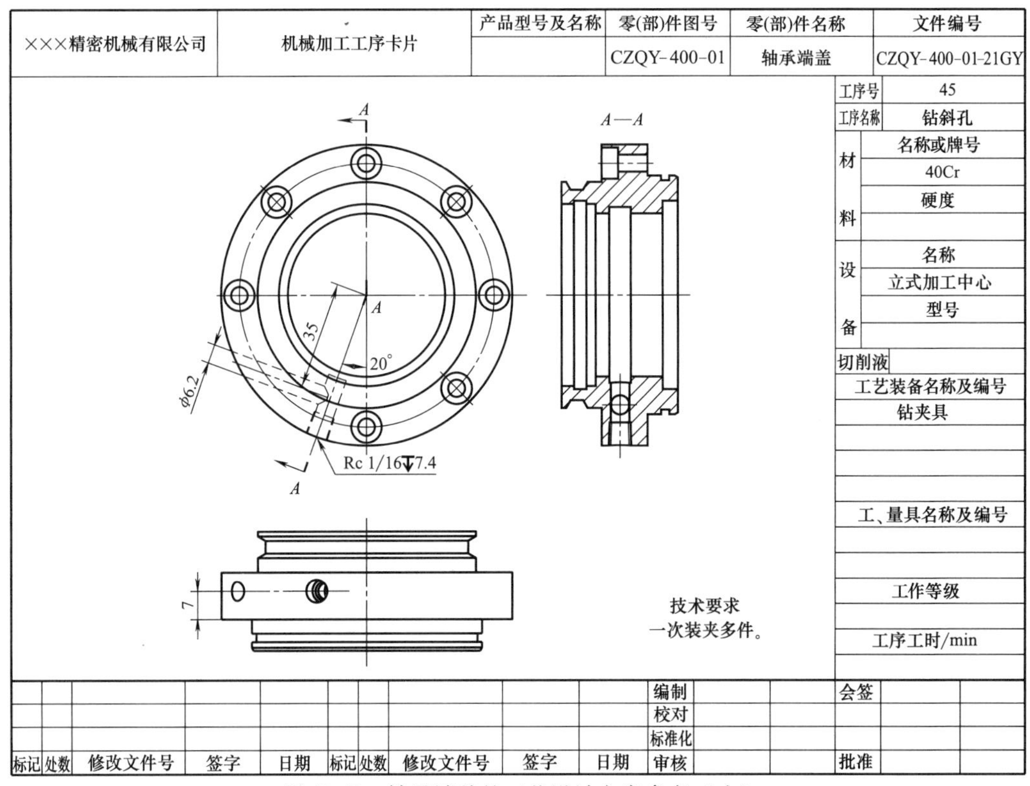

| ×××精密机械有限公司 | 机械加工工序卡片 | 产品型号及名称 | 零(部)件图号 | 零(部)件名称 | 文件编号 |
|---|---|---|---|---|---|
| | | | CZQY-400-01 | 轴承端盖 | CZQY-400-01-21GY |

|  |  |
|---|---|
| 工序号 | 45 |
| 工序名称 | 钻斜孔 |
| 材料 名称或牌号 | 40Cr |
| 材料 硬度 | |
| 设备 名称 | 立式加工中心 |
| 设备 型号 | |
| 切削液 | |
| 工艺装备名称及编号 | 钻夹具 |
| 工、量具名称及编号 | |
| 工作等级 | |
| 工序工时/min | |



| 标记 | 处数 | 修改文件号 | 签字 | 日期 | 标记 | 处数 | 修改文件号 | 签字 | 日期 | 编制 / 校对 / 标准化 / 审核 | 会签 / 批准 |
|---|---|---|---|---|---|---|---|---|---|---|---|

图 10-42　轴承端盖的工艺设计方案参考（十）

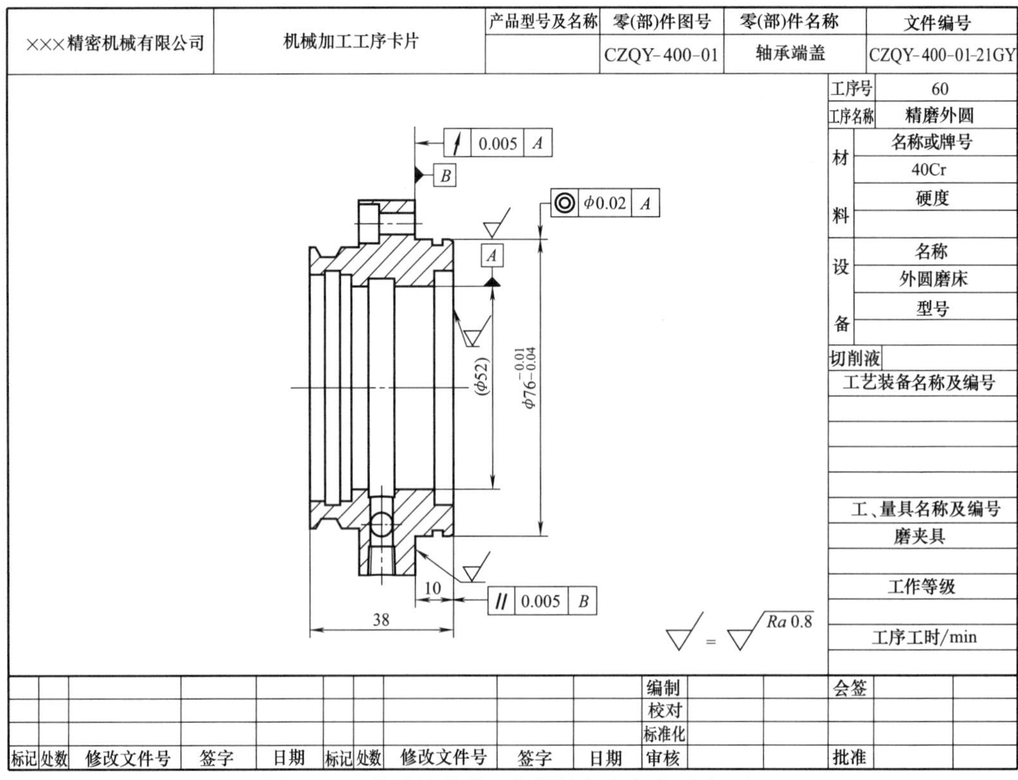

| ×××精密机械有限公司 | 机械加工工序卡片 | 产品型号及名称 | 零(部)件图号 | 零(部)件名称 | 文件编号 |
|---|---|---|---|---|---|
| | | | CZQY-400-01 | 轴承端盖 | CZQY-400-01-21GY |

|  |  |
|---|---|
| 工序号 | 60 |
| 工序名称 | 精磨外圆 |
| 材料 名称或牌号 | 40Cr |
| 材料 硬度 | |
| 设备 名称 | 外圆磨床 |
| 设备 型号 | |
| 切削液 | |
| 工艺装备名称及编号 | |
| 工、量具名称及编号 | 磨夹具 |
| 工作等级 | |
| 工序工时/min | |



| 标记 | 处数 | 修改文件号 | 签字 | 日期 | 标记 | 处数 | 修改文件号 | 签字 | 日期 | 编制 / 校对 / 标准化 / 审核 | 会签 / 批准 |
|---|---|---|---|---|---|---|---|---|---|---|---|

图 10-43　轴承端盖的工艺设计方案参考（十一）

# 案例5　箱体的工艺设计方案参考

箱体机械加工工艺设计方案参考如图10-44~图10-55所示。

| ×××精密机械有限公司 | 综合　卡片 | 产品型号及名称 | 零(部)件图号 | 零(部)件名称 | 文件编号 |
|---|---|---|---|---|---|
| | | | CZQY-700-01 | 箱体 | CZQY-700-01-21GY |

| 工序号 | 名称 | 内容 | 加工单位 | 设备名称或型号 | 工装名称及编号 | 工时/min | 材料 HT200 工序卡片 | 协作卡片 | 检查卡片 | | 备注 |
|---|---|---|---|---|---|---|---|---|---|---|---|
| 0 | 毛坯 | 铸件 | 铸造厂 | | | | | | | | |
| 5 | 时效处理 | 时效处理 | 热处理 | | | | | | | | |
| 10 | 涂底漆 | 涂底漆 | 铸造厂 | | | | | | | | |
| 15 | 划线 | | 金工 | | | | | | | | |
| 20 | 粗车底面 | 粗车底面、粗镗内孔 | | 卧式车床 | | | 1 | | | | |
| 25 | 粗铣顶面 | | | 立式铣床 | | | 1 | | | | |
| 30 | 粗铣侧面一 | 粗铣两侧面、镗孔 | 金工 | 卧式铣床 | | | 1 | | | | |
| 35 | 粗铣侧面二 | 粗铣两侧面、镗孔 | 金工 | 卧式铣床 | | | 1 | | | | |
| 40 | 退火 | 去应力退火 | 热处理 | | | | | | | | |
| 45 | 喷丸 | | 铸造厂 | | | | | | | | |

| | | | | | | | | | | 编制 | | 会签 | |
|---|---|---|---|---|---|---|---|---|---|---|---|---|---|
| | | | | | | | | | | 校对 | | | |
| | | | | | | | | | | 标准化 | | | |
| 标记 | 处数 | 修改文件号 | 签字 | 日期 | 标记 | 处数 | 修改文件号 | 签字 | 日期 | 审核 | | 批准 | |

图10-44　箱体机械加工工艺设计方案参考（一）

| ×××精密机械有限公司 | 综合　卡片 | 产品型号及名称 | 零(部)件图号 | 零(部)件名称 | 文件编号 |
|---|---|---|---|---|---|
| | | | CZQY-700-01 | 箱体 | CZQY-700-01-21GY |

| 工序号 | 名称 | 内容 | 加工单位 | 设备名称或型号 | 工装名称及编号 | 工时/min | 材料 HT200 工序卡片 | 协作卡片 | 检查卡片 | | 备注 |
|---|---|---|---|---|---|---|---|---|---|---|---|
| 50 | 精车底面 | 精车底面、镗孔 | 金工 | 卧式数控车床 | | | 1 | | | | |
| 55 | 精铣顶面 | 精铣顶面 | 金工 | 立式数控铣床 | | | 1 | | | | |
| 60 | 钻、铰工艺孔 | 钻孔，钻、铰工艺孔 | 金工 | 立式加工中心 | | | 1 | | | | |
| 65 | 钻孔、攻螺纹 | 钻孔、攻螺纹 | 金工 | 立式加工中心 | | | 1 | | | | |
| 70 | 精铣四侧面 | 精铣四侧面、镗孔、铰孔、钻孔、攻螺纹 | 金工 | 四轴立式加工中心 | | | 2 | | | | |
| 75 | 钳工 | 修整、去飞边 | 金工 | | | | | | | | |
| 80 | 检查 | | 质检 | | | | | | | | |
| 85 | 清洗 | | 金工 | | | | | | | | |
| 90 | 喷防锈漆 | | 油漆 | | | | | | | | |
| 95 | 入库 | 涂防锈脂、入库 | | | | | | | | | |

| | | | | | | | | | | 编制 | | 会签 | |
|---|---|---|---|---|---|---|---|---|---|---|---|---|---|
| | | | | | | | | | | 校对 | | | |
| | | | | | | | | | | 标准化 | | | |
| 标记 | 处数 | 修改文件号 | 签字 | 日期 | 标记 | 处数 | 修改文件号 | 签字 | 日期 | 审核 | | 批准 | |

图10-45　箱体机械加工工艺设计方案参考（二）

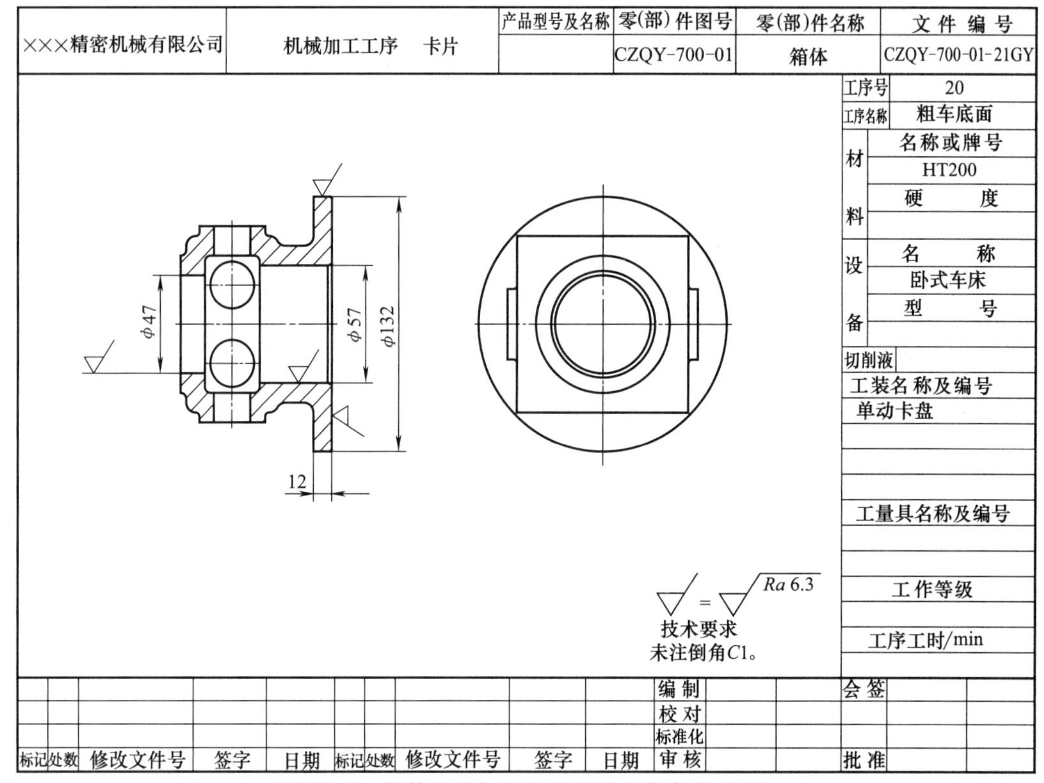


图 10-46　箱体机械加工工艺设计方案参考（三）

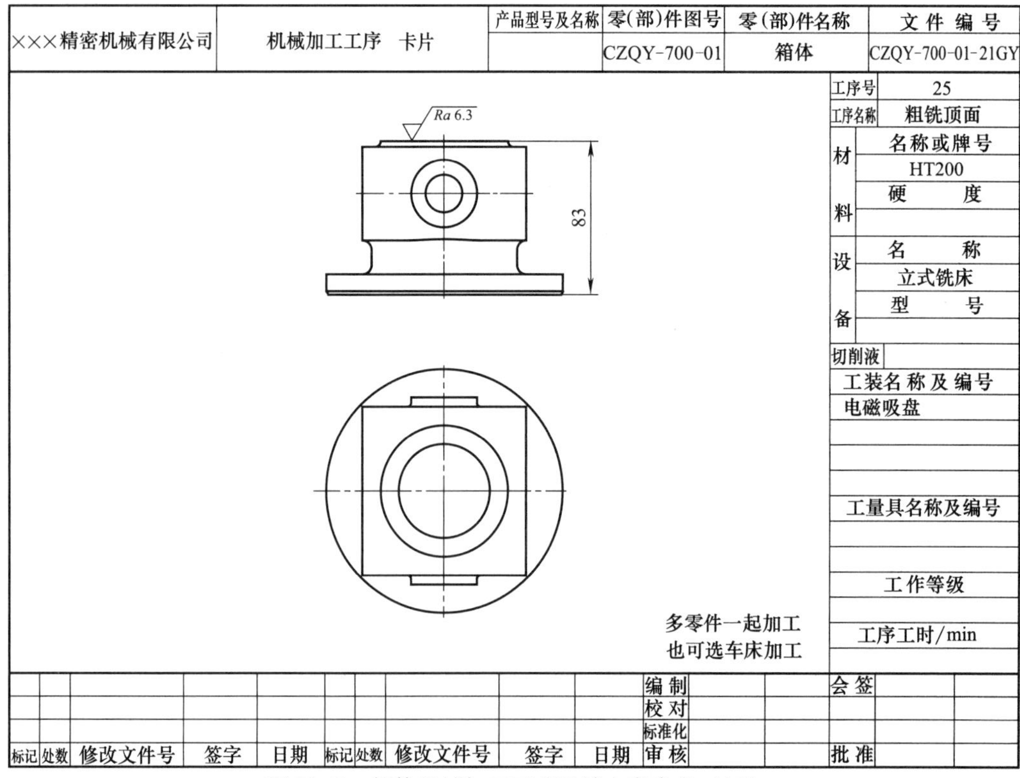


图 10-47　箱体机械加工工艺设计方案参考（四）

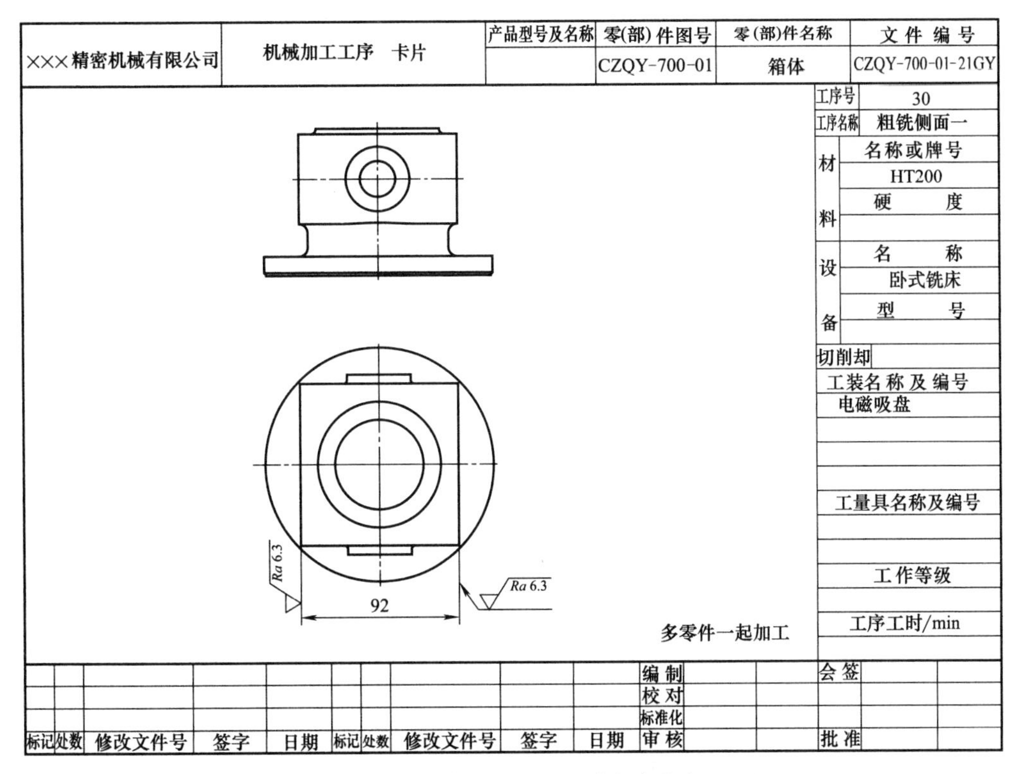


图 10-48　箱体机械加工工艺设计方案参考（五）

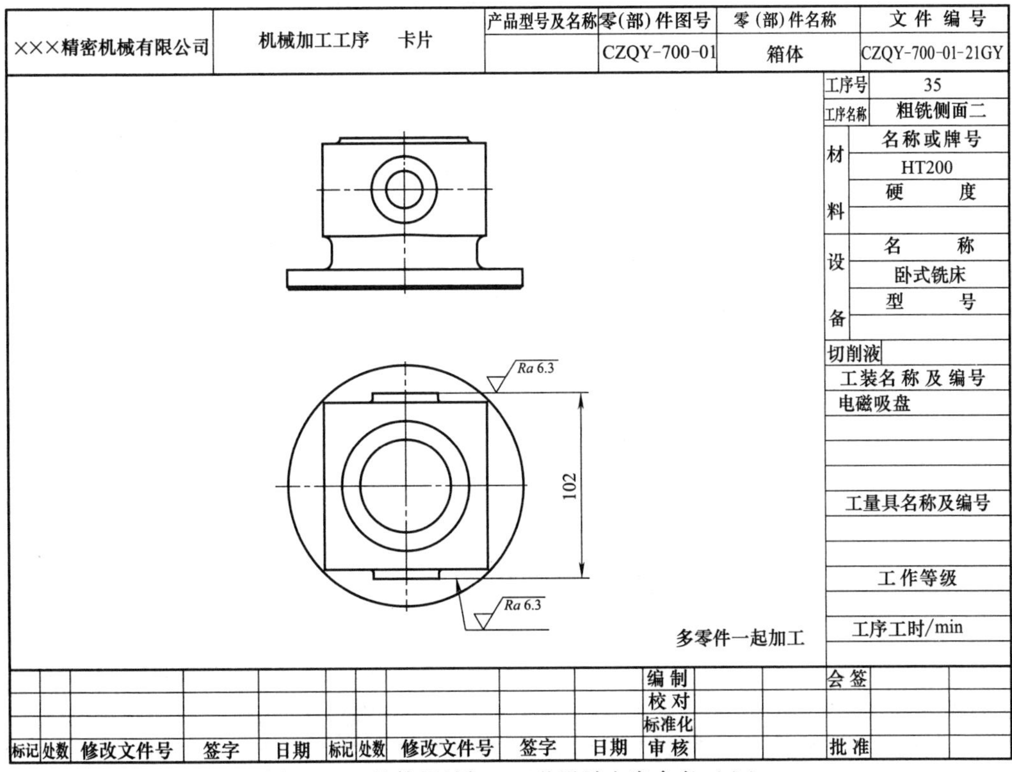


图 10-49　箱体机械加工工艺设计方案参考（六）

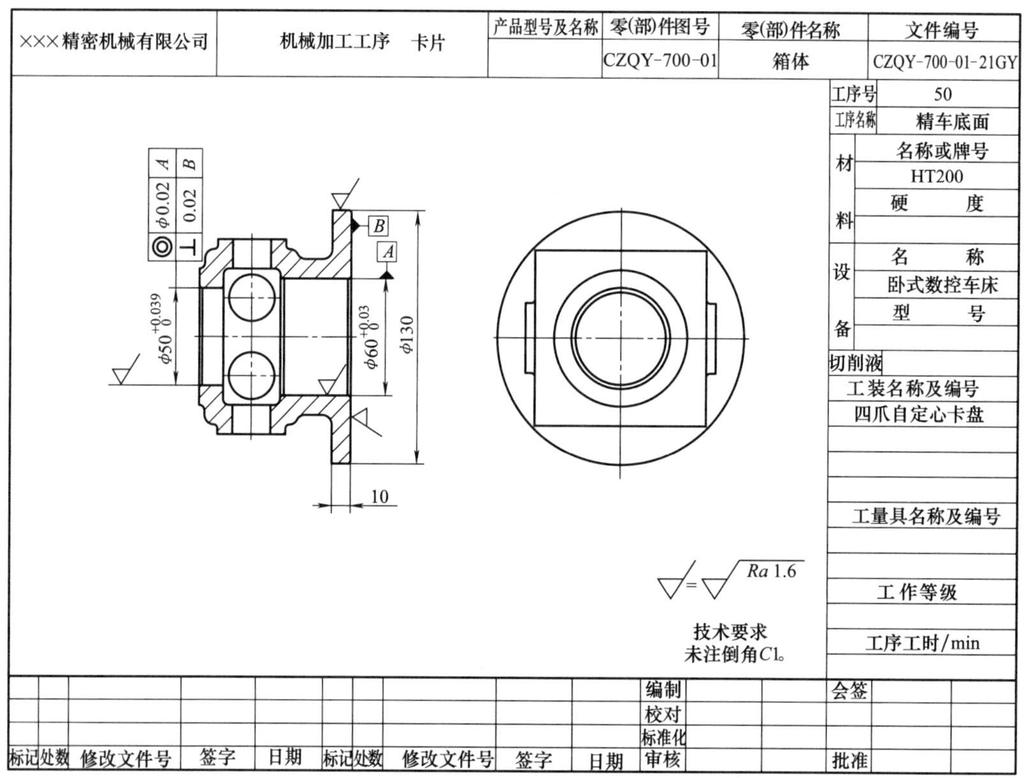


图 10-50　箱体机械加工工艺设计方案参考（七）

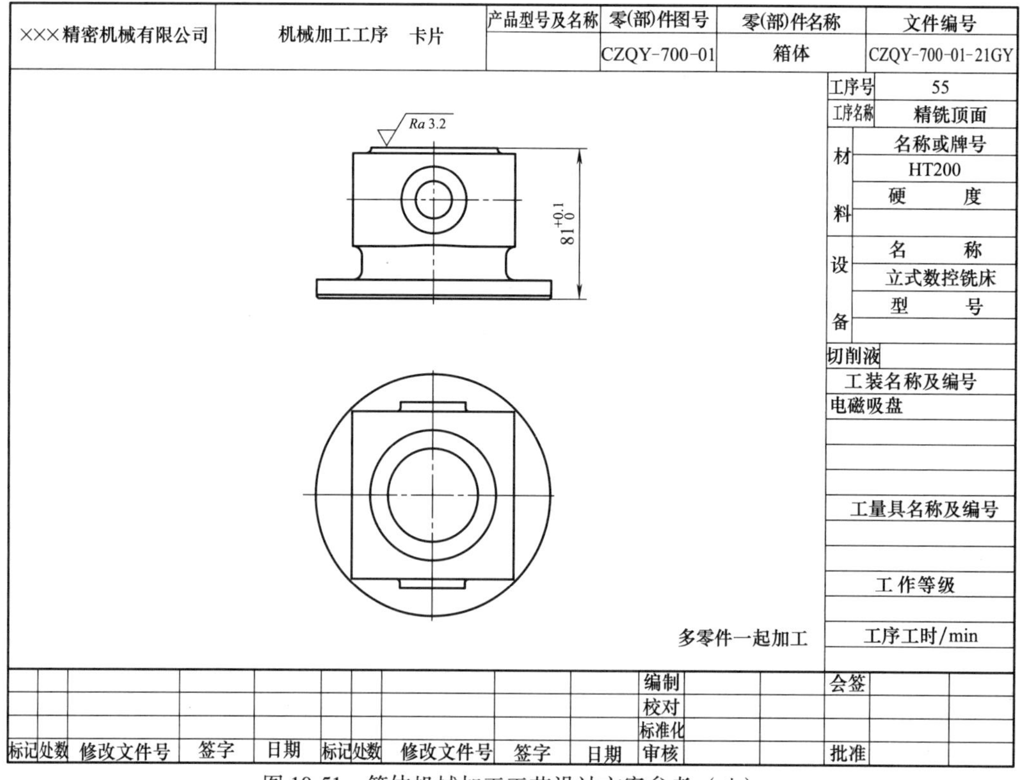


图 10-51　箱体机械加工工艺设计方案参考（八）

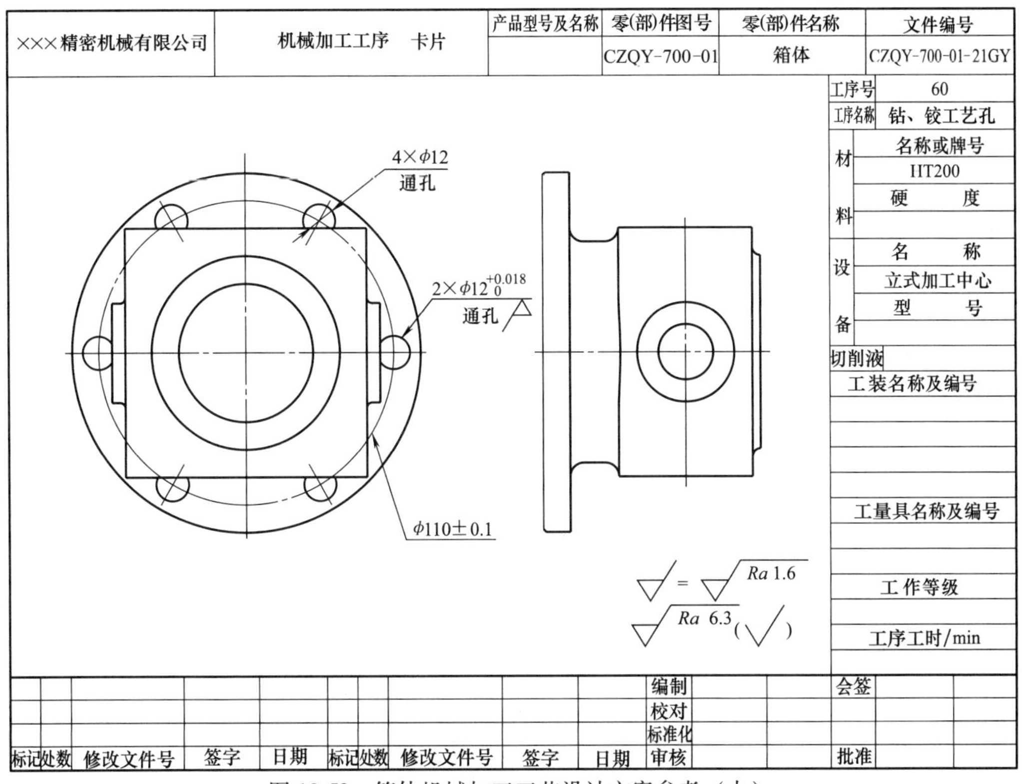


图 10-52 箱体机械加工工艺设计方案参考（九）

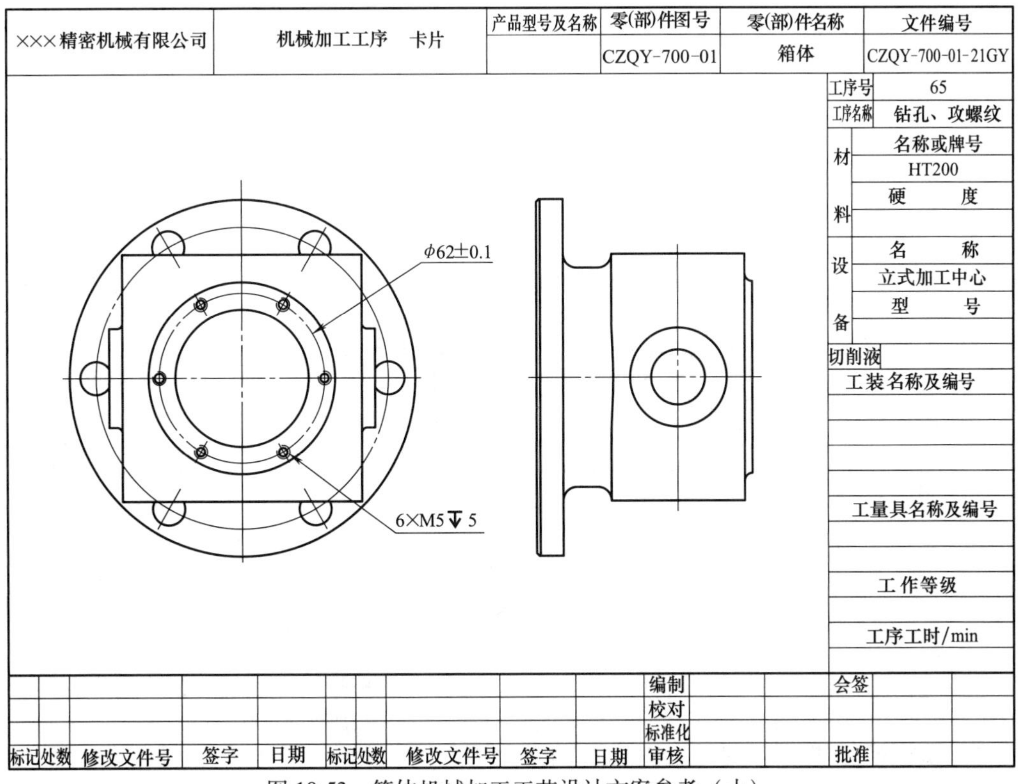


图 10-53 箱体机械加工工艺设计方案参考（十）

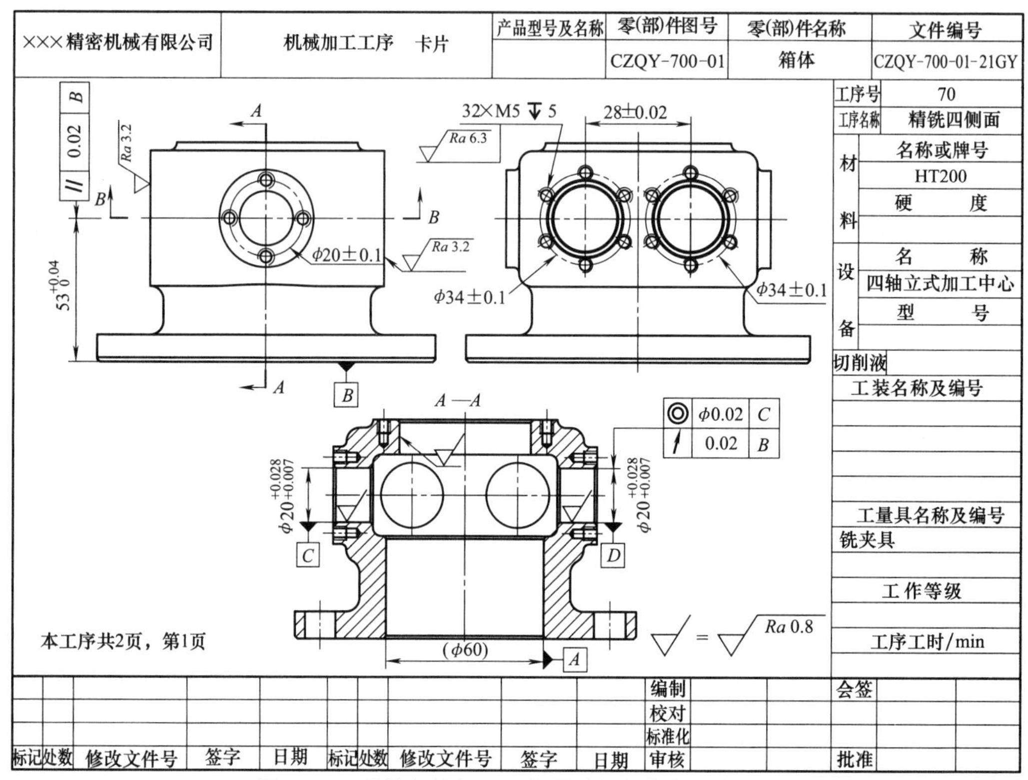


图 10-54 箱体机械加工工艺设计方案参考（十一）

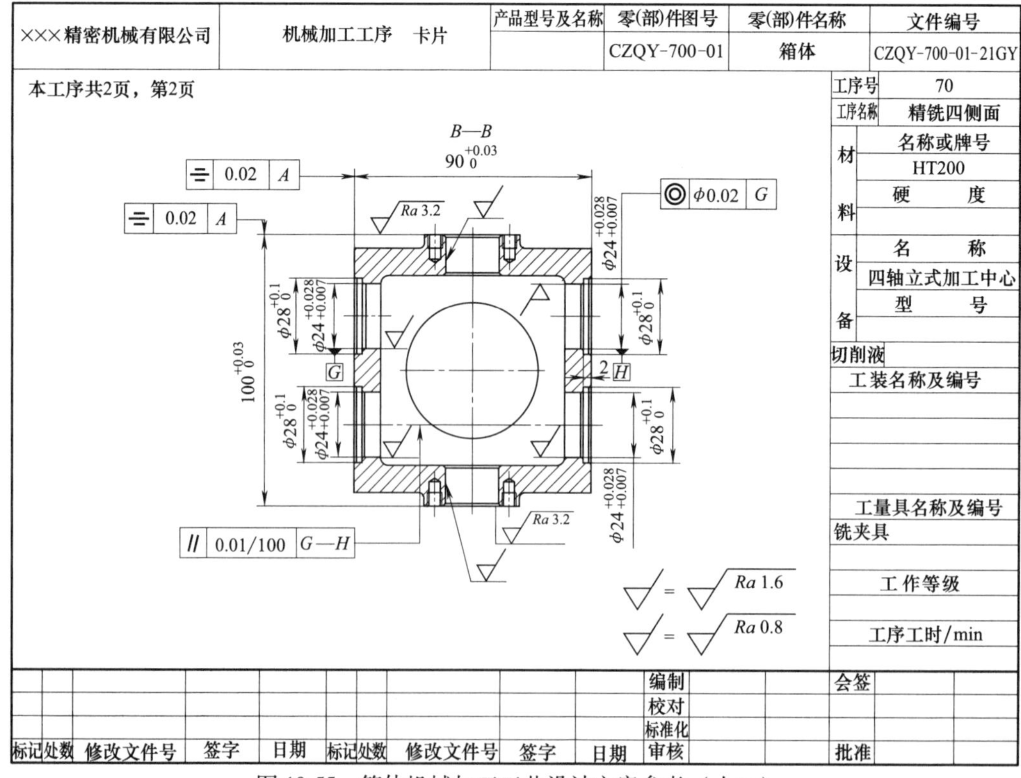


图 10-55 箱体机械加工工艺设计方案参考（十二）

# 参考文献

[1] 王荣兴. 加工中心培训教程 [M]. 2 版. 北京：机械工业出版社，2014.
[2] 蒋兆宏. 典型机械零件的加工工艺 [M]. 2 版. 北京：机械工业出版社，2014.
[3] 褚守云. Mastercam X6 数控加工范例教程 [M]. 2 版. 北京：科学出版社，2015.
[4] 陈明，安庆龙，刘志强. 高速切削技术基础与应用 [M]. 上海：上海科学技术出版社，2012.
[5] 朱耀祥，浦林祥. 现代夹具设计手册 [M]. 北京：机械工业出版社，2010.
[6] 王先逵. 机械加工工艺手册 [M]. 2 版. 北京：机械工业出版社，2007.
[7] 袁哲俊，王先逵. 精密和超精密加工技术 [M]. 3 版. 北京：机械工业出版社，2016.
[8] 杨叔子. 机械加工工艺师手册 [M]. 2 版. 北京：机械工业出版社，2011.
[9] 黄伟九. 刀具材料速查手册 [M]. 北京：机械工业出版社，2011.